BATXILLERAT

BIOLOGIA

nou Biocontext

2

Advertiment
D'acord amb la llei, aquest llibre no és un material fungible. Per tant, els exercicis que s'hi proposen no s'han de resoldre in situ, sinó al quadern de l'alumnat. Si al llibre hi ha espais en blanc, requadres buits o línies de punts, és simplement perquè l'alumnat tingui un model o una pauta de resolució.

Agraïm la col·laboració desinteressada de l'Institut Català de Paleontologia per la cessió de fotografies i, especialment, la del Dr. Salvador Moyà per la revisió dels textos de la unitat 8, *Qui som? D'on venim?*, d'aquest llibre.

Coberta
Oriol i Pep Sallés

Realització tècnica
Sílvia Prades

Disseny de la maqueta i maquetació
Pepita Galbany

Il·lustracions
Amadeu Blasco, Mercè Cartanyà, Carme Lorente, Pano Estudi, Joan Pejoan

Fotografies
AGE Fotostock, Arxiu Teide, Josep Maria Barres, Cordon Press, Marcel Costa, Dreamstime, Institut Català de Paleontologia, Ferran Martí, Gonzalo Santomà, Shutterstock. Imatge pàgina 94: *Trommer's test for glucose*. By Kubawlo (Own work) CC BY-SA 4.0-3.0-2.5-2.0-1.0, via Wikimedia Commons

Primera edició, 2017
Segona impressió, 2020

info@editorialteide.com
www.editorialteide.com

ISBN: 978-84-307-5386-4
Dipòsit legal: B 17857-2017
Imprès a Índice SL - Carrer D, 36 (Sector C, Zona Franca) - 08040 Barcelona

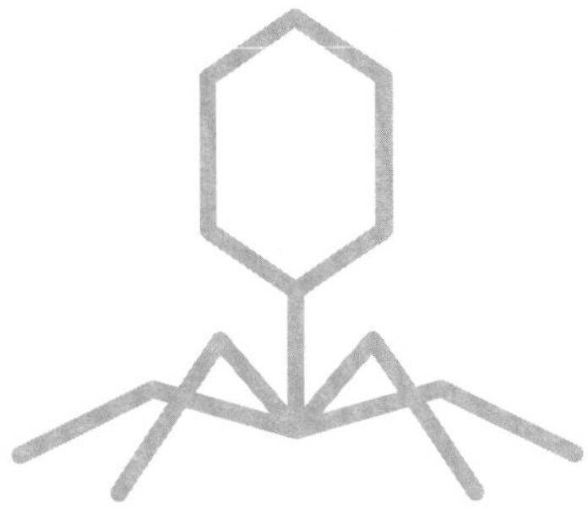

BATXILLERAT

Biologia

nou **Biocontext 2**

M. Costa, R. Grau, M. Llobera, J. M. Llort,
J. de Manuel, J. Molina, P. Monserrat

TEIDE

Índex

Presentació de les unitats

1. La investigació

Tot resseguint el camí que segueix un alumne en el seu treball de recerca, s'introdueixen els conceptes bàsics de la investigació científica. Es destaca el paper de les recerques en la construcció del coneixement científic i es fa un èmfasi especial en la metodologia hipoteticodeductiva. S'alterna la introducció de conceptes (problema, hipòtesi, variables, control, rèpliques, tractament...) amb la presentació de situacions de recerca de naturalesa diversa. Finalment es fa una introducció bàsica al tractament dels resultats per tal d'elaborar conclusions fiables.

2. Una travessa pel bosc

Seguirem els passos d'un grup d'estudiants de 2n de Batxillerat que fa una sortida per un entorn natural proper a una gran ciutat. L'estudi de l'estructura del bosc mediterrani introdueix la diversitat de la vida i els seus grans grups, així com els elements que integren els ecosistemes, amb un èmfasi especial en les relacions entre els organismes. Un petit embassament permet comparar aquest ecosistema amb els boscos. Al final del recorregut, la travessa d'una zona de bosc cremada i l'observació d'una plaga i d'una espècie invasora introdueixen les pertorbacions que sovint experimenten els ecosistemes i la seva evolució.

3. L'hort de l'avi

Es parteix d'un hort casolà com a context per diferenciar l'entrada d'energia als sistemes naturals: la fotosíntesi i la quimiosíntesi. S'estudia el procés de la fotosíntesi, les diferents fases d'aquesta, els compartiments cel·lulars on es produeixen i les biomolècules que hi intervenen. El context permet aprofundir en diferents aspectes de l'ecologia: sobre les relacions alimentàries, el trànsit d'energia, la biomassa, la producció i el cicle de la matèria als ecosistemes.

4. Del plat a la cèl·lula

La comparació del que mengen persones de diferents parts del món serveix per analitzar els components moleculars dels aliments, estudiar els aliments transgènics i seguir les transformacions que aquests components moleculars experimenten mentre avancen pel tub digestiu i arriben a les cèl·lules. D'aquesta manera s'aprofundeix en l'estudi de les biomolècules, de la fisiologia de la digestió i del transport a través de les membranes. També s'introdueixen conceptes bàsics de metabolisme, que seran ampliats en la unitat següent.

5. Ràpids o resistents?

El treball muscular que es duu a terme en situacions de lluita, persecució i fugida, que sovint determinen la supervivència, permet plantejar i contestar preguntes com ara: d'on s'obté l'energia que requereix el treball muscular?, quins són els substrats energètics necessaris per fer diferents tipus d'exercici?, desenvolupa el mateix tipus de múscul un fondista que un velocista?, quines vies catabòliques utilitzen preferentment? Per respondre aquestes preguntes, es proposa un context relacionat amb situacions –primer, d'alta velocitat, i després, de llarga durada– que ajudarà a conèixer i estudiar les rutes metabòliques més importants.

6. Bacteris o virus?

La intenció d'una dona de prendre un antibiòtic perquè té mal de gola i la negativa d'un farmacèutic a vendre-l'hi sense prescripció mèdica ens introdueixen a la microbiologia. Es revisen les característiques dels principals agents infecciosos: bacteris i virus. S'estudien els antibiòtics des del punt de vista ecològic i mèdic: funcions a la natura i mecanismes d'acció. S'aborda el problema de la resistència bacteriana a aquestes substàncies i la seva ineficàcia davant d'infeccions víriques. Finalment, es descriuen els mecanismes de defensa del nostre cos davant les infeccions, els tipus d'immunitat i els tractaments preventius.

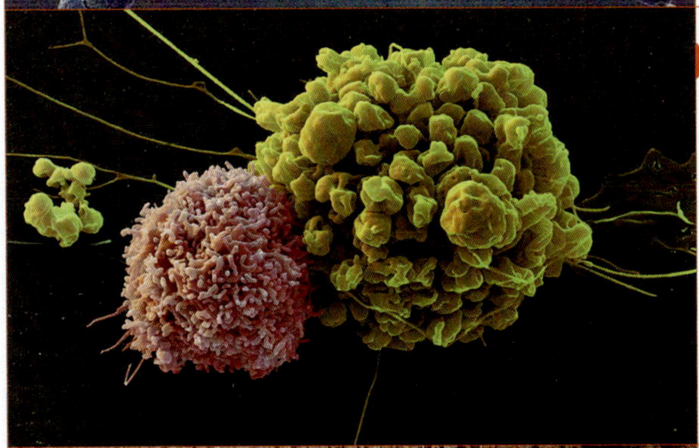

7. Quan les cèl·lules perden el control

El fil conductor de la unitat parteix del dilema en què es troba una noia de divuit anys que ha de decidir fer-se una prova per saber si ha heretat una mutació familiar que predisposa al càncer de mama. Al llarg de la unitat va analitzant tota la informació proporcionada per la seva tia, que va patir la malaltia. Aprofundirà –amb l'ajut de la seva exprofessora de Biologia– en diferents aspectes de citologia, genètica mendeliana, genètica molecular, així com en les tècniques biotecnològiques que es fan servir per diagnosticar, prevenir i combatre aquest càncer familiar.

8. Qui som? D'on venim?

El desembre del 2002, un equip de paleoantropòlegs de l'Institut Català de Paleontologia feia una troballa extraordinària al jaciment del barranc de Can Vila (Hostalets de Pierola): el crani d'un homínid d'uns 13 milions d'anys que, d'aleshores ençà, és conegut familiarment com a Pau. La descoberta permet resseguir les evidències que avalen el fet evolutiu, discutir els mecanismes que en són responsables a la llum dels coneixements actuals i revisar el procés evolutiu de la nostra espècie.

1 LA INVESTIGACIÓ

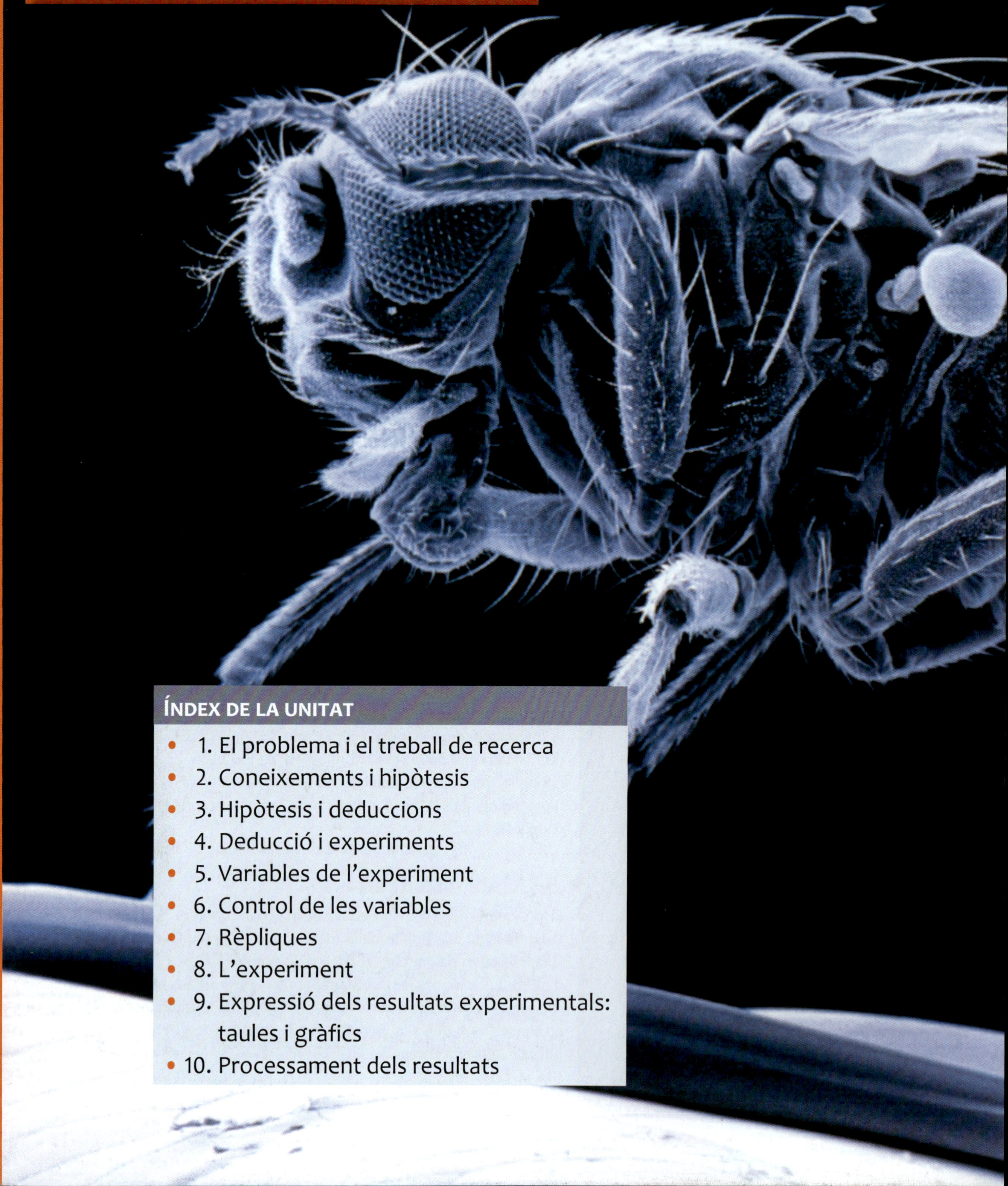

ÍNDEX DE LA UNITAT

- 1. El problema i el treball de recerca
- 2. Coneixements i hipòtesis
- 3. Hipòtesis i deduccions
- 4. Deducció i experiments
- 5. Variables de l'experiment
- 6. Control de les variables
- 7. Rèpliques
- 8. L'experiment
- 9. Expressió dels resultats experimentals: taules i gràfics
- 10. Processament dels resultats

La ciència és un gran catàleg de coneixement sobre el món i el seu funcionament. També és un instrument en mans de la societat, que serveix tant per intervenir en la millora de la qualitat de vida de les persones com en el disseny i la construcció d'armament sofisticat.

Però també és un procediment per produir idees i explicacions sobre els fenòmens naturals tot posant-les a prova per avaluar-ne la validesa. Aquest procediment implica processos creatius, de reflexió i d'investigació.

En Lluís és un estudiant de 1r de Batxillerat i ja està acabant el treball de recerca. Com que li interessen les ciències biomèdiques, tenia clar que volia fer una recerca en aquest camp. Potser la diabetis de la seva àvia el va fer interessar en el metabolisme de la glucosa, en la insulina, en la glucèmia...

Idees i context

- **Problema:** situació per a la qual no tenim una resposta prou contrastada.
- **Hipòtesi:** resposta temptativa al problema (un intent de resposta), que deriva dels nostres coneixements.
- **Investigació:** procés de descobriment de nou coneixement.
- **Recerca experimental:** procés d'investigació en què s'altera un factor o més d'un per tal d'estudiar quina influència té en un altre factor.
- **Estudi descriptiu:** procés d'investigació en què s'analitza un fenomen sense tractar d'influir-hi.
- **Conclusions:** interpretació dels resultats amb la intenció de validar o refutar la hipòtesi que guia la investigació.

Comença pensant

Els processos d'investigació lligats al coneixement científic sovint inclouen recerques experimentals, en les quals s'involucren un conjunt d'accions intel·lectuals i de caràcter pràctic dirigides a determinar la validesa del coneixement que es posa a prova en la recerca.

- Què és un experiment? Quins tipus d'experiments coneixes?
- Per què són importants les hipòtesis? Quin paper tenen en el disseny d'un experiment?
- Quina diferència hi ha entre els resultats d'un experiment i les conclusions que se n'extreuen?
- Quins tipus de raonament estan involucrats en el pensament científic?

1. El problema i el treball de recerca

En Lluís recorda perfectament com va anar sorgint la idea del seu treball de recerca. Té molt present la classe en la qual es va tractar el significat de la glucèmia i el paper de la insulina. La malaltia de l'àvia ja l'havia introduït en aquest tema. Més endavant, el treball sobre l'índex glucèmic i la càrrega glucèmica d'un aliment el va interessar molt. I finalment el dia que, tot esmorzant, va mirar l'etiqueta que duia aquell sobre amb quatre galetes.

«Menjar-me quatre galetes segur que influeix en la meva glucèmia», va pensar aquell dia. «Però, com hi influeix?».

I mentre es menjava la segona galeta, va comentar a la Laura:

–Segur que aquesta galeta t'afecta més a tu que a mi.

–No es parla amb la boca plena... Que no t'ho han ensenyat? –li va contestar la Laura tot rient.

Tota recerca parteix d'un **problema**, una curiositat o situació d'incertesa. De fet, és una pregunta que encara no té resposta. En ciència, els problemes s'acostumen a basar en les relacions entre fenòmens o factors de la naturalesa. Per això, tot i que no hi ha un camí «correcte» per definir un problema, podem acceptar que, en general, s'ha de definir com una qüestió que busca la relació entre diversos fenòmens o factors.

Normalment, preguntes generals com ara *quina és la causa de l'Alzheimer?* no poden ser abordades en una sola recerca. La major part d'investigacions se centren en preguntes més específiques, del tipus *l'Alzheimer pot tenir una component genètica?* o *l'estimulació de la ment pot retardar l'aparició de l'Alzheimer?*

Sembla especialment interessant fer l'esforç de plantejar els problemes d'acord amb les formulacions següents perquè en la formulació del problema ja figuren alguns factors (indicats en cursiva) dels quals volem estudiar la relació que mantenen:

- Influeix l'*herència* en el fet de *contreure la malaltia de l'Alzheimer*?
- Hi ha relació entre l'*estimulació de la ment* i *els primers símptomes de la malaltia de l'Alzheimer*?

Una bona part de la solució consisteix en l'habilitat de definir exactament el problema. Definit un problema, l'investigador dissenya estudis o experiments per obtenir resultats que el puguin ajudar a trobar o verificar respostes.

ACTIVITATS

Galetes

Aquesta és l'etiqueta del sobre de galetes que en Lluís es menjava per esmorzar:

GALETES DE SÈSAM AMB MEL, RIQUES EN FIBRA

INGREDIENTS: farina integral de **blat**: 32 %; farina de blat, oli de nabina, sucre integral de canya, fructooligosacàrids: 6,6 %; mel multifloral: 5,2 %; **sèsam**: 5,2 %; boletes de cereals: 3,6 % (farines d'arròs, **civada**, **blat**, **sègol** i blat de moro; proteïnes de **llet**, xarop de malta d'**ordi** i sal); aroma natural de vainilla, gasificants: tartrats de potassi, carbonats de sodi i de potassi, i sal marina.
Conté gluten.
Elaborat en una fàbrica que fa servir ous, tramussos, soja i fruits amb closca.

INFORMACIÓ NUTRICIONAL

		per cada 100 g	1 galeta (10 g)			per cada 100 g	% VRN*	1 galeta (10 g)	% VRN*
VALOR ENERGÈTIC	kJ	1884	188	FIBRA					
	kcal	450	45	ALIMENTÀRIA	g	12,0	–	1,2	–
GREIXOS	g	17,0	1,7	PROTEÏNES	g	8,2	–	0,8	–
dels quals saturats	g	1,7	0,7	SAL	g	0,31	–	0,03	–
HIDRATS DE CARBONI	g	60	6,0						
dels quals sucres	g	17	1,7						

*VRN = Valors de Referència de Nutrients

1. Què és la glucèmia? Què té a veure amb aquesta etiqueta?
2. Segons la informació nutricional, quants hidrats de carboni proporcionen quatre galetes? Quina relació creus que pot tenir aquest fet amb la glucèmia? Què creus que succeiria amb la glucèmia si mengessis sis galetes en lloc de quatre? Explica-ho.
3. L'índex glucèmic de les galetes com les de l'etiqueta és de 65. Busca què significa aquesta dada i anomena un parell d'aliments amb un índex glucèmic més alt.
4. Què és la insulina? Investiga quina funció fa i quin mecanisme d'actuació té.

Problemes

1. Formula tres o quatre problemes en relació amb el treball de recerca d'en Lluís. Mira d'identificar diversos factors en la situació explicada i construeix una pregunta que intenti relacionar-los.

En Lluís estava decidit a fer el treball de recerca sobre la glucèmia. No es volia limitar a descriure què era la glucèmia i quina era l'acció de la insulina. Havia de ser un treball experimental, havia de fer mesures de la glucèmia. Primer va pensar a estudiar els efectes dels aliments amb un índex glucèmic diferent. Després es va decidir a fer servir el mateix aliment per a unes quantes persones: podia comparar la resposta de diverses persones a una mateixa ingesta d'aliment, les galetes! Aleshores va veure que hi podia haver homes i dones en la població estudiada i va pensar en algunes preguntes relatives al *sexe* i a la *massa corporal* de la persona en relació amb la glucèmia i la ingesta de les galetes.

Tipus de recerca

Podem distingir, en general, dues menes d'investigacions:

- En una **recerca experimental**, la persona que investiga altera un factor o més d'un per tal d'estudiar la influència que té en un altre factor.
- En un **estudi descriptiu** s'analitza un fenomen sense tractar d'influir-hi, o es mira com és o s'hi fan unes mesures directes sense modificar res.

Una investigació en la qual volem aïllar i determinar la influència d'un sol factor en un fenomen és una **investigació unifactorial**. *Influeix el sexe en...?*, és una recerca unifactorial. N'hi ha de **bifactorials** o **multifactorials**. *Influeix el sexe i l'edat en...? L'edat d'iniciar-se en el tabac i el període d'anys que una persona ha fumat tenen a veure amb...?* En aquestes situacions fem una recerca o un estudi perquè estem interessats a determinar com influeixen diversos factors en un fenomen determinat. El disseny de la investigació es fa més complex i cal fer un tractament de les dades acurat i consistent, d'acord amb els factors que s'estan investigant.

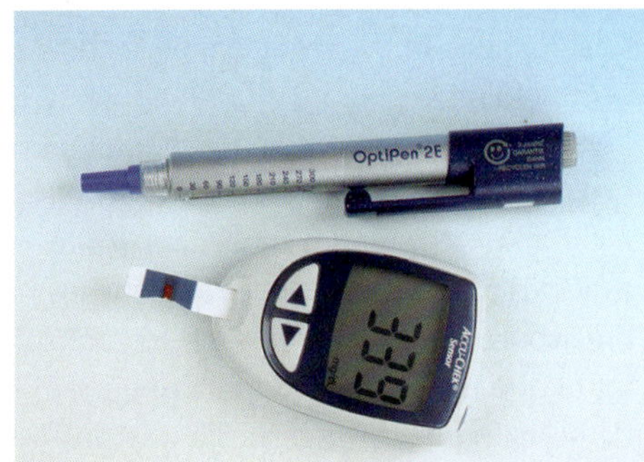

Instruments per a la mesura de la glucèmia.

ACTIVITATS

Treball experimental o estudi descriptiu?

1. Llegeix els dos casos que segueixen. De quin tipus d'investigació es tracta? Explica-ho.

   A. Un preparador físic vol provar l'efectivitat d'un complement nutricional sobre el rendiment dels atletes. Aleshores fa dos grups aleatoris entre els joves que entrena i els subministra un preparat que han de dissoldre en aigua i beure cada dia amb l'esmorzar. Els atletes no saben que un dels grups pren aigua amb una mica de sucre, mentre que l'altre pren el veritable complement.

   El preparador ha decidit avaluar la capacitat física abans d'iniciar aquest tractament i sis setmanes després d'haver-lo iniciat.

   B. Un investigador vol saber per quina raó les persones d'una comunitat tenen un índex més alt de casos de càncer de pulmó en comparació amb els d'una segona comunitat. Per trobar l'explicació de la diferència en aquest índex entre les dues comunitats, elabora una enquesta amb preguntes sobre l'estil de vida, relatives a l'alimentació, activitats de lleure, consum d'alcohol i tabac... També recull informació dels índexs de contaminació, els tipus d'indústries properes a les poblacions...

   Quan disposa de tota la informació, analitza les diferències entre el conjunt de dades que ha recollit.

2. Amb la informació disponible, formula quin és el problema que creus que vol investigar en Lluís en el seu treball de recerca. Explica si es tracta d'un treball experimental o d'un estudi descriptiu, i també si és unifactorial o multifactorial. Justifica les respostes.

2. Coneixements i hipòtesis

Com afecten el sexe i la massa corporal a la variació de la glucèmia? En aquesta pregunta pensava en Lluís després de donar-hi voltes a la seva recerca. La motivació pel seu treball i els consells del seu tutor de recerca el van portar a documentar-se. Així va aprendre com afecta la ingesta de carbohidrats a la glucèmia, quins són els valors normals, quines hormones estan relacionades amb la regulació de la concentració de la glucosa a la sang, i com i quan hi intervenen. Va consultar algunes recerques similars a la que ell volia fer, i així va aprendre molt, tant sobre aspectes relatius a la glucèmia com sobre aspectes experimentals. De fet, amb tot el que havia après ja tenia una idea de quina podia ser la resposta a la seva pregunta: ja tenia una hipòtesi.

Un cop definit el problema, l'investigador planifica una recerca experimental o un estudi descriptiu, segons el que consideri que s'ajusta més a la resolució de la pregunta que dirigeix la recerca.

De vegades, quan es comença una recerca, els investigadors o investigadores no tenen gaire clar quina pot ser la solució o possible explicació al problema que s'han plantejat. Però acostuma a passar que abans que un científic o científica comenci a investigar ja espera trobar una explicació concreta al problema. L'explicació esperada s'anomena **hipòtesi**. La persona que investiga fa servir els seus coneixements previs, dades i informacions a les quals accedeix, raonaments i intuïcions per elaborar una hipòtesi.

No hi ha cap mètode, no hi ha regles, per formular «bones» hipòtesis. Però, això sí, la hipòtesi ha de ser coherent amb el problema. Igualment, tot i que estrictament no sigui necessari, és convenient començar la hipòtesi amb la paraula «potser», ja que ajuda a mostrar-ne el caràcter temptatiu.

Les hipòtesis científiques, a més de raonables –i, per tant, tenir una explicació–, s'han de poder verificar per mitjà d'una prova o un experiment. Aquest aspecte final és prou important, ja que delimita el que és científic del que no ho és. Una hipòtesi, tot i que sigui agosarada, estranya o absurda, serà científica si pot ser avaluada a través d'un recerca. Una hipòtesi no científica és aquella que no es pot posar a prova (*potser la posició dels astres influirà en el meu futur, potser la sort afavoreix viure molts anys...*).

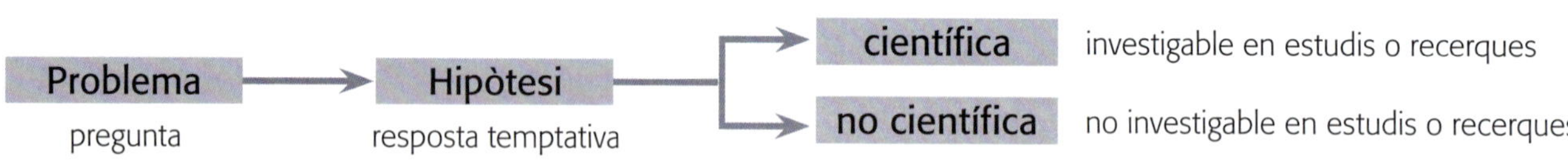

ACTIVITATS

La hipòtesi d'en Lluís

En Lluís, sense adonar-se'n, va anar construint una resposta en la seva ment: *potser la variació de la glucèmia és independent del sexe i de la massa corporal.*

1. Escriu el problema que s'ha plantejat en Lluís en la seva recerca i, a sota, la hipòtesi que ha formulat.
2. Detalla quins són els factors entre els quals en Lluís vol trobar o descartar una relació.
3. Per quina raó podem considerar que la hipòtesi que ha formulat en Lluís és científica?
4. Series capaç de formular altres hipòtesis per al problema que investiga en Lluís que mantinguin el caràcter científic?
5. La Laura ha decidit investigar el problema següent: hi ha bacteris a l'orina de les persones sanes? Formula un parell d'hipòtesis científiques amb relació al problema que investiga la Laura.

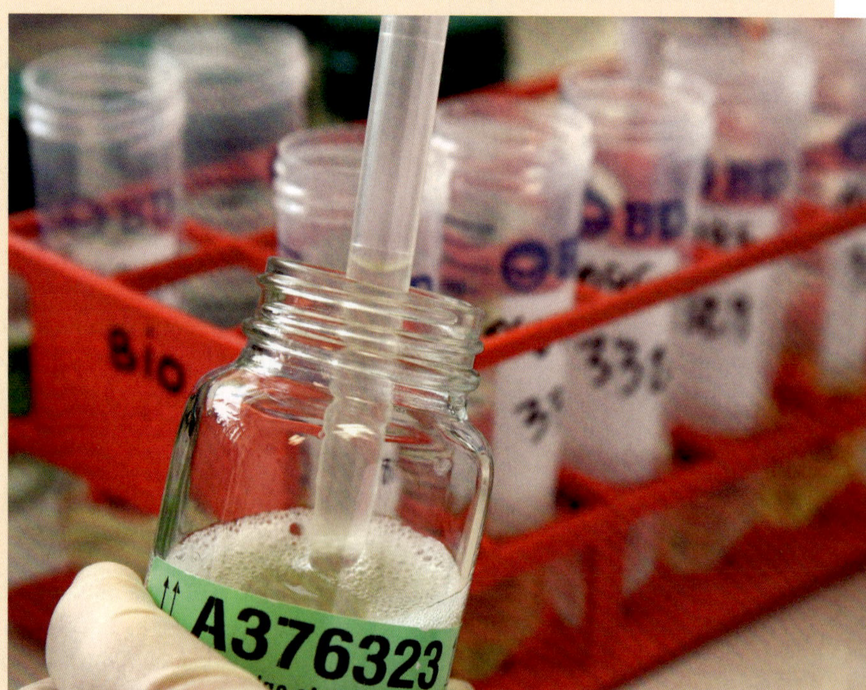

Anàlisi i estudi de l'orina.

3. Hipòtesis i deduccions

Les hipòtesis permeten fer raonaments lògics que faciliten el disseny de les recerques o dels estudis. Gràcies a les hipòtesis, es poden planificar experiments o observacions que ens proporcionen informació per tal de respondre la pregunta plantejada. Les hipòtesis permeten construir un raonament deductiu a partir del qual es pot formular una predicció del que resultarà en un experiment o es trobarà en una observació. Analitzem la construcció d'aquest raonament:

Sal comuna o de taula.

La pressió arterial és la pressió exercida per la sang a les parets dels vasos sanguinis. La hipertensió arterial és una malaltia crònica consistent en una elevació persistent de la pressió arterial, per sobre dels 140/90 mmHg; s'associa amb diversos esdeveniments cardiovasculars, com ara l'aterosclerosi arterial o la insuficiència cardíaca. Hi ha relació entre la *quantitat de sodi present a la dieta i l'estat d'hipertensió*?

En aquesta formulació del problema hi ha presents dos factors que es volen relacionar. Així, davant el problema *Hi ha relació entre la quantitat de sodi present a la dieta i l'estat d'hipertensió?* és possible formular una hipòtesi científica, que es pugui verificar en un estudi o una recerca: *potser una dieta pobra en sodi afavoreix la regulació de la pressió arterial*. Analitzem l'afirmació que conté aquesta hipòtesi:

Si una persona consumeix aliments que fan una moderada aportació de sodi, podríem esperar, en cas que la hipòtesi fos certa, uns valors normals de la pressió arterial (no hipertensió).

Quin és el raonament deductiu? Observem l'esquema següent:

Si [hipòtesi] (certa), aleshores...

Si [fem una acció], aleshores obtindrem [un resultat].

I ara apliquem-ho al cas de la relació entre la sal a la dieta i la hipertensió:

Si [una dieta pobra en sodi afavoreix la regulació de la pressió arterial], aleshores...
HIPÒTESI

Si [una persona consumeix poc sodi amb la dieta], aleshores obtindrem [valors normals de la pressió arterial].
FEM UNA ACCIÓ — RESULTAT

Els científics i científiques acostumen a formular hipòtesis segons els seus coneixements en el marc de les teories científiques vigents. Les proves que fan, els experiments i estudis, serveixen per determinar si una hipòtesi és vàlida o és errònia. Sovint per explicar determinats fenòmens és possible formular més d'una hipòtesi. Si els resultats obtinguts en una recerca no estan d'acord amb la hipòtesi que ha inspirat el seu disseny, si les prediccions no es compleixen, s'hauria de descartar com a explicació al problema i explorar altres hipòtesis alternatives per trobar l'explicació.

ACTIVITATS

Prediccions

1. Analitza el raonament deductiu, l'esquema teòric i l'aplicació al cas de la sal i la hipertensió. Per quina raó diem que la hipòtesi permet fer prediccions?
2. Suposem la hipòtesi següent: *potser una dosi de 400 mg d'ibuprofè és suficient per eliminar el mal de cap d'un adult*. Elabora'n el raonament deductiu. Quina és la predicció que inclou la hipòtesi?
3. La Laura ha formulat la hipòtesi següent: *potser l'orina d'una persona sana conté menys de 50 000 bacteris per cada mil·lilitre (mL) d'orina*. Elabora'n el raonament deductiu. Quina és la predicció que inclou la hipòtesi?
4. Escollim una part de la hipòtesi d'en Lluís: *potser el sexe de les persones no influeix en la variació de la glucèmia*. Elabora'n el raonament deductiu. Quina és la predicció que inclou la hipòtesi?

4. Deducció i experiments

«Potser la variació de la glucèmia és independent del sexe i de la massa corporal», pensava en Lluís.

*«**Si** el sexe i la massa corporal no influeixen en la variació de la glucèmia, **llavors** si un grup de nois i noies, amb diferents masses corporals, ingereixen un mateix aliment, **aleshores obtindrem** una variació de la glucèmia igual o molt semblant»*, va pensar. *«Això és, aquesta és la meva deducció!»*

Una deducció, un **raonament deductiu**, permet elaborar una conseqüència lògica d'una hipòtesi. En cas que la hipòtesi sigui certa, es pot fer una predicció del que passarà quan fem una acció. És a dir, segons quina acció fem, esperem obtenir un resultat.

La primera part del raonament deductiu descriu l'acció que haurem de fer per verificar la hipòtesi. La segona part, en canvi, descriu el que observarem, els resultats que s'esperen de l'acció, en cas que la hipòtesi sigui encertada. És fàcil veure que l'acció no és més que l'experiment o estudi que cal fer per comprovar si la hipòtesi és certa.

Analitzem-ho en un cas; per exemple, el de dos germans que estan preocupats per una planta que tenen a la galeria de casa seva: té molt mal aspecte, amb les fulles caigudes d'un color verd molt apagat. Han trobat la planta plena d'uns petits insectes. La primera pregunta, que va ser «quina és la causa del mal aspecte de la planta?», es va transformar en «són *els insectes* els causants del *mal aspecte de la planta?*».

Pugó en una planta.

I és clar, la hipòtesi ja planeja en el problema: *potser els insectes són els causants del mal aspecte de la planta?*

La hipòtesi sembla raonable, està ben formulada i, a més, és investigable. Però com podem saber si els insectes són la causa del mal estat?

- El problema: Són *els insectes* els causants del *mal aspecte de la planta?*
- La hipòtesi: *Potser els insectes són els causants del mal aspecte de la planta.*

El raonament deductiu és el següent:

Si *els insectes són els causants del mal aspecte de la planta,* **llavors si** *eliminem els insectes amb un insecticida apropiat,* **aleshores obtindrem** *que la planta recupera el bon aspecte.*

El raonament deductiu inclou la formulació de la hipòtesi i una segona part on es detalla una acció que cal dur a terme i el corresponent resultat esperat.

Acció que cal dur a terme: eliminar els insectes amb un insecticida apropiat.

Resultat esperat: recuperació del bon aspecte.

L'acció és una descripció de l'experiment que hem de dur a terme per verificar o descartar la nostra hipòtesi; en aquest cas, aplicar un insecticida apropiat per eliminar els insectes. Per tant, si la deducció es formula correctament, l'experiment es pot planificar o dissenyar a partir d'aquesta deducció.

ACTIVITATS

La deducció d'en Lluís

Si el sexe i la massa corporal no influeixen en la variació de la glucèmia, **llavors** si un grup de nois i noies, amb diferents masses corporals, ingereixen un mateix aliment, **aleshores obtindrem** una evolució de la glucèmia igual o molt semblant.

1. Quina és l'acció? Quin és el resultat esperat?
2. Quin serà l'experiment en aquesta recerca?

5. Variables de l'experiment

Les **variables** són els factors que influeixen en els resultats d'un experiment. Si analitzem com es multipliquen els microorganismes en un medi de cultiu, podem identificar un munt de variables, de factors que hi incideixen: la composició del medi nutritiu, el tipus de microorganisme i el seu ritme de divisió, la temperatura, la humitat, el temps que dura l'experiment... Alterar aquests factors influeix en els resultats que s'obtenen a l'experiment. Tots aquests factors són les variables de l'experiment. En una investigació unifactorial, totes les variables de l'experiment excepte una, aquella de la qual es vol conèixer quins efectes té, es fixen, és a dir, es mantenen constants en les diverses parts de l'experiment.

Així, si volem analitzar com influeix la temperatura en el ritme de multiplicació dels microorganismes, la resta de variables, com ara el medi nutritiu, el tipus de microorganisme, el temps que duri l'experiment, etc., han de ser les mateixes en les diferents proves que es facin. Tots els medis de cultiu han d'estar sotmesos a les mateixes condicions. L'única variable que no es manté constant és aquella que estem interessats a investigar com influeix: la temperatura.

Aquesta manipulació de les condicions es fa per assegurar-se que les variacions que potser observarem en la multiplicació bacteriana són causades únicament per les variacions de temperatura; per tant, ens hem d'assegurar que totes les altres condicions que envolten els medis de cultiu són idèntiques.

La variable sobre la qual l'investigador actua, que altera per analitzar com influeix en un determinat procés (en l'exemple anterior, la temperatura), s'anomena **variable independent**. La variable independent està clarament explicitada a l'acció del raonament deductiu.

El factor que observarem, que pot variar com a resultat dels canvis introduïts en la variable independent (en el nostre cas, el ritme de multiplicació), s'anomena **variable dependent**. La variable dependent s'explicita clarament en el resultat esperat del raonament deductiu.

Normalment, per determinar la influència de la variable independent, el que es fa és donar diferents valors a aquesta variable en diferents proves. Així, se sotmeten uns quants medis de cultiu a temperatures diferents (per exemple, 15, 20, 25, 20, 35° C). Cadascun dels experiments en què es dona un valor diferent a la variable independent s'anomena **tractament**. En els experiments qualitatius, en què s'analitza la influència d'un factor que hi és o no hi és, el tractament és molt simple («amb i sense»). En altres casos, com hem explicat, es donen diferents valors a la variable de la qual s'investiga la seva influència.

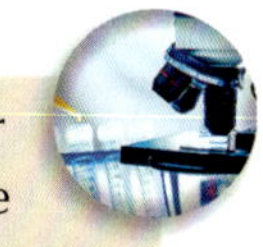

En Lluís ja sap que ha de dissenyar un experiment. S'ha adonat que en un experiment hi ha un factor que ha d'anar modificant i analitzar tot seguit les conseqüències de les modificacions sobre un altre factor. Així podrà investigar la relació que mantenen. El seu tutor, després de parlar-ne, li ha aclarit que els factors s'anomenen *variables*.

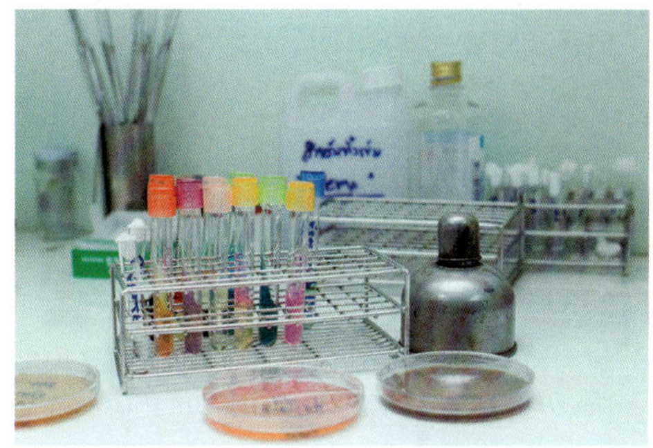

Anàlisis amb diferents microorganismes.

ACTIVITATS

Variable independent i dependent

1. Analitza el raonament deductiu dels problemes següents:

   a) Hi ha relació entre la quantitat de sodi present a la dieta i l'estat d'hipertensió?

   b) Són els insectes els causants del mal aspecte de la planta?

   • Identifica en els respectius raonaments quines seran la variable independent i la variable dependent.

2. Fes el mateix en el raonament deductiu d'en Lluís.

3. En aquesta investigació, en el cas de la variable independent *sexe*, de quin tipus és el tractament que es farà a l'experiment?

En Lluís vol posar fil a l'agulla. «Cal concretar el disseny de la recerca», pensa. S'ha adonat que el seu problema inclou l'anàlisi de la influència de dos factors sobre un tercer. Els dos factors són el sexe i la massa corporal, i ell creu que no tenen cap influència sobre el tercer factor, la variació de la glucèmia. Ara creu que ha de fer una síntesi del que ja ha fet. I escriu:

Problema: *Com afecten el sexe i la massa corporal sobre la variació de la glucèmia?*

Hipòtesi: *Potser la variació de la glucèmia és independent del sexe i de la massa corporal.*

Raonament deductiu: ***Si*** *el sexe i la massa corporal no influeixen en la variació de la glucèmia,* ***llavors*** *si un grup de nois i noies, amb diferents masses corporals, ingereixen un mateix aliment,* ***aleshores obtindrem*** *una evolució de la glucèmia igual o molt semblant.*

Variables independents: *la massa corporal i el sexe de les persones.*

Variable dependent: *la variació de la glucèmia.*

–Més o menys ja està clar! –exclama.

6. Control de les variables

Per arribar a conclusions vàlides i fiables, en ciència es dissenyen els experiments amb molta cura i prudència. Primer s'identifiquen i es defineixen les variables. Després es decideix el control apropiat per a l'experiment; no es pot pensar en un experiment sense control. El **control** és el conjunt de mesures que s'han de prendre per assegurar-nos que els resultats (la modificació de la variable dependent) són deguts només al tractament de la variable independent.

En un experiment es fixa el valor de totes les variables que poden influir en els resultats, excepte aquella de la qual el científic o científica vol saber els efectes, és a dir, la variable independent. El control consisteix a canviar només el valor de la variable independent en els diferents tractaments (mantenint constants les variables controlades).

Quan una recerca es basa en un experiment del tipus «amb i sense», la prova en la qual no és present el factor que actua com a variable independent és el control de l'experiment. Si s'investiga, per exemple, l'eficàcia d'un fàrmac, s'utilitza l'anomenat *control per placebo*. A un grup de la mostra, se li administra el fàrmac que s'experimenta, i a l'altre se li dona una substància innòcua sense el principi actiu del fàrmac.

Per evitar desviacions provocades per qui investiga, es fa servir la tècnica del *doble cec*. En aquests casos, ni els subjectes d'estudi ni l'experimentador saben a quin grup pertanyen els subjectes (quin grup pren el fàrmac i quin grup pren el placebo) durant el procés d'experimentació.

L'assignació a l'atzar per formar els grups, el control per placebo i el doble cec formen part del conjunt de tècniques de control. L'existència de control és la diferència entre una recerca experimental i un estudi descriptiu. En una recerca experimental, la persona que investiga altera un factor o més d'un, fa un experiment, per determinar quina relació mantenen aquests factors, les variables independent i dependent. En un estudi descriptiu, o quan només s'han de fer unes mesures directes, s'estudia un fenomen sense tractar d'influir-hi. En aquest cas no es dissenya un control.

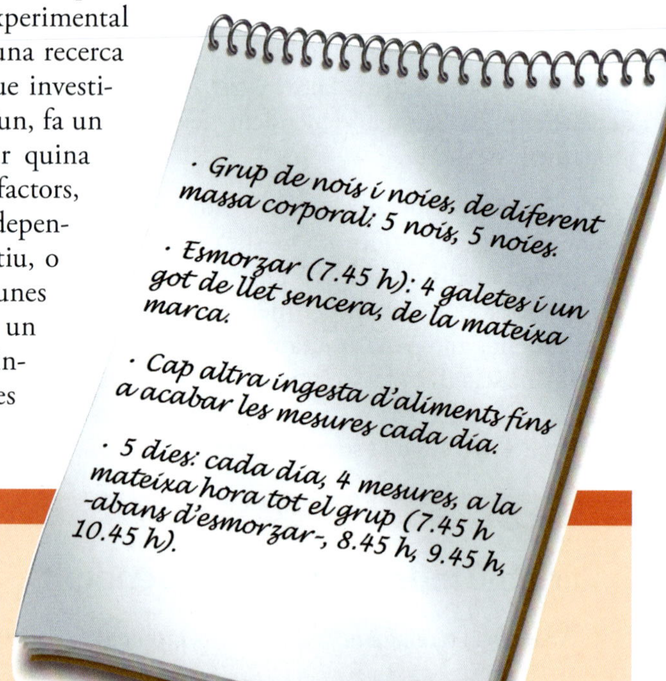

ACTIVITATS

El control de l'experiment

Al quadern de treball d'en Lluís podem llegir:

- Grup de nois i noies, de diferent massa corporal: 5 nois, 5 noies.
- Esmorzar (7.45 h): 4 galetes i 1 got de llet sencera, de la mateixa marca.
- Cap altra ingesta d'aliments fins a acabar les mesures cada dia.
- 5 dies: cada dia, 4 mesures, a la mateixa hora tot el grup (7.45 h –abans d'esmorzar–, 8.45 h, 9.45 h, 10.45 h).

1. Aquesta investigació que fa en Lluís és un recerca experimental o un estudi descriptiu? Per què?

2. Quin és el control en aquest experiment?

3. Fes una llista dels factors que podrien alterar els resultats de l'experiment. Els ha tingut en compte en Lluís?

7. Rèpliques

En una recerca es volen obtenir resultats fiables que permetin elaborar conclusions definitives. Si repetim un experiment diverses vegades, difícilment obtindrem els mateixos resultats exactes. Les causes són els **errors experimentals** i la **variabilitat biològica**.

Tipus d'errors experimentals

Els **errors aleatoris** es produeixen a l'atzar; per exemple, una mateixa pipeta pipeteja en una mesura el 10 % més del valor real; a la següent, el 7 % menys... La naturalesa aleatòria fa que aquests errors es puguin corregir fent rèpliques de la mateixa mostra i calcular la mitjana dels valors obtinguts. Les diverses rèpliques donaran valors diferents entre ells, però la mitjana s'assemblarà al valor real.

Els **errors sistemàtics** depenen dels aparells de mesura o de com els utilitza la persona que investiga. Aquestes errades es produeixen sempre en el mateix sentit; per exemple, la pipeta pipeteja sempre el 6 % més del valor real. Les rèpliques s'assemblaran molt entre elles, però la mitjana no s'ajustarà gaire al valor real. Del fet que diferents rèpliques s'assemblin entre elles, se'n diu **precisió**. De la semblança amb el valor real (quasi sempre desconegut, menys en els casos de controls interns) se'n diu **exactitud**.

Així, un error aleatori genera poca precisió, però es pot aconseguir molta exactitud amb les rèpliques; un error sistemàtic fa que hi hagi molta precisió, però poca exactitud.

En molts experiments en què intervenen éssers vius, hi ha una dificultat inherent a l'objecte que s'investiga, donada la **variabilitat** que presenten els organismes de la mateixa espècie. Per exemple, si desitgem mesurar la resposta del ritme cardíac de les persones davant de situacions d'estrès, els resultats gairebé mai coincidiran, tot i que es tracti de persones de la mateixa edat, sexe, estil de vida... Això és degut a la variació natural entre els individus.

Fent servir una mostra representativa i repetint l'experiment més d'una vegada, s'aconsegueix disminuir la possibilitat que apareguin els errors per accident o casuals.

En els experiments quantitatius, en què es treballa amb variables numèriques (com ara la mida, la quantitat, el pes, etc.), l'experiment s'ha de repetir i processar els resultats, bé sigui per eliminar valors extrems o bé per fer un processament estadístic. Per això, quan dissenyem un experiment, és desitjable pensar quantes vegades es repetirà. D'aquestes repeticions de l'experiment en idèntiques condicions en diem **rèpliques**.

Tots iguals, tots diferents.

ACTIVITATS

Control i rèpliques

1. Una investigadora vol resoldre la qüestió següent: quin efecte tenen tres hormones del creixement –A, B i C– en la maduració dels maduixots? Ha escollit 20 maduixots acabats de collir, una mica verds, i ha format 4 grups de 5 maduixots cada un. Ha col·locat cada grup de maduixots en una bossa porosa i ha submergit cada bossa en un recipient que conté una dissolució: la bossa a en una dissolució que conté l'hormona A; la bossa b en un recipient amb la dissolució de l'hormona B; la bossa c en la dissolució de l'hormona C; i la bossa d en aigua sense hormones. Totes les bosses estan juntes en una zona ombrejada i ben ventilada. Al cap de tres dies, la investigadora compara els maduixots per determinar quins estan més madurs a partir del color vermell de la pell. Quin ha estat el control en aquest experiment? Hi ha rèpliques?

2. En un estudi sobre la capacitat d'adaptació dels peixos tropicals en un aquari, han decidit investigar si els peixos d'una espècie poden sobreviure en aigua amb baixa salinitat. Per això han escollit dos exemplars i els han traspassat a l'aquari amb aquest tipus d'aigua. Els peixos han mort després d'un període curt, amb la qual cosa conclouen que els peixos no s'adapten. Com podem valorar aquest experiment i les conclusions? Explica-ho.

Dos exemplars de *Corydoras julii* dins d'un aquari.

8. L'experiment

En Lluís sap que els experiments han de ser èticament acceptables; per exemple, no es poden fer experiments que causin patiment o dany físic o moral a les persones (i als animals només en casos molt justificats). Sap que no pot obligar ningú a participar en el seu experiment i que haurà d'informar dels possibles riscos a les persones que ho acceptin. Així, ha dissenyat l'experiment següent:

A les 7.45 h, durant 5 dies (de dilluns a divendres), 10 persones (5 nois i 5 noies) faran, en dejú, un primer control de glucèmia.

Tot seguit esmorzaran 4 galetes (ell mateix ha proporcionat els 5 paquets amb les 4 galetes a cadascuna de les persones) i un got de llet sencera (200 mL). També els ha proporcionat un bric de llet d'1 L de capacitat de la mateixa marca.

Es faran tres mesures més de la glucèmia a intervals d'una hora (8.45, 9.45, 10.45).

S'ha demanat als participants que no ingereixin cap aliment diferent de l'esmorzar mentre dura el període de recollida de mostres. També se'ls ha demanat que no facin cap activitat física intensa en el mateix període. Els resultats s'anotaran en un full de càlcul.

Una recerca és una tasca empírica que es duu a terme en temps real, en un període concret i en un context específic, normalment un laboratori o un entorn natural. Els resultats que se n'obtenen i les observacions que s'hi fan són fets reals.

Des d'aquest punt de vista, no distingeix entre informació observacional –pròpia dels estudis descriptius– i informació experimental –pròpia de les recerques experimentals–, tant si s'obté mitjançant la percepció humana directa com utilitzant instruments. Però un experiment es diferencia d'una observació pel fet de ser artificial. Els fets que es volen estudiar es provoquen, en circumstàncies controlades, que sovint són extraordinàriament artificials. El cas d'en Lluís que sotmet a un mateix esmorzar homogeneïtzant els horaris dels participants en l'experiment és una mostra d'artificialitat.

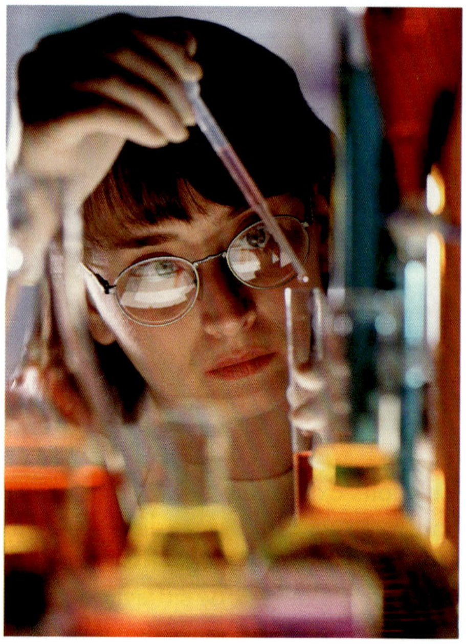

Els experiments provoquen fets.

L'experiment es dissenya a partir d'un problema i s'inicia en formular una hipòtesi, una resposta temptativa a la pregunta inicial. El raonament deductiu permet planificar una acció per tal d'obtenir un resultat. Aquest raonament, en síntesi, el que fa és elaborar una predicció del que succeirà quan duguem a terme l'acció, que no és més que l'experiment.

Els resultats obtinguts en l'experiment, convenientment interpretats en el context de coneixements de l'investigador, permeten elaborar conclusions.

La ciència es fonamenta, en gran part, en el resultat d'estudis i recerques. El mètode experimental s'ha associat a la pràctica científica, però la ciència no és sinònim d'experiments. Mentre que en diverses àrees de la física, de la química i de la biologia és possible dur a terme les proves experimentals que desitgem, això no sempre es pot fer en camps com ara la geologia o l'astronomia, i encara resulta més difícil en paleontologia (l'estudi dels fòssils). A més, els experiments s'utilitzen per validar les prediccions que fan els diferents models explicatius que s'originen en la ment de les persones. Les teories difícilment neixen dels experiments; de fet, la correspondència es produeix més aviat al contrari: una teoria permet dissenyar i predir els resultats d'un experiment.

ACTIVITATS

Conceptes bàsics de la recerca científica

Al llarg de tota la unitat hem anat acompanyant en Lluís en el disseny experimental del seu treball de recerca. Ens hem anat familiaritzant amb tot un seguit de conceptes que formen part de la recerca científica. Ara haurem de fer-ne una síntesi i identificar-los en la recerca d'en Lluís.

1. Quin és el problema que es planteja? Quina és la hipòtesi que ha formulat?
2. De què es tracta: d'una recerca experimental o d'un estudi descriptiu? Explica-ho.
3. Quin és el raonament deductiu? Quina és l'acció? Quina és la predicció?
4. Quina és la variable independent? I la variable dependent? Quins altres factors s'assegura que no influiran en els resultats? Quin és el control de l'experiment?

9. Expressió dels resultats experimentals: taules i gràfics

Les dades obtingudes en un experiment s'han de processar per tal de poder evidenciar les conclusions que se n'extreuen. Un dels passos d'aquest processament és l'organització de les dades en taules i gràfics.

Les taules

Les **taules** han de tenir un títol i aquest ha d'explicar clarament el seu contingut. També han d'indicar les unitats de mesura (per exemple, cm, mL, s...). Com que s'organitzen en files i columnes, cada fila i cada columna ha de tenir un indicador de la variable de la qual es representen els valors.

Els gràfics

Els **gràfics** són un altre instrument valuós per organitzar i presentar dades. Quan es volen comparar dades procedents de dos o més grups d'individus, el tipus de gràfic que cal utilitzar depèn del tipus de variables que estiguem manejant. No és el mateix una **variable categòrica** en la qual no hi ha continuïtat entre els diferents valors que pot presentar (nacionalitat, tipus de fruita, lloc de naixement, professió...), que una **variable numèrica contínua** en la qual els valors se succeeixen un rere l'altre (alçada, edat, pes...). També hi ha **variables numèriques discretes**, que són les representades per nombres amb separacions entre ells (el nombre de fills, el nombre d'encerts...).

- Els **diagrames de barres** es poden aplicar a qualsevol tipus de variable, encara que es considera més adequat utilitzar-los quan expressem resultats de variables categòriques i numèriques discretes. En els diagrames de barres es col·loca cada categoria a l'eix horitzontal mentre que la freqüència se situa a l'eix vertical. Cada valor es correspon amb una barra d'alçada proporcional a la seva freqüència.
- Els **diagrames de sectors** també es poden aplicar a qualsevol tipus de variable, encara que és el més adequat en variables categòriques. Es divideix un cercle en tantes porcions com classes tingui la variable, de manera que a cada classe hi correspon un arc de cercle proporcional a la seva freqüència absoluta o relativa.
- Els **histogrames** són una representació gràfica d'una variable en forma de barres que es representen unides les unes a les altres, on la superfície de cada barra és proporcional a la freqüència dels valors representats. Normalment s'utilitzen per relacionar variables numèriques contínues.
- També s'utilitzen molt els **gràfics de línies**, ja que evidencien la relació entre la variable dependent, situada normalment a l'eix vertical, i la independent, que se situa a l'eix horitzontal.

De dalt a baix, diagrama de barres, diagrama de sectors, histograma i gràfic de línies.

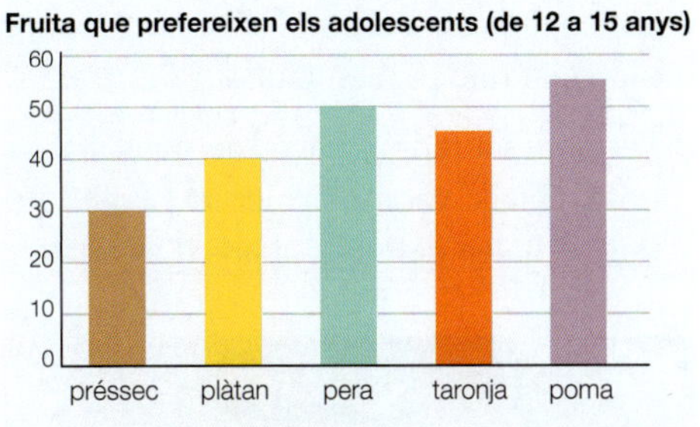

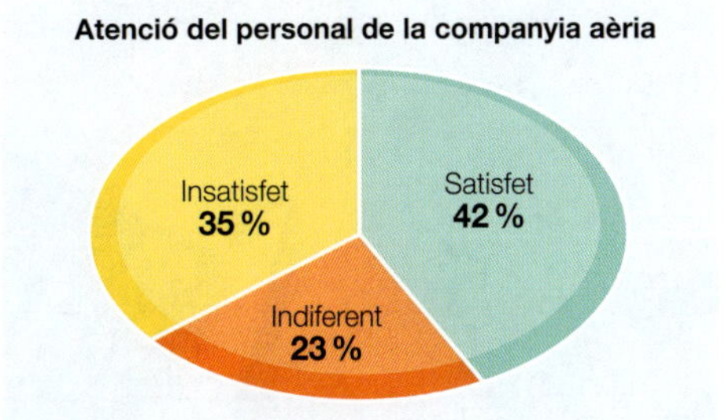

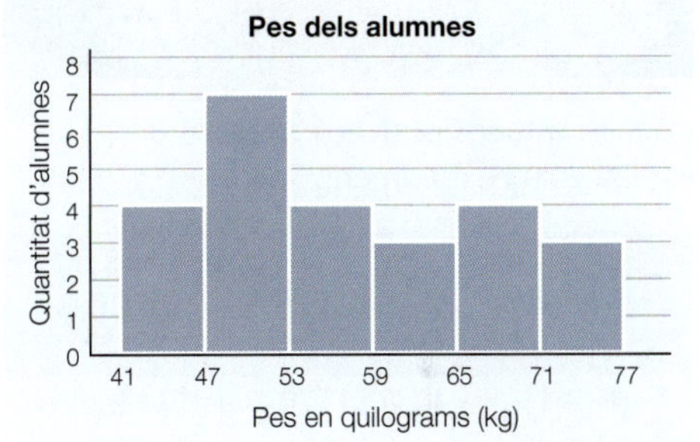

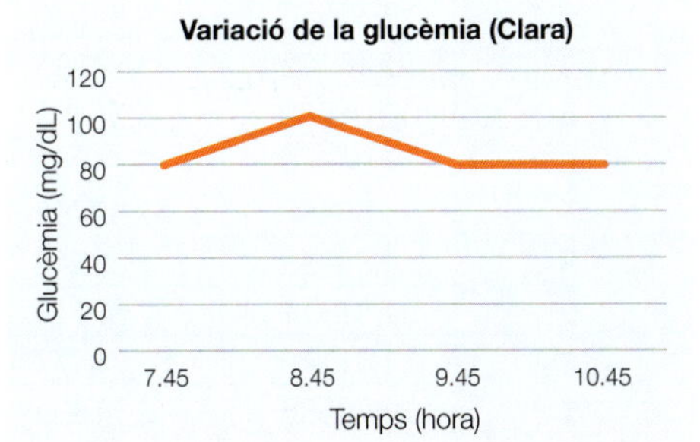

ACTIVITATS

Resultats

En Lluís ha recollit en diverses taules els resultats de la recerca. La taula adjunta recull alguns resultats de les observacions fetes al llarg d'un dia.

	Massa corporal (kg)	Glucèmia (mg/dL)			
DILLUNS		7.45	8.45	9.45	10.45
Clara	57	78	102	79	77
Mari	62	82	100	80	78
Carla	51	76	106	81	76

1. Posa-hi un títol adient.
2. Quines són les variables que s'hi recullen?
3. A partir de la taula es poden elaborar diversos gràfics; per exemple, sobre la massa corporal, la glucèmia en estat de dejú (7.45 h) o la variació de la glucèmia en alguna de les noies al llarg del matí. Quin tipus de gràfic seria més adequat en cada cas? Construeix el gràfic corresponent.

10. Processament dels resultats

En Lluís va recollir tots els resultats en un full de càlcul. Els pots consultar en la web on et porta el codi QR adjunt o bé a l'enllaç http://qr.teide.eu/0248.

Com afecten el sexe i la massa corporal la variació de la glucèmia? Mentre que les variables independents *sexe* (categòrica) i *massa corporal* (numèrica contínua) estaven molt ben definides, la variable dependent *evolució de la glucèmia* va plantejar dubtes a en Lluís.

Per aquesta raó va haver de consultar amb el seu tutor de recerca com quantificar aquesta variable. Després de considerar diferents possibilitats, van optar per fer servir la diferència entre el valor de la glucèmia observat a les 9.45 h i el valor de la glucèmia basal, mesurada en dejú just abans d'esmorzar, a les 7.45 h.

L'anàlisi estadística dels resultats és clau en un experiment.

L'anàlisi estadística dels resultats ajuda a extreure i validar les conclusions d'un experiment. També permet extrapolar les dades obtingudes des de la mostra investigada al conjunt la població. En molts estudis, com el treball de recerca d'en Lluís, cal comparar algunes característiques en dos o més grups de subjectes. Considerem la pregunta següent: *l'augment de la glucèmia a les noies és més gran que als nois després de l'esmorzar?* En primer lloc, calcularíem la mitjana (X_1, X_2) i la desviació típica (σ_1, σ_2) de la resposta de cada una de les dues poblacions que volem comparar. Si tenim les dades organitzades correctament al full de càlcul, no ens serà difícil obtenir aquests valors a partir de les funcions que ofereix.

A continuació, per determinar si aquestes dues respostes són diferents o no ($X_1 \pm \sigma_1$ respecte a $X_2 \pm \sigma_2$), utilitzarem un test estadístic. El més habitual és el de la **prova *t* de Student**.

Graus de llibertat ($n_1 + n_2 - 2$)	$p < 0{,}05$	$p < 0{,}01$	$p < 0{,}001$
1	6,31375	31,82052	318,30884
2	2,91999	6,96456	22,32712
3	2,35336	4,54070	10,21453
4	2,13185	3,74695	7,17318
5	2,01505	3,36493	5,89343
6	1,94318	3,14267	5,20763
7	1,89458	2,99795	4,78529
8	1,85955	2,89646	4,50079
9	1,83311	2,82144	4,29681
10	1,81246	2,76377	4,14370
11	1,79588	2,71808	4,02470
12	1,78229	2,68100	3,92963
13	1,77093	2,65031	3,85198
14	1,76131	2,62449	3,78739
15	1,75305	2,60248	3,73283
16	1,74588	2,58349	3,68615
17	1,73961	2,56693	3,64577
18	1,73406	2,55238	3,61048
19	1,72913	2,53948	3,57940
20	1,72472	2,52798	3,55181
21	1,72074	2,51765	3,52715
22	1,71714	2,50832	3,50499
23	1,71387	2,49987	3,48496
24	1,71088	2,49216	3,46678
25	1,70814	2,48511	3,45019

Càlcul estadístic amb la prova *t* de Student

Per fer el càlcul estadístic, es parteix de la fórmula següent:

$$t = \frac{\overline{X_1} - \overline{X_2}}{\partial} \sqrt{\frac{n_1 n_2}{(n_1 + n_2)}}$$

X_1 i X_2 són les mitjanes en cada mostra.

n_1 i n_2 són el nombre d'individus en cada mostra.

∂ és la desviació combinada, i es calcula amb aquesta altra fórmula:

$$\partial = \sqrt{\frac{n_1 \sigma_1^2 + n_2 \sigma_2^2}{n_1 + n_2 - 2}}$$

El full de càlcul que facis servir segurament té la funció per calcular-ho. Aquest valor obtingut de la prova *t* de Student el portem a una taula, que mostra en vertical els **graus de llibertat** (la suma del nombre d'individus d'ambdues poblacions menys el nombre de mostres), i en horitzontal, el **nivell de confiança**, és a dir, la probabilitat d'equivocar-nos. Imaginem que comparem dos grups de 5 individus cada un (graus de llibertat: 5 + 5 – 2 = **8**) i hem obtingut un valor de $\boldsymbol{t = 2{,}546}$.

Com que aquest valor és superior a 1,85955 (corresponent a una $p < 0{,}05$), però inferior a 2,89646 (corresponent a una $p < 0{,}01$), tenim una confiança, una probabilitat d'equivocar-nos, inferior al 5 % quan diguem que ambdós grups de dades són diferents. Si el valor de *t* hagués estat superior a 4,50079, la probabilitat d'equivocar-nos en dir que els grups de dades són diferents seria inferior a l'1 %.

El valor mínim d'acceptació d'una hipòtesi és una $p < 0{,}05$. És a dir, si obtinguéssim un valor de t inferior al corresponent al de $p < 0{,}05$, hauríem de concloure que els dos grups **no** són diferents. Aquest càlcul és apropiat per estudiar si la glucèmia depèn del gènere.

Quan es tracta de buscar relació entre els valors numèrics de la variable independent i els valors numèrics obtinguts per a la variable dependent, es calcula l'anomenat **coeficient de correlació lineal *r*** o **de Pearson**, el valor absolut del qual oscil·la entre 0 (manca de correlació) i 1 (correlació total). Els valors negatius indiquen que la correlació és inversa.

Per al càlcul de la correlació lineal r s'ha d'aplicar la fórmula següent:

$$r = \frac{\sigma_{xy}}{\sigma_x \sigma_y}, \text{ en què } \sigma_{xy} \text{ és la covariància.}$$

La **covariància** es calcula sumant els valors que s'obtenen de multiplicar cada valor de la variable independent d'un individu pel valor de la variable dependent del mateix individu i dividint el resultat pel nombre total d'individus; finalment cal restar el producte de les mitjanes:

$$\sigma_{xy} = \frac{\sum f \cdot xy}{n} - \bar{x}\bar{y}$$

El full de càlcul que facis servir segurament té la funció per calcular-ho (Pearson).

Com en el cas de la t de Student, caldrà determinar, mitjançant la taula del costat, amb quina confiança podem dir que les dues variables estudiades estan correlacionades, o no, segons el valor obtingut de ***r***. Si el valor r està per sobre del valor que correspon als graus de llibertat i al nivell de confiança, hi ha correlació. En cas contrari, les dues variables no tenen relació. Aquest càlcul és apropiat per estudiar si hi ha relació entre la massa corporal i la variació de la glucèmia.

Graus de llibertat (n – 2)	$p < 0{,}05$	$p < 0{,}01$	$p < 0{,}005$
1	0,988	0,9995	0,9999
2	0,900	0,980	0,990
3	0,805	0,934	0,959
4	0,729	0,882	0,917
5	0,669	0,833	0,874
6	0,622	0,789	0,834
7	0,582	0,750	0,798
8	0,549	0,716	0,765
9	0,521	0,685	0, 735
10	0,497	0,658	0, 708
11	0,476	0,634	0, 684
12	0,458	0,612	0, 661
13	0,441	0,592	0, 641
14	0,426	0,574	0, 623
15	0,412	0,558	0, 606
16	0,400	0,542	0, 590
17	0,389	0,528	0, 575
18	0,378	0,516	0, 561
19	0,369	0,503	0, 549
20	0,360	0,492	0, 537
21	0,352	0,482	0, 526
22	0,344	0,472	0, 515
23	0,337	0,462	0, 505
24	0,330	0,453	0,496
25	0,323	0,445	0,487
26	0,317	0,437	0,479
27	0,311	0,430	0,471
28	0,306	0,423	0,463
29	0,301	0,416	0,456
30	0,295	0,409	0,449
35	0,275	0,381	0,418
40	0,257	0,358	0,393
45	0,243	0,338	0,372
50	0,231	0,322	0,354
60	0,211	0,295	0,325
70	0,195	0,274	0,302
90	0,183	0,256	0,283
90	0,173	0,242	0,267
100	0,164	0,230	0,254

ACTIVITATS

Processament dels resultats obtinguts per en Lluís

1. Descarrega't les dades obtingudes per en Lluís. Utilitza el full de càlcul per conèixer la mitjana de la variació de la glucèmia corresponent als nois i a les noies. En primer lloc, calcula la mitjana de la variació de la glucèmia per a cada persona; després, ordena les dades al full i, finalment, calcula la mitjana de cada grup. Recorda que en Lluís ha decidit que mesurarà la variable dependent *evolució de la glucèmia* a partir de la diferència entre el valor de la glucèmia observat a les 9.45 h i el valor de la glucèmia basal, mesurada en dejú just abans d'esmorzar, a les 7.45 h.
2. Calcula la desviació típica de cadascun dels grups i mostra-la en una casella, a prop de la mitjana de cada grup. Un cop obtingudes la mitjana i la desviació típica, quina conclusió inicial pots elaborar sobre les dues mostres, nois i noies, a partir d'aquestes dades?
3. El full de càlcul que fas servir segurament disposa de la funció que permet calcular la t de Student (prova t). Investiga-ho. En cas afirmatiu, determina el valor de t. En cas contrari, fes servir les funcions del full de càlcul per fer les operacions apropiades. Determina amb un nivell de confiança del 95 % si les diferències entres les mostres dels nois i les noies són significatives o no.
4. Per tal de determinar si la variació de la glucèmia té relació amb la massa corporal (relació entre dues variables numèriques contínues), hauràs de calcular el coeficient de correlació lineal. El full de càlcul amb què treballes segurament disposa de la funció per al càlcul del coeficient de correlació lineal (en alguns fulls, Pearson). Si és així, determina el valor de r. En cas que no disposi de la funció, pots fer que el calculi definint els càlculs que cal fer a les caselles específiques del full.
5. Després d'utilitzar els diferents indicadors per comparar les mostres, quines són les conclusions que elabores en relació amb els problemes que estudiava en Lluís? Fes un informe amb el que conclous.

Simulem els processos de pensament científic: Eleusis

Necessitem tres jocs de cartes. Organitzeu la classe en equips de dues o tres persones, perquè el joc funciona bé amb tres o quatre equips. Es tracta d'endevinar la regla secreta, una llei que determina la seqüència correcta en la línia de cartes que anirem construint.

En elaborar la regla, es tracta de combinar les variables que ens proporcionen les cartes:

- cartes parells, cartes senars
- cartes vermelles, cartes negres
- colls: cors, diamants, piques, trèvols
- figures, números
- ordre numèric
- etc.

Quina és la regla secreta?

Convé, si és possible, fer l'esforç de formular la regla fent servir la construcció següent:

Si la carta és ...., llavors cal jugar una carta ....; per exemple:

1. Si la carta és **senar**, llavors cal jugar una carta **parell**.
   Si la carta és **parell**, llavors cal jugar una carta **senar**.
2. Si la carta és **vermella**, llavors cal jugar una carta **negra**.
   Si la carta és **negra**, llavors cal jugar una carta **vermella**.

Les regles que millor funcionen són les **condicionals**, del tipus:

- Si la carta és **figura**, llavors cal jugar una carta *vermella*.
- Si la carta és **numèrica**, llavors cal jugar una carta *negra*.

O bé:

- Si la carta és **parell**, llavors cal jugar una carta *del coll de trèvols*.
- Si la carta és **senar**, llavors cal jugar una carta *del coll de cors*.
- Si la carta és **figura**, llavors cal jugar una carta *dels colls diamant o piques*.

Convé evitar regles que siguin molt restrictives, com ara la següent:

- La carta ha de tenir *un valor superior en una unitat* a la darrera carta de la pila (es poden jugar quatre cartes...).

També s'ha d'evitar el contrari, que l'acceptació de la jugada estigui molt afavorida:

- S'accepten cartes *vermelles o senars* (el 75 % de les cartes són acceptades).

A. Desenvolupament del joc

1. El joc consta de *tantes partides com equips hi hagi*. Cada equip designa una *persona com a conductor del joc i que ha d'inventar la regla* quan li correspongui el torn al seu equip. L'escriu en un paper, que ha de quedar sobre la taula *cap per avall* mentre duri el joc. Se sorteja el torn i comença la partida. Es reparteix el mateix nombre de cartes a cada equip (un mínim de vint). *Una darrera carta es col·loca cap per amunt al mig de la taula* per iniciar la *línia de cartes, la carta inicial*.
2. El primer equip escull una carta del seu joc i la col·loca al costat de la carta inicial. *Si la carta compleix la regla secreta*, la persona conductora ha de dir «d'acord» i la carta resta en la línia. Si no s'hi ajusta, ha de dir «no compleix» i l'equip ha de retirar la carta i *col·locar-la, cap per amunt, sota la darrera carta que ha estat acceptada*. Després, l'equip següent fa la mateixa operació. I així successivament.
3. *Si un equip creu que ha descobert la regla secreta, la pot enunciar quan li correspongui el torn de joc.* Amb la jugada que li correspon, n'ha d'exemplificar la validesa. La partida acaba quan *un equip descobreix la regla secreta o no té cartes per jugar.* La regla secreta: si la carta és vermella, llavors cal jugar una carta dels colls de cors o trèvols. Si la carta és negra, llavors cal jugar una carta dels colls de piques o diamants.

La regla secreta: si la carta és vermella, llavors cal jugar una carta dels colls de cors o trèvols. Si la carta és negra, llavors cal jugar una carta dels colls de piques o diamants.

B. Debat

1. *La regla equival al funcionament d'un determinat fenomen o procés natural*, és un coneixement *científic* que cal construir. Inicialment no hi ha cap evidència sobre la regla secreta, però després de les primeres jugades, ja apareixen els primers indicis.
2. *Desenvolupar una regla a partir d'observacions o dades experimentals implica un tipus de raonament anomenat* **pensament inductiu**.

   La inducció s'utilitza per establir la regla, quan s'elaboren hipòtesis a partir dels resultats o les observacions. Hi intervé la lògica però, sobretot, la imaginació, el pensament creatiu i els coneixements dels participants.
3. *L'experiment deriva de les hipòtesis.* Un cop es té una hipòtesi sobre quina pot ser la regla, es fan *prediccions* i es posen a prova a través de l'*experimentació*, que són les noves jugades, o de l'*observació*, l'anàlisi de les jugades anteriors. Aquest tipus de raonament s'anomena **pensament deductiu**. Veient la línia de cartes, les hipòtesis sobre la regla permeten fer prediccions sobre la jugada que es pot fer i quin serà el resultat. Jugar una carta i rebre el comentari (acció i resultat) constitueixen un *experiment.*
4. *El raonament hipoteticodeductiu.*

   Hipòtesi sobre la regla:

   - Potser després d'una carta parell, cal jugar una carta dels colls de cors o diamants.
   - Potser després d'una carta senar, cal jugar una carta dels colls de pics o trèvols.

   Predicció (en relació amb la jugada que cal fer):

   - Si després de 2 de cors (parell) *jugo el 8 de diamants* (del coll de cors o diamants), llavors la resposta serà *d'acord.*

   O bé,

   - Si després del 2 de cors (parell) *jugo la reina de trèvols* (del coll de trèvol o pics), llavors la resposta serà *no compleix.*

Quina és la regla secreta?

5. *Jugar una carta: cal posar a prova la hipòtesi sobre la llei o teoria per experimentació.* El resultat pot ser «d'acord» o «no compleix»; *en tots dos casos la informació és útil.*
6. *Alguns descobriments són accidentals.* Aquest fet s'anomena **serendipitat**. Les sorpreses, que poden dependre de l'atzar, *apareixen en el context de la recerca i són interpretats per persones que fa molt de temps que donen voltes a aquelles idees.*
7. *Els experiments posen a prova la validesa de les idees.* Es pot pensar que el coneixement es genera a partir dels experiments. Això no és el del tot cert, ja que quan s'experimenta, *les persones que investiguen tenen una certa idea dels resultats que s'obtindran.* El coneixement s'elabora en la ment de les persones, en una fase prèvia a l'experimentació. En el joc s'experimenten les dues situacions. En la *fase inicial*, quan no hi ha idees sobre la regla, s'experimenta a cegues: dels resultats, per via de la inducció, es derivaran les hipòtesis. *Avançat el joc,* l'experiment (jugar una carta) s'utilitza per verificar o refutar la hipòtesi sobre la regla.
8. *El coneixement sobre el funcionament del món* es modifica quan s'acumulen noves evidències. Explicacions considerades vàlides en un determinat context poden quedar superades quan s'apliquen a nous contextos. En aquesta nova situació no són capaces d'explicar-ne el funcionament. *Hi ha una evolució en el coneixement científic.* Determinades regles que apareixen durant el joc permeten explicar la seqüència observada a la pila, però si el joc avança, s'acumulen noves dades, i les velles regles no sols provoquen prediccions falses sinó que tampoc no expliquen tots els resultats.

La investigació amb un cop d'ull

1 PROBLEMA?
Fes una pregunta.

Com afecten el sexe i la massa corporal a la variació de la glucèmia?

2 HIPÒTESI
Pensa una possible resposta.

Potser la variació de la glucèmia és independent del sexe i de la massa corporal.

NO

6 CONCLUSIONS
És vàlida la hipòtesi?

SÍ

7 COMUNICACIÓ
Fes l'informe i publica'l.

3 RAONAMENT DEDUCTIU

Quina acció? Quina observació?

Si *el sexe i la massa corporal no influeixen en la variació de la glucèmia,* ***llavors*** *si un grup de nois i noies, amb diferents masses corporals ingereixen un mateix aliment,* ***aleshores*** *obtindrem una evolució de la glucèmia igual o molt semblant.*

4a EXPERIMENT

Posa a prova la teva hipòtesi.
Quin control de variables?

VARIABLES INDEPENDENTS
La massa i el sexe de les persones

VARIABLE DEPENDENT
La variació de la glucèmia

4b ESTUDI

Posa a prova la teva hipòtesi.

5 RESULTATS

Anàlisi de dades
Taules i gràfics
Tractament estadístic

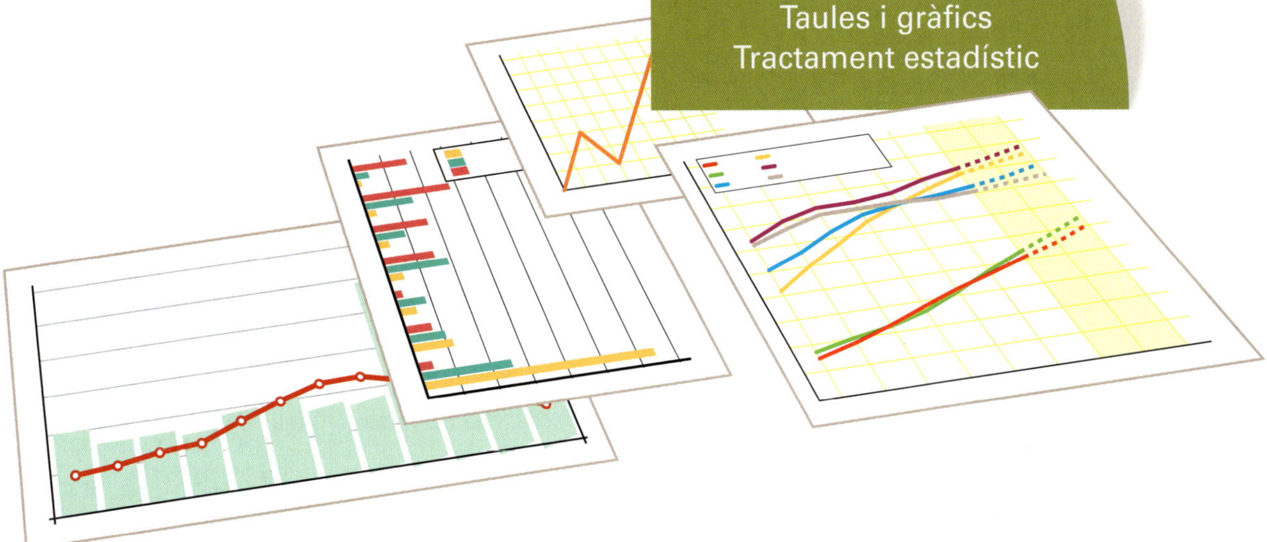

METODOLOGIA HIPOTETICODEDUCTIVA

ACTIVITATS COMPLEMENTÀRIES

Què és un experiment?

El concepte d'experiment abasta un àmbit molt ampli de tasques científiques. No obstant això, podem identificar alguns trets característics dels experiments. En primer lloc, un experiment és *empíric*. Es duu a terme en el món quotidià, en el temps i amb objectes reals, i els seus resultats són fets, independentment de si s'obtenen mitjançant la percepció humana directa o amb instruments.

Però un experiment es diferencia d'una simple observació pel fet de ser *artificial*. Els fets que es volen estudiar es provoquen, en circumstàncies controlades amb molta cura, que sovint són extraordinàriament artificials. Això passa molt especialment quan s'utilitzen tècniques instrumentals complexes.

Finalment, un experiment ha de ser *original*. Idealment, se suposa que generarà informació nova a través d'una «experiència» insòlita sobre la qual no s'hagi informat a la ciència amb anterioritat. Per descomptat, molts experiments tenen com a objectiu repetir experiments previs i comprovar que els resultats reprodueixen els originals. En aquest cas, els experiments es fan servir per validar aquells resultats que encara no són considerats segurs del tot.

1. Resumeix les tres propietats que caracteritzen un experiment.
2. Quina és la relació entre els experiments i la ciència? Totes les ciències poden fer experiments?

Investigació: estudi o recerca?

Un investigador vol saber per què les persones d'una comunitat, que anomena A, tenen un índex més alt de casos d'insuficiència respiratòria en comparació amb les persones d'una altra comunitat, que anomena B. Per trobar l'explicació de la diferència entre aquestes dues comunitats, l'investigador elabora una enquesta per als residents. L'enquesta inclou preguntes sobre l'estil de vida, els tipus de negocis i indústries de cada comunitat i els historials mèdics. L'investigador troba que hi ha una elevada ocupació laboral de persones de la comunitat A en indústries del sector químic, mentre que l'ocupació principal de la comunitat B és el comerç; troba que a la comunitat A el nombre de fumadors és més elevat i que els serveis mèdics informen d'uns índexs de revisió en salut més baixos que en la comunitat B.

Zona industrial contaminant.

1. És un estudi descriptiu o és una recerca experimental? Per quina raó?
2. Per què l'investigador va recollir informació sobre l'estil de vida dels habitants de les comunitats? Per què li interessen els tipus de negocis que hi ha a les comunitats? I la informació mèdica?
3. Creus que l'investigador tenia alguna hipòtesi sobre la causa que provoca un índex més elevat de casos d'insuficiència respiratòria entre les dues comunitats? Explica-ho.
4. A partir d'aquest estudi, és possible concloure que les indústries químiques i l'hàbit de fumar són la causa de l'índex més alt de casos d'insuficiència respiratòria a la comunitat A? Per què?

Nous mètodes

En una escola es va investigar si una metodologia d'ensenyament de les matemàtiques era millor que la tradicional. Van escollir una classe i la van dividir a l'atzar en dos grups, anomenats A i B. Els estudiants no van poder escollir en quin grup estaven i la composició d'alumnes de cada un va mostrar característiques similars a l'inici de l'experiment. En el grup A es va fer servir el mètode nou per ensenyar matemàtiques amb problemes contextualitzats.

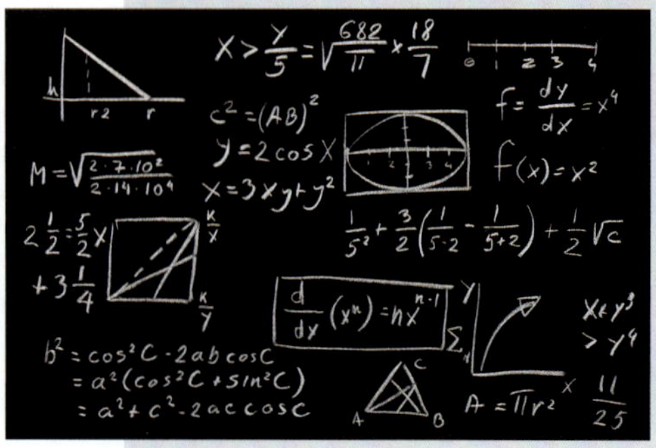

En el grup B, el mateix professor va fer servir el mètode estàndard, amb teories i exercicis. Al final de l'estudi, els resultats indicaven que els estudiants en què es va aplicar el nou mètode tenien millors resultats en la prova final de raonament matemàtic que els estudiants de l'altre grup.

1. Quin és el problema que s'estudia? Hi ha una hipòtesi formulada? Quina podria ser?
2. Què s'ha fet: una recerca experimental o un estudi descriptiu? Explica-ho.
3. Quin és el raonament deductiu? Quina és l'acció? Quina creus que pot ser la predicció?
4. Quina és la variable independent? I la variable dependent? Quins altres factors s'ha evitat que influeixin en els resultats? Quin és el control de l'experiment?

ACTIVITATS COMPLEMENTÀRIES

Plantes de soja

Les deficiències de fòsfor i nitrogen en el sòl pertorben el creixement d'algunes plantes i causen alteracions en el desenvolupament de les fulles.

En un laboratori escolar han volgut comprovar la validesa d'aquest coneixement fent créixer plantes de soja. Tot seguit tens una taula amb els resultats de l'experiment que han dut a terme:

Tipus de substrat de creixement	Resultats
substrat amb els requeriments normals de fòsfor i nitrogen	creixement normal, fulles ben desenvolupades
substrat amb dèficit de fòsfor i nitrogen	menor creixement, alteracions en el color i la forma de les fulles

1. Formula el problema i la hipòtesi que ha guiat el disseny experimental.
2. Explica quina ha estat la variable independent i la variable o variables dependents d'aquest experiment.
3. Explica l'experiment que han fet, formulant acuradament el raonament deductiu.
4. Aquestes són unes de les possibles conclusions de l'experiment: «El fòsfor i el nitrogen són necessaris tant per al creixement normal de la soja com per a la formació de fulles ben desenvolupades».
   a) S'han fet crítiques al disseny de l'experiment que invaliden les conclusions. Un company ha argumentat: «Potser la causa dels resultats és exclusivament l'escassetat de fòsfor». Creus que està fonamentada aquesta crítica? Explica-ho.
   b) Fes un disseny de l'experiment en el qual se superi l'aspecte criticat.

Cafeïna

En un treball de recerca de Batxillerat, un alumne ha pensat que podria determinar si la cafeïna té efectes sobre l'activitat normal de la mosca del vinagre (*Drosophila melanogaster*). Ell pensa que si la cafeïna pot alterar l'estat de tensió d'una persona, també ha d'afectar les mosques. De fet, vol esbrinar quina dosi de cafeïna han d'ingerir les mosques per tal que s'alteri la seva conducta. Mesurarà aquesta variable comptant els moviments que fa un individu en períodes de trenta segons.

Mosca del vinagre.

Ha preparat un experiment en el qual disposa:

- d'una població nombrosa de mosques,
- d'aliment que conté cafeïna en diferents dosis (baixa, mitjana, alta) i aliment sense cafeïna,
- de recipients de vidre per contenir les mosques i tots els estris necessaris per afavorir la reproducció de les mosques.

1. Enuncia en forma de pregunta el problema que es vol resoldre en aquesta recerca. Formula'n una hipòtesi.
2. Assenyala les variables independent i dependent d'aquest experiment. Raona-ho.
3. Dissenya un experiment que permeti determinar a partir de quina dosi la cafeïna té efectes en la conducta de les mosques. Especifica amb claredat la idea de control de l'experiment.

Bacteris a la llet?

Hi ha bacteris a la llet? Depèn del tipus de llet?

Disposem d'unes quantes mostres de llet (fresca, UHT i pasteuritzada). Disposem de medis de cultiu en placa per evidenciar la presència de bacteris i d'una estufa de cultius ajustada a 37 °C. També tenim tubs d'assaig, pipetes i altre material de laboratori necessari per manipular microorganismes.

1. Quin és el problema que volem investigar? Tens alguna hipòtesi?
2. Fes el raonament deductiu a partir de la hipòtesi plantejada. Quina serà la variable independent? I la variable dependent? Quin serà el control?
3. Explica quin seria l'experiment que posaria de manifest la presència o l'absència de bacteris a la llet.

2 UNA TRAVESSA PEL BOSC

ÍNDEX DE LA UNITAT

Fa dies que la professora de Biologia ens parla de l'excursió. Avui és el gran dia: agafarem el tren i anirem fins a l'estació que hi ha a tocar de la zona que hem de visitar. Ella ens ha parlat dels boscos mediterranis, de la biodiversitat i dels diferents ecosistemes que diu que trobarem i observarem, però jo no veig quina relació pot tenir tot això amb el que de debò em preocupa: quines preguntes cauran a la Selectivitat?

No tinc gens clar que trobem res d'interessant, ja que aquesta zona on anem són unes muntanyes per on passen autopistes, a tocar d'una gran ciutat per una banda i de polígons industrials i de nuclis urbans per l'altra. A més, gairebé cada any hi ha algun incendi forestal en una zona o altra; l'estiu passat, per exemple, n'hi va haver un parell dels grans.

Com em dic Raquel que tinc molt clar que si el que veiem no val la pena, almenys passejarem i podré anar xerrant amb els col·legues...

De camí cap a l'institut, la Raquel es troba amb alguns companys. Després la Judith, la professora de Biologia, passa llista i van tots cap a l'estació del ferrocarril. En pocs minuts arriben a la parada on han de baixar.

–Creieu que valdrà la pena l'excursió? –diu, dubtosa, la Raquel.

–Tan a prop d'una gran ciutat, què vols que hi hagi? –respon en Pau.

–La *profe* va dir que hi ha boscos, una mena de pantà on hi ha espècies noves, d'altres llocs, i no sé quantes coses més. Potser estarà bé –diu en Miquel.

–El que més em preocupa és si ens farà caminar gaire. Algú ho sap? –vol saber la Paula.

La professora comença a explicar:

–Aquí teniu els fulls de treball per a la sortida –els dona uns dossiers grapats perquè se'ls reparteixin–. A banda d'unes preguntes a cada parada que farem, cada grup s'ha d'encarregar de fer una breu recerca de cada una. En total farem un itinerari de 5 km fins al lloc on agafarem l'autobús per tornar a l'institut.

–Bufff, quin pal! Això promet! –rondina la Paula.

Idees i context

- Les diferents formes de vida a la Terra presenten una gran diversitat, que es pot agrupar en cinc grans grups anomenats *regnes*.
- Un ecosistema és una unitat formada per l'entorn físic d'un indret, els organismes que hi viuen i les relacions que s'estableixen entre ells. Les condicions ambientals determinen les diferències en els ecosistemes.
- Els éssers vius poden establir diversos tipus de relacions entre ells. De vegades cooperen entre si, altres cops competeixen i tot sovint es mengen els uns als altres.
- Els ecosistemes tenen la capacitat de retornar a les condicions inicials després de ser afectats per una pertorbació, com és el cas d'un incendi en un bosc.
- La introducció d'espècies alienes a un ecosistema causa alteracions en el seu equilibri.

Comença pensant

Les expectatives sobre l'excursió que tenen aquests nois i noies de 2n de Batxillerat són ben diverses. Pel cap els ronden algunes preguntes que es plantegen tot just començar:

- El bosc mediterrani és un ecosistema amb una diversitat considerable. Què vol dir això?
- Què és realment un ecosistema? Són tots iguals?
- Com es relacionen els organismes que viuen en un ecosistema?
- Què passa quan es crema un bosc? Mai més torna a ser igual?
- Com afecta l'arribada d'una espècie nova a un ecosistema?

Escriu les teves respostes inicials a aquestes preguntes en un full. Després formeu grups de quatre o cinc alumnes i compareu les vostres respostes. Elaboreu conjuntament un full amb les respostes més detallades i completes a cadascuna de les preguntes.

L'estructura dels boscos

Sortint del tren hem pujat unes escales i de seguida ens hem plantat a una placeta envoltada de grans arbres. La Judith no perd ni un minut: «Apa, som-hi!».

Hem pujat per un vessant amb una mica de pendent i al cap de poca estona, per sort, ja ens hem aturat dins del bosc. La Judith ha començat a parlar de nou: «Bé nois, som a la primera parada. Comencem! Llegiu-vos l'explicació corresponent a la primera parada».

Som en el primer dels ecosistemes que visitarem, l'alzinar o bosc mediterrani. Un **bosc** és una comunitat vegetal en la qual dominen els arbres. Els boscos són ecosistemes que, ara com ara, cobreixen aproximadament una tercera part de la superfície emergida del planeta. Perquè en un lloc pugui establir-s'hi un bosc cal que hi hagi prou aigua, una temperatura adequada i un sòl ben constituït.

Un alzinar sense alterar pot arribar a ser un bosc molt divers i impenetrable.

Hi ha diferents tipus de boscos per a cada regió climàtica de la Terra, com ara boscos *temperats*, boscos *mediterranis*, boscos *tropicals* (selves) i boscos *boreals* (taigà). En un bosc, les plantes es disposen en estrats de vegetació més o menys diferenciats:

- **Estrat arbori.** Constituït per les capçades dels arbres. Sovint s'hi distingeixen diversos estrats arboris. Les plantes per sota d'aquest estrat, en el seu conjunt, reben el nom de **sotabosc**.
- **Estrat arbustiu.** Format per les capçades dels arbustos, els arbres més joves i les plantes enfiladisses.
- **Estrat herbaci.** Constituït per les plantes herbàcies i falgueres, que s'eleven fins a unes quantes desenes de centímetres del sòl.
- **Estrat muscinal.** Comprèn les plantes més petites, que s'alcen pocs centímetres, com ara les molses. També el constitueixen els líquens, que viuen sobre substrats rocosos o sobre altres organismes, com ara les escorces dels arbres.

En un bosc no sempre trobem tots els estrats de vegetació. A la *fageda*, per exemple, el sotabosc és pobre i no hi ha estrat arbustiu. A l'*alzinar*, en canvi, trobem un estrat arbustiu abundant, que fa que el bosc sigui gairebé impenetrable.

Aquesta organització en estrats condiciona l'entrada de llum fins als estrats inferiors. A l'interior d'un bosc hi arriba menys quantitat d'energia lluminosa que la que arriba a un espai obert. En general, l'interior d'un bosc a l'estiu és més fosc, fresc i humit del que seria el mateix espai si no hi hagués vegetació.

Fageda. L'estrat arbustiu i el sotabosc hi són gairebé inexistents.

ACTIVITATS

Identifiquem plantes

«Després d'aquesta petita introducció sobre els boscos, ara vull que, en grups, conegueu algunes de les plantes més comunes dels boscos mediterranis. Agafeu vuit mostres diferents i identifiqueu de quines espècies es tracta.»

M'agrupo amb en Pau, en Miquel i la Paula, els amics de sempre, i ens posem mans a l'obra. En Miquel, que és un belluguet, s'afanya a tallar les vuit mostres amb tisores...

Per facilitar la identificació i la classificació dels éssers vius, els experts elaboren **claus dicotòmiques**. Aquestes claus consisteixen en un conjunt de descripcions breus que permeten la identificació a partir d'opcions successives presentades de dues en dues, de manera que en cada pas se'n tria una.

1. Identifica, fent servir la clau dicotòmica de sota, les vuit espècies de plantes en les quals s'ha fixat en Miquel i que estan il·lustrades a dalt:

1. Plantes altes amb tronc llenyós i capçada definida (ARBRES)	passa al **2**
Plantes més baixes ramificades des de la base (ARBUSTOS)	passa al **5**
2. Arbre amb fulles lobulades, suaus al tacte i verdes pels dos costats	roure (*Quercus pubescens*)
Arbre amb fulles no lobulades	passa al **3**
3. Fulles dentades i punxants de color verd fosc per damunt i grises per sota	alzina (*Quercus ilex*)
Fulles primes i llargues	passa al **4**
4. Pinyes allargades i abundoses. Capçada esclarissada	pi blanc (*Pinus halepensis*)
Pinyes grosses i ovalades. Capçada densa en forma de para-sol	pi pinyer (*Pinus pinea*)
5. Fulles escasses i petites. Tiges amb espines fortes	argelaga (*Genista scorpius*)
Tiges sense espines	passa al **6**
6. Fulles estretes de color verd fosc per damunt i clares per sota	romaní (*Rosmarinus officinalis*)
Fulles més amples	passa al **7**
7. Fulles caduques amb tres nervis principals. Tija de secció quadrangular	roldor (*Coriaria myrtifolia*)
Fulles perennes, compostes, amb un nombre parell de folíols	llentiscle (*Pistacia lentiscus*)

Després de fer l'activitat d'identificar plantes, ens hem posat a caminar de nou. Mentre creuàvem una zona força obaga, la Judith s'ha aturat de cop. Ha clavat els ulls en una branca i això només pot voler dir que ha trobat alguna cosa important.

–Prepareu-vos! A veure què ens farà fer ara? –remuga en Miquel.

La Judith posa un dit sobre la branca que estava mirant i comença a parlar:

–Mireu que interessant...

Els cinc regnes..., en una branca

En aquesta branca estan representats els cinc **regnes** en què tradicionalment s'ha classificat la vida: encara que no es vegin, a la branca d'alzina (planta), els organismes més abundants són els bacteris (moneres) que intervenen en la descomposició de la fusta. Recobrint l'escorça, hi ha diversos líquens, formats per associacions simbiòtiques entre algues (protoctists) i fongs (fongs). També hi ha un centpeus (animal), que s'alimenta d'organismes més petits.

La vida es desenvolupa al nostre planeta des de fa més de 3 800 milions d'anys; actualment s'han descrit més d'1,5 milions d'espècies, però s'estima que n'hi pot haver entre 7,5 i 10 milions.

Les principals característiques dels cinc regnes es poden resumir en la taula següent:

	Regnes				
	Moneres	**Protoctists**	**Fongs**	**Plantes**	**Animals**
Organització cel·lular	procariota	eucariota	eucariota	eucariota	eucariota
Nombre de cèl·lules	unicel·lulars	unicel·lulars i pluricel·lulars (sense teixits)	unicel·lulars (com ara els llevats) i pluricel·lulars	pluricel·lulars (amb teixits diferenciats)	pluricel·lulars (amb teixits diferenciats)
Metabolisme	gran diversitat metabòlica (quimioautòtrofs, fotoautòtrofs, quimioheteròtrofs, aeròbics, anaeròbics...)	majoritàriament aeròbics; autòtrofs i/o heteròtrofs	majoritàriament aeròbics; heteròtrofs (amb digestió externa)	aeròbics; autòtrofs	aeròbics; heteròtrofs

L'any 1990, el científic Carl Woese va proposar agrupar en tres grans **dominis** (en comptes dels cinc regnes) els milions d'espècies que existeixen:

- Els **eubacteris** (*Eubacteria*): organismes unicel·lulars formats per cèl·lules procariotes (sense nucli diferenciat). Són la major part d'espècies de bacteris.
- Els **arqueobacteris** (*Archaea*): bacteris amb característiques bioquímiques especials que van ser descoberts en ambients de condicions extremes: fonts hidrotermals, zones amb molta salinitat o de gran acidesa.
- Els **eucariotes** (*Eukarya*): organismes unicel·lulars o pluricel·lulars constituïts per cèl·lules eucariotes (amb nucli diferenciat i separat del citoplasma per un embolcall o membrana nuclear).

De dalt a baix:
pi: gimnosperma;
basidiomicet: fong; algues pluricel·lulars; bacteris.

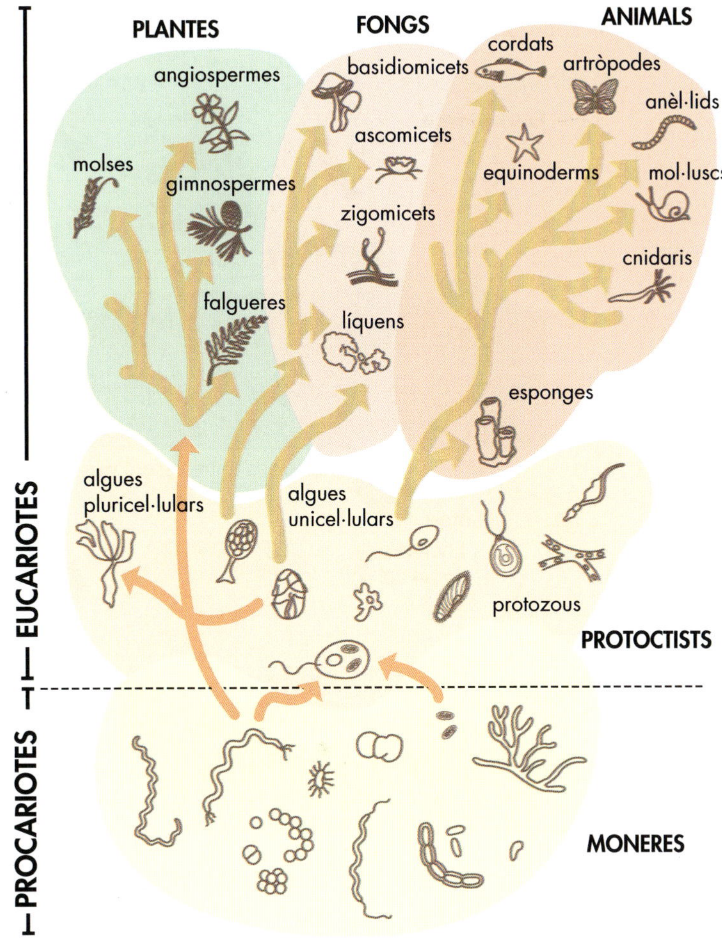

De dalt a baix: papallona: artròpode; esponja; parameci: protozou; cianobacteris.

Els **virus** no pertanyen a cap regne d'éssers vius. Són estructures acel·lulars constituïdes per una càpsida de proteïnes, que pot estar recoberta per un embolcall membranós, dins la qual hi ha àcids nucleics (DNA o RNA).

Són paràsits obligats de les cèl·lules, dins de les quals es poden reproduir. Els virus, però, no presenten metabolisme. Tampoc no es mouen.

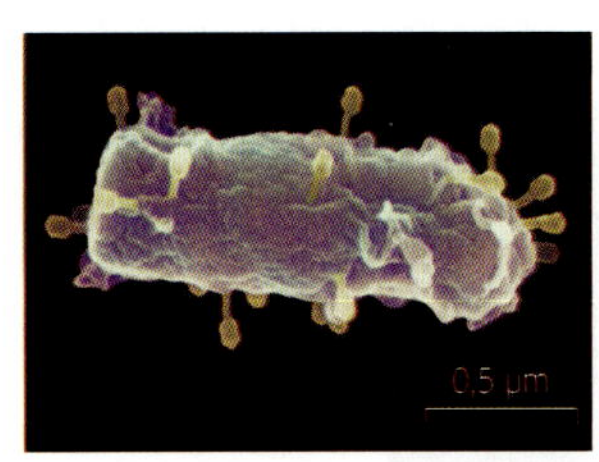

Bacteriòfags T4 infectant un bacteri de l'espècie *Escherichia coli*.

ACTIVITATS

Les «branques» de la vida

Tradicionalment, els éssers vius es classificaven en dos grans grups: el regne *animal* i el regne *vegetal*. La classificació es feia segons l'alimentació i la capacitat de moure's dels organismes. El sistema de classificació en cinc regnes va ser proposat per Robert H. Whittaker a finals de la dècada del 1960. Més tard, Lynn Margulis i Karlene V. Schwartz van matisar la classificació dels cinc regnes basant-se en l'organització cel·lular i el metabolisme. A partir de Carl. R. Woese, que el 1977 va descobrir diferències genètiques entre diversos grups de bacteris, es van definir els tres dominis: *Eubacteria*, *Archaea* i *Eukarya*. Més recentment, Radhey Gupta ha proposat limitar els dominis a dos: *Prokaryotae* i *Eukaryotae*. Com que no hi ha un acord generalitzat entre la comunitat científica, es continuen acceptant els cinc regnes clàssics.

1. Fes una taula que relacioni cada organisme representat a les fotografies d'aquesta pàgina amb el regne al qual pertany.
2. Explica què tenen en comú els fongs i els animals.
3. Quins regnes inclouen espècies fotoautòtrofes? Posa dos exemples en cada cas.
4. Justifica per què no és acceptable incloure els líquens al regne de les plantes.
5. Per què es qüestiona que els virus es puguin considerar éssers vius?
6. Raona per què els virus han de tenir un origen posterior al de les cèl·lules.

La diversitat de la vida i els ecosistemes

La Judith aprofita tota la varietat d'organismes que han observat en aquesta zona ombrívola de l'alzinar per parlar d'aspectes força importants:

–Com sabeu, hi ha alguns conceptes clau que convé que tingueu clars per poder fer les activitats que durem a terme després de l'excursió, com també per respondre alguna de les preguntes que us pugui posar a la prova o que us pugui «caure» a la Selectivitat –diu amb rotunditat la professora.

Tots els meus companys de classe i jo parem atenció...

En aquest QR, o a http://qr.teide.eu/01UB, es detallen els diversos tipus de biodiversitat i també hi ha diversos enllaços relacionats.

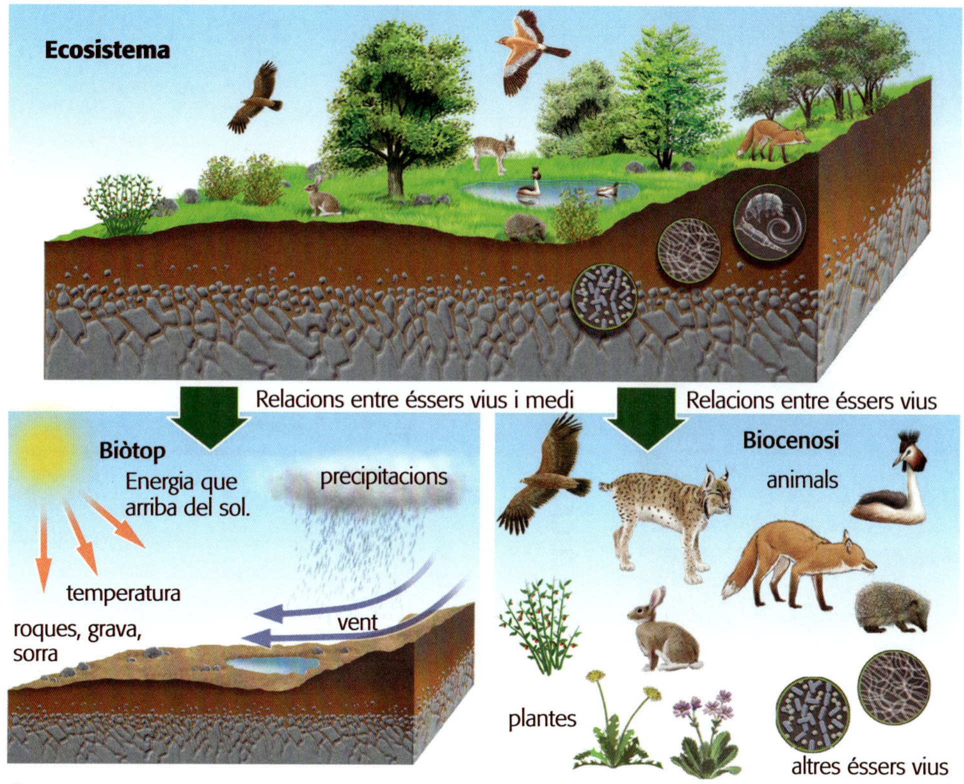

Estructura d'un ecosistema: *medi físic* o *biòtop*, el conjunt de tots els factors ambientals que es donen en un indret, i *biocenosi*, el conjunt de totes les poblacions d'organismes que hi habiten.

Un **ecosistema** és el conjunt format pels organismes que viuen en una zona, la **biocenosi**, i l'ambient, el **biòtop** o **medi físic**, d'aquest ecosistema, com també les interrelacions que estableixen aquests éssers vius entre si i amb l'ambient. S'entén per **diversitat** la riquesa d'espècies d'un ecosistema determinat.

La diversitat no és tan sols el nombre total d'espècies que s'hi poden trobar, sinó que fa referència al nombre d'espècies amb una abundància relativa similar. En un ecosistema amb baixa diversitat hi ha unes poques espècies molt abundants (espècies dominants) i unes altres amb molt pocs individus. El cas extrem de baixa diversitat és un monocultiu (on l'espècie dominant seria la que es conrea i les poc abundants serien les «males herbes»). Al contrari, els sistemes més diversos tenen un nombre considerable d'espècies amb una abundància relativa similar. Els sistemes naturals més diversos es localitzen a les zones equatorials i tropicals, on les condicions ambientals es mantenen més o menys constants al llarg de l'any: les **selves** a les terres emergides i els **esculls de corall** als mars i els oceans.

En general, les alteracions derivades de *les activitats humanes tendeixen a fer disminuir la diversitat dels ecosistemes.* En aquest sentit, un alzinar poc alterat és un bosc amb una alta diversitat biològica. Després d'un incendi, per exemple, la diversitat és mínima i es va restablint lentament a mesura que el bosc es regenera.

El terme **biodiversitat**, en canvi, s'utilitza més aviat per referir-se a regions determinades d'un territori o, fins i tot, a tota la biosfera. Inclou tot el conjunt de milions d'espècies diferents que hi viuen. La biodiversitat actual és el resultat de 3 800 milions d'anys d'evolució i depèn de les condicions ambientals del nostre planeta. Les activitats humanes que comporten *l'alteració de les condicions ambientals i la destrucció d'hàbitats fan disminuir la biodiversitat.*

Arboç (*Arbutus unedo*).

Roure (*Quercus pubescens*).

Des del punt de vista antropocèntric, hi ha moltes raons per conservar la biodiversitat del planeta. Entre totes aquestes raons destaquen les següents:

- **Agricultura i ramaderia:** el 80 % dels recursos alimentaris mundials provenen d'una vintena de plantes diferents, però hi ha prop de 40 000 espècies de plantes i animals que fem servir diàriament al món per alimentar-nos.
- **Ciència i medicina:** prop del 40 % dels medicaments s'obtenen directament o indirectament de plantes, animals i microorganismes (bona part dels quals no han estat estudiats). Una branca de la biotecnologia es fonamenta en la recerca dels éssers vius com a productors de possibles medicaments.
- **Materials:** molts materials de construcció (fusta, roques orgàniques...), fibres tèxtils i altres materials industrials s'obtenen dels éssers vius.
- **Valor estètic i cultural:** la conservació del paisatge, l'oci i l'interès turístic de nombroses zones poden dependre també de la biodiversitat.
- **Valor ètic:** és deure nostre preservar les espècies existents, tant per a nosaltres com per a les generacions futures.

ACTIVITATS

Els ecosistemes més diversos: selves i esculls de corall

Les selves plujoses són un dels ecosistemes terrestres on podem trobar la més àmplia diversitat del planeta. Els ecosistemes aquàtics més complexos de la Terra són els esculls coral·lins, propis dels mars tropicals.

1. Busca informació sobre les zones on es troben les selves plujoses i les condicions ambientals que s'hi donen.
2. Aquestes condicions ambientals afavoreixen la biodiversitat? Justifica la resposta.
3. Imagina que una parcel·la de poques hectàrees de la selva és talada o incendiada per convertir-la en camps de pastura per al bestiar. Explica què comporta això des del punt de vista de la diversitat d'espècies.
4. Per què els esculls coral·lins són ecosistemes molt diversos? Justifica-ho a partir de les seves variables ambientals.

Biodiversitat i benestar

Els objectes i productes que tenim a casa són un indicador del nivell de benestar de què gaudim. Us heu parat a pensar alguna vegada quins d'aquests béns procedeixen de la biodiversitat del nostre planeta?

1. Per a cadascuna de les raons esmentades per conservar la biodiversitat, busca a casa teva un exemple concret d'espècie a partir de la qual s'ha obtingut algun dels productes o objectes de la llar; per exemple, el parquet (Materials) fet a partir de fusta de roure.
2. En grups de cinc, reuniu els exemples aportats per cadascú i elaboreu un pòster en què indiqueu l'ecosistema de procedència de cada espècie esmentada.

Socis, amics, rivals i aprofitats

Després d'escoltar la Judith i prendre algunes notes, hem començat a caminar de nou. Passem per una zona oberta i travessem un herbassar. Al cap d'una estona ens aturem a esmorzar.

–Sort que tenim una estona de descans, ja m'estava cansant. I tu, Pau, què fas rascant-te així la cama? –la Paula assenyala amb un dit la cama del noi.

–Mireu! Una aranya m'està picant! –exclama, esverat, en Pau.

–Vols dir? És molt plana. Crideu la Judith i ensenyeu-l'hi –dic jo.

–Que interessant! Mireu, això és una paparra, un paràsit que s'alimenta de sang –explica la professora.

–La meva sang! –diu en Pau, que, esgarrifat, gairebé es desmaia.

Tots ens acostem a observar la bestiola i la Judith ho aprofita per explicar-nos les relacions que estableixen les diferents espècies d'un ecosistema. Aquesta dona ho aprofita tot...

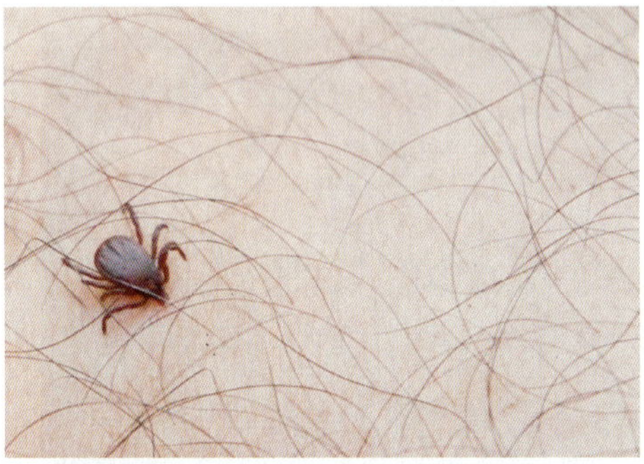

Paparra sobre la pell de la cama d'en Pau.

Societat de vespes.

Els animals estableixen molts tipus de relacions entre ells. Aquestes relacions poden ser **intraespecífiques**, si són entre individus d'una mateixa espècie, o **interespecífiques**, si són entre individus d'espècies diferents.

Relacions intraespecífiques

Les relacions intraespecífiques poden tenir durades i graus d'organització diferents. Hi ha agrupacions, com els estols d'ocells migratoris, que són temporals. D'altres, com els bancs de sardines i altres espècies de peixos, constitueixen agrupacions gairebé permanents. En tots aquests casos, la funció principal d'aquests grups és la defensa i la protecció en benefici mutu.

Les **famílies** són agrupacions típiques dels mamífers i les aus. Les seves funcions bàsiques són la reproducció i la cura de la descendència.

Família de pingüins emperador.

Un cas diferent són les **societats** que formen algunes espècies d'insectes, com els tèrmits o les formigues, i d'alguna manera també els éssers humans. Els membres d'aquestes societats duen a terme tasques i rols diferents. La divisió del treball facilita aspectes clau com la nutrició, la defensa i la reproducció.

La **competència** es pot establir entre individus d'una mateixa espècie o d'espècies diferents que conviuen en una mateixa àrea i tenen necessitats vitals semblants. Els organismes poden competir per un recurs o un nutrient (llum, aigua, aliment, etc.), per un territori determinat o per la parella (competència sexual). Els arbres que creixen junts en un bosc dens o els mascles de cérvol que lluiten pel territori i per les femelles són exemples de competència.

Relacions interespecífiques

Les relacions interespecífiques poden comportar diferents tipus de conseqüències per a les espècies que hi estan implicades.

La **depredació** es produeix quan un organisme s'alimenta d'un altre. Habitualment es parla de **depredadors** per fer referència als animals carnívors. L'espècie que serveix d'aliment al depredador s'anomena **presa**.

Un altre tipus de relació és el **parasitisme**. En aquest cas, el **paràsit** s'alimenta d'una altra espècie, anomenada **hoste**, sense matar-la. Les paparres, per exemple, parasiten diverses espècies de mamífers, com és el nostre cas.

Altres vegades, una espècie en surt beneficiada mentre que a l'altra li és indiferent, és a dir, ni en surt beneficiada ni perjudicada. Aquest cas s'anomena **comensalisme**. Els peixos pilot que acompanyen els taurons blancs i es nodreixen de les restes del seu aliment són un exemple de comensalisme.

Un cas semblant és l'**inquilinisme**, en el qual una espècie busca refugi i protecció en una altra sense perjudicar-la. Alguns petits peixos, per exemple, s'amaguen dins del cos dels cogombres de mar (equinoderms).

Algunes relacions entre espècies diferents aporten un benefici per a totes dues. És el cas, per exemple, de les abelles i de les papallones, que es nodreixen del nèctar de les flors i les pol·linitzen. Aquest tipus d'interrelació s'anomena **mutualisme**.

Un cas extrem de benefici mutu té lloc quan les dues espècies no poden viure l'una sense l'altra. És l'anomenada **simbiosi**, com la que estableixen molts animals herbívors i els bacteris i protozous que constitueixen la seva microbiota intestinal, la qual els permet digerir la cel·lulosa dels vegetals.

ACTIVITATS

Socis, amics, rivals o aprofitats?

1. Copia la taula següent en un full i completa-la a partir de les imatges que hi ha sota aquest enunciat. Identifica a quina imatge correspon cada cas i justifica el tipus de relació que s'estableix entre els organismes que s'hi mostren.

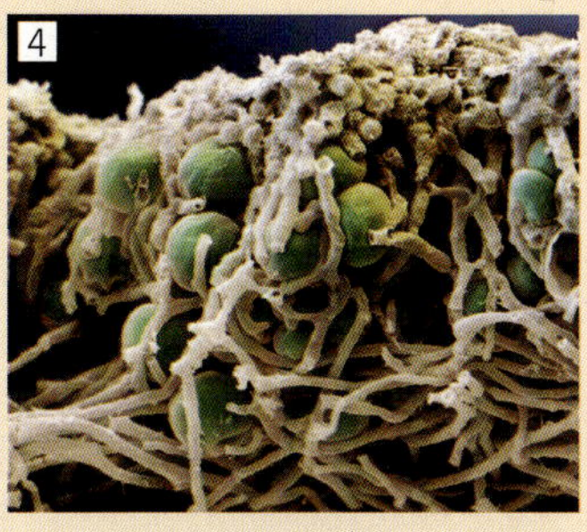

Descripció	Núm. de fotografia	Tipus de relació: intraespecífica o interespecífica, i nom	Justificació que expliqui el tipus de relació
Gavià menjant una estrella de mar.			
Peix pallasso en una anemone.			
Formigues de castes diferents.			
Estructura d'un liquen (1 360x). En verd, cèl·lules de l'alga; en gris, hifes del fong.			
Colibrí nodrint-se d'una flor.			
Crustacis sobre la pell d'una balena.			
Poll en el cap d'una persona (180x).			
Grup de cignes migrant.			

2. En grups de quatre, repartiu-vos els diferents vídeos que trobareu al QR de la dreta. Cada un de vosaltres ha d'analitzar els aspectes següents d'un dels vídeos: tipus de relació entre espècies que s'hi observa i quines implicacions té per a cada una. Després mireu-los conjuntament mentre l'alumne o alumna que l'ha estudiat explica l'anàlisi que n'ha fet.

En aquest QR, o clicant a l'enllaç http://qr.teide.eu/01UC, trobaràs uns quants vídeos (en anglès) en què podràs veure diferents tipus de relacions entre espècies marines.

Menjar i procurar no ser menjat

Després del rebombori de la paparra i l'estoneta per esmorzar, reprenem la marxa. Al cap de poc temps, trobem una bona estesa de plomes al mig del camí.

–Què ha passat aquí, Judith? Als ocells els cauen les plomes de cop? –pregunta la Paula.

–No, això són rastres de l'atac d'algun depredador a un tudó, una espècie de colom que viu al bosc. Aprofitarem per parlar amb una mica més de detall d'aquest tipus de relació entre espècies –respon amb rapidesa la Judith.

En el QR que hi ha a la dreta, o bé a http://qr.teide.eu/01UD, es poden analitzar dos casos de depredador i presa (en anglès).

Les relacions alimentàries, com ara la **depredació** o el **parasitisme**, són fonamentals per a la supervivència. Uns organismes, els **depredadors**, s'alimenten d'altres, les **preses**.

Canvis al llarg del temps en el nombre d'individus de la població de lèmmings (presa) i ducs blancs (depredador) en una regió determinada de la tundra.

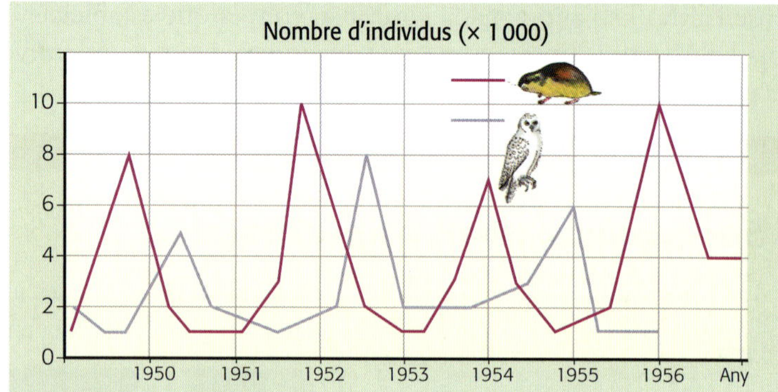

La depredació també tendeix a regular, d'una manera natural, el nombre d'individus de la població de la presa. Al mateix temps, la disponibilitat de preses també regula la població de depredadors. Al cap de poc temps d'una disminució en el nombre de preses, es redueix la població de depredadors. Generalment, però, els depredadors no depenen d'una sola espècie de presa, ja que sovint s'alimenten d'altres organismes. D'altra banda, la depredació sol ser important per a la població de la presa, ja que evita un augment desmesurat del nombre d'individus. La superpoblació podria causar, en poc temps, l'esgotament del menjar i una ocupació excessiva del territori, fets que tindrien com a conseqüència una davallada sobtada de la població. Aquesta interdependència entre preses i depredadors és fonamental per al funcionament dels ecosistemes.

La supervivència d'un depredador depèn de les preses que mengi, és a dir, de la capacitat per detectar-les i capturar-les. En contraposició, la supervivència d'una presa depèn de la seva capacitat de no ser menjada pels depredadors, és a dir, de detectar-los i evitar-los; en definitiva, d'impedir ser capturada.

Els organismes han desenvolupat, per selecció natural, una sèrie d'estratègies i adaptacions per ser eficaços en el paper de presa o en el de depredador, o tots dos alhora en alguns casos. La diversitat de formes, mides i colors dels éssers vius són, per tant, el resultat de la selecció natural.

La **cripsi**, o capacitat de confondre's amb el medi, és potser una de les adaptacions més comunes. Les taques de la pell d'una girafa o d'un tigre es confonen amb la vegetació del medi on viuen. El **mimetisme**, o imitació de formes i colors, també pot ser avantatjós per a les preses i els depredadors.

L'aranya de la fotografia, pel seu color mimètic amb els pètals de la flor, passa desapercebuda per a les seves preses i, en aquest cas, captura fàcilment l'abella.

L'insecte pal, mimètic amb la tija de l'arbust, passa desapercebut per als depredadors.

Agrupar-se en ramats, com fan les gaseles i els nyus, o en bancs, com fan els peixos, és una estratègia defensiva envers els depredadors. La presència de punxes externes, com en els eriçons, o de closques dures, com en les tortugues, o el fet de tenir una gran quantitat de massa, com l'hipopòtam o l'elefant, també són adaptacions defensives. Enroscar-se, «fer el mort», expulsar substàncies repel·lents o desplegar parts del cos per semblar més gran són altres comportaments per evitar ser capturats.

Moltes espècies de plantes també posseeixen mecanismes de defensa contra els herbívors: punxes, substàncies metzinoses o urticants, etc.

Els depredadors també han desenvolupat adaptacions que augmenten l'èxit de la seva funció. N'hi ha que tenen òrgans especialitzats per a la captura; per exemple, hi ha peixos, com ara el rap, que estan proveïts d'esquers per atreure altres peixos dels quals s'alimenten, o alguns ocells tenen becs adequats als tipus d'animals que capturen, com el bec corb i esmolat dels rapinyaires.

Els paranys, com ara els forats a la sorra en forma d'embut de la formiga lleó, també són estratègies habituals. Alguns depredadors, com la major part de felins, les guineus, els ratpenats o els mussols, estan especialitzats a caçar de nit. Es tracta d'animals que, a més de tenir adaptacions per veure-hi amb poca llum, tenen el sentit de l'oïda molt desenvolupat, la qual cosa els dona avantatge sobre les preses.

Les papallones monarca són unes «lladres de defenses»: les erugues s'alimenten d'unes plantes que contenen substàncies tòxiques. Aquestes substàncies, que s'acumulen al cos de la papallona monarca, són inofensives per a les erugues, però són tòxiques i tenen un gust desagradable per als ocells.

ACTIVITATS

El clan dels imitadors

La **coloració aposemàtica** o d'**advertiment** és present en moltes espècies d'animals que tenen verins o substàncies urticants. Altres espècies, que són totalment inofensives, «imiten» aquestes coloracions, una característica que els afavoreix la supervivència. En aquest cas, es parla de **mimetisme batesià**. Aquest tipus d'adaptacions tan curiós, que pot semblar propi d'animals de zones exòtiques, com les serps corall i les falses corall que habiten al continent americà, també el trobem als boscos mediterranis, com passa amb la vespa i l'escarabat que la imita. En aquest cas, fins i tot els moviments de l'imitador reprodueixen amb molta fidelitat el comportament de l'espècie perillosa.

Serp corall.

Serp falsa corall.

Vespa comuna.

Escarabat vespa.

1. En què consisteix la coloració aposemàtica? Quins colors combina?
2. Per què creus que els animals aposemàtics utilitzen aquests colors i no pas uns altres?
3. Quins avantatges comporta per als animals perillosos tenir coloracions aposemàtiques?
4. Com afavoreix la supervivència dels animals inofensius el fet de tenir coloracions aposemàtiques?
5. Explica el procés evolutiu que deu haver donat lloc a les coloracions aposemàtiques. Quines espècies (les perilloses o les inofensives) probablement són més antigues? Per què?
6. Quins altres mecanismes de defensa dels éssers vius coneixes? Explica'ls amb un exemple.

Arribem a un petit embassament

Una mitja hora després de la parada en què hem estat parlant dels depredadors i les preses, i després de baixar un vessant suau, arribem a una zona més oberta on hi ha un petit embassament.

–Va, Pau, tu que et queixaves de calor, ara et pots fer una remullada! –fa broma la Raquel.

–Dona, no n'hi ha per a tant. A més, per més calor que tingués, aquí no em banyaria: segur que està farcit de tota mena de bestioles –respon, seriós, en Pau.

–Bé, doncs, això és justament el que venim a observar aquí: els organismes que hi ha en aquest ecosistema tan diferent d'un bosc; especialment ens fixarem en la vegetació –explica la Judith.

Un embassament és l'hàbitat d'una comunitat diversa, amb poblacions d'organismes molt diferents.

Als ecosistemes aquàtics hi viuen organismes molt diferents dels que hi ha als terrestres, però la manera com es desenvolupen aquests ecosistemes i la funció que hi exerceixen els diferents grups d'éssers vius que hi habiten no en són tant, de diferents.

En els ecosistemes aquàtics, els éssers fotosintètics són les plantes i les algues. Als embassaments amb un nivell d'aigua estable com aquest, als llacs i llacunes i a les basses, hi ha moltes plantes que han de viure totalment o parcialment submergides. Als marges de l'aigua hi ha arbres diferents dels que hi havia al bosc i una bardissa gairebé impenetrable, formada fonamentalment per canyissos (*Phragmites australis*). A la superfície d'algunes zones tranquil·les sembla que hi hagi una catifa verda: són les llenties d'aigua (*Lemna minor*), petites plantes que tenen la forma i la mida d'una llentia. L'aigua d'aquestes zones també pot tenir una tonalitat verdosa, a causa de les algues microscòpiques que hi viuen.

Les plantes aquàtiques reben el nom de **macròfits**, i tant les que hi ha a les ribes com les que es troben a la superfície o les que viuen sota l'aigua són molt diferents de les plantes de l'alzinar. La comunitat vegetal de l'embassament condiciona, en gran part, la vida que s'hi desenvolupa, ja que proporciona l'aliment del qual depenen, directament o indirectament, els organismes de la comunitat animal i els microorganismes descomponedors. Hi ha una gran quantitat d'insectes que passen la major part de la vida a l'aigua, com ara el nedador d'espatlla (*Notonecta glauca*), mentre que d'altres, com l'espiadimonis (*Anax imperator*), hi fan la metamorfosi. També hi ha força animals vertebrats: amfibis (com ara les granotes), rèptils (com ara les serps d'aigua), ocells i mamífers que s'alimenten d'organismes que viuen a la bassa.

Nedador d'espatlla (*Notonecta glauca*).

Larva d'espiadimonis (*Anax imperator*).

Serp d'aigua (*Natrix maura*).

Plantes aquàtiques

Plantes que viuen als marges de les basses. Són plantes **higròfiles**, que necessiten molta aigua i creixen en sòls amb molta humitat. Sovint són el recer de molts vertebrats aquàtics: amfibis, rèptils i aus. La boga (*Typha angustifolia*) i el canyís (*Phragmites australis*) formen, respectivament, bogars i canyissars a les zones humides.

Plantes que viuen a l'aigua. Algunes plantes són **hidròfites**, arrelen al fons i tenen les fulles arran d'aigua, o bé mig submergides, com ara la llentia d'aigua o la llengua d'oca (*Potamogeton nodosus*). D'altres, com el milfulles d'aigua (*Myriophyllum spicatum*), fins i tot viuen submergides.

Chara vulgaris, una alga verda pluricel·lular comuna a les aigües dolces.

Pinnularia, una alga unicel·lular del grup de les diatomees.

Algues dels ecosistemes d'aigua dolça

Com les algues marines, pertanyen al regne dels **protoctists**. Són organismes eucariòtics, fotosintetitzadors, de colors diversos, que poden ser unicel·lulars o pluricel·lulars. La seva reproducció pot ser asexual i sexual, amb cicles biològics de diferents tipus, segons els grups. Formen part del *plàncton* o de les comunitats del *bentos* sobre diversos substrats; fins i tot, algunes poden viure en racons molt humits del medi terrestre i en *simbiosi* dins d'altres organismes.

ACTIVITATS

Plantes aquàtiques dels marges de l'embassament

El dibuix representa les plantes aquàtiques d'una bassa o embassament.

1. Classifica les plantes en una taula en higròfiles o hidròfites.
2. Aquesta bassa és en un país mediterrani, amb precipitacions molt irregulars. Raona si aquesta distribució espacial es mantindrà durant tot l'any.
3. Quin grau de biodiversitat (alt, mitjà o baix) té una bassa o embassament? Justifica la resposta.

1. Lliri d'aigua; 2. Llengua d'oca; 3. Càrex; 4. Llentia d'aigua; 5. Llengua de bou; 6. Milfulles; 7. Falguera aquàtica; 8. Joc d'estores; 9. Canyís; 10. Lliri groc; 11. Boga.

Una recerca sobre les llenties d'aigua

El curs passat, uns alumnes de la Judith van agafar mostres de dues espècies de llenties d'aigua d'aquest embassament per fer el seu treball de recerca: *Lemna polyrrhiza*, que hi viu al fons, i *Lemna gibba*, que hi viu a la superfície. Les van cultivar per separat i conjuntament en aquaris i van anotar el nombre d'individus setmanalment:

Setmana		1	2	3	4	5	6	7
Lemna polyrrhiza	Per separat	100	200	300	380	445	500	550
	Conjuntament	50	60	65	50	40	30	25
Lemna gibba	Per separat	90	180	270	300	320	330	335
	Conjuntament	90	175	260	290	305	309	311

1. Fes un gràfic amb les dades. Quina relació interespecífica hi ha entre aquestes plantes? Explica-la, detallant quina espècie en surt beneficiada i quina perjudicada.
2. Quina era la pregunta de recerca d'aquests alumnes?
3. Quines eren les variables dependent i independent? Quines variables van haver de controlar?

Un cop analitzada la vegetació de l'embassament, ens hem posat a caminar de nou. Aquesta vegada, anem pendent amunt i ens endinsem a una zona de bosc dens amb diversos arbres caducifolis. El camí i tot el sòl d'aquesta part del bosc estan coberts per una capa gruixuda de fulles seques.

–A veure: no és prou cansat caminar tot el matí que ara, a més, ho haguem de fer trepitjant aquest tou de fulles? És que ningú no neteja el bosc de fulles? –remuga la Raquel.

–Bona pregunta, Raquel! Què en penseu els altres? Potser podem aprofitar per parlar d'altres coses força importants –diu la Judith–. Això que esteu trepitjant és virosta.

És que ningú no neteja el bosc de fulles?

La **virosta** és el conjunt de residus vegetals poc descompostos que s'acumulen a la superfície del sòl. En els boscos sol estar formada per la fullaraca, és a dir, el fullam sec, i restes de branques, flors marcides i trossos d'escorça dels arbres. Tots els boscos acumulen virosta al sòl, però als boscos caducifolis, en el període de caiguda de la fulla, se'n poden acumular gruixos importants. Entre la virosta també podem trobar alguns residus procedents de l'activitat animal: excrements, plomes, escates i, fins i tot, animals morts.

Virosta en procés de descomposició.

Organismes del sòl al bosc.

El sòl del bosc i, especialment, la virosta allotgen una gran diversitat d'organismes i, en certa manera, es pot considerar com un petit ecosistema. Molts invertebrats que viuen al sòl s'alimenten de restes de matèria orgànica morta; el cuc de terra, les paneroles i els centcames en són exemples. Un grup important d'éssers vius del sòl del bosc són els descomponedors, els fongs i els bacteris, els organismes responsables de l'aparició de l'**humus**, la part orgànica i fosca del sòl que prové de l'alteració absoluta de matèria orgànica d'origen vegetal i animal. L'humus acaba totalment mineralitzat, de manera que la matèria orgànica, gràcies a l'acció dels organismes descomponedors, retorna al sòl els elements minerals que s'hi havien incorporat en el procés de la nutrició vegetal.

Els fongs

Els fongs no formen part del regne vegetal, sinó que constitueixen un regne a part, el dels fongs. Aquest grup inclou organismes heteròtrofs amb cèl·lules del tipus **eucariota**, unicel·lulars o pluricel·lulars. El cos d'aquests organismes, quan són pluricel·lulars, s'anomena **miceli** i normalment està constituït per una xarxa de filaments ramificats, les **hifes**. Aquesta estructura del cos afavoreix l'augment de la superfície a través de la qual expulsen els enzims digestius i absorbeixen els nutrients. Es reprodueixen per espores i les seves cèl·lules tenen paret cel·lular de quitina. Bona part dels fongs mostren un cos fructífer on es produeixen les espores, conegut com a **bolet**. Presenten **saprofitisme**, **parasitisme** o **simbiosi** per aconseguir la matèria orgànica. El miceli dels fongs sapròfags pot viure sobre diferents substrats, al sòl entre l'herba o la fullaraca, o també sobre matèria orgànica viva o morta. Qualsevol tipus de matèria orgànica natural pot ser degradada per aquesta mena de fongs.

En el QR de la dreta, i també a http://qr.teide.eu/01UE, trobaràs un vídeo explicatiu (en anglès) de la descomposició de la matèria orgànica i els organismes implicats.

Dues simbiosis particulars

Molts fongs que viuen al sòl dels boscos estableixen una simbiosi amb els arbres o altres plantes. Les seves hifes s'entrellacen amb les arrels de les plantes i formen una estructura anomenada **micorriza**, a través de la qual intercanvien substàncies. Els fongs cedeixen sals minerals i aigua a la planta i aquesta els aporta hidrats de carboni i vitamines. Totes dues espècies en surten beneficiades i en la majoria de casos aquest benefici mutu és tan important que les dues espècies no poden viure independentment. S'estima que més del 90 % de les plantes formen habitualment micorrizes.

Una de les simbiosis més reexides que es coneixen és la que estableixen els fongs i les algues per constituir els **líquens**. Les substàncies que intercanvien són les mateixes que les plantes i els fongs a través de les micorrizes. La seva cooperació és tan eficient que els líquens són un dels organismes més resistents de la Terra, en podem trobar sobre diversos tipus de substrats (sòl, troncs, roques, etc.) i n'hi ha des de les fredes terres de l'Antàrtida fins al cor del desert del Sàhara. L'únic factor ambiental que no són capaços de suportar és la contaminació atmosfèrica. Les grans ciutats són els únics llocs on normalment no se'n troben.

ACTIVITATS

Virosta

En el seu treball de recerca, una estudiant de Batxillerat investiga l'ecologia d'un bosc mediterrani. A la tardor ha recollit mostres de la virosta del vessant orientat al sud (solell) i del vessant orientat al nord (obaga). La taula mostra les dades següents:

	Localitat 1 (solell)	Localitat 2 (solell)	Localitat 3 (solell)	Localitat 4 (obaga)	Localitat 5 (obaga)	Localitat 6 (obaga)
Biomassa (g m^{-2} pes fresc)*	1360	1120	1270	1580	1720	1830

* La biomassa és la quantitat de matèria viva. El pes fresc és la massa total sense pèrdua d'aigua.

1. Quin et sembla que és el problema que investiga aquesta estudiant en el seu treball de recerca? Amb els coneixements que tens, formula i justifica alguna hipòtesi.
2. Què es podria deduir a partir de la hipòtesi que has formulat? Quina seria l'acció? I el resultat previst? Quines creus que són les variables, dependent i independent, d'aquesta recerca? Explica-ho.
3. Quin tipus de control et sembla que es pot fer en aquestes recerques? Explica-ho.
4. L'estudiant ha trobat que la virosta conté un 40 % de mitjana d'aigua. A partir de les dades, troba la quantitat mitjana de biomassa en pes sec de la virosta del solell i de la virosta de l'obaga. Expressa-ho en tones per hectàrea (1 ha = 10 000 m^2).
5. Quina conclusió creus que ha pogut elaborar l'estudiant a partir dels resultats de la taula?
6. Esmenta quins organismes són especialment abundants en aquests primers centímetres del sòl.

L'incendi de l'estiu passat

Acabat l'estudi del sòl del bosc, el grup ha reprès la travessa. Ara pugem fins a un coll i canviem de vessant. Sortim al solell i al cap de molt poca estona el paisatge canvia radicalment, ja que entrem en una zona cremada l'estiu passat.

–Ostres, mireu, aquí és on vèiem els avions ruixar les flames al setembre! –diu en Miquel.

–És una vergonya! Cada any hi ha algun incendi en aquestes muntanyes i els boscos ja no es recuperaran mai més –afegeix la Paula.

–Esteu d'acord amb el que diu la Paula? Què passa en un bosc després d'un incendi? –pregunta la Judith.

Cada any a Catalunya es cremen algunes extensions de vegetació. El clima i les espècies que hi viuen fan que els nostres boscos siguin molt vulnerables al foc. El risc més alt es dona a l'estiu, l'estació més seca del clima mediterrani.

Una de les pitjors conseqüències de la destrucció de la vegetació pel foc és l'**erosió del sòl**. Com que falta la cobertura vegetal, que protegeix el sòl de l'acció erosiva de l'aigua, els terrenys desforestats el perden fàcilment. Aquest fet agreuja el problema, ja que, sense les primeres capes del sòl, és difícil que s'hi estableixin noves plantes. Malgrat això, més tard o més d'hora, les àrees cremades tornen a tenir nova vegetació. Moltes llavors ja estaven enterrades abans de l'incendi, mentre que d'altres hi són resistents, i totes constitueixen un veritable *banc de llavors*. Algunes plantes que no han estat completament destruïdes pel foc poden rebrotar. Als terrenys cremats també hi arriben llavors de plantes que germinen, creixen i es reprodueixen ràpidament. En poc temps ocupen l'espai subterrani amb les arrels i contribueixen que el sòl es regeneri. Aquestes plantes *pioneres* van sent substituïdes, després d'un període de temps, per altres plantes de creixement més lent, sovint de mida més gran. Al cap d'uns anys, segons el tipus de comunitat, la composició del bosc serà semblant a la que hi havia abans de l'incendi, igual com passa en el cas de l'abandonament d'un camp conreat.

La **resiliència** és la capacitat que tenen els ecosistemes per recuperar la composició i l'estructura de la comunitat i regenerar-se després d'estar afectats per pertorbacions. Això no obstant, malgrat la reconeguda resiliència dels boscos mediterranis al foc, aquesta resposta no es dona sempre. Algunes espècies que presenten mecanismes de regeneració, com la rebrotada o el manteniment de bancs de llavors, es poden veure greument afectades per un augment de la freqüència, la intensitat o la grandària dels incendis o la combinació d'aquests focs amb altres pertorbacions (com ara la sequera).

Tot i que la majoria d'incendis forestals que es produeixen actualment a Catalunya són causats directament o indirectament pels humans, l'acció del foc en els boscos mediterranis ha estat present des que aquests existeixen, ja que els llamps en són la principal causa natural. Per tot això, el foc és un factor ambiental més en els ecosistemes forestals mediterranis i ha actuat com a selecció natural que afavoria els individus i les espècies amb alguna adaptació per resistir els efectes dels incendis i poder sobreviure i reproduir-se. Hi ha quatre tipus d'adaptacions al foc.

Els incendis forestals són un dels factors ecològics que condicionen la vegetació mediterrània.

Alzinar devastat per un incendi a l'Empordà.

Adaptacions als incendis

Algunes plantes rebroten poc temps després d'un incendi. Per fer-ho els calen estructures que les aïllin del poder destructiu del foc. Un dels exemples més espectaculars d'aquesta adaptació és l'alzina surera, capaç de **rebrotar** fins i tot des del tronc i les branques cremades gràcies a l'aïllament que li proporciona el suro de l'escorça.

Altres plantes tenen la *base del tronc enterrada i engruixida*, a l'interior del qual hi ha un teixit especial que emmagatzema nutrients i aigua. El garric, per exemple, té la totalitat del tronc enterrat, per sobreviure millor al foc. Les plantes que tenen **bulbs** també són exemples de plantes que rebroten després d'un foc.

En un incendi intens, la temperatura arran del sòl es pot aproximar als 1 000 °C. Per sota dels 5 cm de profunditat, en canvi, rarament supera els 40 °C.

Una altra estratègia és desenvolupar **llavors resistents** al foc. En aquest cas, les plantes no sobreviuen a l'incendi però deixen llavors que germinaran després del foc. La coberta gruixuda d'aquestes llavors i de l'estructura on es desenvolupen, com passa en el cas de les pinyes dels pins, permet la supervivència de l'embrió de planta que hi ha dins la llavor.

Les llavors d'algunes espècies mediterrànies, com l'estepa blanca, *germinen millor* després d'un incendi. Això els permet aprofitar l'espai, la falta de competència i els nutrients en forma de cendra que deixa l'incendi. Les substàncies altament inflamables que posseeixen moltes plantes de llavors resistents, com la resina dels pins, són considerades com una adaptació per afavorir la propagació del foc, factor que posteriorment en facilitarà la disseminació.

ACTIVITATS

Les llavors i el foc

Uns alumnes de Batxillerat estan fent una recerca sobre la recuperació d'un bosc cremat. Uns mesos després de l'incendi, han identificat quines plantes tornen a ser presents al bosc. Després han anat a un bosc proper que no s'ha cremat i han recollit llavors d'aquestes espècies. Un cop al centre escolar, les han sotmès a un tractament amb calor: n'han posat algunes a l'estufa a 70 °C durant una hora i d'altres a 120 °C durant cinc minuts. Després les han plantades en testos i les han anat regant durant dotze setmanes. Els gràfics mostren els resultats obtinguts per a dues espècies estudiades.

1. Quin és el problema que volen investigar?
2. Què creus que han fet per obtenir les dades anomenades *control*? Per què creus que és necessari fer aquest grup de dades?
3. Tant el fals aladern com el llentiscle són plantes mediterrànies amb adaptacions als incendis. A partir de les dades dels gràfics, quina té llavors adaptades a resistir el foc? Per què?

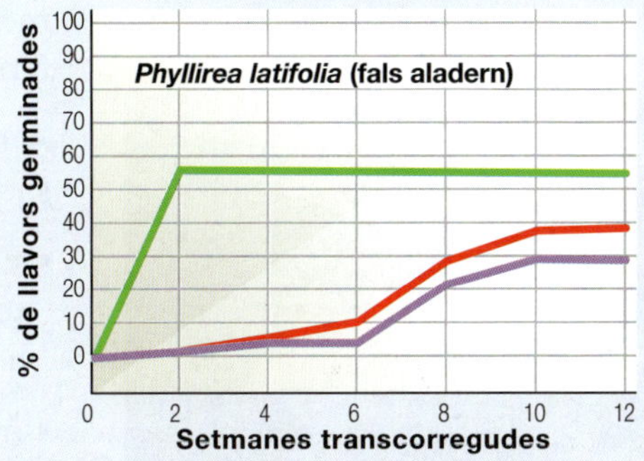

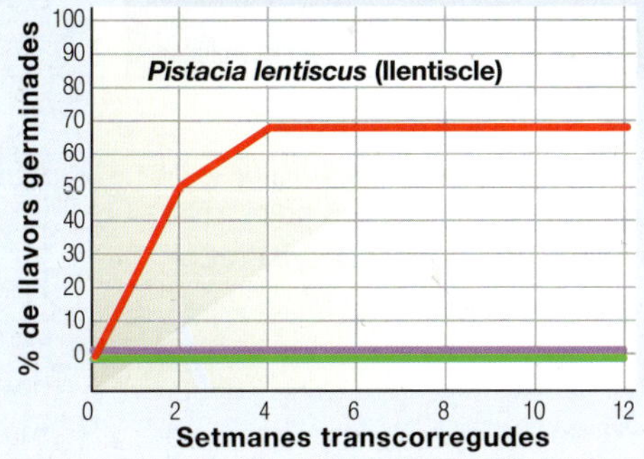

120 °C — Control — 70 °C

–Aleshores, si no hi hagués mai cap incendi, el bosc es faria gegant, com una mena de selva! –diu en Pau.

–No, Pau, t'equivoques; aquí no hi pot haver mai una selva –respon la Paula.

–Tens raó, Paula. A cada zona hi ha el tipus d'ecosistema propi de la regió climàtica on es troba, però com hem vist, si hi ha pertorbacions, com és el cas d'un incendi, l'ecosistema experimenta canvis. Algú sap com s'anomena aquest procés? I algú sap què passa si durant molts anys no hi ha cap pertorbació que afecti un ecosistema? –pregunta la Judith.

Successions ecològiques i maduresa dels ecosistemes

Després d'un incendi es produeixen molts canvis. Des que germinen les primeres llavors i rebroten les primeres plantes fins que es desenvolupa un bosc divers, amb organismes que interaccionen, poden passar molts anys. Potser al cap de dècades hi haurà un bosc que ja no es distingirà dels boscos propers. Al llarg del procés es produeixen canvis en la composició de la comunitat, i unes espècies en substitueixen d'altres.

Tot aquest seguit de canvis al llarg del temps reben, en el seu conjunt, el nom de **successió ecològica**. La successió és un procés que es produeix al llarg de diverses etapes. La comunitat que s'estableix en un determinat moment provoca petits canvis en l'ecosistema que faciliten l'arribada i l'establiment de nous organismes.

Tipus de successions ecològiques

La capacitat de rebrotar d'algunes plantes dels boscos mediterranis és un dels processos que tenen lloc durant la successió secundària després d'un incendi.

Quan la successió es dona en una àrea on prèviament hi havia hagut una comunitat d'éssers vius, aleshores rep el nom de **successió secundària**. Un bosc cremat, un conreu abandonat o una bassa temporal que s'ha reomplert experimenten un procés de successió secundària. En aquests indrets gairebé sempre es mantenen formes de resistència, estructures reproductives, com ara espores o llavors, que faciliten la colonització i el restabliment de la comunitat original, però sovint calen força anys perquè es regeneri l'ecosistema anterior.

El QR de la dreta i l'enllaç http://qr.teide.eu/01UF inclouen animacions dels dos tipus de successions ecològiques.

Un cas diferent és la **successió primària**, que té lloc en una zona on abans no hi ha hagut cap ecosistema. Imaginem-nos una illa volcànica que emergeix al mar: constitueix una superfície rocosa originalment sense vida. Al cap de poc temps, però, segons la distància fins al continent o fins a altres illes, hi arribaran organismes, o estructures reproductives d'aquests, i començarà el procés de colonització. Els primers organismes a establir-s'hi són productors, éssers autòtrofs que permetran la colonització posterior dels heteròtrofs (consumidors).

La successió que s'inicia després de la formació d'un llac en un cràter volcànic és de tipus primari, ja que abans no hi havia cap ecosistema aquàtic en aquest indret.

A tots els ecosistemes del planeta, tant als aquàtics com als terrestres, el procés de successió segueix unes regularitats comunes al llarg del temps:

- En els primers estadis, la *diversitat és baixa*, amb unes poques espècies pioneres que tendeixen a ocupar el territori. Es genera molta vida (biomassa) en poc temps, però a mesura que la successió avança, aquest ritme (producció) va disminuint.
- Al llarg de la successió, *augmenta la diversitat biològica* i les cadenes alimentàries tendeixen a fer-se més llargues, i la xarxa tròfica, més complexa. L'ecosistema guanya capacitat de regulació.

Estratègies de colonització

De l'arribada i l'establiment d'una població en un ecosistema, en diem **colonització**. La població es pot originar a partir d'una posta d'ous, de llavors, d'espores o de diverses formes de resistència i propagació. Les necessitats de les espècies colonitzadores han de ser compatibles amb les variables ambientals del nou hàbitat. Només d'aquesta manera podran sobreviure i reproduir-se prou nombre d'individus perquè passin a formar part de la comunitat i s'integrin en les relacions interespecífiques de l'ecosistema.

Normalment, les primeres espècies que s'estableixen en un hàbitat nou són les **espècies oportunistes** o **pioneres**. Si les condicions són favorables, aquestes ocupen l'espai i es reprodueixen amb gran rapidesa. Són **estrategues de la *r*** (*r*, de taxa reproductiva). Són espècies amb cicles de vida curts, però que deixen molta descendència.

Amb el temps, aquestes espècies pioneres van sent substituïdes per altres espècies de cicle de vida més llarg i que deixen menys descendència. El nombre d'individus d'aquestes poblacions s'estabilitza al voltant d'un valor que es coneix com a *capacitat de càrrega* (*k*) i que depèn dels recursos de l'ecosistema. Són els **estrategs de la *k***.

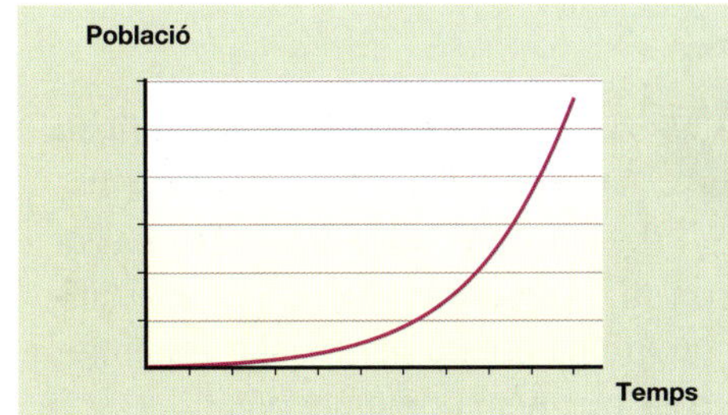

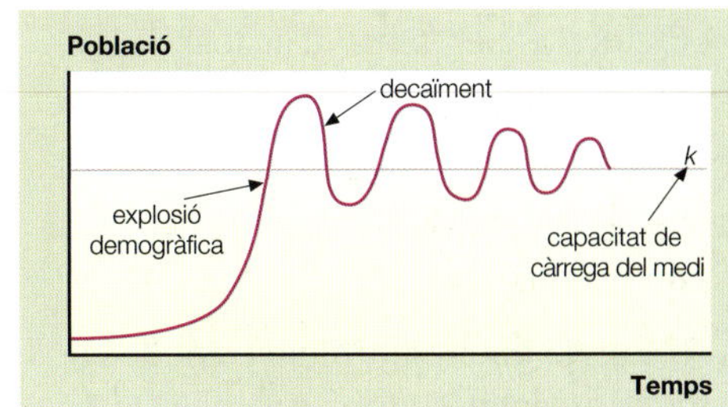

A dalt, creixement exponencial d'una població en un medi favorable. A sota, dinàmica d'una població limitada per una capacitat de càrrega (*k*).

Maduresa dels ecosistemes

Els ecosistemes canvien al llarg del temps, i tendeixen a arribar a un punt en el qual la diversitat ja no augmenta. En les primeres etapes de la successió, els canvis són ràpids, però amb el temps disminueix l'arribada de noves espècies. Al llarg del procés s'han establert moltes relacions entre les diferents poblacions d'organismes de la comunitat, i l'ecosistema assoleix una complexitat i un grau d'organització més alts. Quan l'ecosistema ha arribat a aquest punt, la biomassa es manté, de manera que l'equivalent de la matèria orgànica que es produeix s'inverteix gairebé totalment en les activitats vitals, la taxa de renovació és petita i, per tant, la producció neta és relativament baixa. Aquest estat de **maduresa** de l'ecosistema s'anomena **clímax**. Tots els sistemes naturals de la Terra hi tendeixen com a resultat de la successió ecològica. Pocs ecosistemes arriben al clímax, ja que alguns esdeveniments naturals o, més sovint, les activitats humanes fan recular la successió cap a estadis anteriors. Els fenòmens naturals catastròfics, les tales, els incendis o l'activitat constant del bestiar herbívor alteren el ritme natural de la successió i provoquen un retrocés cap a estadis més immadurs.

ACTIVITATS

Dos exemples de successió

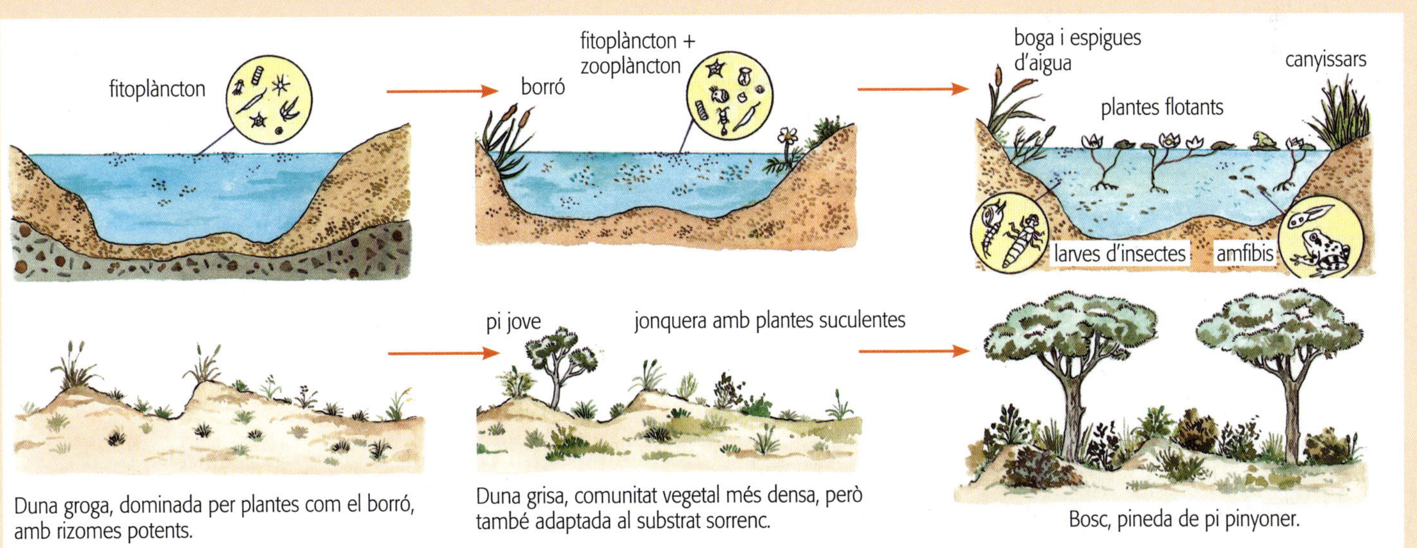

A dalt, etapes del poblament d'una gravera abandonada. A baix, etapes del desenvolupament d'un sistema de dunes costaner.

1. Escull un d'aquests dos casos de formació d'una comunitat i explica les diferents etapes de l'establiment de nous organismes fent servir els teus coneixements sobre la successió ecològica. En aquesta explicació han de figurar els termes següents: *colonització, poblacions, espècies pioneres, comunitat, estrategues de la* k, *maduresa*.
2. Compara l'explicació que has fet amb la que han escrit altres companys que han triat el mateix exemple que tu. Quins aspectes de les seves explicacions afegiries a la que tu has fet?

L'excursió està arribant al final. Després de voltar la zona cremada, ens dirigim a una àrea recreativa on hi ha la parada de l'autobús i tindrem una estona per menjar els entrepans que hem portat per dinar.

–Quines ganes tenia d'acabar la caminada i quina gana que tinc! –diu en Pau.

–I tant! A menjar, que ja és hora! –respon la Raquel.

Al cap de pocs minuts, un estol de cotorres argentines arriba a la placeta on estan dinant i es barregen amb alguns pardals i pinsans, que mengen les molles que hi ha per terra. Els pins que fan ombra en aquesta àrea de lleure estan plens d'unes bosses d'aspecte sedós. Uns treballadors del parc natural les estan tallant amb l'ajut d'una plataforma elevadora.

–Judith, mira que interessant: aquestes cotorres verdes mengen trossets de pa. Aquestes espècies que han vingut de fora fan que hi hagi més diversitat! –crida la Paula.

–Els treballadors del parc també estan traient una espècie estranya? –pregunta en Miquel.

–Les cotorres argentines són espècies invasores. La seva presència no necessàriament fa augmentar la biodiversitat. I el que estan traient aquests treballadors no és una espècie exòtica sinó una plaga –respon la Judith.

Espècies invasores

Una de les conseqüències negatives que les **espècies exòtiques**, com les cotorres argentines, provoquen en els ecosistemes on s'introdueixen és la reducció i, fins i tot, la desaparició d'altres **espècies autòctones**. En el conjunt de la biosfera, les espècies invasores causen la reducció de la **biodiversitat**.

Les cotorres de pit gris desplacen els ocells autòctons.

Les poblacions de les diferents espècies de qualsevol ecosistema estan regulades per la disponibilitat d'aliments i per l'acció dels seus depredadors i dels factors ambientals. No obstant això, de vegades es produeix l'augment desmesurat de la població d'alguna de les espècies. Quan aquest fet causa algun tipus de perjudici als éssers humans, diem que hi ha una **plaga**, com és el cas de la processionària del pi, una petita papallona nocturna les larves de la qual són erugues que es mengen les fulles dels pins. Els treballadors de la plataforma elevadora estan eliminant els nius que fan les erugues. Els creixements anormals de les poblacions d'organismes són més freqüents en els ecosistemes alterats, ja que els mecanismes de regulació, com ara l'activitat dels depredadors, queden reduïts.

Les espècies exòtiques que colonitzen un ecosistema molt sovint tenen aquest comportament, ja que poden proliferar sense control per manca de depredadors i paràsits que les afectin. Per això, actuen com a **espècies invasores**, que tendeixen a augmentar de nombre i ocupar progressivament l'ecosistema. No totes les espècies exòtiques que arriben a un ecosistema es converteixen en invasores. Perquè una espècie exòtica es pugui establir en una zona ha de trobar les condicions adequades per reproduir-se i disseminar-se (resistir els factors ambientals, sobreviure als depredadors, etc.).

La introducció d'espècies exòtiques en un ecosistema es pot produir bàsicament de dues maneres:

- **Accidentalment:** en el buc o el llast dels vaixells, o en mercaderies. Organismes de zoològics i jardins, o mascotes que s'escapen. Quan es connecten zones aïllades (com els organismes del mar Roig que colonitzen el Mediterrani a través del canal de Suez), etc.
- **Intencionadament:** plantes exòtiques utilitzades en jardineria o silvicultura, animals que s'alliberen per ser caçats o pescats, organismes usats per controlar plagues, mascotes que són abandonades, etc.

Erugues «en processó» abans d'iniciar la metamorfosi enterrades al sòl.

Impactes de les espècies invasores en la biodiversitat

Un cop que una espècie exòtica s'estableix en un ecosistema i hi actua de forma invasora, les espècies autòctones es veuen afectades negativament. Aquestes interaccions negatives es poden produir de diverses maneres:

- **Competència:** l'espècie introduïda pren els recursos alimentaris i/o l'espai a les autòctones. La cotorra argentina, per exemple, és molt àgil i pren el menjar a alguns ocells autòctons, com ara els pardals i els coloms.
- **Depredació o parasitisme:** els organismes introduïts s'alimenten d'espècies autòctones, amb la qual cosa aquestes poblacions es redueixen. És el cas, per exemple, dels visons americans establerts en ecosistemes mediterranis, que són carnívors voraços.
- **Vectors de malalties:** el cranc de riu americà, per exemple, és portador de l'afanomicosi, una malaltia causada per un fong paràsit, que gairebé no l'afecta, però que, en canvi, ha causat la mort de bona part dels crancs de riu autòctons.
- **Alteració de l'hàbitat:** el creixement desmesurat de l'espècie invasora o la seva demanda de recursos alteren les característiques del medi físic. És el cas de l'alteració del sòl i de la disponibilitat d'aigua que ocasionen els eucaliptus.
- **Altres mecanismes:** les espècies foranes alteren el cicle reproductiu d'espècies autòctones o la contaminació genètica per encreuament amb espècies properes. L'ungla de lleó, per exemple, és una planta exòtica molt estesa per zones mediterrànies que competeix, amb èxit, amb plantes autòctones pels insectes pol·linitzadors.

Aquestes interaccions negatives de les espècies invasores, a banda de provocar greus perjudicis econòmics, causen la disminució de la biodiversitat perquè redueixen les poblacions d'espècies autòctones o en desencadenen l'extinció.

Arbres amenaçats

La propagació de *Xylella fastidiosa*, un bacteri americà que infecta els vasos conductors dels arbres, és actualment una plaga emergent preocupant. L'insecte *Philaenus spumarius*, comú a Europa, actua com a vector quan xucla la saba de la qual s'alimenta, i així, arbres silvestres o conreats tan importants com l'alzina o l'olivera moren per la infecció d'aquest bacteri.

ACTIVITATS

Plagues i espècies invasores

En grups de quatre, llegiu els titulars d'aquestes notícies i feu les tasques que hi ha a continuació:

El «tauró» de l'Ebre no és ficció

Una vintena d'espècies foranes agressives amenacen el fràgil equilibri ecològic a la península Ibèrica i causen danys milionaris.

La plaga de la processionària arrasa la població de pins

- Agricultura aconsella no acostar-se als arbres afectats fins a mitjans de mes, quan les erugues comencin a abandonar els arbres.
- Aquest any l'afectació és molt superior a la del 2015.

Marià Martí: «Barcelona es planteja declarar el senglar com una plaga»

El director gerent del parc de Collserola, Marià Martí, ha afirmat que la presència de senglars al massís és tan important que s'està plantejant la possibilitat de considerar-los una plaga.

Expècies exòtiques envaeixen l'ecosistema mediterrani

L'ALGA ASSASSINA, EL VISÓ AMERICÀ, EL CRANC DE RIU AMERICÀ, LES COTORRES I EL MUSCLO ZEBRAT DESPLACEN LA FLORA I LA FAUNA AUTÒCTONES.

1. Elaboreu una llista de les espècies que s'hi esmenten.
2. Classifiqueu-les en espècies invasores o plagues d'espècies autòctones.
3. Repartiu-vos les espècies de la llista (cadascú n'ha de triar dues). Cerqueu informació per poder elaborar una presentació o un pòster digitals en què s'expliquin les informacions següents:
   - Sobre les plagues: causes i conseqüències.
   - Sobre les espècies invasores: el seu origen, com van arribar al nostre país i els efectes que causen en els ecosistemes on s'instal·len.

Una travessa pel bosc amb un cop d'ull

Biodiversitat: conjunt de milions d'espècies diferents que viuen a la biosfera.

Domini: eubacteris	Domini: arqueobacteris	
Regne de les moneres		Regne dels protoctists

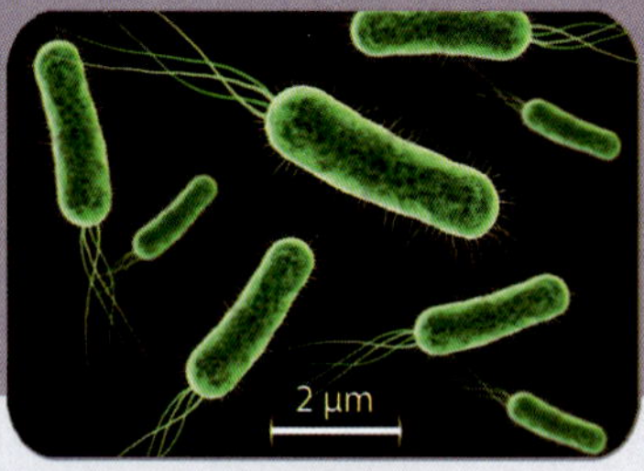

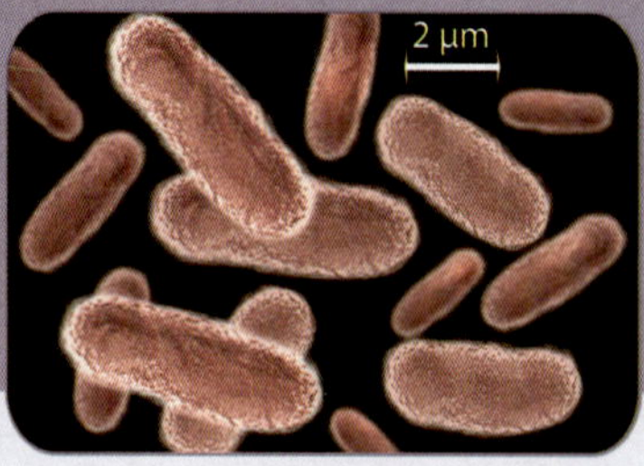

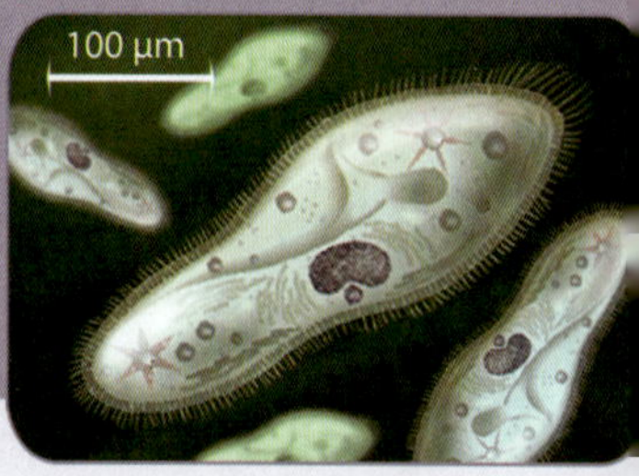

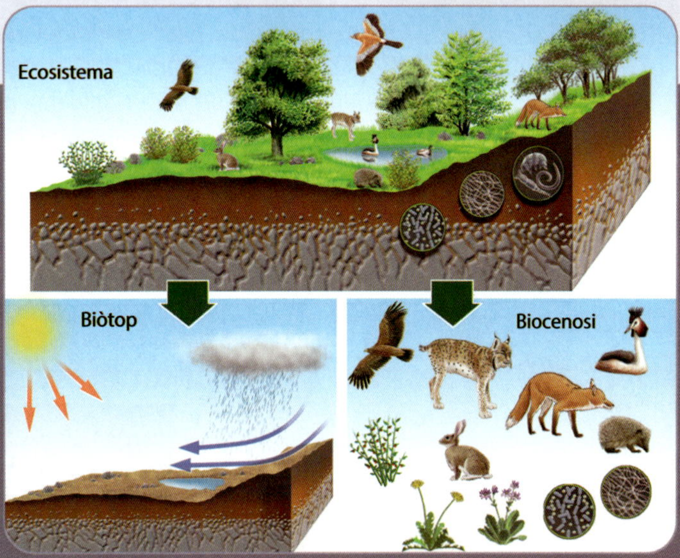

Els **ecosistemes** estan integrats pel **biòtop** (el conjunt de tots els factors ambientals) i per la **biocenosi** (el conjunt de totes les poblacions d'organismes que hi habiten).

Els **boscos** són els ecosistemes que ocuparien una bona part de les terres emergides del nostre planeta si no hi hagués cap intervenció humana.

Depenent de les condicions ambientals, es poden trobar molts tipus diferents d'ecosistemes. Anomenem **diversitat** la riquesa d'espècies d'un ecosistema.

Domini: eucariotes

Regne dels fongs	Regne de les plantes	Regne dels animals

Els organismes d'un ecosistema poden establir entre ells diferents tipus de **relacions**.

Intraespecífiques
Família
Societat
Competència

Interespecífiques
Competència
Depredació
Parasitisme
Inquilinisme
Comensalisme
Mutualisme
Simbiosi

Després de sofrir una pertorbació com, per exemple, un incendi, els ecosistemes inicien un procés de canvis anomenat **successió ecològica** que, a poc a poc, els retorna a la situació inicial. L'estat de **maduresa** d'un ecosistema s'anomena **clímax**.

El **sòl** es pot considerar un ecosistema en el qual els organismes descomponedors (fongs i bacteris) tenen un paper important.

ACTIVITATS COMPLEMENTÀRIES

Estatges de vegetació

La figura mostra la disposició relativa dels diversos estatges de vegetació a Catalunya. S'hi pot observar una zonació que, en realitat, només es presenta quan les muntanyes són prou altes.

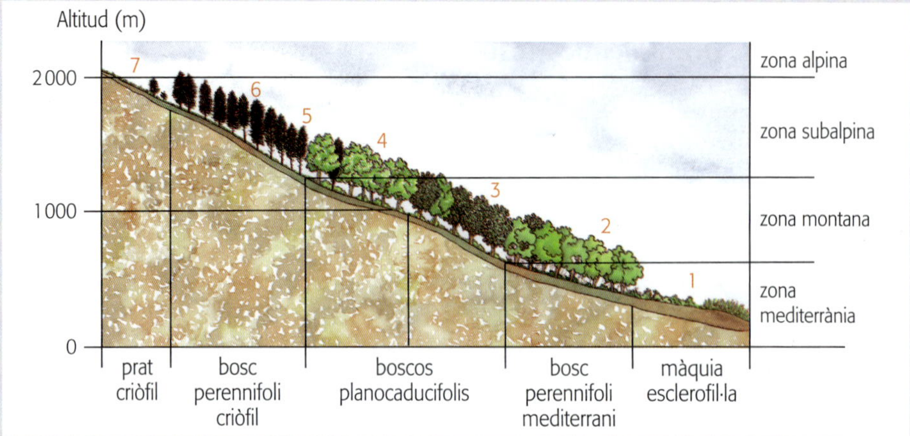

1. Determina, de manera aproximada, els límits altitudinals dels diferents estatges o zones de vegetació.
2. En quin estatge creus que es localitza l'alzinar litoral? Explica-ho.
3. Al gràfic hi figuren diversos tipus de comunitats vegetals (assenyalades amb un número i anomenades a l'eix horitzontal). Justifica el nom de cada comunitat segons les paraules que es fan servir per anomenar-les (si no coneixes alguna paraula, intenta deduir-ne el significat pel context; per exemple, *crio* = fred).
4. De quina manera pot afectar a aquesta distribució el canvi climàtic que està patint la Terra? Justifica la resposta.

Endreçant una mostra de la biodiversitat

Completa la taula inferior amb la informació que correspongui a cadascuna de les imatges.

1 *Mycoplasma*.

2 Camaleó.

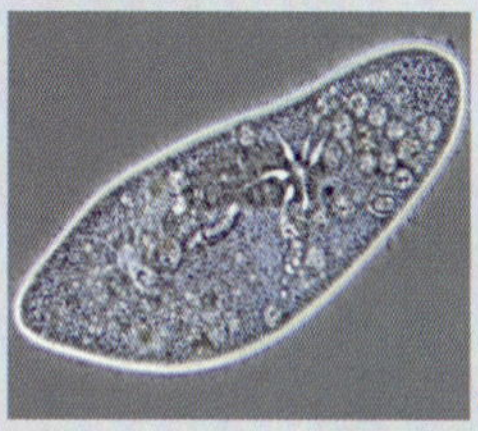
3 *Paramecium*.

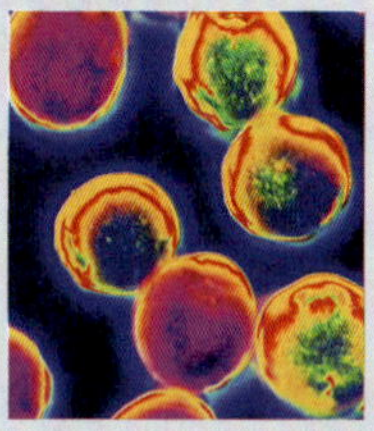
4 Arqueobacteri (*Halobacterium*).

5 Falguera.

6 Alga vermella.

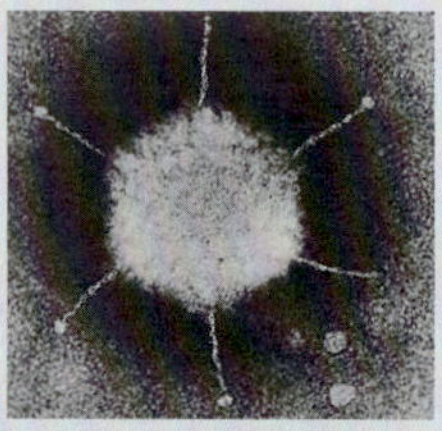
7 Adenovirus.

8 *Amanita muscaria*.

	Domini	Regne	Tipus de cèl·lules	Nombre de cèl·lules	Metabolisme
Imatge 1					
Imatge 2					
Imatge 3					
Imatge 4					
Imatge 5					
Imatge 6					
Imatge 7					
Imatge 8					

ACTIVITATS COMPLEMENTÀRIES

Inventaris i transsectes

Imaginem que hem d'investigar si en una comunitat vegetal hi ha molta farigola (*Thymus vulgaris*). Comptar totes les mates de farigola que hi ha en un vessant és gairebé impossible. Però es pot fer un **mostratge**, comptant les plantes que hi ha a diferents indrets triats a l'atzar.

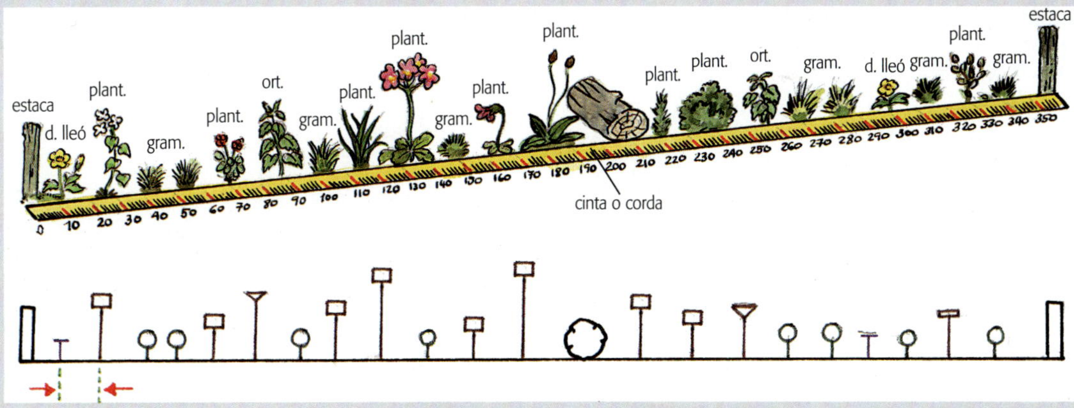

Exemple de transsecte lineal. A dalt, plantes que toquen la cinta i que formaran part de l'inventari. A sota, una manera d'enregistrar l'inventari del transsecte lineal dibuixat a sobre.

Una de les maneres de fer un mostratge és usant un quadrat fet de fusta o de metall d'1 m^2 de superfície, que es col·loca a terra, i es fa un **inventari** comptant directament les plantes que hi ha dins. Si això es fa a diferents llocs triats a l'atzar, ens permetrà calcular l'**abundància** o la **densitat** d'aquella planta a la comunitat. Per estimar l'abundància de plantes molt petites, es calcula el percentatge de superfície que cobreixen. Aleshores, per fer el mostratge, resulta útil que la superfície del quadrat estigui reticulada amb cordes fines.

Una altra manera d'investigar la distribució de les plantes és amb transsectes lineals, que es poden fer amb cintes o cordes llançades a l'atzar, de manera que qualsevol organisme que toqui la corda formarà part de l'inventari. El problema d'aquesta mena de mostratge és que només apareixeran a l'inventari les plantes que es troben just a sota de la corda o la cinta.

1. El dibuix representa un quadrat d'1 m^2 de superfície dividit en 100 petits quadrats. Correspon a un prat on l'espècie més abundant és una determinada planta herbàcia (representada al dibuix de color verd). Estima el percentatge del quadrat que ocupa aquesta planta.

2. Imagina ara que hem fet aquest càlcul per a 10 quadrats triats a l'atzar en aquest mateix prat. Els resultats de cada inventari en percentatge de recobriment són: 56 %, 47 %, 39 %, 53 %, 59 %, 37 %, 31 %, 67 %, 55 %, 61 %.
   - Quin és el percentatge mitjà de recobriment?
3. Creus que n'hi hauria prou amb aquestes dades? Explica-ho.
4. A partir del dibuix de dalt, explica com s'enregistren les dades obtingudes en fer un transsecte.

Successió en un aquari

Els dibuixos mostren les etapes que podria seguir la colonització d'un aquari deixat a l'aire lliure.

1. De quin tipus de successió es tracta? Raona-ho.
2. Explica què succeeix en cada pas. Per fer-ho, pensa com colonitzen l'aquari els organismes, en quin ordre s'hi estableixen i de què s'alimenten.

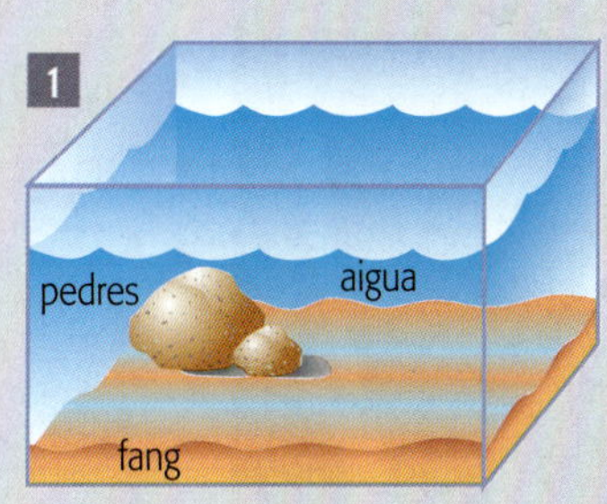

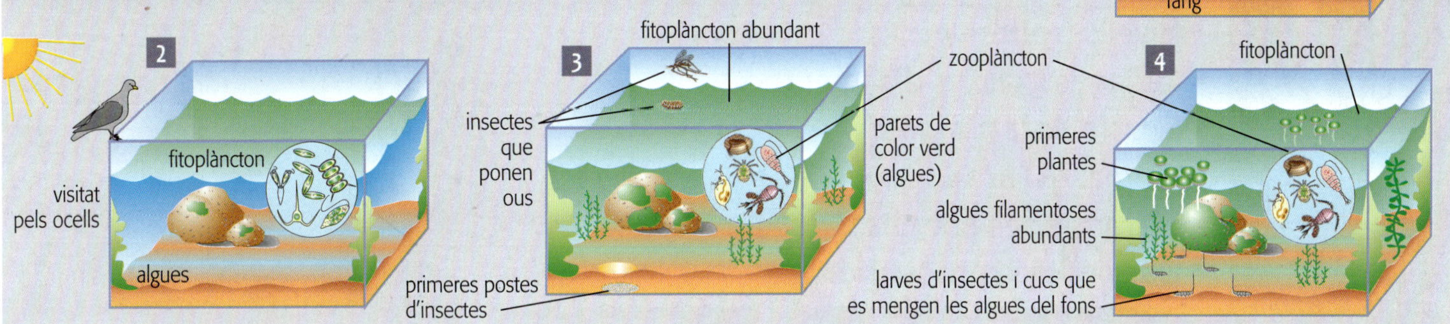

3 L'HORT DE L'AVI

ÍNDEX DE LA UNITAT

Des que es va jubilar, l'avi Miquel va començar a conrear un hort a la casa on viu, en un poble a les rodalies de la ciutat. D'això ja fa cinc anys i ara hi té una bona varietat de plantes. Hi creixen enciams, tomaqueres, mongeteres, carxofes, pebroteres..., i fins i tot ha plantat una olivera!

L'avi cada dia té cura de l'hort. Rega les plantes, els posa adob i treu les males herbes que hi creixen. El preocupen els petits animals que es mengen les fulles i els fruits de les plantes.

L'avi sovint troba llimacs que es mengen les fulles dels enciams de l'hort. També hi ha pugons a les tomaqueres i a les mongeteres. En té prou amb un espantaocells per allunyar els ocells, però com que no vol fumigar amb productes tòxics les plantes, ha decidit que «competirà» amb aquests animals que també els agrada el que creix al seu hort.

L'altre dia va veure un eriçó que rondava entre els enciams i l'avi Miquel es va alegrar, perquè sap que l'eriçó menja llimacs i altres petits animals.

Ell sap que les plantes del seu hort creixen a partir de la llum del sol, de l'aigua, del diòxid de carboni de l'aire, dels minerals de la terra..., i que les persones i altres animals, com els llimacs, ens n'aprofitem.

Idees i context

- Les plantes són éssers fotoautòtrofs. Per viure i créixer necessiten llum, aigua, diòxid de carboni i sals minerals.
- Altres organismes, com els bacteris quimioautòtrofs, també poden elaborar compostos orgànics a partir de substàncies inorgàniques.
- L'energia entra a la biosfera a partir de la fotosíntesi i la quimiosíntesi. L'energia i la matèria transiten per la biosfera mitjançant les relacions alimentàries dels éssers vius.

Comença pensant

Des de l'escola i, després, durant la Secundària, has sentit parlar sovint de la fotosíntesi:

- Pots explicar en què consisteix el procés?
- Quins éssers vius la duen a terme?
- En quins òrgans i teixits es produeix? En quines parts de les cèl·lules?

Al text es parla d'un eriçó que s'alimenta de llimacs.

- Quina cadena d'alimentació, formada per tres organismes, identifiques?
- Quins nivells tròfics hi ha a la cadena?
- Quina diferència hi ha entre *producció* i *biomassa*?

L'entrada d'energia: la fotosíntesi

A la Bruna, la neta d'en Miquel, li encanta l'hort del seu avi. Un diumenge que va anar a dinar a casa de l'avi amb els pares, el va ajudar a collir enciams.

–Quins enciams més bonics! –va exclamar la nena.

L'avi va assentir amb el cap:

–És que els poso bons adobs i els rego sovint.

–Ara ho entenc: els dones bon menjar..., i així creixen!

Per construir la matèria viva, els éssers vius incorporem la matèria del nostre entorn. Els organismes fotosintetitzadors, com les plantes, són **autòtrofs**: produeixen la matèria orgànica que necessiten a partir de matèria inorgànica i de l'energia lluminosa. Així s'elaboren els nutrients i obtenen energia per viure i créixer.

Els organismes **heteròtrofs**, en canvi, incorporen la matèria orgànica que prèviament ha estat elaborada per altres organismes.

La **fotosíntesi** és la porta d'entrada de la matèria i l'energia que manté la biosfera. En aquest procés es capta energia lluminosa i es transfereix als enllaços químics que constitueixen la matèria viva. D'aquesta manera, la fotosíntesi permet transformar la llum en una forma d'energia utilitzable per tots els éssers vius, i fixa el carboni del CO_2 atmosfèric, o del dissolt en l'aigua, als compostos orgànics, que seran la font de carboni dels organismes heteròtrofs.

La fotosíntesi és el principal procés d'incorporació d'energia; és un procés anabòlic que permet la síntesi de les biomolècules gràcies a la llum. Les plantes, les algues i els bacteris fotosintetitzadors fan servir l'aigua, el diòxid de carboni i algunes sals minerals com a matèries primeres per obtenir matèria orgànica que acumula energia en els seus enllaços.

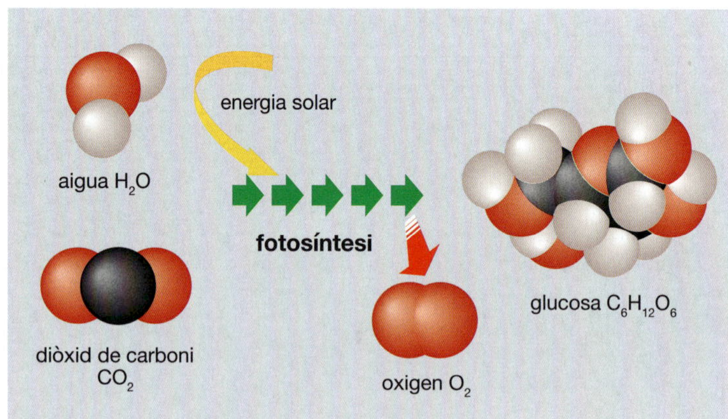

Els organismes obtenen energia a través de la transformació de la llum del sol (**organismes fotòtrofs**) o de substàncies nutritives (**organismes heteròtrofs**).

La matèria orgànica que s'obté a partir de la fotosíntesi es pot acumular als teixits dels organismes i fer possible el seu creixement i la renovació cel·lular; però també es pot degradar per alliberar l'energia que farà possible que es duguin a terme els processos vitals (transport actiu, moviment i deformació cel·lular, biosíntesi...).

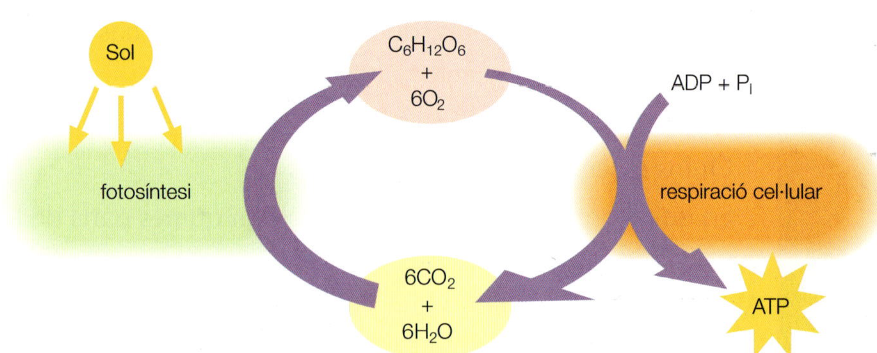

Relació entre la fotosíntesi i la respiració cel·lular. La fotosíntesi transforma l'energia lluminosa en energia química gràcies a la síntesi de biomolècules orgàniques (glucosa). Aquestes biomolècules es poden degradar en la respiració cel·lular i s'obté energia en forma d'ATP.

El conjunt de processos que permeten l'obtenció d'energia a partir de les biomolècules orgàniques és la **respiració cel·lular**.

L'energia química produïda pels organismes fotosintetitzadors passa d'uns organismes als altres per mitjà de l'alimentació: uns organismes es mengen els altres. Així doncs, els organismes autòtrofs són la font essencial de compostos orgànics per a tots els organismes no autòtrofs, raó per la qual se'ls considera els **productors** de la biosfera. Els heteròtrofs, en canvi, són els **consumidors** de la biosfera.

Gairebé tots els heteròtrofs, incloent-hi els éssers humans, depenem directament o indirectament dels organismes *fotoautòtrofs* per obtenir aliment i, també, per obtenir l'oxigen, un gas que s'allibera durant la fotosíntesi, necessari per a la respiració cel·lular.

Una altra entrada d'energia: la quimiosíntesi

No gaire lluny de l'hort hi ha la «font del ferro»; els compostos ferrosos dissolts a l'aigua sostenen ecosistemes bacterians independents de la llum del sol. Les tonalitats grogues que adquireixen les pedres són degudes al dipòsit del ferro oxidat.

Tot i que el Sol subministra prou energia en forma de llum per fer funcionar gairebé tots els ecosistemes de la Terra, hi ha una altra porta d'entrada d'energia als sistemes naturals, la **quimiosíntesi**.

Mentre que a la fotosíntesi l'energia solar es fixa en molècules orgàniques (glúcids) després d'incorporar-hi el carboni, en la quimiosíntesi s'utilitza l'energia que s'allibera en l'oxidació de les substàncies inorgàniques dissoltes a l'aigua.

Al fons marí, a les dorsals oceàniques, en la foscor més absoluta, hi ha les **fonts hidrotermals**, surgències d'aigua de mar a temperatura elevada. Els éssers autòtrofs d'aquests ecosistemes són bacteris quimiosintètics, que utilitzen sals de sofre i de ferro per obtenir matèria orgànica. A partir d'aquests bacteris s'estableix una comunitat amb diverses relacions d'alimentació.

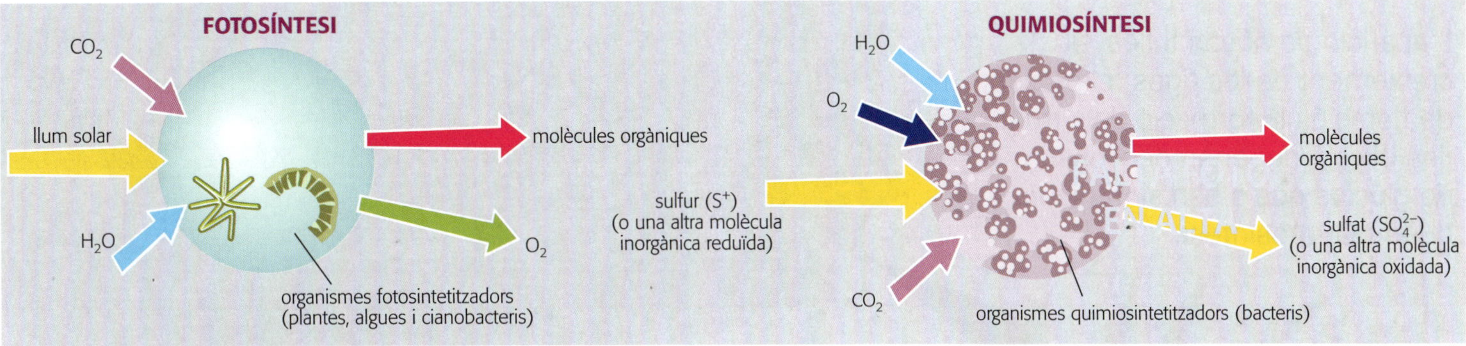

Esquemes que mostren els aspectes essencials de la fotosíntesi i la quimiosíntesi.

Els bacteris del ferro i del sofre són organismes quimioautòtrofs que oxiden les sals minerals i obtenen energia que inverteixen en la síntesi de la matèria orgànica.

Segons la **font d'energia**, els organismes es poden classificar de la manera següent:

- **Fotòtrofs:** organismes que poden utilitzar la llum a partir de la fotosíntesi.
- **Quimiòtrofs:** organismes que utilitzen l'energia continguda als compostos químics.

Segons la **font de matèria** es classifiquen de la manera següent:

- **Autòtrofs:** organismes que fixen el carboni mitjançant la fotosíntesi o la quimiosíntesi.
- **Heteròtrofs:** organismes que han d'ingerir la matèria orgànica per obtenir carboni.

Font hidrotermal a la dorsal de l'oceà Atlàntic (a la pàgina 74 trobaràs un enllaç que et permetrà veure un vídeo de la vida a les fonts hidrotermals).

ACTIVITATS

Fonts d'energia i de carboni

Segons la naturalesa de la font d'energia i de carboni que utilitzen, els organismes es poden classificar com s'indica a la taula següent:

Font de carboni	Font d'energia	
	Llum (fotòtrof)	Substrats oxidables (quimiòtrofs)
Matèria orgànica (heteròtrof)	fotoheteròtrof	quimioheteròtrof
Matèria inorgànica (autòtrof)	fotoautòtrof	quimioautòtrof

1. D'acord amb aquesta terminologia, com es classifica un enciam? I un llimac? I un bacteri del ferro? Per què?
2. Quina és la importància dels bacteris quimiosintètics en els sistemes naturals on no arriba la llum del sol?
3. Els biòlegs, quan es refereixen a l'entrada d'energia als sistemes vius, comparen la quimiosíntesi amb la fotosíntesi. Explica les causes d'aquesta comparació.

Com treballen les plantes?

L'olivera que l'avi va plantar en un racó de l'hort treu una mica de llum a les altres plantes, però a l'estiu s'hi està molt bé, assegut a la seva ombra. Manté la capçada amb fulles tot l'any, és un arbre mediterrani, perennifoli, i en té prou amb l'aigua de pluja i la llum del sol per créixer i fer olives cada any!

L'aparició de noves fulles, el creixement de les tiges, el procés de floració i la formació dels fruits (les olives) depenen del consum de glúcids que s'han sintetitzat durant la fotosíntesi.

Les fulles, també als arbres perennifolis, van caient i renovant-se. Als arbres caducifolis, les variacions de llum i temperatura a la tardor produeixen una degradació progressiva dels pigments fotosintetitzadors i el canvi de coloració de les fulles abans que caiguin.

Les fulles són els òrgans productors de matèria orgànica gràcies al procés de fotosíntesi. A les fulles hi tenen lloc la captació de l'energia lluminosa i l'intercanvi de gasos més important de la planta.

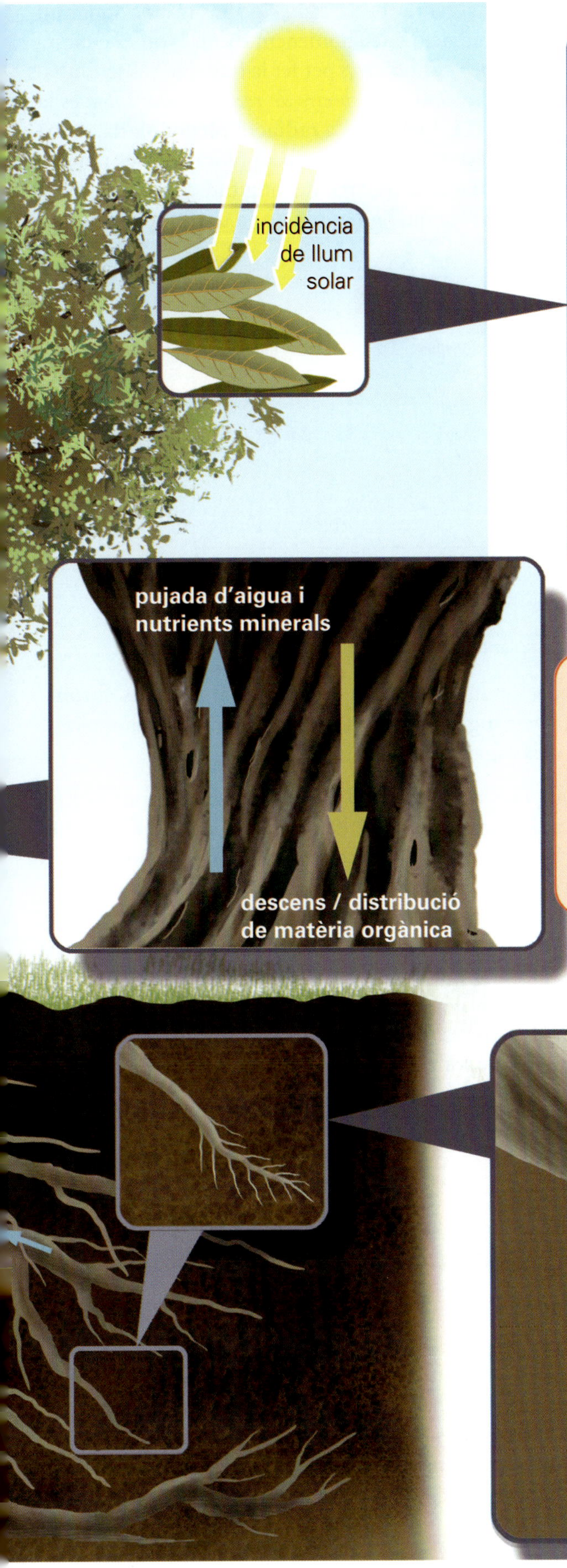

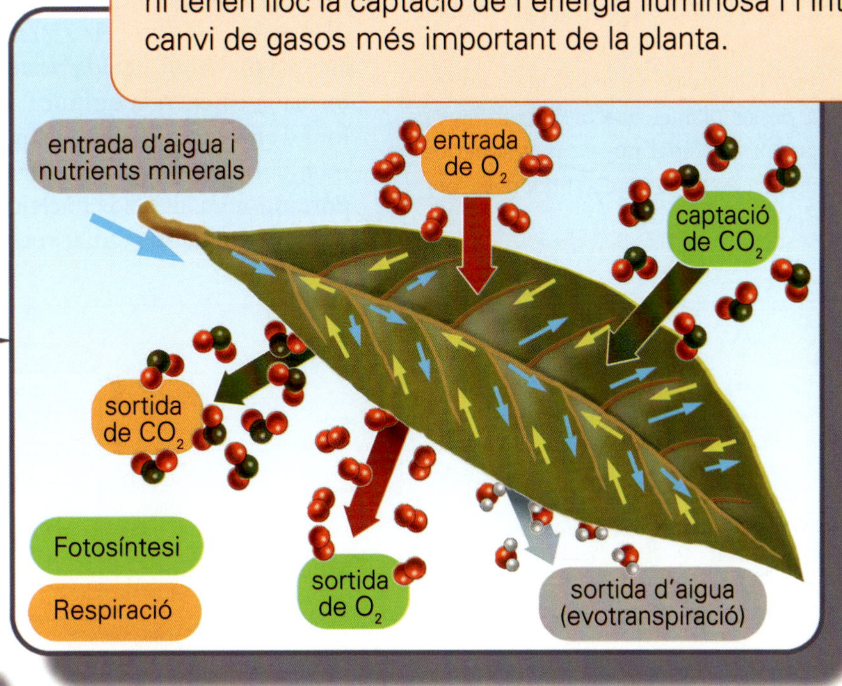

La matèria orgànica elaborada a les fulles es distribueix per tot l'arbre gràcies als vasos conductors, que s'estenen per totes les branques, el tronc i les arrels. L'aigua i les sals minerals absorbides del sòl ascendeixen pels vasos conductors gràcies al procés d'evapotranspiració, la capil·laritat i la pressió osmòtica.

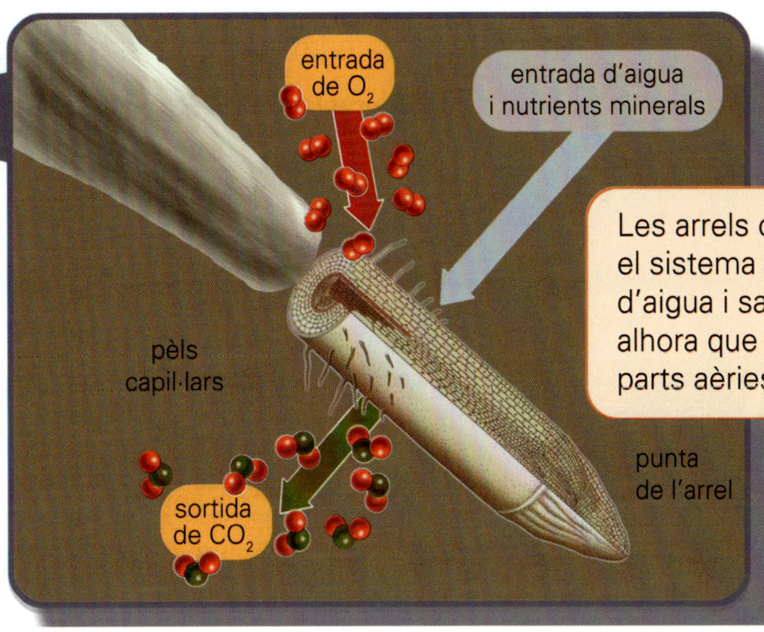

Les arrels constitueixen el sistema de captació d'aigua i sals minerals, alhora que sustenten les parts aèries de l'arbre.

La llum, l'energia de la vida

Verd, verd..., l'hort de l'avi Miquel és, sobretot, de color verd. I això és perquè la clorofil·la abunda a les fulles de les plantes que hi creixen. És el pigment principal que fa que aquestes puguin captar l'energia lluminosa per fer la fotosíntesi.

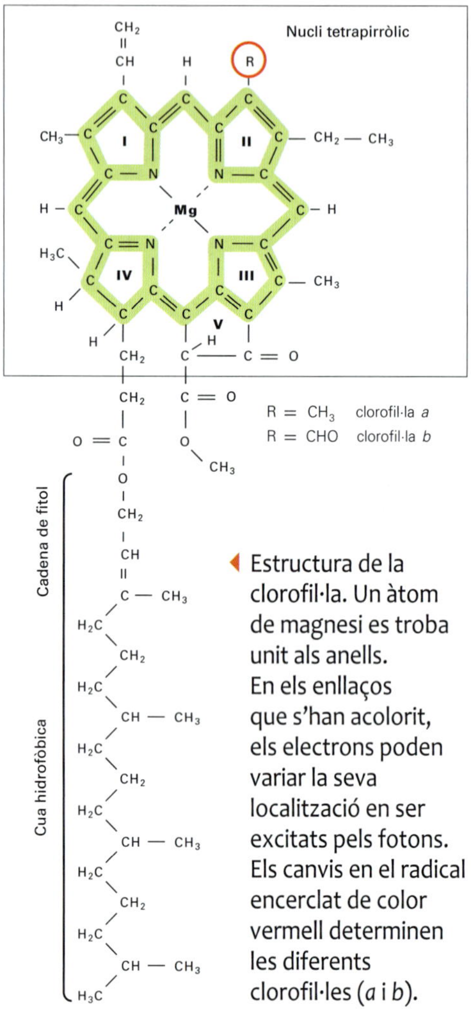

Estructura de la clorofil·la. Un àtom de magnesi es troba unit als anells. En els enllaços que s'han acolorit, els electrons poden variar la seva localització en ser excitats pels fotons. Els canvis en el radical encerclat de color vermell determinen les diferents clorofil·les (*a* i *b*).

De tota l'energia lluminosa que ens arriba, la de la radiació que té una longitud d'ona entre els 400 i els 750 nm és la radiació que anomenem **llum**. Només aquesta energia pot ser utilitzada pels organismes *fotoautòtrofs* per fer la fotosíntesi i ser transformada en energia química. Aquesta fracció de l'*espectre de radiació lluminosa* és la font d'energia primària que manté activa la biosfera. La **radiació ultraviolada**, d'ona molt curta, resulta destructiva per als éssers vius, ja que altera biomolècules tan importants com els àcids nucleics. La **radiació infraroja**, de longitud d'ona més llarga que la llum, és una radiació tèrmica amb la qual no es pot dur a terme la fotosíntesi.

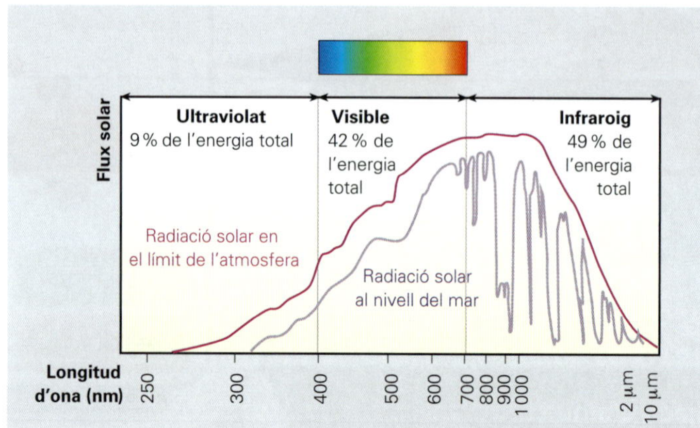

Espectre de la radiació solar en el límit de l'atmosfera i al nivell del mar.

La llum és deguda al moviment ondulatori d'uns corpuscles anomenats **fotons**, l'energia dels quals és absorbida pels **pigments fotosintetitzadors**, unes biomolècules que es troben a les cèl·lules dels organismes fotosintetitzadors.

Les **clorofil·les** són els pigments més abundants. N'hi ha de diversos tipus (*a* i *b*), i són capaces d'excitar-se per radiacions lluminoses de diferent longitud d'ona. Les diferents molècules de clorofil·la tenen tonalitats verdoses, el color característic dels òrgans, els teixits i les cèl·lules, perquè la llum verda no és absorbida per les clorofil·les, sinó que aquestes les reflecteixen. Moltes algues i bacteris fotosintetitzadors són verds, però no totes les cèl·lules fotosintètiques ho són: també n'hi ha de brunes, vermelles o porpres, segons les espècies que considerem. Aquesta varietat de colors es deu als pigments diferents de la clorofil·la; és el cas dels **carotenoides** (*xantofil·les*, grocs; *carotens*, ataronjats, vermells) i de les **ficobilines** (*ficocianina*, blava; *ficoeritrina*, vermella), que també són presents a les plantes.

Els **cloroplasts** són els orgànuls cel·lulars que contenen els pigments fotosintetitzadors.

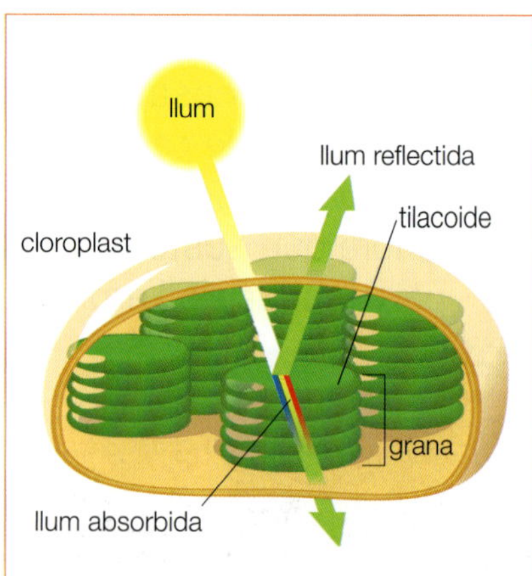

Cloroplasts

- Són orgànuls grans (de 3 a 10 µm). Als teixits fotosintètics, n'hi pot haver desenes per cèl·lula.
- Estan limitats per dues membranes: una d'**externa** i una d'**interna**. Entre totes dues hi ha un **espai intermembranós**.
- L'**estroma** (espai intern) té:
  - una gran quantitat d'enzims,
  - inclusions lipídiques,
  - grans de midó,
  - DNA (circular de doble cadena),
  - RNA,
  - ribosomes 70 S (més petits que els del citosol i del RE rugós).
  - **tilacoides:** són una mena de sacs aplanats. El seu contingut es comunica, de manera que en cada cloroplast hi ha una sola membrana tilacoidal i un sol espai tilacoidal.
  - **grana:** és una pila d'uns cinc a deu tilacoides. A cada cloroplast, n'hi pot haver entre quaranta i cinquanta.

De la fulla al cloroplast

Els cloroplasts es troben principalment a les cèl·lules del **parènquima**, el teixit intern de les fulles. El diòxid de carboni entra a la fulla, i l'oxigen i el vapor d'aigua en surten a través d'uns porus microscòpics anomenats **estomes**. La sortida de vapor d'aigua pels estomes provoca que hi hagi un ascens d'aigua des de les arrels.

L'aigua, gràcies a la cohesió de les seves molècules, ascendeix pels **vasos conductors**, d'un diàmetre microscòpic. Les fulles també utilitzen els vasos conductors per exportar la matèria orgànica, sintetitzada en la fotosíntesi, a les arrels i altres parts de la planta que no fan la fotosíntesi.

Per minimitzar la pèrdua d'aigua i alhora garantir l'intercanvi de gasos, els estomes es troben principalment al revers de la fulla, protegits de la radiació solar.

Els cloroplasts presenten dues membranes: una d'**externa** (més permeable) i una altra d'**interna** (amb proteïnes de transport). L'espai que hi ha entre totes dues membranes s'anomena **espai intermembranós**. Dins l'espai intern del cloroplast, l'**estroma**, hi ha una sèrie de sacs aplanats i connectats entre si anomenats **tilacoides**. La **clorofil·la** i els altres pigments fotosintetitzadors es troben a la **membrana tilacoidal**, on formen associacions d'unes 300 molècules: els **complexos antena**.

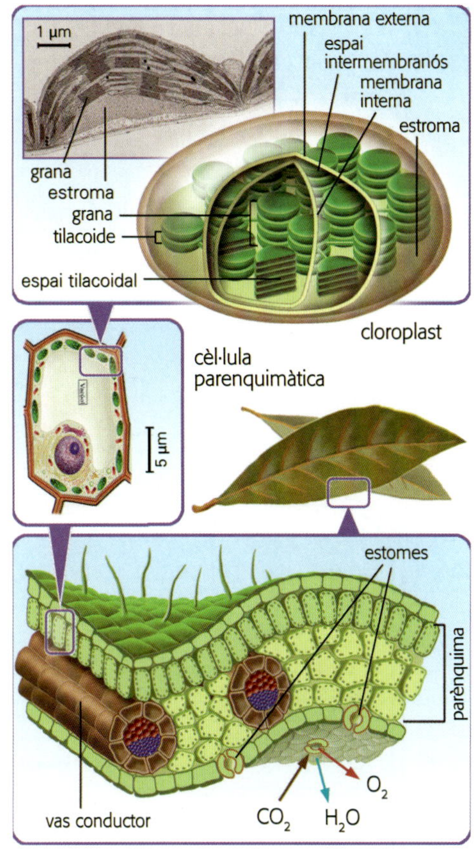

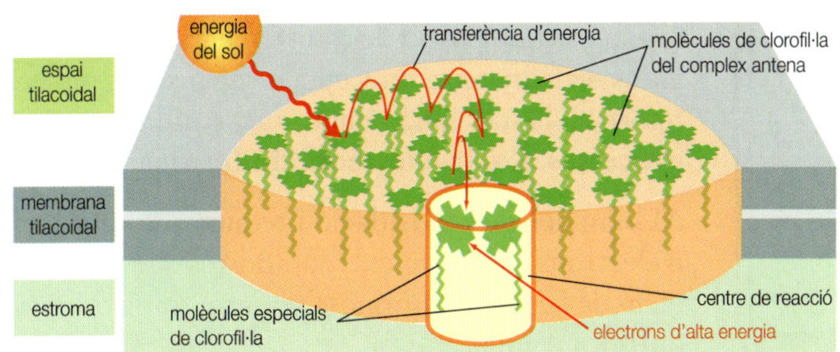

ACTIVITATS

Observació microscòpica de cloroplasts i estomes

Què necessitem?

- pinces i tisores
- fulla d'afaitar o bisturí
- comptagotes i aigua
- microscopi
- portaobjectes i cobreobjectes
- material biològic: allò que volem observar; poden anar bé fulles d'alzina o de lliri, ceba, algues unicel·lulars... (fins i tot aniria bé disposar de fulles d'olivera)

Preparem el material

Posem un goteta d'aigua al portaobjectes. Agafem una part verda de la planta i amb la fulla d'afaitar o el bisturí n'arranquem suaument capes, de manera que traiem teixit epitelial i del parènquima. Les cobrim amb el cobreobjectes.

Si disposem d'un cultiu d'algues o material d'una bassa, podem posar directament una goteta sobre el portaobjectes i la cobrim amb el cobreobjectes. Si treballem amb ceba, traiem capes fines amb l'ajut de la fulla d'afaitar o el bisturí i les dipositem sobre el portaobjectes i procedim com abans.

Observem les preparacions

Col·loquem les preparacions a la platina del microscopi i, començant per l'objectiu de menys augment i els cargols d'enfocament, procedim a l'observació. Recorda que cal cercar cloroplasts, els orgànuls on es duu a terme la fotosíntesi, i estomes, estructures de l'epidermis de les fulles formades per cèl·lules que permeten l'intercanvi de gasos de la planta amb l'aire.

Quan els localitzis, dibuixa'ls a la llibreta. Un cop els hagis observat, i només després de fer-ho, obre el vídeo que trobaràs en aquest QR o a http://qr.teide.eu/027K, un *time lapse* en què es veu un estoma i cèl·lules carregades de cloroplasts.

A en Martí, el net gran d'en Miquel, no l'atrau gaire l'hort. De fet, el que li agrada és menjar-se les cireres del cirerer que creix al racó oposat de l'olivera.

–Amb aquestes plantes que cuides, oxigenes l'atmosfera, avi, ho he estudiat... L'oxigen del diòxid de carboni va cap a l'aire.

–Vols dir, Martí, que és el carboni del diòxid de carboni? –dubta l'avi.

Fases de la fotosíntesi

En el procés de la fotosíntesi es poden distingir dues fases ben diferenciades:

- la **fase lluminosa** o **fotoquímica**;
- la **fase no lluminosa** o **biosintètica**.

Durant la fase lluminosa, l'energia de la llum s'utilitza per sintetitzar ATP i NADPH. Aquestes molècules serviran per fixar el carboni del CO_2 en molècules de glúcids durant la fase biosintètica.

Fase lluminosa

Les molècules de clorofil·la estan enganxades a la membrana tilacoidal, de manera que formen grans complexos o **fotosistemes**.

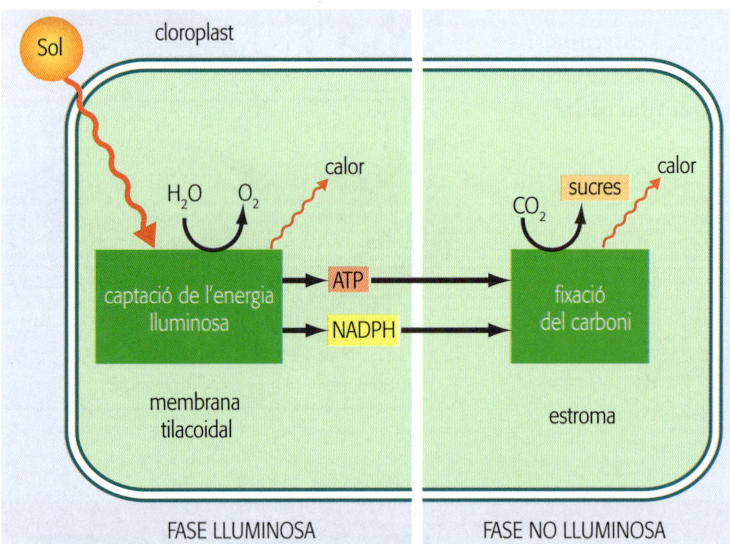

Esquema general de la fotosíntesi a les plantes.

L'absorció de l'energia dels fotons que duen a terme les molècules dels pigments fotosintetitzadors causa canvis en la seva estructura molecular. Així, els pigments assoleixen l'**estat activat**.

Des d'aquest estat, els pigments tornen a l'**estat fonamental** mitjançant un procés de transferència d'energia cap a altres regions de la mateixa molècula o cap a altres molècules. Aquest retorn a l'estat fonamental s'acostuma a fer en paral·lel a **processos d'oxidació-reducció** (pèrdua i guany d'electrons).

Al llarg del cicle d'oxidació i reducció, es produeix un trànsit d'electrons entre diferents compostos que participen en la captació de l'energia lluminosa i la seva transformació en energia química d'enllaç.

Els processos que tenen lloc al llarg de la fase lluminosa o fotoquímica es poden resumir en l'esquema següent:

1. captació de la llum i **transport d'electrons**;
2. **fotòlisi de l'aigua** i alliberament de O_2 a l'atmosfera;
3. creació de **poder reductor** (NADPH);
4. **fosforilació** de l'ADP a ATP gràcies a la creació d'un **gradient de protons** entre l'espai tilacoidal i l'estroma.

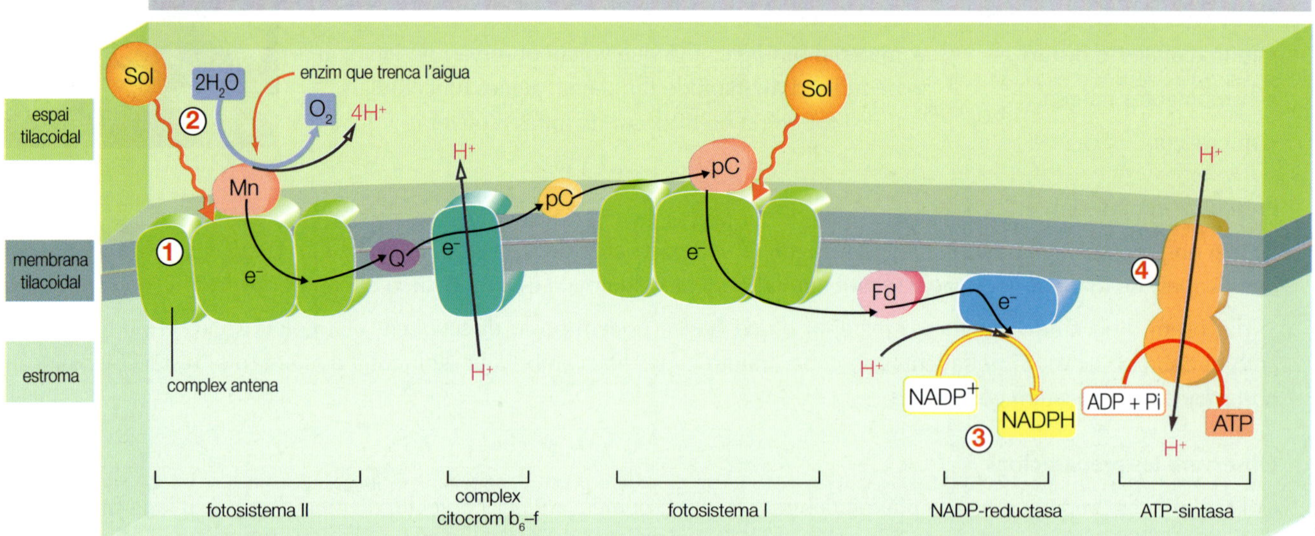

Mn = manganès Q = plastoquinona pC = plastocianina Fd = ferrodoxina

En el vídeo que pots veure en aquest QR, o a http://qr.teide.eu/01UK, s'explica el procés de la fotosíntesi.

Fase no lluminosa o biosintètica

La **fase no lluminosa** està constituïda pel conjunt de reaccions que utilitzen com a font d'energia l'ATP i, d'altra banda, el poder reductor del NADPH, procedents de la fase lluminosa. Amb els productes de la fase lluminosa i els enzims corresponents, s'aconsegueix la **fixació de carboni**, procedent del CO_2, en molècules orgàniques.

Els processos d'aquesta fase s'inicien a l'*estroma* del cloroplast i continuen al citosol, on es produeixen glúcids que seran exportats a altres cèl·lules com a font d'energia.

La incorporació de CO_2 té lloc en una sèrie de reaccions que reben el nom de **cicle de Calvin**, durant el qual una pentosa, la ribulosa-1,5-bisfosfat, incorpora una molècula de CO_2 gràcies a un enzim de la membrana tilacoidal (la *ribulosa-bisfosfat-carboxilasa* o *Rubisco*, que és l'enzim més abundant de la biosfera) i el carboni inorgànic passa a formar part de biomolècules orgàniques. D'aquesta manera, per cada 3 CO_2 fixats, s'incorporen 3 carbonis de matèria orgànica.

Així, amb una aportació de 9 ATP i 6 NADPH (obtinguts a la fase lluminosa), 3 CO_2 es transformen en una molècula de gliceraldehid-3-fosfat, la qual s'utilitza per a la síntesi d'altres glúcids (glucosa, midó), àcids grassos, aminoàcids, etc. necessaris per a la cèl·lula. Els productes de la fase biosintètica es poden emmagatzemar a l'estroma dels cloroplasts, on és freqüent trobar *grànuls de midó*.

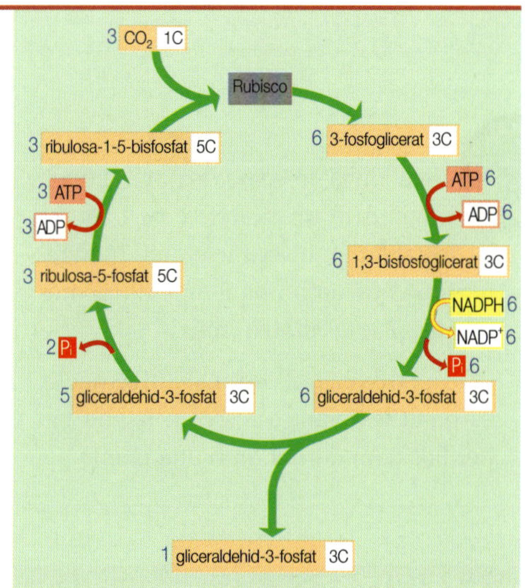

Cicle de fixació del carboni. Als requadres blancs s'indica el nombre d'àtoms de carboni de cada molècula, i en blau, el nombre de molècules. P indica fosfat inorgànic.

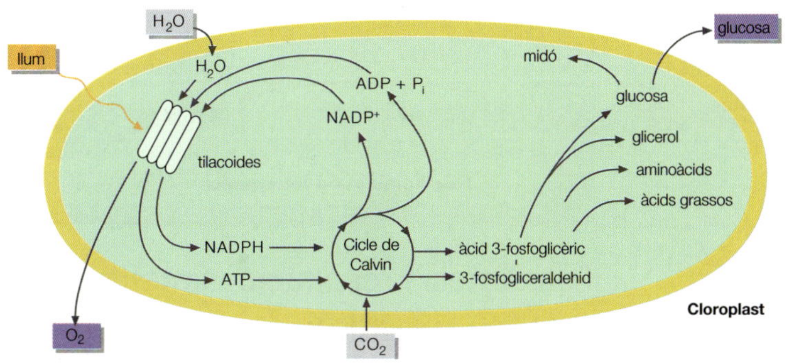

Esquema que mostra què entra i què surt del cloroplast i la connexió que hi ha entre els processos de la fase lluminosa i no lluminosa.

ACTIVITATS

Experiments històrics sobre la fotosíntesi

Tot seguit s'exposen alguns textos històrics d'investigacions importants que es van fer sobre la fotosíntesi:

Van Helmont (1577-1644): vaig agafar un test, hi vaig posar 90 kg de terra, que prèviament havia assecat en un forn, i hi vaig plantar un plançó de salze que pesava 2,26 kg. El vaig regar amb aigua de pluja. Al cap de cinc anys, l'arbre pesava uns 77 kg. Vaig assecar novament la terra del test i va pesar els mateixos 90 kg menys uns 56 g. Per tant, 74 kg de fusta, escorça i arrel havien crescut tan sols de l'aigua.

Priestley (1733-1804): la vegetació regenera l'aire viciat per la respiració dels animals o per la combustió.

Ingen-Housz (1730-1799): les parts verdes de les plantes tenen la capacitat de purificar «l'aire dolent», però només quan estan exposades a la llum del sol.

Warburg (1883-1970): l'oxigen desprès per les plantes procedeix de la fotòlisi del diòxid de carboni.

1. En l'experiment de Van Helmont, d'on surt la matèria que suposa el guany de pes del salze? Raona-ho.
2. Què volgueren dir Priestley i Ingen-Housz? Per il·lustrar la teva explicació, fes un esquema metabòlic general de la fotosíntesi amb els processos que es produeixen a cada fase.
3. En un hivernacle de conreu mesurem la concentració de CO_2 en l'aire. Repetim aquesta mesura cada 3 hores durant 24 hores. Els resultats obtinguts es presenten a la taula següent:

Hora del dia	2	5	8	11	14	17	20	23
CO_2 (unitats arbitràries)	85	100	90	80	65	50	55	70

Representa els resultats en un gràfic. Justifica els canvis en la concentració de CO_2 i indica com va ser el procés fotosintètic durant les diferents hores.

4. Per tal de comprovar la hipòtesi de Warburg, es va fer créixer una planta verda en presència d'aigua l'oxigen de la qual estava marcat radioactivament, i CO_2 amb l'oxigen no marcat. L'oxigen alliberat estava marcat radioactivament? Explica-ho.

La Sílvia, la veïna de l'avi Miquel, també té un hortet. Fins i tot ha instal·lat un hivernacle amb mongeteres perquè amb una temperatura més alta les plantes creixin més.

–De nit no s'hi pot entrar, a l'hivernacle: és quan les plantes respiren i seria tan perillós com dormir amb una planta.

ACTIVITATS

Quan respiren les plantes?

1. Debateu en petit grup l'afirmació que fa la Sílvia en la situació que es planteja en el requadre de dalt.

Balanç de la fotosíntesi

Fase lluminosa o fotoquímica de la fotosíntesi		
Oxidació de l'aigua	$2\ H_2O \rightarrow O_2 + 4\ H^+ + 4\ e^-$	MEMBRANA TILACOIDAL
Reducció del NADP$^+$	$2\ NADP^+ + 4\ H^+ + 4\ e^- \rightarrow 2\ NADPH + 2\ H^+$	
Fotofosforilació	$3\ ADP + 3\ P_i \rightarrow 3\ ATP + 3\ H_2O$	
Balanç	$2\ H_2O + 2\ NADP^+ + 3\ ADP + 3\ P_i \rightarrow O_2 + 2\ NADPH + 2\ H^+ + 3\ ATP + 3\ H_2O$	
Fase no lluminosa o biosintètica de la fotosíntesi		
Oxidació del NADPH	$2\ NADPH + 2\ H^+ + CO_2 \rightarrow (CH_2O) + 2\ NADP^+$	ESTROMA
Consum de l'ATP	$3\ ATP + 3\ H_2O \rightarrow 3\ ADP + 3P_i$	

L'equació química de la fotosíntesi per al cas d'una molècula de glucosa és:

$$6\ CO_2 + 6\ H_2O \xrightarrow[\text{clorofil·la}]{\text{llum}} C_6H_{12}O_6 + 6\ O_2$$

Si tenim en compte els NADP$^+$ que es redueixen a NADPH i els ADP fosforilats a ATP, aleshores:

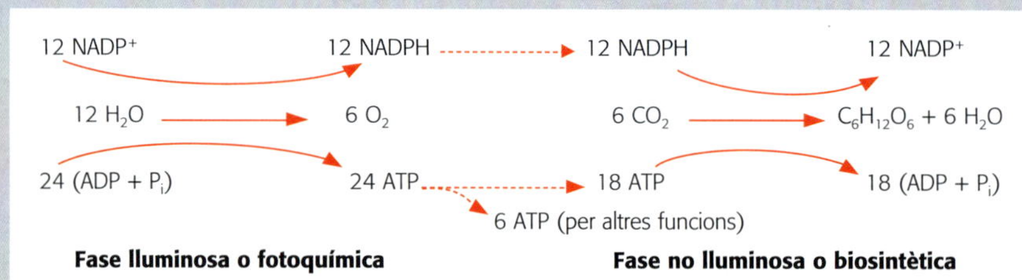

Fotosíntesi i respiració: sintetitzar i degradar

La **biosíntesi** o **anabolisme** és el conjunt de reaccions enzimàtiques de síntesi i construcció de molècules orgàniques; la fotosíntesi és un procés anabòlic. El **catabolisme** consisteix en el trencament de les molècules orgàniques complexes en molècules més senzilles alhora que s'allibera energia; la respiració és un procés catabòlic.

Els éssers fotosintètics duen a terme la **respiració cel·lular** a partir dels productes sintetitzats a la fotosíntesi. Respiren quan hi ha llum i quan no n'hi ha, de dia i de nit.

L'anabolisme consumeix energia; les reaccions anabòliques es troben acoblades amb la degradació de l'ATP. En els organismes fotosintètics, aquest ATP pot provenir de l'energia de la llum i de la respiració cel·lular.

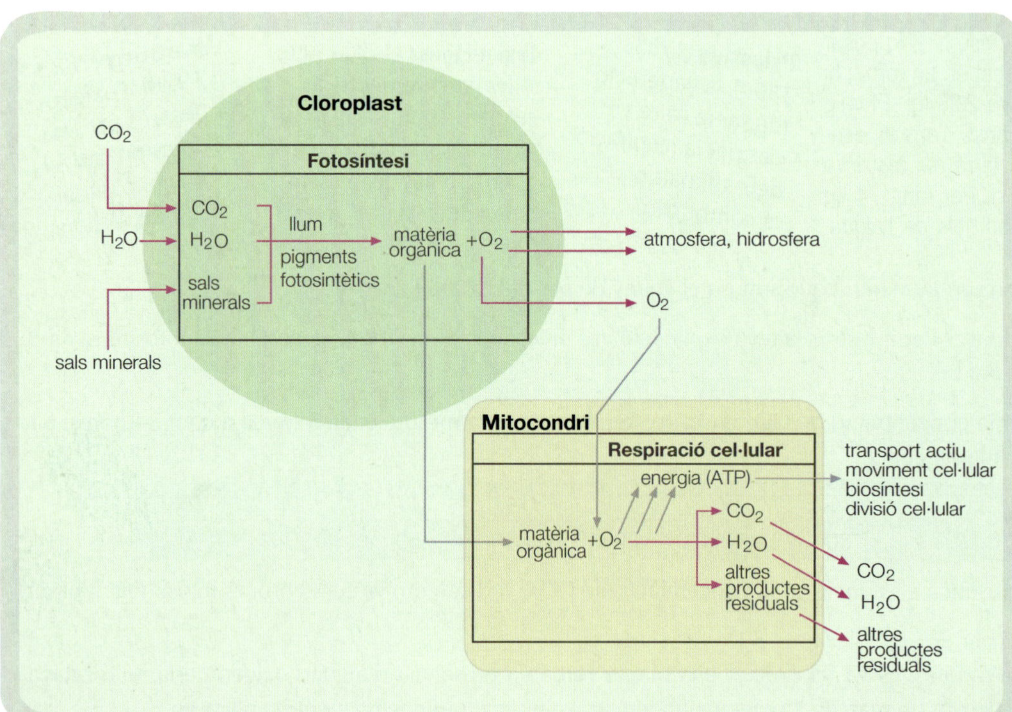

Esquema del metabolisme d'una cèl·lula vegetal en què es mostra la relació entre fotosíntesi (anabolisme) i respiració cel·lular (catabolisme). L'energia dels fotons que exciten els pigments fotosintetitzadors servirà per sintetitzar matèria orgànica. Aquesta matèria orgànica s'utilitzarà, al seu torn, per elaborar els materials propis de l'organisme fotosintetitzador per obtenir energia útil per dur a terme les funcions vitals.

ACTIVITATS

Fotosíntesi i respiració, llum, foscor i gasos

A. El gràfic mostra la intensitat en què una mongetera fa la fotosíntesi i la respiració al llarg d'un dia. La intensitat de la fotosíntesi i de la respiració es representen en un mateix gràfic per mitjà del consum i la producció de diòxid de carboni (variables expressades en un sol eix).

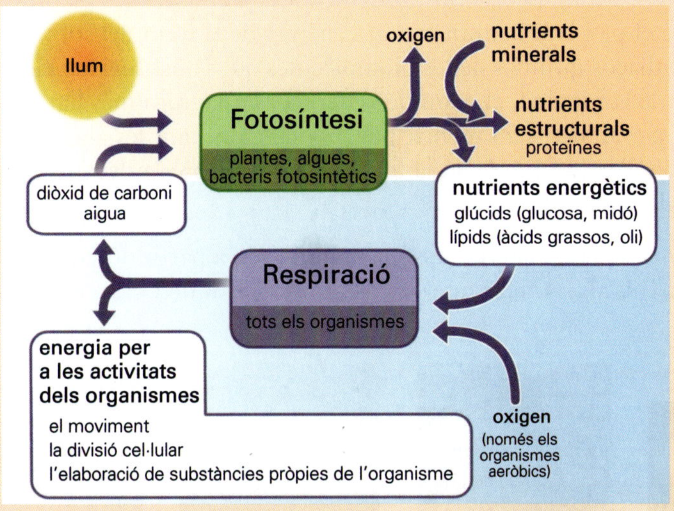

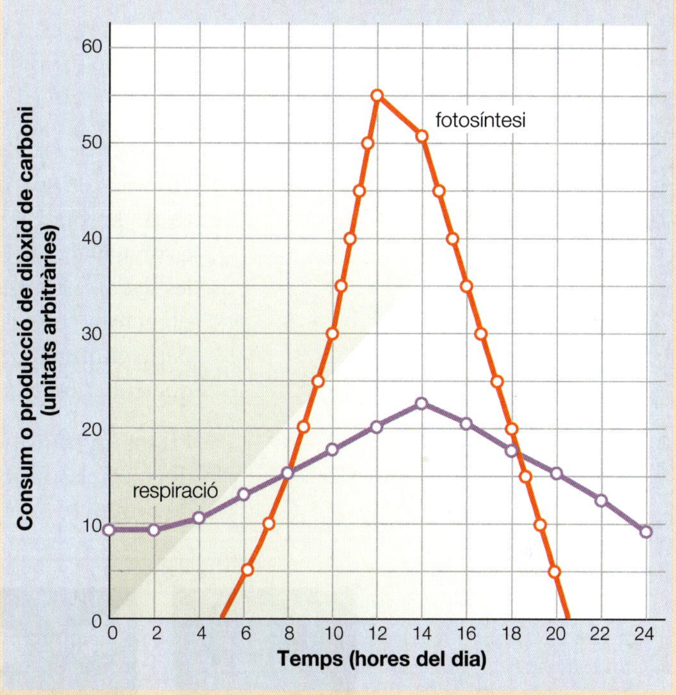

1. Interpreta la variació de les línies que corresponen a la fotosíntesi i a la respiració.
2. Per quina raó s'utilitza el consum de diòxid de carboni com a mesura de la intensitat en què es duu a terme la fotosíntesi?
3. Observa l'esquema de l'esquerra i dona una resposta a l'afirmació de la Sílvia sobre la respiració de les plantes.
4. Explica el paper que exerceix el diòxid de carboni en la fotosíntesi i en quina fase intervé.

B. El muntatge del dibuix va ser utilitzat per estudiar si la llum és necessària en el procés de la fotosíntesi.

1. Què són les bombolletes del muntatge de l'esquerra (A), en el qual la planta està il·luminada?
2. Quin gas, sobretot, s'acumula a la part superior dels tubs d'assaig dels muntatges? Justifica-ho en cada cas.
3. El mateix muntatge permet pensar en altres experiments? Per exemple: si la quantitat de diòxid de carboni a l'aigua augmenta, incrementa la taxa de fotosíntesi.
   a) Formula'n una hipòtesi i raona-la convenientment.
   b) Fes una deducció a partir de la hipòtesi formulada que et permeti preparar l'experiment que has de fer. Elabora una llista dels materials que necessitaràs per fer-lo.
   c) Quines seran les variables independent i dependent de l'experiment? Per què?
   d) Quin serà el control?
   e) Hi haurà rèpliques de l'experiment? Explica-ho.
   f) Quin mètode faràs servir per tal d'observar-ne els resultats? Pots quantificar-los d'alguna manera?

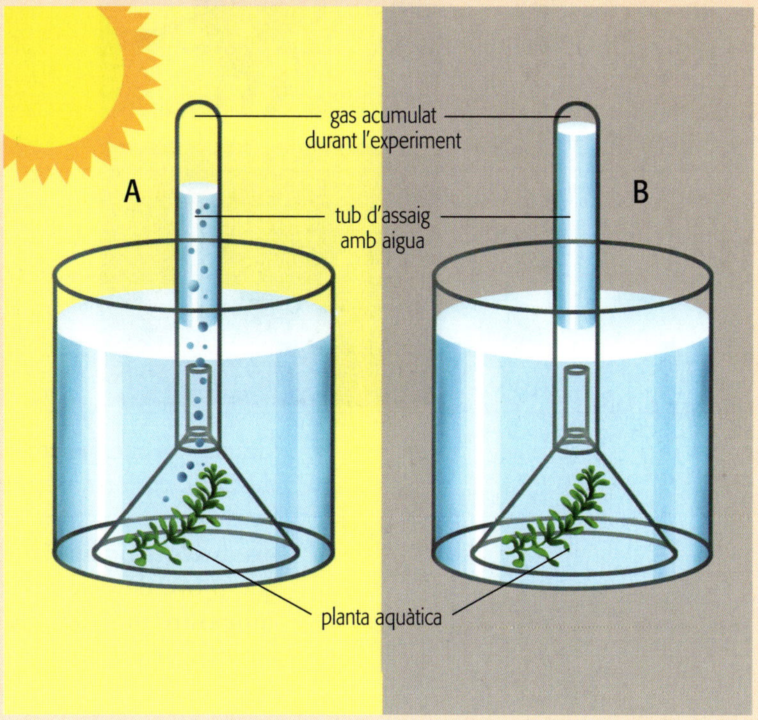

L'avi Miquel ha preparat un entrepà de tonyina a la Bruna. L'entrepà està fet amb pa, oli d'oliva i tonyina. La Bruna clava la primera queixalada.

–L'oli és de les olives d'aquesta olivera?

L'avi Miquel somriu en sentir l'ocurrència de la seva neta.

Trànsit de matèria i energia

La fotosíntesi i, sobretot, l'alimentació, fa transitar la matèria i l'energia entre els éssers vius.

Si pensem en la procedència dels aliments, veurem que al darrere de tot, siguin d'origen animal o vegetal, sempre hi ha el Sol. Fixem-nos, per exemple, en l'entrepà de tonyina:

A partir de les llavors del blat, s'obtindrà la farina necessària per fer pa. Del fruit de l'olivera, en sortirà l'oli. En tots dos casos, mitjançant la *fotosíntesi*, les plantes a partir de les quals s'obté el pa i l'oli hauran captat l'energia de la llum del sol i l'hauran emmagatzemat en enllaços químics de les biomolècules que constitueixen els fruits i les llavors. En el cas de la tonyina, el camí de l'energia és una mica més llarg: el fitoplàncton, constituït per algues, serà menjat pel zooplàncton; tant les algues com els petits animals del zooplàncton marí són la font d'energia i matèria dels peixos petits que constitueixen l'aliment de les tonyines.

Hi ha un trànsit d'energia i de matèria des dels organismes, a partir dels quals es produeixen els aliments, fins als humans que els consumim (en aquest cas, en un entrepà de tonyina).

Gràcies a l'energia solar, els organismes fotosintètics **fixen el carboni** del CO_2 atmosfèric en forma de matèria orgànica que formarà part de les tiges, fulles i arrels, les quals, al seu torn, constitueixen el menjar dels herbívors. Per això anomenem **productors primaris** els éssers vius capaços de transferir l'*energia solar* (o energia que prové de determinats compostos inorgànics) a l'*energia d'enllaç* (inicialment, compostos orgànics). Aquesta energia flueix, mitjançant les relacions alimentàries, des dels productors primaris cap a altres organismes, els **consumidors**. D'aquesta manera, l'energia *transita*, *es transforma* i, en definitiva, *s'utilitza* en els processos vitals que es duen a terme en els ecosistemes.

Nivells tròfics

Per viure, els éssers vius no necessiten només energia, sinó que també han d'aconseguir matèria per créixer i renovar les cèl·lules i biomolècules que els constitueixen. Els *autòtrofs* sintetitzen la matèria orgànica a partir de compostos inorgànics. La resta d'éssers vius som *heteròtrofs*, és a dir, ens aprofitem del treball biològic inicialment fet pels productors per obtenir matèria i energia. Segons la nutrició, distingim diferents **nivells tròfics** o maneres d'obtenir la matèria i l'energia.

Productors

Nivell constituït pels organismes autòtrofs. Als ecosistemes terrestres, les *plantes* fan aquest paper. Als ecosistemes aquàtics, els productors primaris són sobretot *protoctists fotosintètics* (algues unicel·lulars i pluricel·lulars) i *bacteris fotosintètics*, però també hi pot haver *bacteris quimioautòtrofs* i *plantes*.

Consumidors primaris

S'alimenten dels productors. N'aprofiten directament la matèria i n'obtenen energia. Alguns s'alimenten de llavors o fruits, altres estan especialitzats a menjar fulles, tiges, brots i, fins i tot, arrels i parts subterrànies de les plantes. A les aigües marines, la fracció més important de consumidors primaris està constituïda pel *zooplàncton herbívor*.

Consumidors secundaris

Animals que tenen com a preses generalment els consumidors primaris. El gamarús i la guineu, per exemple, són animals carnívors propis dels boscos mediterranis. Molts d'aquests animals tenen hàbits nocturns. Als ecosistemes aquàtics, les poblacions de *zooplàncton carnívor* són la fracció majoritària dels consumidors secundaris.

Consumidors terciaris

Hi ha carnívors que s'alimenten d'altres carnívors. Tant als ecosistemes terrestres com als aquàtics, aquests animals solen ser escassos. El rap i la tonyina, per exemple, es poden alimentar d'altres peixos carnívors. Les guineus, els lleopards, algunes serps i aus rapinyaires són exemples de consumidors terciaris d'ecosistemes terrestres. Els carronyaires, com el voltor, també formen part d'aquest nivell.

Paràsits

Són organismes que es nodreixen de substàncies produïdes o ingerides per un altre ésser viu. La seva estratègia és força diferent de la dels depredadors, ja que generalment no maten l'organisme que parasiten. Solen tenir una mida molt més petita que els seus hostes. Si viuen dins el medi intern o dins el cos de l'hoste s'anomenen *endoparàsits*; si ho fan fora, sobre els teguments o la pell, es diuen *ectoparàsits*.

Descomponedors

Els descomponedors són fonamentals per garantir el cicle de la matèria i la continuïtat de la vida. Són, sobretot, microorganismes: *fongs* i *bacteris*. La seva activitat consisteix, bàsicament, en processos de digestió externa que transformen la matèria orgànica en inorgànica. La descomposició està facilitada per l'acció prèvia de tot un seguit d'animals (sobretot, insectes, anèl·lids, protozous i nematodes).

ACTIVITATS

Nivells tròfics en un entrepà

Fixa't en l'esquema referent a l'entrepà de tonyina de la pàgina anterior.

1. Identifica els organismes dels quals procedeix cada component de l'entrepà i classifica'ls en una taula segons el nivell tròfic al qual pertanyen.
2. Fes el mateix amb els aliments que has pres avui per esmorzar.

No gaire lluny d'on viu l'avi Miquel hi ha un bosc, una roureda. Allà hi ha una comunitat amb diverses poblacions d'animals, plantes, microorganismes, fongs... A la Bruna i a en Martí els agrada passejar pel bosc amb l'avi. Alguna vegada han vist senglars i fins i tot un eriçó com el que van trobar a l'hort.

Cadenes i xarxes d'alimentació

El roure, l'eruga, el pit-roig i la guineu són organismes de diferents nivells tròfics. L'energia i la matèria transiten a través seu quan es mengen l'un a l'altre, i constitueixen una **cadena alimentària**. El mateix passa a tots els ecosistemes del planeta.

Però les relacions alimentàries entre els components d'una comunitat, com ara el bosc per on passegen en Miquel i els seus nets, no són tan senzilles. Baules de diferents cadenes d'alimentació es connecten entre si per donar lloc a una **xarxa tròfica**.

Podríem suposar que el roure, l'eruga, el pit-roig i la guineu formen part d'una roureda. Val a dir que en aquest esquema només es representa una petita fracció de les possibles relacions alimentàries que hi podria haver. Als ecosistemes sovint s'estableixen xarxes més complexes, amb molts més organismes i interconnexions.

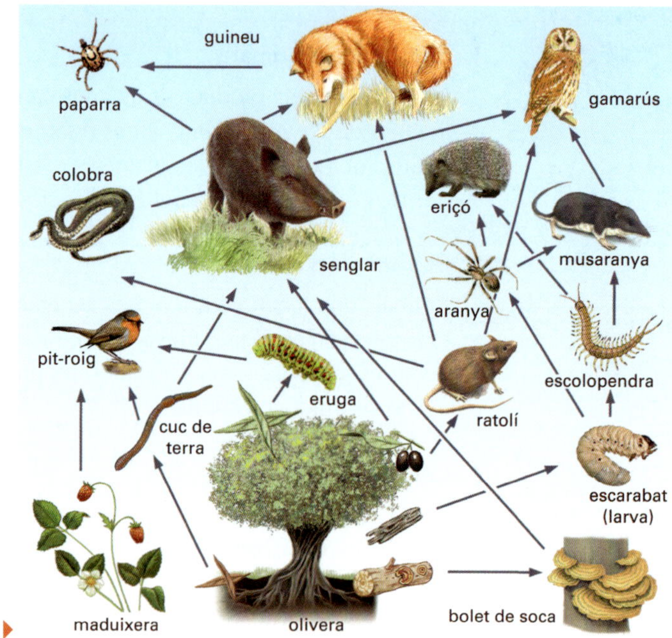

Les relacions d'alimentació en un oliverar constitueixen una xarxa tròfica amb multitud d'interaccions entre les poblacions de l'ecosistema. Les fletxes indiquen el sentit en què flueix l'energia.

ACTIVITATS

Cadena i xarxa tròfica d'una font hidrotermal

A les xemeneies hidrotermals de les dorsals oceàniques, a més de 2 000 m de profunditat en la foscor més absoluta, hi ha ecosistemes en què l'entrada d'energia no és la llum solar, sinó l'oxidació de substàncies inorgàniques dissoltes a l'aigua.

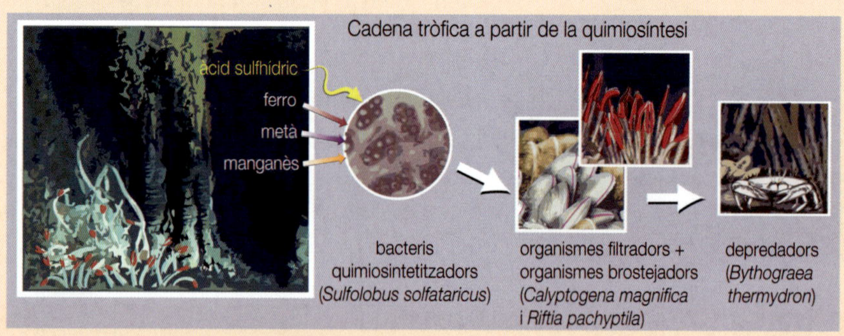

1. Identifica el nivell tròfic al qual pertany cada organisme representat.
2. Aquests són alguns organismes que viuen a les xemeneies i les seves relacions alimentàries:
   - *Thermarces cerberus*, peix que s'alimenta bàsicament dels mol·luscs *Calyptogena magnifica*.
   - *Riftia pachyptila*, cuc que viu en simbiosi amb els bacteris *Sulfolobus solfataricus*.
   - *Alvinella pompejana*, cuc que viu en simbiosi amb els bacteris *Sulfolobus solfataricus*.
   - *Vulcanoctopus hydrothermalis*, pop que menja crancs *Bythograea thermydron*.

   Amb aquesta informació i amb la de les imatges, fes un diagrama d'una xarxa tròfica. Recorda que les fletxes sempre van en el sentit en què transita l'energia.

En aquest QR, o a l'enllaç http://qr.teide.eu/027L, trobaràs un vídeo sobre la vida a les fonts hidrotermals (en anglès).

El cicle de la matèria

Al llarg del temps, els àtoms que formen els éssers vius canvien de lloc i, sovint, de molècula. El carboni i l'hidrogen que formen part de la molècula de cel·lulosa d'una fulla, per exemple, provenen del diòxid de carboni i de l'aigua incorporats per la planta, i quan la fulla caigui i serveixi d'aliment a fongs, tornaran a formar part de diòxid de carboni i d'aigua. Els cadàvers, els excrements i els residus metabòlics dels éssers vius experimenten processos biològics que permeten la reutilització de la matèria de què estan fets. Gràcies a aquest cicle, es perpetua la vida als ecosistemes i no es produeix una acumulació excessiva de matèria morta.

Els fongs, juntament amb els bacteris, descomponen la matèria orgànica i la transformen en compostos inorgànics. A la imatge, el bolet tòxic *Amanita pantherina*, pigat bord, entre la virosta.

Els **microorganismes descomponedors**, principalment bacteris i fongs, acaben de transformar moltes molècules orgàniques en compostos inorgànics, que els productors primaris podran aprofitar. D'aquesta manera es tanca el cicle de la matèria.

Els éssers vius que s'alimenten de restes d'altres éssers vius, els **necròfags**, tenen un paper important en els ecosistemes. Són ben coneguts els exemples dels voltors o de les hienes com a animals *carronyaires* que sovint s'alimenten de restes d'altres animals. Això no obstant, la major part de necròfags són invertebrats, sobretot insectes. També tenen un paper especialment important els **copròfags**, que s'alimenten d'excrements.

El conjunt d'organismes morts, excrements i altres residus orgànics que hi ha al planeta rep el nom de **necrosfera**. La massa de la necrosfera és entre dotze i catorze vegades més gran que el conjunt de la massa d'organismes vius. Això es deu bàsicament al fet que hi ha algunes molècules orgàniques, com la *cel·lulosa* o la *lignina* de les plantes, que tarden molt de temps a descompondre's. El petroli i el carbó, que provenen de restes d'organismes en descomposició, també formen part de la necrosfera.

ACTIVITATS

Cicle del carboni

El carboni és l'element bàsic de la vida a la Terra, tot i que la major part de carboni es troba retingut a les roques carbonatades de l'escorça i als sediments dels oceans i llacs. Els organismes fotosintètics obtenen el carboni del CO_2 atmosfèric, el qual torna a ser alliberat a l'atmosfera amb la respiració o amb la combustió de materials que contenen carboni, com el petroli, el gas, el carbó o la fusta. El CO_2 es dissol en aigua en forma d'ions de carbonat i bicarbonat (CO_3^{2-} i HCO_3^-).

El carboni que «circula» és, sobretot, el que contenen els éssers vius i el CO_2 atmosfèric, que representa el 0,1 % de tot el carboni de l'escorça terrestre.

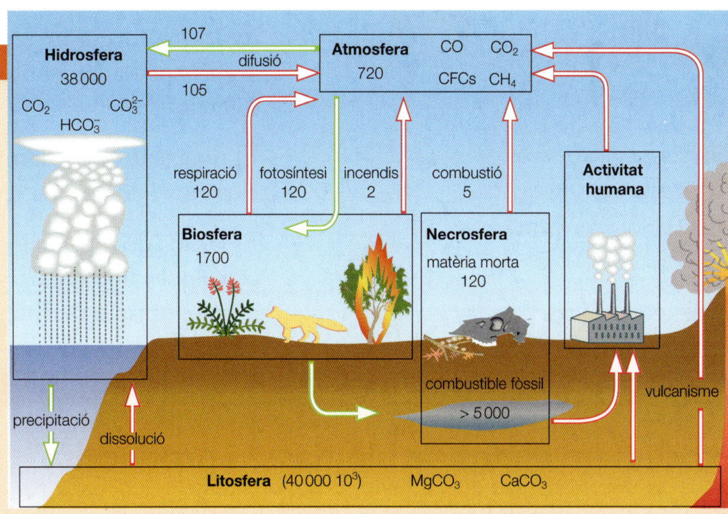

Cicle del carboni (valors en milers de milions de tones de carboni).

Un àtom de carboni d'un dels teus cabells podria haver estat a l'atmosfera fa mil milions d'anys, o podria haver format part d'un dinosaure fa cent milions d'anys, o d'un entrepà que et vas menjar fa un parell de mesos. Els cicles biogeoquímics d'altres elements, com l'oxigen, el fòsfor i el nitrogen, tenen gran importància per a la vida i els sistemes naturals que la sustenten.

En aquest QR, o a l'enllaç http://qr.teide.eu/01UO, pots veure el cicle del carboni (en castellà).

1. Fes servir la informació de l'esquema per dissenyar un petit diagrama del camí que seguiria un àtom de carboni que es desprèn d'un incendi forestal fins que torna a formar part del cos d'una planta. En aquest diagrama hi han de figurar els noms de les molècules, dels processos i dels éssers dels quals formarà part.

Si en un moment determinat collíssim tots els vegetals que hi ha a l'hort d'en Miquel, el pes de matèria viva, la biomassa, no seria gaire gran. Però ell tot sovint cull enciams, mongetes, carxofes... de l'hort: al llarg del temps el pes acumulatiu dels vegetals, la producció, és considerable.

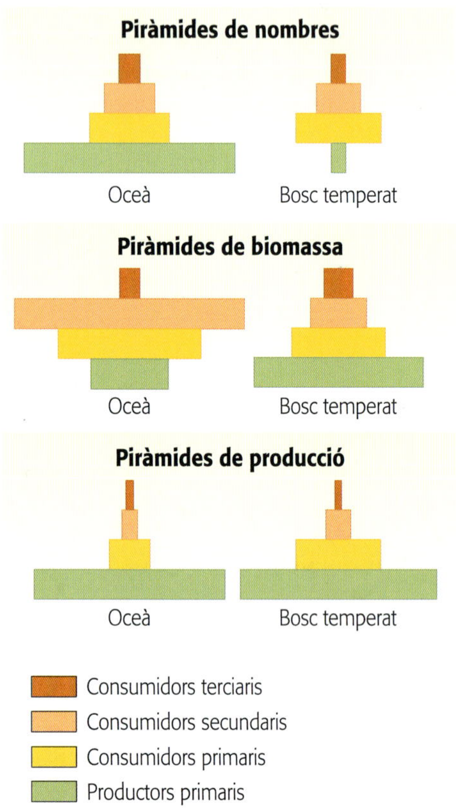

Piràmides ecològiques.

Biomassa i producció

La **biomassa** és la quantitat de matèria viva que hi ha en una comunitat o ecosistema, o també en una determinada població o en un cert nivell tròfic. S'expressa en *pes sec* (sense l'aigua) o en *massa de carboni* (massa deguda als àtoms de carboni). La biomassa sempre es refereix a una àrea o un volum determinats, per això s'expressa habitualment en g m^{-2}, g L^{-1}, t ha^{-1}, g C m^{-2}...

La **producció** és la quantitat de biomassa generada en un període de temps determinat. S'expressa en relació amb el temps i amb l'espai (g cm^{-2} dia^{-1}, g L^{-1} any^{-1}, kg m^{-3} any^{-1}, t ha^{-1} any^{-1}).

La producció dels organismes autòtrofs rep el nom de **producció primària**. La producció de la resta de nivells tròfics rep el nom de **producció secundària**.

Una part de la producció s'inverteix a mantenir les cèl·lules vives i dur a terme diverses activitats vitals; l'altra passa a formar part dels teixits. Si considerem un nivell tròfic determinat, la **producció bruta** és tota la biomassa que han incorporat els organismes de les poblacions d'aquell nivell tròfic. Si d'aquesta energia restem les despeses de respiració i, en definitiva, tota la biomassa invertida per obtenir energia per viure, tindrem la **producció neta**, que significa créixer i generar nous individus.

Les plantes, als sistemes terrestres, i el fitoplàncton, als sistemes aquàtics, només capten una fracció de l'energia del Sol. A més, cal tenir en compte que hi ha grans extensions de terra i de mar poc productives; de fet, els mars i els oceans (dues terceres parts de la superfície del planeta) proporcionen menys d'una tercera part de la producció neta de la Terra.

Les dades de biomassa i producció es poden presentar en rectangles superposats, amb els productors a la base. Així, queda reflectit el nombre d'individus de cada nivell o la biomassa, però és més habitual representar la producció neta de cada nivell mitjançant **piràmides de producció**. Així com les piràmides de biomassa poden tenir una forma invertida o irregular, les de producció tenen una forma piramidal: amples per la base (productors primaris) i estretes per dalt (consumidors secundaris o terciaris).

El quocient *B*/*P* (biomassa/producció) proporciona el **temps de renovació**, és a dir, el temps que tarda a regenerar-se tota la biomassa a partir d'un moment concret.

El temps de renovació depèn del cicle vital. Així, una població de plantes herbàcies o d'algues unicel·lulars té un temps de renovació molt curt en comparació amb el d'una població d'arbres o d'arbustos.

ACTIVITATS

Processem dades de biomassa i producció

La taula conté dades de biomassa i producció neta en una zona d'aflorament d'un ecosistema marí determinat.

Nivell tròfic	Biomassa (g m^{-2})	Producció neta (g m^{-2} any^{-1})
Fitoplàncton	10	1820
Zooplàncton herbívor	18	108
Zooplàncton carnívor	15,5	10
Peixos	2	1

1. Representa en forma de piràmide la biomassa i la producció neta. Indica a quin nivell tròfic pertany cada grup d'organismes.
2. Calcula, a partir de la taula, el temps que tarda cada nivell tròfic a renovar del tot les seves poblacions.
3. Compara la biomassa del fitoplàncton i la de la resta d'organismes. Com és possible que el fitoplàncton, amb tan poca biomassa, sustenti tota la comunitat? Explica-ho.

El trànsit de l'energia

La producció dels organismes autòtrofs és una mesura de l'energia incorporada per unitat de superfície i de temps, i determina la producció total d'un ecosistema, ja que canalitza l'energia cap a nivells tròfics superiors. Només la producció neta (l'energia invertida en creixement i reproducció) podrà passar a formar part de la biomassa del nivell tròfic següent.

El fet de viure suposa una despesa energètica: cal mantenir vives les cèl·lules; de vegades s'ha de mantenir una certa temperatura corporal; s'ha de fer bategar el cor, respirar, moure's, etc. Alguns depredadors, per exemple, inverteixen bona part de la biomassa que ingereixen cercant les preses, perseguint-les i capturant-les.

Mitjançant les relacions alimentàries, l'energia transita des dels productors fins als consumidors primaris, i des d'aquests consumidors, fins als nivells tròfics successius. Es tracta d'un **flux que genera pèrdues**: part de l'energia s'inverteix en moviment, a mantenir una temperatura més elevada que el medi, etc., i s'acaba dissipant en forma de calor. A més, els organismes grans, de creixement lent i cicles de vida llargs, solen canalitzar menys energia que els organismes més petits, de creixement més ràpid i cicles de vida més curts.

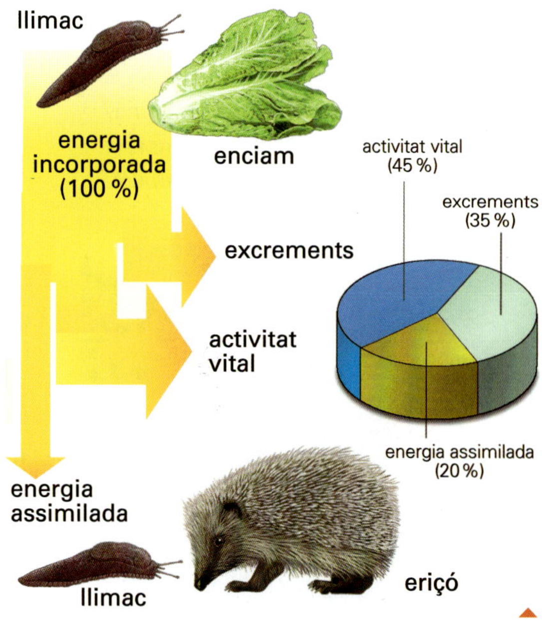

No tota l'energia incorporada pel llimac es transforma en energia disponible per a l'eriçó, perquè una part es perd pels excrements, i una altra, per l'activitat vital.

A cada nivell tròfic, l'energia disponible es divideix per 10 (o per més), és a dir, un nivell tròfic només podrà assimilar aproximadament el **10 %** (o menys) de l'energia que li subministra el nivell tròfic anterior: de cada 10 kg de menjar que ingereix una població determinada, només n'aprofita prop d'1 kg per créixer i reproduir-se (és a dir, la producció neta). Això provoca que el nombre de nivells tròfics sigui limitat (normalment no passa de cinc). L'existència de consumidors terciaris (supercarnívors) només es pot entendre en ecosistemes notablement extensos i amb una producció primària neta considerable. En un bosc no hi ha gaires guineus i, per exemple, un tigre no podria sobreviure en una illa d'extensió petita.

En aquest QR o a l'enllaç http://qr.teide.eu/027M, trobaràs una explicació de gran part de les idees de la unitat (en anglès i entenedora).

ACTIVITATS

Biomassa i producció en un sistema marí

A l'ecosistema de l'esquema hi ha representada una cadena tròfica marina.

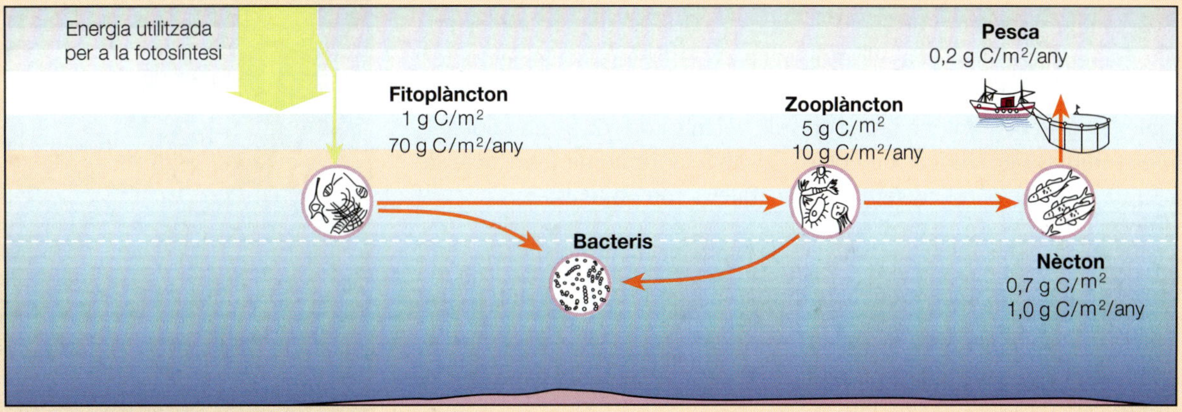

1. Elabora una taula en què indiquis a quin nivell tròfic correspon cada un dels grups d'organismes que es representen en aquesta cadena.
2. Explica la importància dels bacteris en el cicle de la matèria.
3. Indica quines dades corresponen a la biomassa i quines a la producció de cada nivell tròfic. Elabora amb les dades de producció una piràmide de producció i justifica com és que la base de la piràmide pot ser tan estreta.

Què limita la producció?

Si l'avi Miquel no regués sovint les plantes de l'hort i no els afegís adob, la producció estaria molt limitada. No podria collir tants enciams i les mongeteres creixerien més lentament.

Compost, adob obtingut a partir de la descomposició de restes vegetals.

La producció primària neta no augmenta de manera il·limitada. Les variables ambientals i els nutrients disponibles determinen la producció. A més, també hi ha múltiples éssers vius que es nodreixen de la gran varietat d'aliment que ofereixen els productors primaris.

A banda del consum que en fan els herbívors, hi ha altres variables que limiten el creixement i la proliferació dels organismes autòtrofs. La llum i el CO_2, necessaris per a qualsevol organisme fotosintètic, solen ser abundants a la major part dels ecosistemes terrestres. L'aigua, en canvi, és escassa a les zones desèrtiques i semidesèrtiques, on la producció és molt baixa. Hi ha dos elements que són fonamentals per a la vida, el **fòsfor** i el **nitrogen**, ja que l'un o l'altre (o tots dos) es troben en la composició de la major part de biomolècules (fosfolípids, DNA, ATP, proteïnes...). Fòsfor i nitrogen tan sols es troben en uns quants compostos inorgànics, no gaire abundants, que poden captar els productors. Als ecosistemes terrestres, aquests elements es troben a les sals minerals del sòl (el N_2 atmosfèric només pot ser utilitzat per algunes plantes en simbiosi amb microorganismes) i, als ecosistemes aquàtics, estan dissolts a les aigües o retinguts als sediments. Els adobs naturals (compost, fems) són orgànics i contenen els descomponedors que permeten alliberar el N i el P que contenen i retornar-los al sòl.

Les relacions en nombre d'àtoms C : N : P en el cos dels organismes és aproximadament de 100 (C) : 14 (N) : 1 (P). Al medi, però, la proporció de carboni disponible és superior a la proporció mostrada en la relació anterior, mentre que la de nitrogen i fòsfor és notablement inferior. La disponibilitat del carboni podria permetre un increment molt gran de la biomassa, si no fos perquè cal mantenir una proporció constant entre C, N i P. El nitrogen i el fòsfor són elements importants i alhora escassos, i determinen la producció als ecosistemes, per això es diu que són **factors limitants de la producció**.

ACTIVITATS

Un model antròpic per entendre els factors limitants de la producció

Suposa una fàbrica de cotxes capaç de generar una gran quantitat de vehicles diàriament. Aquesta empresa està proveïda de prou energia per dur a terme tot el procés de fabricació, i també disposa de personal qualificat i de la tecnologia necessària per fer cotxes. Gairebé totes les peces els arriben en excés: components del motor, components electrònics, parts externes del xassís, estructures interiors, etc. Hi ha, però, un problema: gairebé no hi ha proveïdors de volants i de rodes, components fins ara imprescindibles per fabricar un cotxe. Per això, el ritme de fabricació de cotxes, és a dir, la producció, està determinat per aquests components.

1. En aquest cas, quins serien els factors limitants de la producció de cotxes? Per què?
2. Quants cotxes es podrien fabricar diàriament si arribessin 8 volants i 400 rodes? I si arribessin 100 volants i 32 rodes?
3. Quina semblança hi ha entre el que passa en aquesta fàbrica i l'escassetat de N o P a la natura?
4. Debat la validesa d'aquesta afirmació: «Els éssers vius són acumuladors de fòsfor i nitrogen, de manera que en tenen molta més quantitat que el medi que els envolta».
5. Per què l'avi Miquel afegeix adob a la terra del seu hort? Què creus que proporciona bàsicament l'adob que utilitza?

ACTIVITATS

Investigacions en boscos i conreus

A. Per estudiar el creixement de dues espècies de plantes en sòls amb nitrogen, es van cultivar alguns exemplars de cada espècie en parcel·les amb diferents quantitats de nitrogen al sòl. Al cap d'una setmana es va mesurar la biomassa de les plantes de cada parcel·la. Els resultats són a la taula de la dreta.

1. Quina és la variable independent i la variable dependent d'aquesta recerca?
2. Representa en un mateix sistema d'eixos les corbes de creixement de les dues espècies de plantes.
3. Quina interpretació pots fer dels resultats?

Quantitat de nitrogen al sòl (mg N / kg de sòl)	Biomassa mitjana de les plantes de l'espècie 1 (g)	Biomassa mitjana de les plantes de l'espècie 2 (g)
1	0,05	0,2
5	0,25	0,5
10	0,5	1,2
30	1,2	2,5
100	1,25	4,0
200	1,3	5,0

B. En un bosc mediterrani s'ha dut a terme una investigació sobre el flux d'energia entre els diferents nivells tròfics (l'esquema mostra els resultats: energia expressada en kcal m^2 dia^{-1}).

1. Compara els valors de la producció primària neta amb els de la producció secundària neta. Justifica'n les diferències.
2. Explica com es transferirà l'energia des dels productors fins als herbívors.
3. Justifica el fet que el nombre de nivells tròfics de qualsevol ecosistema sigui limitat.
4. Quin camí segueix l'energia continguda als excrements dels herbívors? I la matèria?

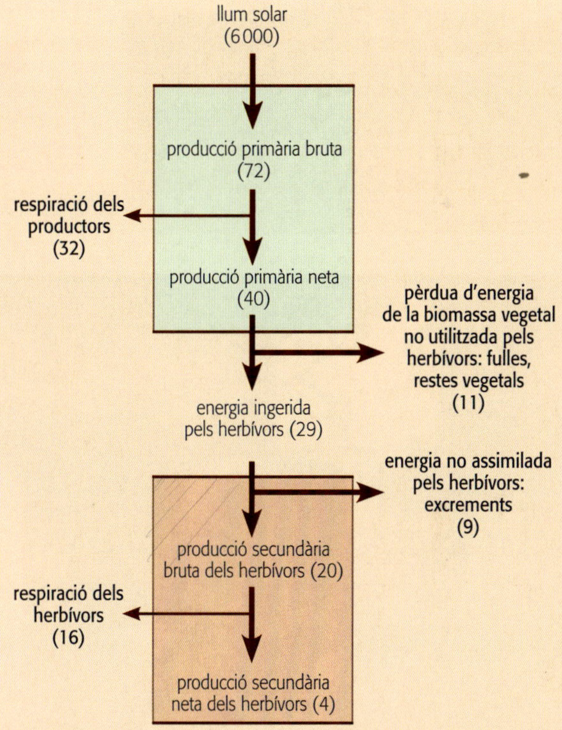

C. La taula mostra els valors de la massa de fullaraca (en pes fresc) que s'ha trobat en diferents localitats del mateix bosc.

Mostra	g m^{-2} (pes fresc)
1	1 125
2	1 370
3	1 490
4	1 025
5	1 510

1. La fullaraca conté un 40 % d'aigua de mitjana. A partir de les dades, determina la quantitat de biomassa mitjana en pes sec. Expressa el resultat en tones per hectàrea (1 ha = 10 000 m^2).
2. Bacteris, fongs i altres petits organismes participen en el procés de descomposició. Explica per què aquest procés és tan important als ecosistemes.

L'hort de l'avi amb un cop d'ull

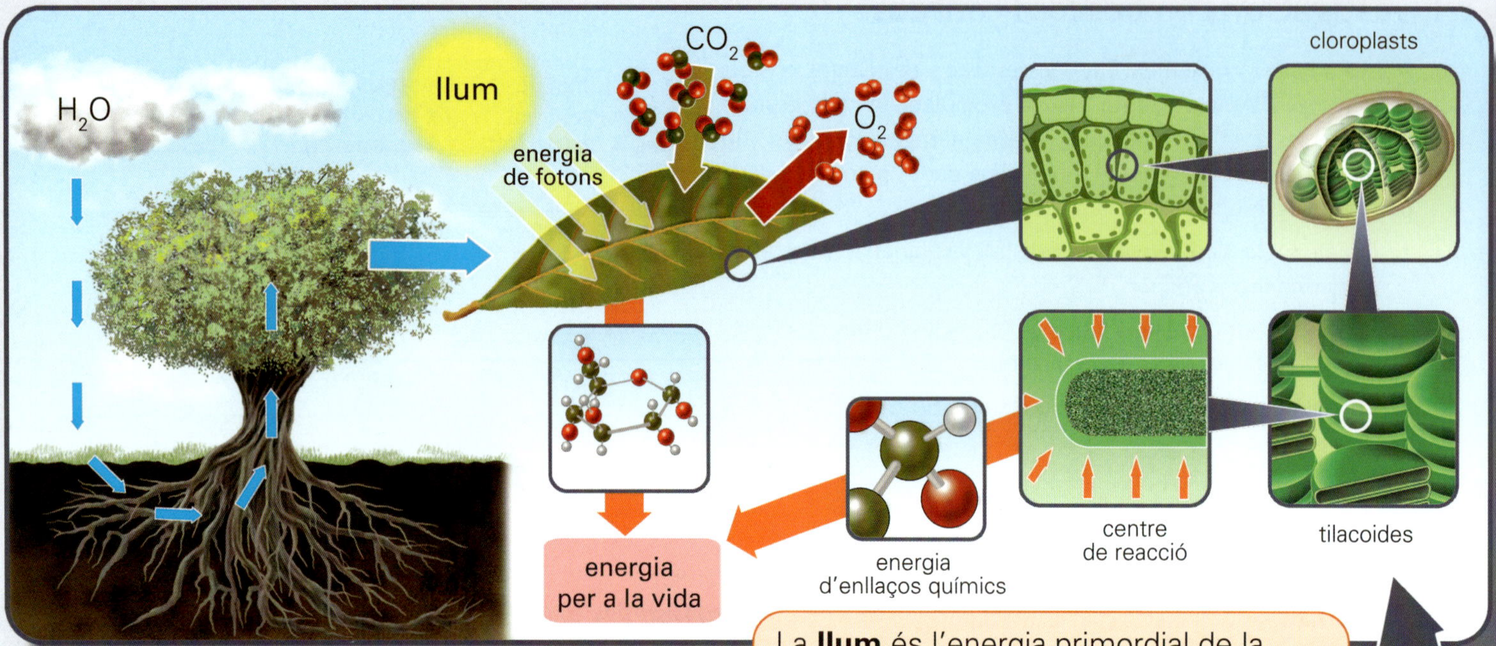

La **llum** és l'energia primordial de la biosfera. Els bacteris fotosintètics, les algues i les plantes poden elaborar compostos orgànics a partir de llum, aigua, diòxid de carboni i sals minerals.

A les **fonts hidrotermals submarines** de les dorsals oceàniques i en alguns sistemes aquàtics, hi viuen bacteris que duen a terme la quimiosíntesi: elaboren compostos orgànics a partir de compostos inorgànics amb l'energia que obtenen oxidant minerals.

Les relacions d'alimentació fan que la **matèria** i l'**energia** transitin pels diferents nivells tròfics dels ecosistemes.

La **fotosíntesi**, a les plantes, té lloc als cloroplasts. Comprèn una fase lluminosa en què es produeix la fotòlisi d'aigua i se'n desprèn **oxigen.**

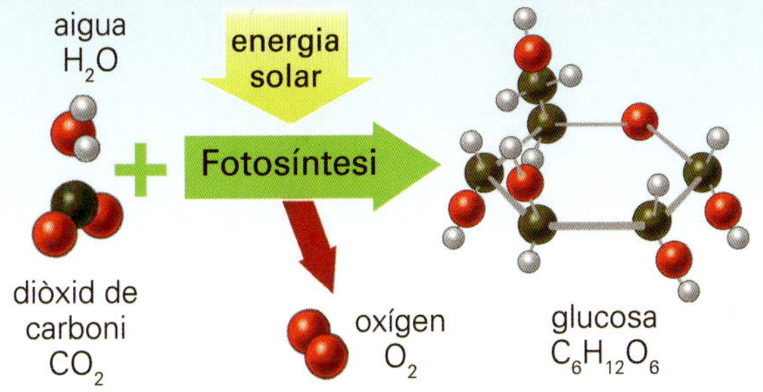

El **poder reductor** que s'obté a la fase lluminosa és utilitzat a la fase biosintètica per fixar el carboni i elaborar matèria orgànica. Durant la respiració s'utilitza l'energia d'aquests compostos per viure.

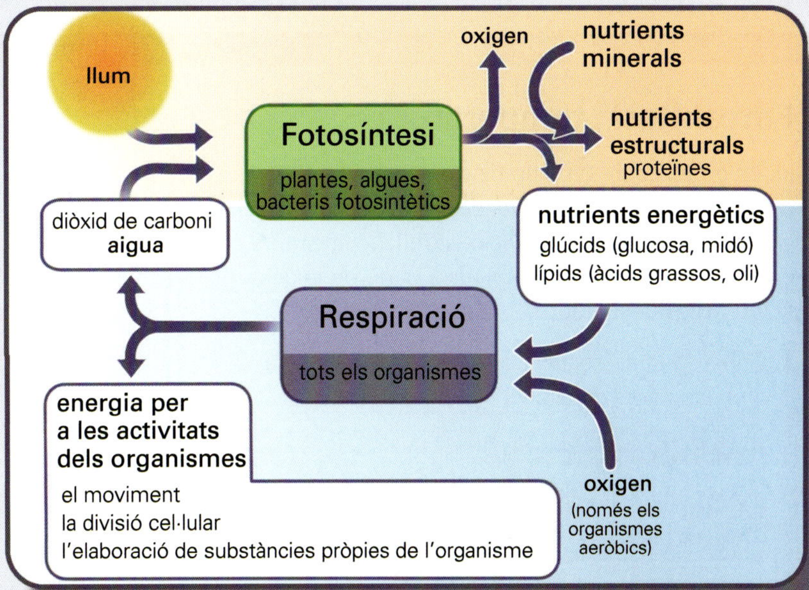

Les **cadenes d'alimentació** s'interconnecten als ecosistemes i s'estableixen xarxes tròfiques.

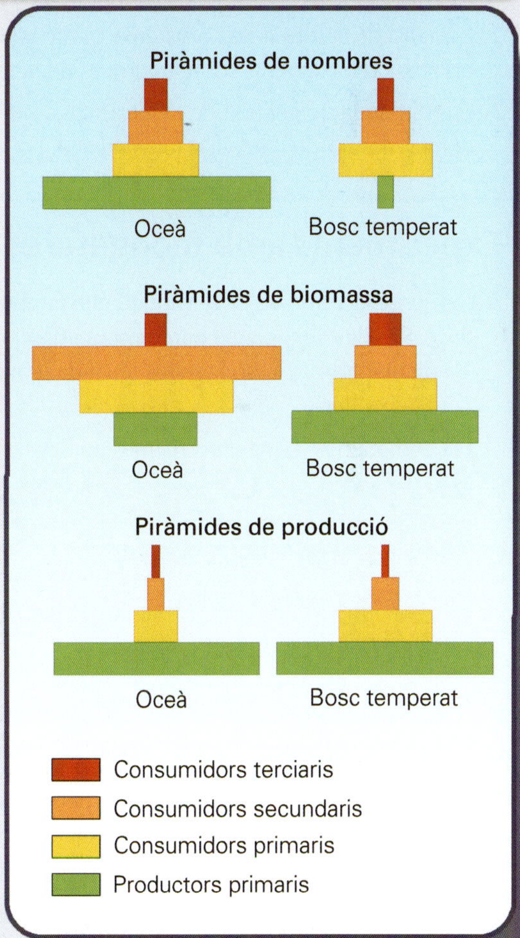

La quantitat de biomassa que es produeix al llarg del temps és la **producció**. Aquesta producció està limitada per la disponibilitat d'aigua i de les sals de nitrogen i fòsfor.

ACTIVITATS COMPLEMENTÀRIES

Fotosíntesi i temperatura

En un estudi sobre un grup de plantes de climes temperats s'han obtingut les dades que es mostren al gràfic, el qual indica la relació entre la temperatura i l'activitat fotosintètica (mesurada a partir de la quantitat d'oxigen alliberat).

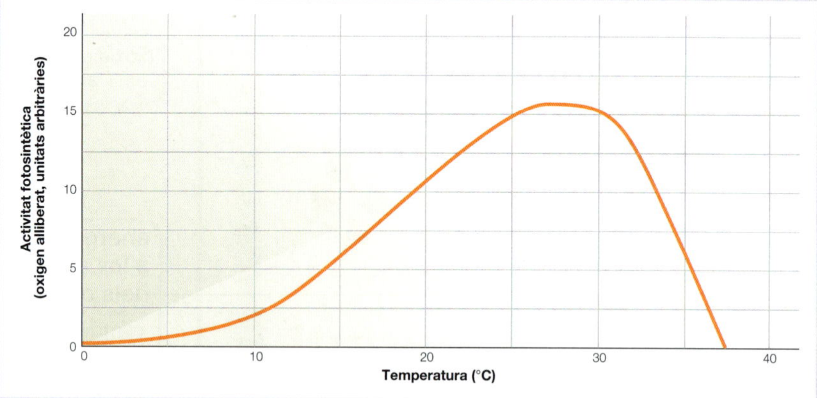

1. Copia la taula següent a la llibreta i completa-la amb els valors del gràfic:

Temperatura (ºC)	0	10	25	40
Activitat fotosintètica (oxigen alliberat)				

Es considera que la temperatura òptima per a la fotosíntesi permet alliberar quantitats d'oxigen superiors a 15 unitats. D'acord amb aquest criteri, quina és la franja òptima de temperatura per tal que la fotosíntesi sigui òptima?

2. L'anàlisi de la forma de corba en el gràfic ha dut a la conclusió següent: *la temperatura influeix en l'activitat fotosintètica*. Fes servir els teus coneixements sobre el procés de la fotosíntesi per justificar aquesta conclusió.
3. Escriu l'equació general de la fotosíntesi. Explica d'on prové l'oxigen alliberat i justifica per què es fa servir l'alliberament d'oxigen com a mesura de l'activitat fotosintètica.

Experiments amb mongeteres

A. La Sílvia, la veïna de l'avi Miquel, que també té un hort i un petit hivernacle, ha volgut investigar si les tres mongeteres que ha cultivat dins de l'hivernacle han crescut i han produït mongetes com les tres mongeteres que té a l'hort, just al costat de l'hivernacle. Va plantar totes les mongeteres igual de grans i en el mateix moment, les ha regat i les ha adobat igual i totes les plantes han rebut la mateixa llum.

Ha comptat les mongetes i ha mesurat les mongetes i les plantes. Els resultats són els d'aquesta taula:

	Mongeteres de l'hort	Mongeteres de l'hivernacle
Nombre mitjà de mongetes per planta	52	50
Mida mitjana de les mongetes	16,7 cm	22,1 cm
Mida mitjana de les mongeteres	125 cm	145 cm

1. Representa gràficament les dades.
2. Quines conclusions podem treure de l'experiment de la Sílvia?

B. Abans havia fet un altre experiment per tal de comprovar que les deficiències (escassetat en el medi de cultiu) en fòsfor i nitrogen pertorben el creixement de la mongetera i causen alteracions en les fulles. Va vigilar que en tots els grups de plantes utilitzats les condicions fossin les mateixes, excepte el tipus de substrat de creixement. La taula mostra els resultats de l'experiment.

Tipus de substrat de creixement	Resultats
Substrat amb els requeriments normals de fòsfor i nitrogen	creixement normal, fulles ben desenvolupades
Substrat amb dèficit de fòsfor i nitrogen	menor creixement, alteracions en el color i la forma de les fulles

Aquestes són unes de les possibles conclusions que va treure la Sílvia d'aquest experiment: «El fòsfor i el nitrogen són necessaris tant per al creixement normal de la mongetera com per a la formació de fulles ben desenvolupades».

1. Fes una crítica al disseny de l'experiment que invalida les conclusions. Identificar una o més variables independents et pot ajudar. Per què no són vàlides les conclusions?
2. Fes un disseny de l'experiment que corregeixi els defectes de l'anterior. En aquest pots variar el tipus de substrat de creixement.

ACTIVITATS COMPLEMENTÀRIES

Xarxa tròfica d'un llac temperat

La base de les xarxes tròfiques als llacs temperats (i a tots els ecosistemes aquàtics) la constitueixen les plantes aquàtiques i el fitoplàncton i els detritus en descomposició. Els bernats pescaires i els lucis són exemples de depredadors que ocupen els nivells tròfics superiors.

1. Classifica els organismes de la xarxa segons el nivell tròfic al qual pertanyen.
2. Quin paper farien els bacteris i els fongs en aquest llac?
3. Un episodi de contaminació provoca que l'oxigen de la bassa disminueixi i hi hagi una gran mortaldat de les poblacions de peixos del llac. Fes una hipòtesi de com alteraria aquest fet les relacions alimentàries d'aquest ecosistema aquàtic.

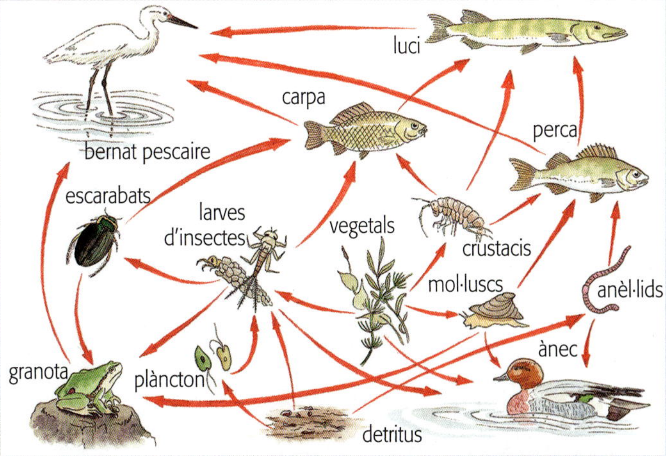

Biomagnificació

El terme *biomagnificació* es refereix al fet que determinats contaminants, com ara els metalls pesants o insecticides, tendeixen a augmentar la concentració d'organismes de nivells tròfics successius als teixits.

A la dècada del 1970, al cos dels peixos del llac Päijänne, a Finlàndia, s'hi va detectar una gran quantitat de mercuri. El dibuix il·lustra una de les cadenes tròfiques del llac.

1. Explica com es pot haver produït la biomagnificació de substàncies tòxiques a cada nivell tròfic.
2. A partir de les dades, pren el valor màxim que figura en cada nivell i calcula el factor en què augmenta la concentració de mercuri en cada nivell tròfic successiu.
3. Fes una petita recerca sobre els efectes que produeix la intoxicació per mercuri a l'espècie humana. Creus que la bioacumulació pot afectar l'espècie humana? Argumenta-ho.

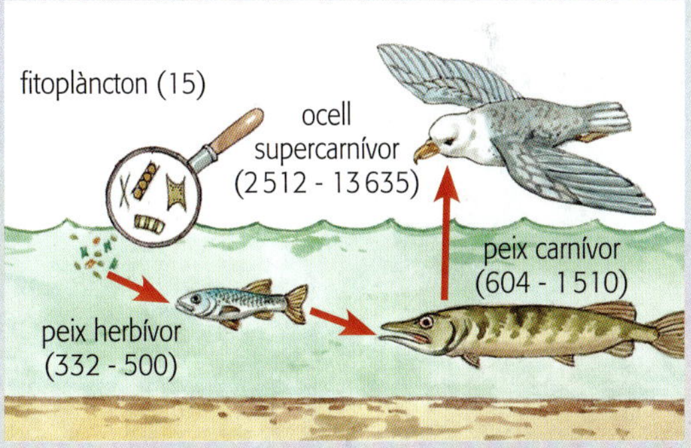

Concentració de mercuri expressada en ppm (parts per milió).

Un model socioeconòmic de ficció que simula el flux d'energia

Fent una analogia amb els diners, s'entén com es transfereix l'energia als ecosistemes i com aquesta es perd en cada «nivell tròfic» successiu. Pensem en una societat imaginària formada per diferents tipus d'individus:

- Els del tipus A treballen i tenen un sou brut mensual de 2 000 euros. Han de pagar uns impostos que són el 15 % del que guanyen. El menjar els suposa un 25 % del sou brut, i el lloguer del pis, un 30 %. Altres necessitats bàsiques, com ara l'aigua i la llum, representen una despesa del 12 %. Finalment, dediquen un 8 % a despeses extres (roba, llibres, tecnologia personal, etc.).
- Els del tipus B, el treball dels quals consisteix a robar els estalvis dels individus del tipus A. Aquests també tenen un «sou» brut de 2 000 euros mensuals (obtingut exclusivament dels robatoris) i tenen exactament les mateixes despeses per viure i fins i tot paguen els mateixos impostos que els del tipus A.
- Finalment, tenim els individus del tipus C, especialitzats a robar els estalvis dels individus del tipus B. Tenen exactament el mateix «sou» brut i les mateixes necessitats que els A i els B.

1. Quina quantitat mensual pot estalviar cada tipus d'individu (abans que li robin els estalvis, és clar)?
2. Suposem que en aquesta societat hi ha 10 000 individus del tipus A. Calcula el nombre màxim d'individus del tipus B i d'individus del tipus C que hi podrien viure (guanyant tots 2 000 euros al mes). I si fossin 100 del tipus A?
3. Identifica què seria la producció bruta i la producció neta en aquesta societat fictícia, on l'energia equival a diners. Explica per què hi hauria tan pocs individus del tipus C.
4. Finalment, pensa en un ecosistema concret del planeta: a quins nivells tròfics correspondrien, respectivament, els individus del tipus A, els del tipus B i els del tipus C?

4 DEL PLAT A LA CÈL·LULA

ÍNDEX DE LA UNITAT

- Fruites i verdures
- El midó
- Proteïnes a la dieta
- Olis i greixos
- La llet i els seus derivats
- Els organismes transgènics
- La digestió
- L'absorció de nutrients a la membrana dels enteròcits
- Què fem amb el que obtenim del menjar?
- Com obtenen energia les cèl·lules?
- Què fem amb el que ens sobra?

Aquest és el conegut mercat de la Boqueria, a Barcelona. Hi podem trobar parades on venen aliments de tota mena: fruites i verdures, carns i peixos, i fins i tot aliments considerats exòtics a les nostres llars, provinents de països d'arreu del món, que són una gran font de nutrients. L'alimentació tradicional sol ser característica de la regió, segons els conreus, els ramats o la possibilitat d'accés als productes del mar. No obstant això, la globalització ha arribat també a les cuines, de manera que a les grans ciutats del món podem tastar productes alimentaris d'arreu. Tot i la diversitat de formes dels aliments, tots contenen nutrients d'uns quants tipus específics, compostos per biomolècules com ara els glúcids, els lípids o les proteïnes.

L'alimentació té un interès mundial prioritari, ja que gran part de la població pateix fam, o no té suficient accés a alguns dels nutrients imprescindibles, com ara les proteïnes. Al món occidental, en canvi, els problemes deriven més aviat de l'excés…

Família del Txad: consumeixen bàsicament cereals (mill, melca...), fruita, verdura, cacauets, llet i aviram, entre d'altres. Tenen una despesa d'uns 14,40 € setmanals.

Idees i context

- Els aliments de la nostra dieta estan formats per biomolècules, com ara lípids, glúcids i proteïnes, que ens proporcionen els materials i l'energia necessaris per al bon funcionament de les nostres cèl·lules. Els aliments *d'origen transgènic*, més enllà de la controvèrsia que els envolta, inunden les nostres neveres.
- Les substàncies que ingerim en forma de nutrients són transformades pels diferents òrgans digestius. Les cèl·lules intestinals trenquen les grans biomolècules en altres de més petites, que poden ser absorbides i utilitzades per donar estructura o energia. Les cèl·lules tenen mecanismes de transport diferents per a cadascun dels grups de biomolècules.
- El conjunt de transformacions de les biomolècules que transcorre en les nostres cèl·lules s'anomena *metabolisme*. Les reaccions metabòliques requereixen catalitzadors anomenats ***enzims***, generalment de naturalesa **proteica**.

Família dels Estats Units (Carolina del Nord): consumeixen molt menjar precuinat i begudes energètiques, amb un cost aproximat d'uns 267 € setmanals.

Aquests són els aliments consumits per la família Flores, de Tingo (Equador): blat de moro, patates, fruites, verdures... L'únic aliment animal és la llet de les seves vaques. Aquest consum els suposa una despesa de 24,65 € setmanals.

Els Kodaira, al Japó, mengen peix, verdura, fruita, plats elaborats..., amb una despesa d'uns 247 € setmanals.

COMENÇA PENSANT

L'interès per l'alimentació és creixent. Es discuteix com l'economia i les polítiques globals, juntament amb la tecnologia (incloent-hi la biotecnologia), poden contribuir a reduir els problemes nutricionals de milions de persones encara avui. I, alhora, s'estén la preocupació pels trastorns d'obesitat i les malalties metabòliques derivades d'una alimentació inadequada.

- Quina és la composició bioquímica dels aliments i quin és l'ús que en fan les nostres cèl·lules?
- Com afecta la manca o l'excés de nutrients de la dieta?

Plàtans, bledes, pomes, pastanagues... Les fruites i les verdures són una part fonamental de la dieta dels Flores, a l'Equador, però també són consumits per la majoria de famílies del món.

Fruites i verdures

Les fruites i les verdures tenen un valor nutritiu similar. El seu component més abundant és l'aigua. A més, contenen diverses sals minerals, vitamines (C, A, D...) i una quantitat important de cel·lulosa. El gust dolç que tenen algunes és degut a diversos sucres: glucosa al raïm, fructosa a les pomes o sacarosa a la remolatxa.

Monosacàrids, els sucres més senzills

Els **sucres** són biomolècules orgàniques de gust dolç i solubles en aigua. Els sucres més simples són els **monosacàrids**, que tenen de 3 a 7 carbonis, un grup carbonil (aldehid o cetona) i un grup hidroxil a cada un dels altres carbonis. Segons el nombre de carbonis (C), es distingeixen trioses (3C), tetroses (4C), pentoses (5C), hexoses (6C) i heptoses (7C). Els que tenen un grup aldehid es diuen *aldoses*, i els que tenen un grup cetona, *cetoses*. Així, la **glucosa** és una aldohexosa, mentre que la **fructosa** és una cetohexosa. Totes dues substàncies, però, quan es troben dissoltes en aigua, adopten espontàniament una forma cíclica. El nou grup hidroxil (al carboni 1 a la glucosa i al carboni 2 a la fructosa) pot tenir dues configuracions diferents: α o β.

			Tipus de carbonil	
			aldehid (aldosa)	cetona (cetosa)
Nombre de carbonis	3C	trioses	aldotriosa (gliceraldehid)	cetotriosa (dihidroxiacetona)
	4C	tetroses	aldotetrosa	cetotetrosa
	5C	pentoses	aldopentosa (per exemple, ribosa)	cetopentosa
	6C	hexoses	aldohexosa (per exemple, glucosa)	cetohexosa (per exemple, fructosa)
	7C	heptoses	aldoheptosa	cetoheptosa

Ciclació de la glucosa.

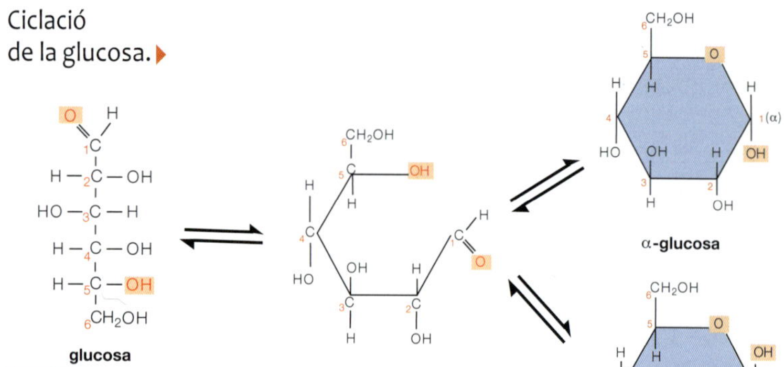

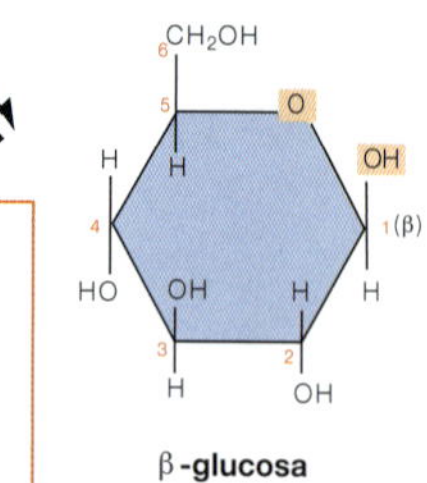

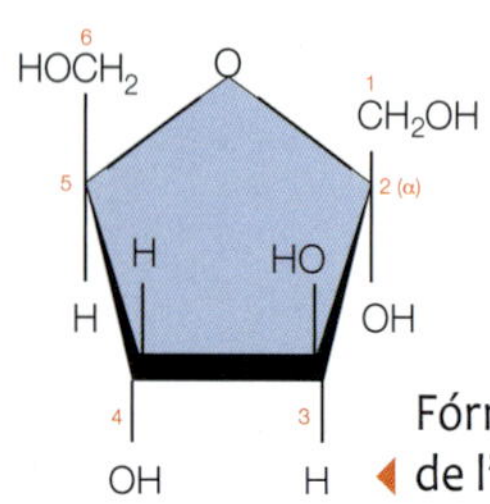

Fórmula cíclica de l'α-fructosa.

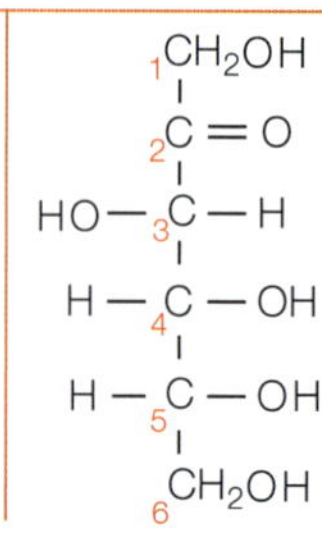

Fórmula lineal de la fructosa.

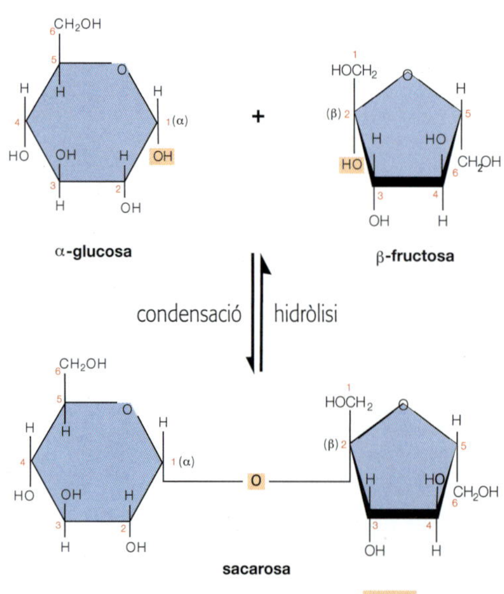

La sacarosa, el disacàrid de molts vegetals

Els **glúcids** (o carbohidrats o hidrats de carboni) són els monosacàrids o cadenes d'aquests. Els **disacàrids** estan constituïts per la unió de dos monosacàrids mitjançant un **enllaç O-glicosídic**. Aquest enllaç s'estableix entre dos grups hidroxils, un de cada monosacàrid, amb l'alliberament d'una molècula d'aigua. Aquesta reacció de condensació es produeix per l'acció d'un enzim i necessita energia. La hidròlisi del disacàrid es produeix per l'acció d'un altre enzim, però sense despesa d'energia externa.

La **sacarosa** és un disacàrid present en moltes plantes. Està formada per la unió entre el carboni 1 d'una α-glucosa i el carboni 2 d'una β-fructosa. El sucre de cuina és sacarosa purificada a partir de remolatxa o de canya de sucre.

Sucre morè i sucre refinat.

La fibra alimentària: la cel·lulosa

Les fruites i les verdures contenen molta fibra. El que anomenem *fibra alimentària* és majoritàriament un polisacàrid amb funció estructural i que no podem digerir, la cel·lulosa.

Els **polisacàrids** són polímers de molts monosacàrids que es diferencien pel tipus de monòmer que els compon, pels enllaços entre aquests monòmers i pel fet de ser lineals o ramificats.

La **cel·lulosa** és un polímer lineal de glucoses unides entre si per enllaços β(1→4). Les llargues cadenes de cel·lulosa es poden sobreposar les unes a les altres i unir-se entre si per enllaços d'hidrogen. En conjunt, resulta un complex macromolecular d'alta rigidesa i insoluble en aigua, que és el component principal de la paret cel·lular vegetal.

L'enllaç β(1→4) no pot ser trencat pels enzims digestius dels humans (ni de gairebé cap animal), per la qual cosa el valor energètic de la cel·lulosa és nul. No obstant això, la cel·lulosa és important en l'alimentació per la seva capacitat d'afavorir els moviments intestinals reflexos; d'aquesta manera s'estimula l'avanç dels materials que circulen pel tracte digestiu, amb la qual cosa es facilita el trànsit intestinal i es prevé l'aparició del restrenyiment i d'algunes malalties, com el càncer de còlon.

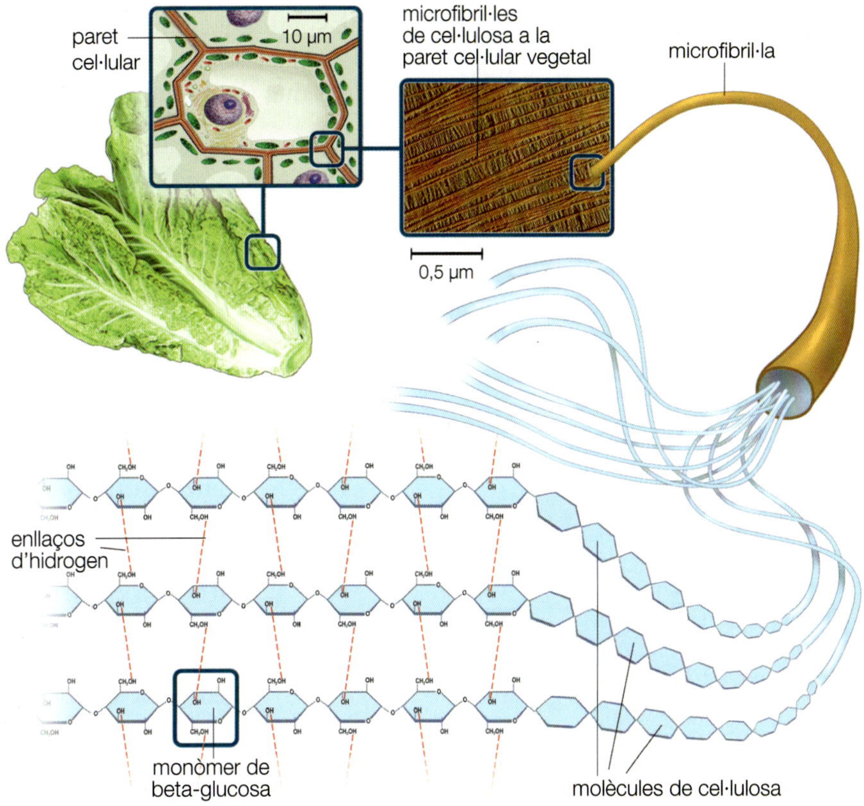

ACTIVITATS

D'on ve l'energia de la fruita?

Glúcids i lípids són biomolècules principalment energètiques, mentre que les proteïnes tenen una funció bàsicament estructural.

L'energia que aporta cada un és la següent:

- 1 g de glúcids → 15,65 kJ
- 1 g de lípids → 38,91 kJ
- 1 g de proteïnes → 17,57 kJ

Composició química de fruites i hortalisses per cada 100 g						
	Aigua (g)	Energia (kJ)	Proteïnes (g)	Glúcids simples (g)	Lípids (g)	Cel·lulosa (g)
Carxofa	82,5	75	2,4	2,9	0,1	10,8
Enciam	95,0	38	1,3	1,1	0,2	1,5
Oliva	74,8	536	1,4	1,8	13,9	2,4
Cirera	82,9	248	0,9	14,2	0,3	1,9
Kiwi	83,8	208	1,0	10,8	0,6	3,9
Poma	85,3	216	0,3	12,4	0,4	2,3
Plàtan	73,9	364	1,2	21,4	0,2	2,0

1. En les etiquetes dels aliments es dona el valor energètic en quilocalories (kcal) i en quilojoules (kJ), tot i que parlar de quilocalories (o de Calories, amb majúscula) és més freqüent. Busca l'equivalència entre aquestes dues unitats i expressa els valors energètics de la taula en quilocalories.

2. Justifica, a partir de les dades de la taula i del diferent valor energètic de glúcids, lípids i proteïnes, quin grup de biomolècules és el responsable majoritari de l'aportació energètica de cada fruita i verdura.

3. Malgrat que la carxofa és un aliment ric en cel·lulosa, un polisacàrid, l'energia que en podem obtenir es deu, majoritàriament, als glúcids simples que conté, com la sacarosa, un disacàrid. Justifica aquest fet a partir de les diferències estructurals entre la cel·lulosa i la sacarosa.

Arròs i fideus al Japó; cereals, pa i pasta de pizza als Estats Units; patates i blat de moro a l'Equador... Tots aquests aliments pertanyen al mateix grup, les farinàcies, de les quals gairebé tothom menja diverses racions al dia.

El midó

Els macarrons i el pa són productes elaborats a partir de la farina, obtinguda després de moldre llavors de cereals, com el blat o l'arròs. Això fa que siguin aliments amb un alt contingut en midó, un glúcid polisacàrid. Les patates, d'altra banda, són tubercles on la planta també emmagatzema midó.

Aliments del grup de les farinàcies.

El **midó** és el polisacàrid de reserva típic dels vegetals (els animals no n'elaboren). Es tracta d'una barreja de dos polímers de glucosa, l'**amilosa** i l'**amilopectina**, la proporció dels quals varia d'un vegetal a un altre.

L'amilosa és un polímer lineal constituït per milers de monòmers de glucosa units per enllaços $\alpha(1\rightarrow4)$ que adopta una conformació helicoidal.

L'amilopectina és un polímer ramificat constituït per glucoses unides per enllaços $\alpha(1\rightarrow4)$, però amb punts de ramificació produïts per enllaços $\alpha(1\rightarrow6)$. A partir del punt de ramificació, els enllaços de la branca tornen a ser $\alpha(1\rightarrow4)$. Aquesta estructura és semblant a la del glicogen, un polisacàrid de reserva present en els animals.

El midó és el glúcid més abundant en la dieta humana. Els sucs digestius contenen enzims capaços d'hidrolitzar tots els enllaços del midó. Posteriorment, la glucosa resultant és absorbida a l'intestí prim i transportada al corrent sanguini.

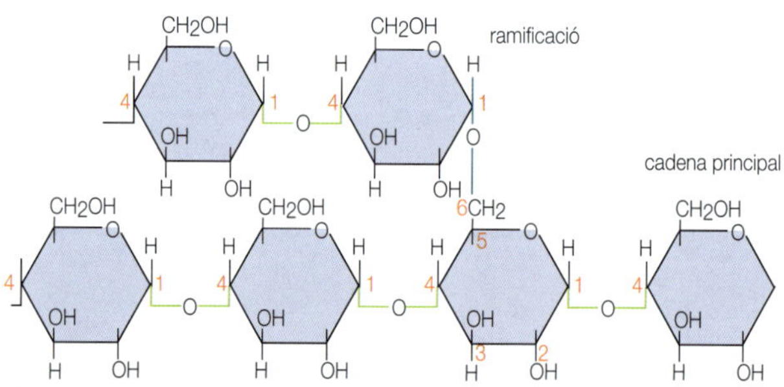

Petit fragment d'una molècula d'amilopectina. En verd, els enllaços $\alpha(1\rightarrow4)$ de la cadena principal. En blau, els enllaços $\alpha(1\rightarrow6)$ de les ramificacions. L'amilosa és semblant, però sense ramificacions.

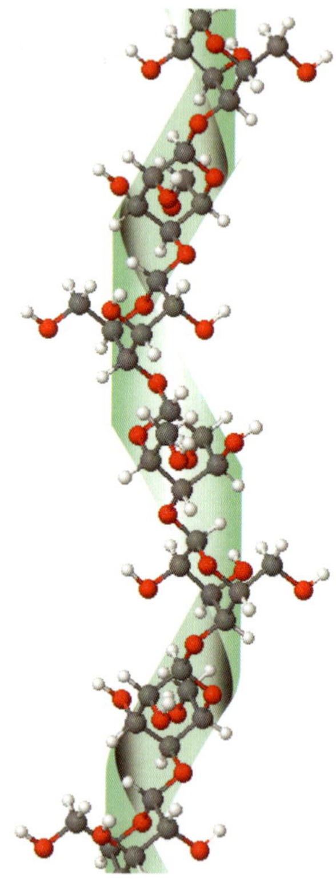

Estructura en hèlix de l'amilosa.

ACTIVITATS

Prova del lugol

La prova del lugol permet identificar la presència de midó. Quan el lugol es posa en contacte amb el midó, canvia el seu color de vermellós a lila, ja que el iode queda retingut dins les hèlixs que formen les cadenes d'amilosa i amilopectina.

1. La taula mostra els resultats obtinguts després de fer la prova del lugol sobre diferents aliments. Observa els resultats i fes-ne una interpretació aproximada.

	Cigrons	Enciam	Castanya	Aigua
Prova del lugol	+	–	+	–

2. Algunes varietats de pernil dolç, especialment les més econòmiques, donen positiu a la prova del lugol. Com es pot interpretar aquest fet?

3. Proposa una hipòtesi que expliqui per què la cel·lulosa, malgrat que és un polisacàrid com el midó, no es tenyeix amb lugol.

Amiloplasts de patata, que emmagatzemen midó, tenyits amb lugol.

Proteïnes a la dieta

Les proteïnes són polímers no ramificats d'aminoàcids. Hi ha vint aminoàcids presents a les proteïnes, alguns dels quals poden ser elaborats per l'organisme a partir d'altres aminoàcids. Els **aminoàcids essencials** són els que l'organisme no pot elaborar i, per tant, han de ser presents obligatòriament en una dieta equilibrada.

Els aliments contenen pocs aminoàcids en forma lliure. La font principal a partir de la qual obtenim els aminoàcids són les proteïnes dels aliments, que són hidrolitzades pels enzims digestius i convertides en aminoàcids que són absorbits a l'intestí prim.

Aminoàcids essencials per als humans adults*
fenilalanina
isoleucina
leucina
lisina
metionina
treonina
triptòfan
valina

* Durant la infància, també són essencials l'arginina i la histidina.

Qualsevol persona necessita menjar aliments que li aportin els aminoàcids necessaris per elaborar les pròpies proteïnes. Com aconsegueixen fer-ho la família Flores i la família Kodaira, menjant aliments tan diferents?

Molts aliments contenen proteïnes, però només uns quants contenen tots els aminoàcids essencials. Els aliments amb un valor proteic alt són els que contenen tots els aminoàcids essencials per als éssers humans: la carn, el peix, els ous, la soja i els productes làctics.

La carn i els ous són rics en proteïnes amb tots els aminoàcids essencials, però també contenen colesterol i un nombre variable de greixos saturats, especialment el rovell d'ou i la carn vermella.

El peix és ric en proteïnes d'alta qualitat i, a més, té molts greixos insaturats, especialment el peix blau (sardina, tonyina...).

Els llegums, les fruites seques i els cereals són rics en proteïnes, però de menys qualitat, ja que els falta algun aminoàcid essencial.

A més de proteïnes, els llegums són rics en midó i fibra, mentre que les fruites seques contenen fibra i olis amb àcids grassos insaturats. Per això aquests dos aliments són tan importants en una dieta equilibrada.

Aliments rics en proteïnes.

ACTIVITATS

Les proteïnes dels vegetarians

Els aliments vegetals contenen, en general, proteïnes de baixa qualitat. Per exemple, el blat i l'arròs són pobres en lisina, però rics en triptòfan i metionina, mentre que el blat de moro és pobre en lisina, triptòfan i metionina, però ric en leucina. En canvi, els llegums i les fruites seques tenen força lisina, però són pobres en metionina i triptòfan. La soja és un dels pocs aliments vegetals amb tots els aminoàcids essencials.

1. Des del punt de vista de les proteïnes, quins problemes tindria una alimentació basada exclusivament en cereals?
2. La imatge mostra un bol d'arròs amb *frijoles* (fesols negres), un dels plats típics en moltes cuines sud-americanes. Explica quina és la qualitat proteica d'aquest plat.
3. Compara l'alimentació de les quatre famílies presentades al principi de la unitat pel que fa a les proteïnes. Quina et sembla la més adequada? I la que ho és menys?

Quan ens preparem una amanida o cuinem, hi tirem oli d'oliva. En altres llocs utilitzen oli de gira-sol, oli de palma, mantega i, fins i tot, greix de porc.

Olis i greixos

Olis i greixos són barreges de **lípids**, un grup de biomolècules orgàniques estructuralment molt diverses i insolubles en aigua. Els lípids més senzills són els **àcids grassos**.

Químicament, els àcids grassos són llargues cadenes de carboni i hidrogen amb un grup carboxil (–COOH). Aquest grup es pot ionitzar, la qual cosa els confereix un lleuger caràcter àcid. Els més abundants tenen 16 o 18 carbonis, tot i que la longitud pot variar de 4 a 30 àtoms de carboni, habitualment en nombre parell.

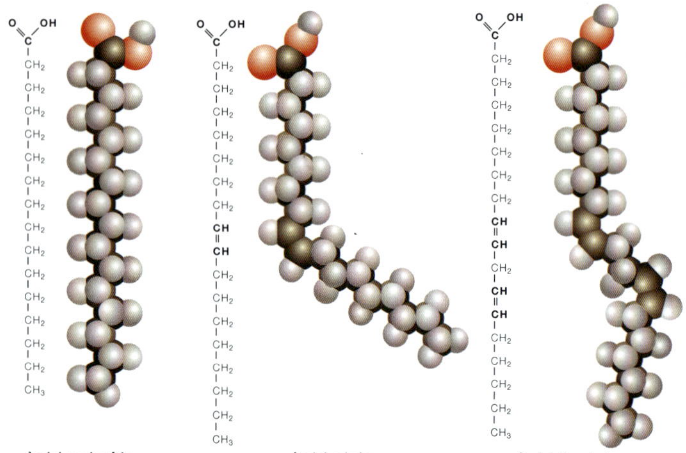

àcid palmític · àcid oleic · àcid linoleic

Fórmula estructural i model espacial de diferents àcids grassos saturats i insaturats.
Blanc: hidrogen, marró: carboni, vermell: oxigen.

Els àcids grassos són molècules **amfipàtiques**, ja que l'extrem carboxil és *hidròfil* o *polar*, mentre que la resta de la cadena és *hidròfoba* o *apolar*.

Els enllaços entre els carbonis poden ser simples, C–C, o dobles, C=C. Segons el nombre d'enllaços dobles entre carbonis es distingeixen:

- Àcids grassos **saturats**: no tenen cap C=C.
- Àcids grassos **insaturats**: tenen un o diversos C=C.
  - **Monoinsaturats**: tenen un C=C.
  - **Poliinsaturats**: tenen més d'un C=C.

L'oli d'oliva conté àcid oleic, un àcid gras monoinsaturat. Els omega-3 i omega-6 són poliinsaturats.

Les cèl·lules poden oxidar els àcids grassos per obtenir energia o els poden utilitzar per produir fosfolípids o altres biomolècules.

Els **àcids grassos essencials** són necessaris i no poden ser elaborats per l'organisme, per la qual cosa han de ser presents en la dieta. En els humans, els principals àcids grassos essencials són l'àcid linolènic (un omega-3) i l'àcid linoleic (un omega-6).

ACTIVITATS

El punt de fusió dels àcids grassos: olis, mantegues i margarines

El punt de fusió dels àcids grassos depèn de l'estructura i la disposició dels àtoms de carboni en les seves molècules i del tipus d'enllaços. Observa'n alguns exemples a la taula següent:

Nom	Carbonis C=C	Punt de fusió (°C)	Alguns aliments en què es troben
Palmític	16	64	oli de palma
Esteàric	18	70	greix animal
Oleic	18:1	13	oli d'oliva
Linoleic	18:2	–5	olis de gira-sol, blat de moro i soja

La fórmula dels àcids grassos sovint s'indica esquemàticament amb el símbol *n:m*, en què *n* és el nombre de carbonis de la molècula, i *m*, el nombre de dobles enllaços C=C que hi ha. Així, l'àcid linoleic (18:2) té 18 carbonis i 2 enllaços dobles entre carbonis.

1. Com creus que la presència de dobles enllaços afecta el punt de fusió d'un àcid gras?
2. De quin altre factor pots deduir que depèn el punt de fusió?
3. Quins d'aquests àcids grassos serien líquids a una temperatura ambiental de 20 °C?
4. L'oli d'oliva és líquid a temperatura ambient, mentre que les mantegues i les margarines són sòlides o semisòlides. Quina creus que n'és la composició pel que fa als àcids grassos saturats i insaturats? Justifica-ho.

Els acilglicèrids

Els éssers vius emmagatzemen àcids grassos en forma d'**acilglicèrids**, èsters d'àcids grassos amb glicerol. Aquest és un alcohol format per tres àtoms de carboni i tres grups hidroxil; segons si aquests són substituïts per un, dos o tres àcids grassos, s'obtenen els **monoacilglicèrids**, els **diacilglicèrids** o els **triacilglicèrids** (els més abundants). Els greixos i olis són mescles d'acilglicèrids amb àcids grassos, vitamines liposolubles (com ara la vitamina E) i altres lípids.

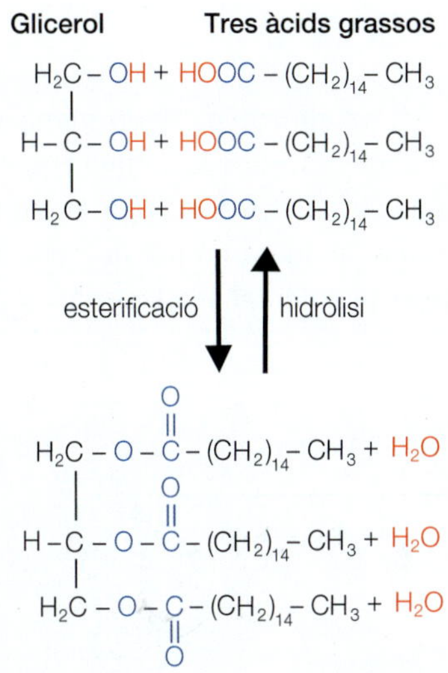

Formació d'un triacilglicèrid per esterificació de glicerol amb tres àcids grassos (poden ser qualssevol). En blau, enllaç èster.

El colesterol, necessari i perillós

El **colesterol** és un lípid imprescindible per a la salut, present a les membranes cel·lulars animals i precursor de les hormones esteroides. No és un nutrient essencial, ja que se sintetitza al fetge i en altres òrgans. La ingestió de colesterol es compensa inhibint-ne la síntesi. A partir d'un cert nivell a la sang es comença a acumular a les parets de les artèries i produeix *ateroesclerosi*, que pot provocar atacs de cor i altres trastorns vasculars.

Els lípids són transportats per la sang formant part de grans agregats moleculars constituïts per lípids i proteïnes: les **lipoproteïnes**. Entre aquestes, les lipoproteïnes de baixa densitat, les **LDL**, afavoreixen l'*ateroesclerosi*, ja que dipositen el colesterol que contenen als vasos sanguinis. En canvi, les d'alta densitat, les **HDL**, en protegeixen, ja que recullen el colesterol acumulat als vasos sanguinis i el transporten fins al fetge, que el transforma en àcids biliars i l'excreta.

En general, el consum de greixos saturats fa incrementar les LDL i, per tant, té conseqüències negatives per a la salut; en canvi, la ingestió d'àcids grassos insaturats (predominants als olis d'oliva i gira-sol, a la fruita seca i al peix blau) fa disminuir el nivell d'LDL. L'exercici físic fa augmentar els nivells d'HDL.

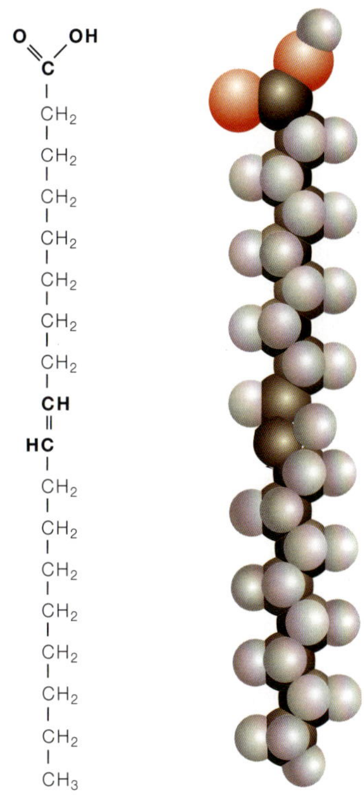

Isòmer *trans* de l'àcid oleic.

Els greixos *trans*

Les margarines són un tipus de lípids obtinguts per la hidrogenació parcial d'olis, amb la finalitat de solidificar-los i d'augmentar-ne la durada. En aquest procés es produeix una reacció química que satura els enllaços dobles dels àcids grassos insaturats, i els converteix en enllaços simples. La hidrogenació normalment és parcial, de manera que hi continua havent enllaços dobles, alguns dels quals canvien la seva configuració de *cis* (els dos hidrògens al mateix costat, tal com es troben de manera natural) a *trans* (els dos hidrògens en costats diferents). Els **greixos *trans*** són abundants en margarines, pastisseria industrial i menjar ràpid i precuinat. Diversos estudis han demostrat que els greixos *trans* són fins i tot més nocius per a la salut que els saturats.

ACTIVITATS

Colesterol i àcids grassos

La imatge representa la fórmula d'una molècula de colesterol.

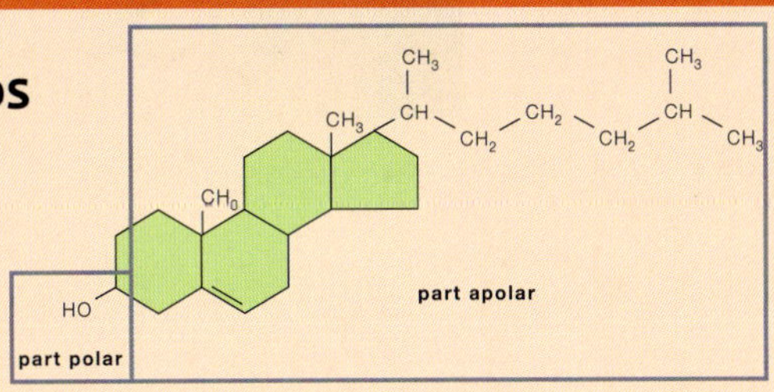

1. Fes una llista d'aliments rics en àcids grassos insaturats.
2. Compara l'estructura dels triacilglicèrids i del colesterol. Per què creus que han de ser transportats acoblats a lipoproteïnes en comptes de lliures a la sang?
3. El metge ha recomanat al pare de la família nord-americana que mengi menys menjar ràpid i precuinat. Per què ho ha fet?

En aquest QR, o clicant a http://qr.teide.eu/01UX, trobaràs un article molt complet sobre els greixos en la dieta.

La llet i els seus derivats

L'únic aliment d'origen animal en l'alimentació de la família equatoriana és la llet. En canvi, la mare de la família japonesa no pot prendre llet perquè és intolerant a la lactosa.

La llet, el iogurt i el formatge, els aliments làctics més importants.

La llet és un aliment molt complet, ja que aporta proteïnes d'alta qualitat, calci, greix, lactosa i vitamines B i D. La **lactosa** és un disacàrid format per la unió d'una molècula de galactosa i una de glucosa per un enllaç β(1→4). Com altres disacàrids, és digerida a la mucosa intestinal per un enzim específic: la *lactasa*.

Si no s'elabora aquest enzim, no es pot digerir la lactosa que arriba al còlon, on és fermentada per la microbiota intestinal. Aquesta fermentació produeix gasos, com ara hidrogen i metà, que provoquen flatulència, acidesa i dolor abdominal. Les persones amb intolerància extrema a la lactosa no poden prendre ni llet ni els seus derivats, cosa que pot provocar deficiència de vitamines B i D, calci i aminoàcids essencials. En aquest cas, és convenient prendre un substitut de la llet, com ara beguda de soja o d'arròs enriquides, o llet de vaca tractada amb lactasa.

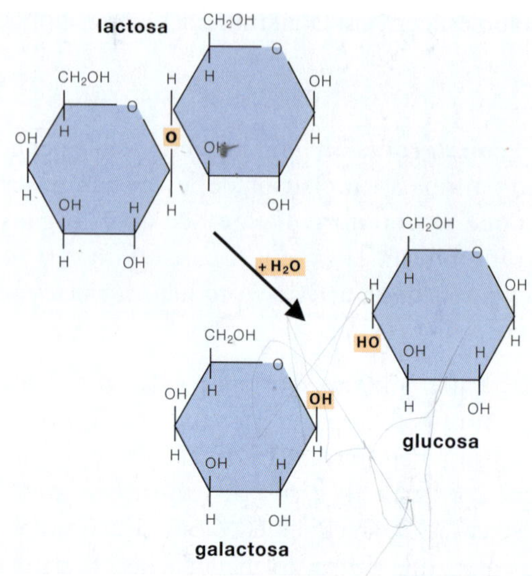

Hidròlisi de la lactosa per la lactasa.

Els derivats làctics, com el iogurt o el formatge, poden ser consumits per pacients amb intolerància més lleu a la lactosa, ja que els microorganismes vius que s'utilitzen per elaborar-los hidrolitzen gran part de la lactosa. El consum de llet és substituït, en aquests casos, per productes amb un valor nutritiu similar que, a més, contenen microorganismes beneficiosos, com ara *Lactobacillus bulgaricus*. Cal tenir en compte, però, que el formatge conté molt sodi i colesterol, per la qual cosa se'n restringeix el consum a les persones amb malalties cardiovasculars.

ACTIVITATS

Identificació de glúcids reductors

Tots els monosacàrids i alguns disacàrids tenen poder reductor. Això vol dir que poden reduir altres substàncies, mentre que ells mateixos s'oxiden. El poder reductor és degut al grup carbonil que presenten en la seva forma lineal. Entre els disacàrids, la lactosa té poder reductor, però la sacarosa no en té.

Aquesta propietat s'utilitza al laboratori per detectar els sucres reductors mitjançant les proves de **Fehling** i de **Benedict**. Els reactius d'aquestes proves contenen Cu^{++}, de color blau, que si és reduït es converteix en Cu^{+}, de color vermell. Per facilitar la reacció, la barreja s'ha d'escalfar.

Uns estudiants de Biologia fan les proves de Fehling i de lugol amb cinc dissolucions que contenen:

a) aigua destil·lada

b) sacarosa

c) llet sencera

d) llet tractada amb lactasa

e) farina

- Justifica quins resultats esperaríem que obtinguessin en aquestes proves a partir de l'estructura molecular dels components químics d'aquestes substàncies.

ACTIVITATS

Les llets del supermercat

La taula següent mostra la composició de quatre varietats de llet d'una marca comercial determinada:
(valors referits a 100 g de llet)

	Tipus de llet			
	Sencera	Semidesnatada	Desnatada	Omega-3
Valor energètic	64 kcal	46 kcal	35 kcal	55 kcal
Proteïnes	3,1 g	3,1 g	3,2 g	3,5 g
Glúcids	4,7 g	4,7 g	4,8 g	4,8 g
Greixos	3,6 g	1,7 g	0,3 g	2,3 g
• saturats	2,4 g	1,1 g	0,2 g	0,4 g
• monoinsaturats	1,0 g	0,5 g	0,1 g	1,6 g
• poliinsaturats	0,2 g	0,1 g	0,0 g	0,3 g
Colesterol	10 mg	6 mg	2 mg	2 mg
Calci	120 mg	120 mg	120 mg	120 mg

1. Compara la composició dels quatre tipus de llet. Descriu les diferències principals de cada una respecte de la llet sencera.
2. Les proteïnes de la llet tenen una qualitat proteica molt alta. Explica què vol dir això.
3. Els glúcids presents en totes les llets corresponen, de fet, a un sol tipus de glúcid, que hi és present de manera natural. Quin és aquest glúcid de la llet?
4. Quines d'aquestes llets podria consumir la mare de la família japonesa, que és intolerant a la lactosa?
5. Una d'aquestes llets s'elabora a partir de llet desnatada, a la qual s'afegeixen olis d'oliva, de gira-sol i de peix blau. Raona de quina llet es tracta.
6. El nom *lípids* no figura a la taula. Quines de les substàncies de la taula són lípids?
7. El pare de la família nord-americana ha anat al metge, que li ha recomanat que begui llet desnatada per ajudar-lo a combatre la tendència a engreixar-se. El pare li ha fet cas, però ara per esmorzar beu dos gots de llet desnatada, en comptes d'un de llet sencera. Raona si aquest canvi l'ajudarà a no engreixar-se.
8. Tot i que la llet és un aliment molt complet, té una baixa concentració de ferro. Una dona jove no pot viure alimentant-se exclusivament de llet. Proposa una hipòtesi per explicar per què.
9. Identifica les biomolècules següents i explica quina relació tenen amb la llet:

A

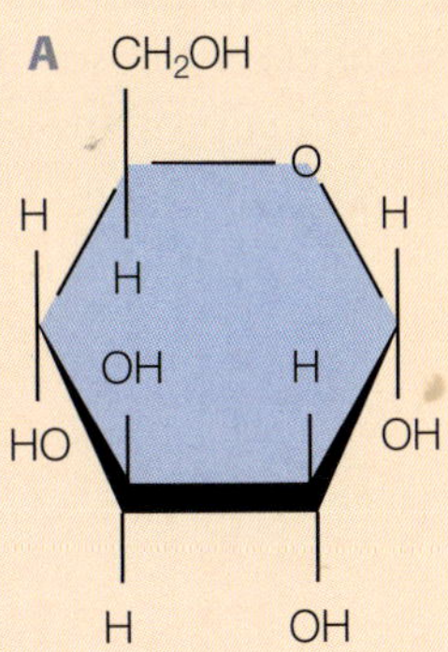

B

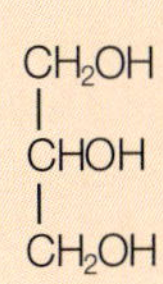

C

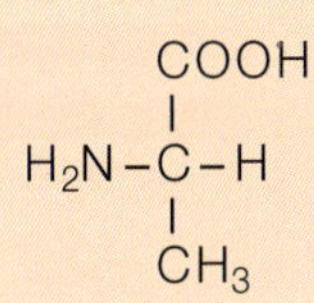

D

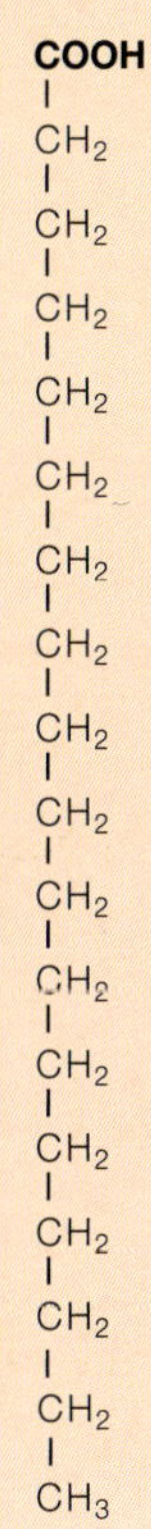

E

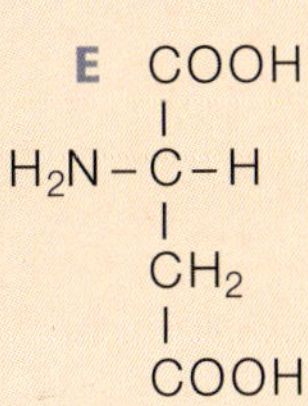

F

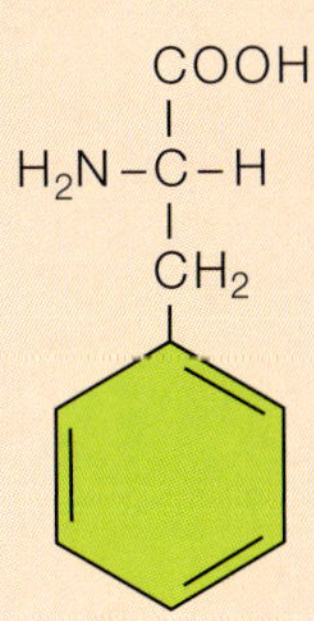

G

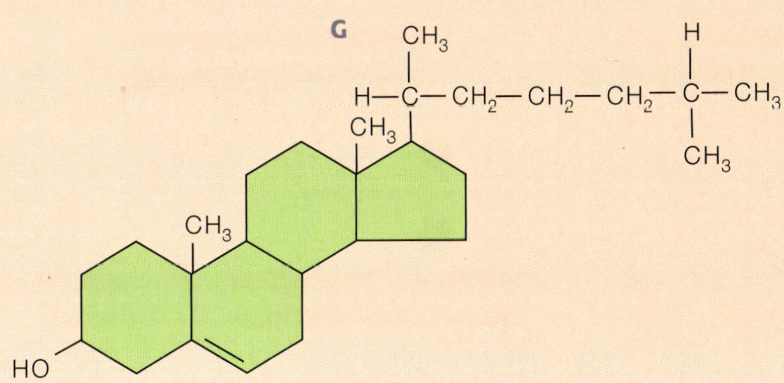

Molts infants moren a l'Àfrica i l'Àsia per una alimentació pobra en vitamina A. Per tal d'intentar solucionar aquest dèficit, es va crear una varietat d'arròs transgènic, l'arròs daurat.

Els organismes transgènics

Els **organismes genèticament modificats** (**OGM**), més coneguts com a **transgènics**, són organismes que han estat alterats genèticament mitjançant tècniques d'enginyeria genètica. Les alteracions poden consistir en la introducció d'un o més gens forans o en la supressió o mutació dirigida d'un o més gens propis. Tant els microorganismes com els animals i els vegetals són susceptibles de ser genèticament modificats, però la utilització alimentària dels transgènics i la polèmica entre partidaris i detractors se cenyeixen, gairebé exclusivament, a les plantes.

L'arròs daurat

Grans d'arròs daurat modificat genèticament i d'arròs convencional.

L'arròs és el principal aliment en molts països de l'Àfrica i el sud-est asiàtic. Aquest cereal és ric en midó, però no conté β-carotè ni cap altra forma de vitamina A, indispensable per a la visió i un factor essencial per al creixement. El dèficit de vitamina A produeix ceguesa i susceptibilitat a contreure malalties infeccioses. Es calcula que més de dos milions d'infants moren cada any per aquesta mancança.

Per tal de solucionar aquest problema, diversos investigadors van desenvolupar plantes d'arròs genèticament modificades que produïen i acumulaven β-carotè a la llavor. Com que els β-carotens tenen un color ataronjat, els grans d'arròs d'aquestes plantes tenen un color daurat.

El procés de creació d'un OGM

Vegem els passos que es van seguir per produir l'arròs daurat:

1. Identificació dels gens que permeten produir β-carotè en una altra planta. Aïllament d'aquests gens utilitzant **enzims de restricció**, unes endonucleases que reconeixen seqüències curtes i molt específiques de DNA i les tallen.

2. Construcció del **DNA recombinant**. Els transgens s'han d'unir a seqüències reguladores, que facin que els gens s'expressin en les cèl·lules del gra d'arròs. També s'hi uneix un marcador, que permet seleccionar les cèl·lules que l'hagin incorporat. Inicialment s'utilitzava com a marcador un gen que conferís resistència a un antibiòtic, però actualment es prefereix fer servir un gen que produeixi una proteïna fosforescent. La unió es fa gràcies a l'enzim **DNA-ligasa**.

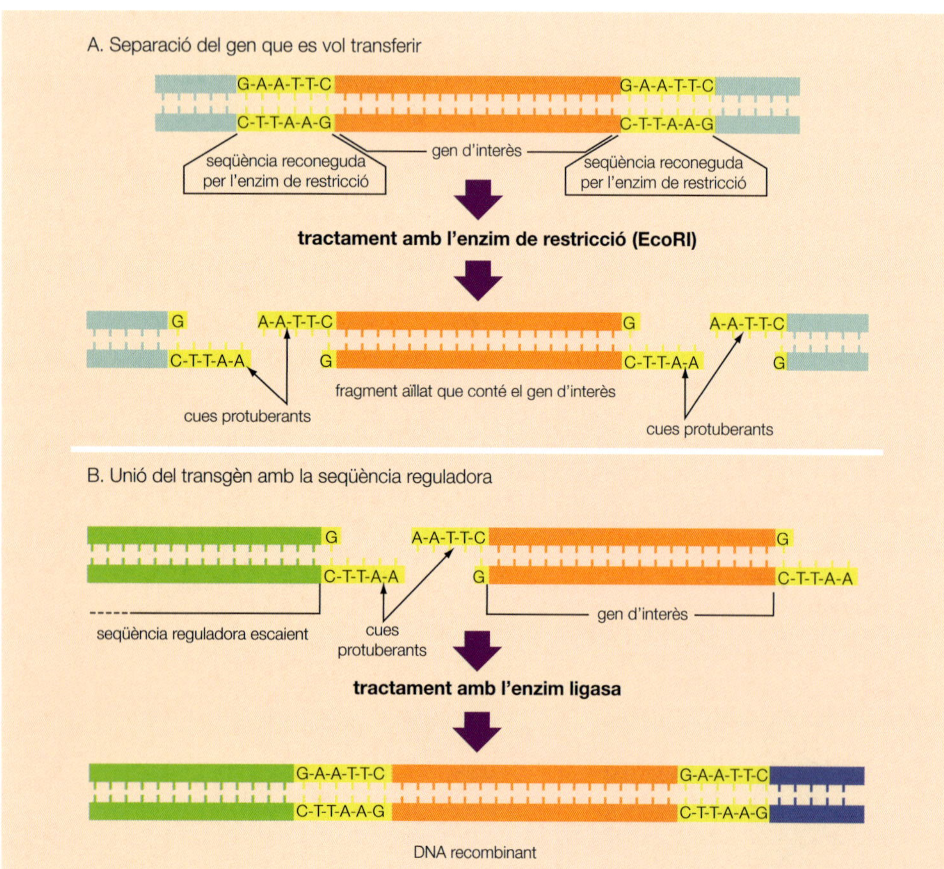

Les dues fases de la construcció del DNA recombinant.

3. Clonatge del DNA recombinant. S'han de fer moltes còpies d'aquest DNA. Això s'aconsegueix introduint-lo dins d'un plasmidi bacterià o d'un virus bacteriòfag. La reproducció dels bacteris o dels bacteriòfags produirà tantes còpies del DNA recombinant com es vulgui. Tot seguit s'extreuen els plasmidis bacterians o els genomes dels bacteriòfags i se'n separa el DNA recombinant, utilitzant novament enzims de restricció.

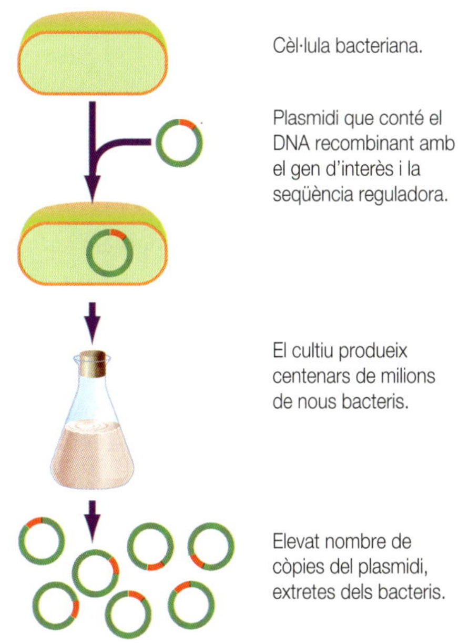

4. Introducció del DNA recombinant a les cèl·lules hoste. Un tipus de cèl·lules vegetals, les cèl·lules embrionàries, poden produir una planta sencera. S'introdueix el transgèn amb la seqüència reguladora dins de les cèl·lules embrionàries de l'arròs. Això es pot aconseguir de dues maneres:

4.a. Introduint el DNA recombinant al plasmidi Ti d'*Agrobacterium*, un bacteri del sòl que transfereix el plasmidi de manera natural a les cèl·lules vegetals.

4.b. Bombardejant les cèl·lules amb microesferes d'or o de tungstè recobertes del DNA recombinant. El canó gènic (un accelerador de partícules) llança les microesferes sobre el cultiu de cèl·lules embrionàries. Les microesferes travessen la paret i la membrana cel·lulars i algunes arriben al nucli, on desprenen el transgèn, que s'incorpora al DNA de la cèl·lula.

5. Selecció de les cèl·lules que han incorporat el transgèn.

6. Multiplicació de les cèl·lules embrionàries transformades fins a aconseguir una plàntula transgènica. Aquesta plàntula es convertirà en una planta d'arròs transgènica, productora d'arròs daurat.

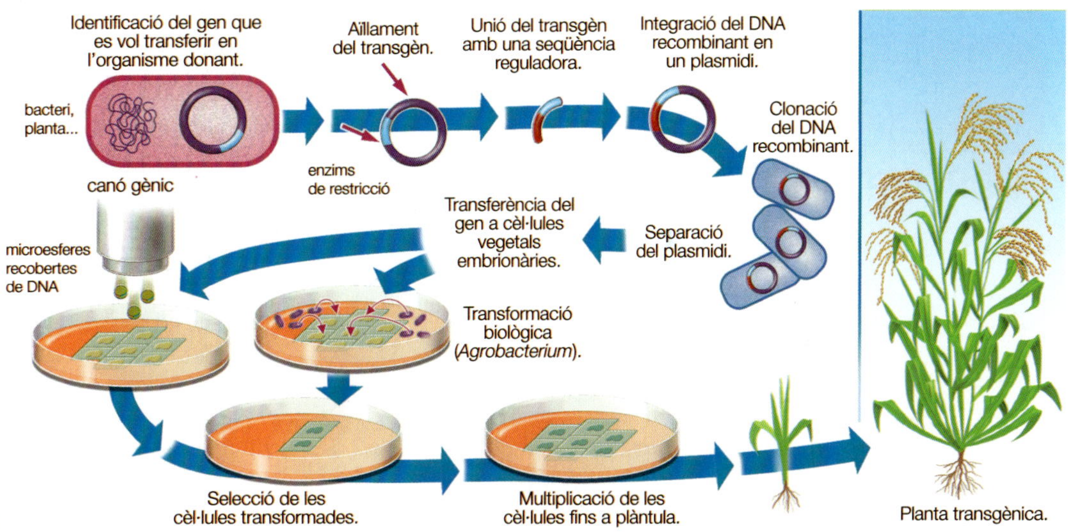

Procés de creació d'una planta transgènica.

ACTIVITATS

El blat de moro Bt

Una de les plagues més perjudicials per als cultius de blat de moro és el barrinador. Quan la larva d'aquest insecte surt de l'ou, penetra dins la tija de la planta i se n'alimenta.

Tradicionalment, el barrinador s'ha combatut amb fumigacions de *Bacillus thuringensis.* Les espores d'aquest bacteri alliberen una proteïna anomenada *Bt,* una toxina mortal per a les larves d'insectes, però inofensiva per als humans, per als vertebrats en general i, fins i tot, per a les abelles adultes. Diverses companyies de biotecnologia han generat plantes de blat de moro genèticament modificades amb el gen que codifica la toxina Bt.

1. Descriu el procés d'obtenció del blat de moro transgènic protegit contra el barrinador.
2. La normativa vigent preveu que un conreu ecològic pot ser considerat lliure de transgènics si les llavors genèticament modificades no superen el 0,9 % del total. Intenta explicar el mecanisme per mitjà del qual una planta de blat de moro no transgènica pot produir algunes llavors que ho siguin.
3. Com en altres parts d'Europa, a Catalunya hi ha una forta oposició al conreu de plantes transgèniques i se'n demana obertament la prohibició. Busca quins són els principals arguments que sustenten aquest rebuig i valora'ls.

Els tres nens en edat escolar de la família Flores tenen l'escola a 10 km, que recorren cada dia a peu: això requereix força energia, per la qual cosa l'esmorzar és l'àpat principal.

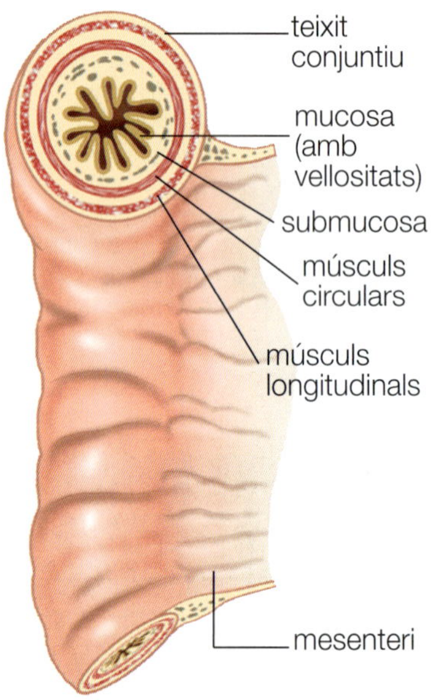

Tall ampliat de l'intestí prim.

La digestió

Els àpats, tan diferents, de les quatre famílies protagonistes, contenen nutrients que han de ser assimilats per les seves cèl·lules. Els aliments introduïts a la boca han de ser mastegats, deglutits, digerits i hidrolitzats per tal de ser absorbits a l'intestí i arribar a tots els teixits a través de la sang.

Els primers passos de la digestió es produeixen a la boca, on té lloc una acció mecànica de les dents per tallar i triturar els aliments, i la secreció de saliva per facilitar la deglució. L'esòfag connecta la cavitat bucal amb l'estómac, que secreta, mitjançant les *cèl·lules oxíntiques*, el suc gàstric, que està compost d'àcid clorhídric (HCl) i un *enzim*, la pepsina, que comença a hidrolitzar les proteïnes dels aliments.

L'acció d'aquestes substàncies juntament amb els moviments de l'estómac converteixen els aliments en una mena de puré, el *quim*, que surt per la vàlvula anomenada *pílor* cap a l'intestí prim (com es veu a la figura).

A les persones, l'intestí prim fa uns 3 m de llargada, es troba molt replegat a l'abdomen i envoltat per una membrana: el *mesenteri*. L'epiteli mucós també està replegat i forma **vellositats**, que augmenten molt la superfície d'absorció.

La mucosa conté diferents tipus de cèl·lules; les més importants són les *cèl·lules caliciformes*, secretores d'un moc lubrificant, i els **enteròcits**, que duen a terme l'absorció. Aquests, tal com s'aprecia a la figura, tenen dos extrems ben diferenciats:

- La *membrana apical*, que absorbeix nutrients, presenta **microvellositats** o *microvil·li*, unes evaginacions que multipliquen per trenta la superfície d'absorció.
- Les parts central i basal, que envien nutrients als capil·lars sanguinis i als vasos limfàtics. Contenen el nucli i els orgànuls citoplasmàtics principals.

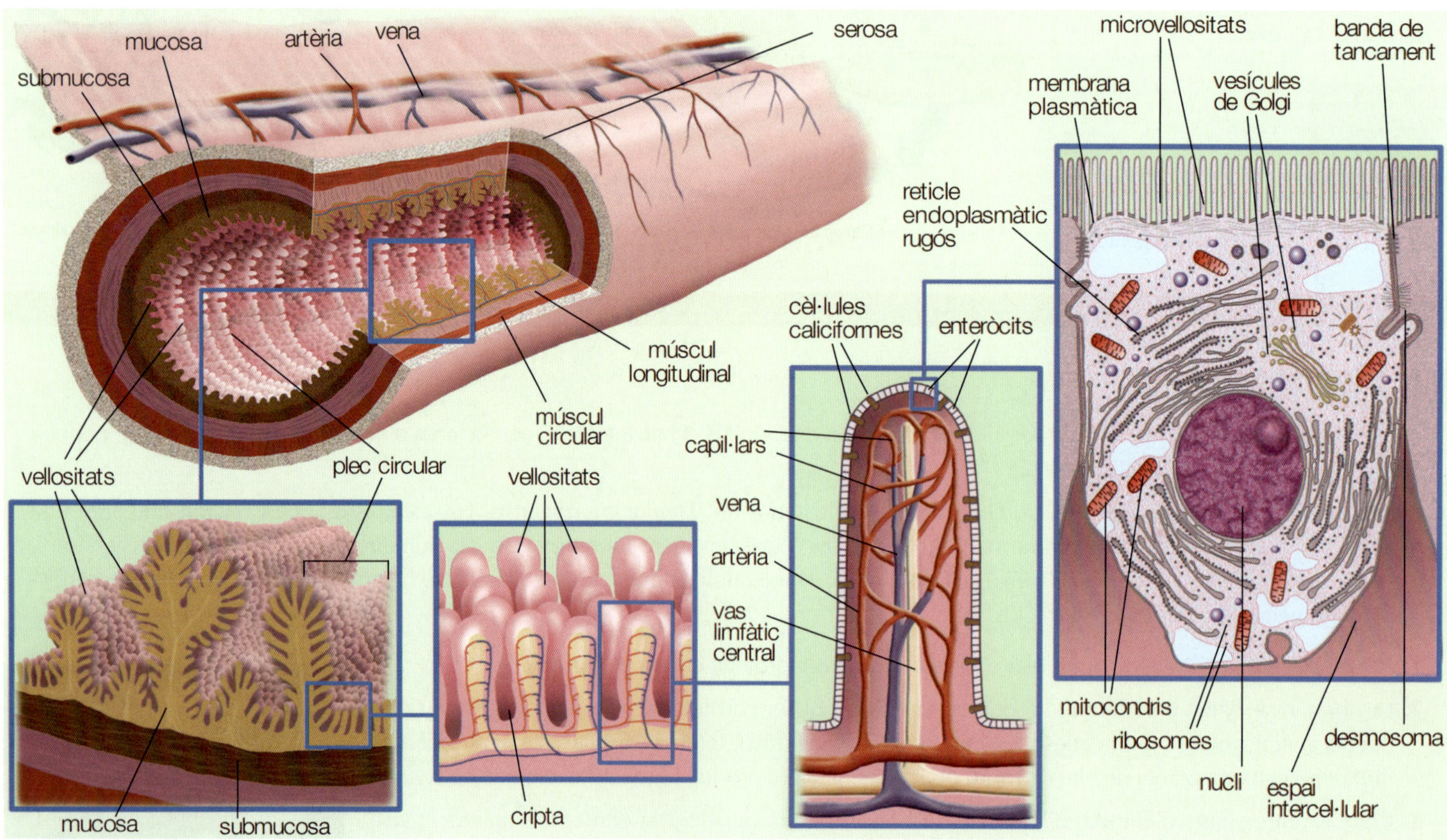

L'intestí prim augmenta la seva superfície gràcies als plecs circulars i les vellositats intestinals. A la superfície de les vellositats hi ha els enteròcits, que presenten microvellositats. En conjunt, la superfície d'absorció és d'uns 1 000 m².

Els enteròcits es troben units entre si mitjançant *unions hermètiques* o **desmosomes**, que impedeixen que el contingut intestinal travessi la mucosa entre cèl·lules, i també mantenen separades les proteïnes de membrana dels dos extrems de l'enteròcit, i així en mantenen la funcionalitat diferenciada.

Finalment, l'intestí gros, d'una mida aproximada d'1,5 m, té un paper important en la reabsorció d'aigua i sals minerals. Conté, a la zona anomenada *còlon*, la **microbiota intestinal**, una comunitat de més de mil espècies bacterianes, com ara *Escherichia coli* o *Lactobacillus*, en una proporció característica per a cada persona. La microbiota fa de barrera immunològica i produeix algunes vitamines.

Els enzims digestius

En el procés digestiu, els *biopolímers*, com ara el midó, les proteïnes o els triacilglicèrids, són hidrolitzats quasi totalment en els seus *monòmers*: monosacàrids, aminoàcids i àcids grassos, respectivament. La hidròlisi consisteix a trencar els enllaços que uneixen els monòmers per formar els biopolímers, els **enzims digestius**.

Els enzims són majoritàriament proteïnes (també hi ha enzims RNA), formades per cadenes de desenes o centenars d'aminoàcids, que acceleren una reacció química concreta. Són, doncs, **biocatalitzadors** molt específics, tant pel que fa al reconeixement del reactiu, anomenat *substrat*, com respecte de la reacció en què participen. Cada enzim generalment catalitza una sola reacció, que converteix un o més substrats en un o més *productes*. Per tant, com que en l'organisme hi ha milers de reaccions diferents, també hi ha milers d'enzims específics. Ara bé, hi ha poques unitats de cada un, ja que no es gasten en la reacció. La major part d'enzims multipliquen la velocitat de la reacció que catalitzen per un factor d'un milió o més. De fet, sense enzims, nombroses d'aquestes reaccions es produirien a una velocitat imperceptible i, en qualsevol cas, serien massa lentes per permetre la vida.

Com a proteïnes que són, les molècules d'enzim *es desnaturalitzen* a temperatures elevades o pH extrems. Cada enzim té un *pH* i *temperatura òptims* en els quals la seva activitat és màxima.

Alguns enzims modifiquen la seva activitat quan s'uneixen a unes molècules determinades, anomenades *activadors* o *inhibidors* –segons que augmentin o disminueixin l'activitat–, o bé quan es modifiquen químicament (per exemple, per fosforilació).

Alguns dels enzims que participen en el procés digestiu

- *Pepsina estomacal*: d'acció proteolítica, trenca alguns enllaços peptídics de les proteïnes.
- *Tripsina, amilasa* i *lipasa pancreàtiques*: trenquen, respectivament, proteïnes, midó (amilosa) i lípids.
- *Disacaridases* i *peptidases* de la mucosa intestinal (microvellositats): trenquen, respectivament, disacàrids com ara la sacarosa, la lactosa o la maltosa, i pèptids derivats de l'acció proteolítica d'altres enzims.

Alguns d'aquests enzims, com ara la pepsina o la tripsina, se secreten en una forma prèvia, inactiva (*pepsinogen* i *tripsinogen*) per evitar que la seva acció malmeti les cèl·lules productores. Aquests enzims inactius produïts a les cèl·lules glandulars s'anomenen *zimògens* o *proenzims*.

Quan catalitzen una reacció, les molècules d'enzim s'uneixen al substrat i formen un complex enzim-substrat.

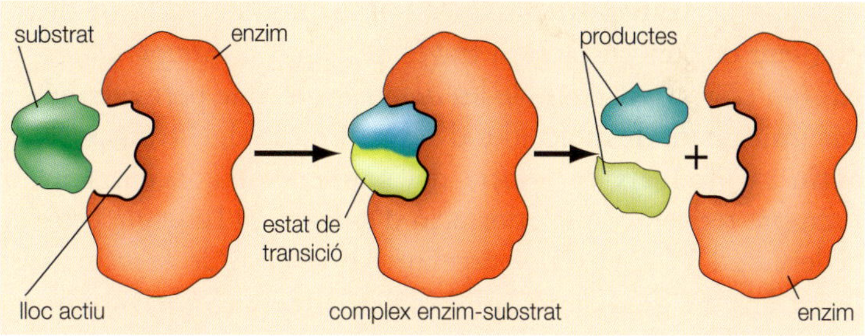

ACTIVITATS

Una recerca amb enzims digestius

Els gràfics representen l'activitat enzimàtica de dos dels enzims digestius descrits, la tripsina i la pepsina, segons el pH del medi on actuen.

1. Explica raonadament com aquestes peptidases contribuiran al fet que els nutrients dels aliments ingerits per les nostres famílies del Txad, l'Equador, el Japó i els Estats Units puguin ser assimilats.
2. A partir del percentatge d'activitat màxima i el pH del medi, podem deduir en quin orgànul de l'aparell digestiu actuen aquests enzims?
3. Què deu succeir amb les estructures proteiques de la tripsina a pH = 0 i pH = 10? I amb la pepsina a pH = 7? Raona-ho.

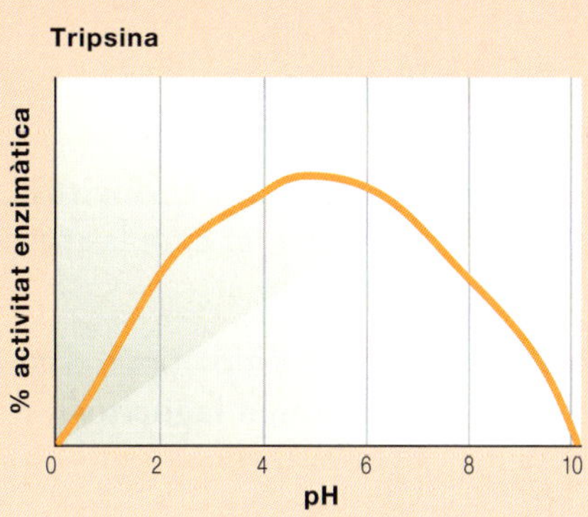

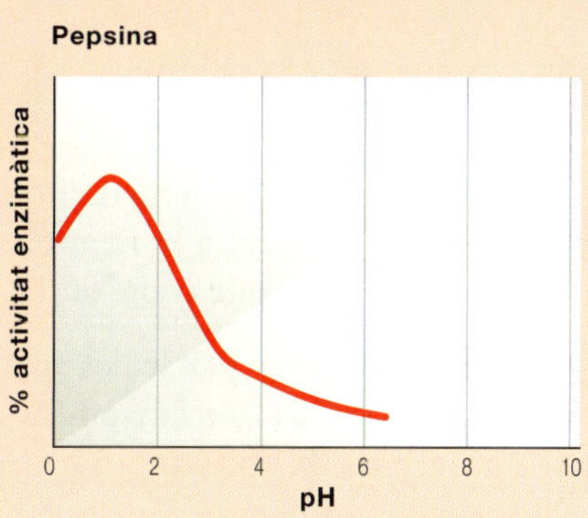

L'absorció de nutrients a la membrana dels enteròcits

Després del procés digestiu, les biomolècules en forma de monòmer han de ser incorporades a les cèl·lules per tal que puguin ser útils a l'organisme. Com travessen les diferents substàncies la membrana cel·lular i s'incorporen al citoplasma?

Algunes molècules poden travessar la membrana plasmàtica per **difusió**, perquè es dissolen a les bicapes lipídiques. Això és el que passa amb els gasos (O_2, CO_2) i els esteroides. No obstant això, la major part de molècules travessen la membrana mitjançant proteïnes, que s'anomenen *transportadors*, *bombes* o *canals*. Els transportadors i les bombes s'uneixen a la molècula transportada, mentre que els canals no ho fan.

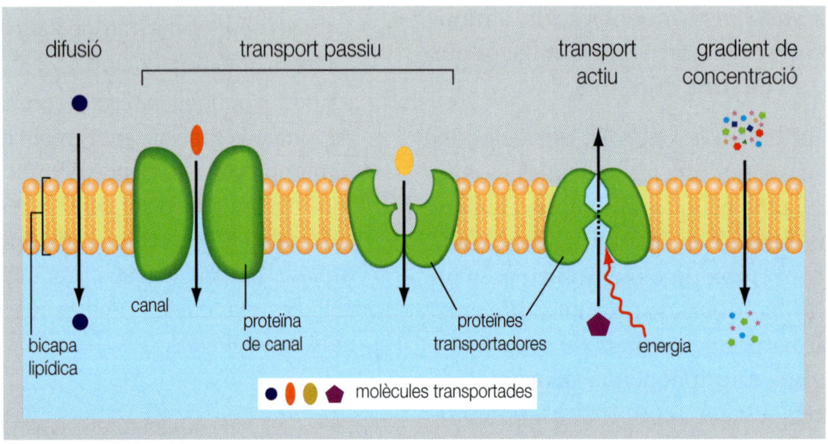

Mecanismes de transport a través de la membrana plasmàtica.

Són les 8 del matí i els tres nens Flores ja han recorregut tres quartes parts del llarg camí a l'escola. Els nutrients del seu esmorzar han estat trencats fins a monòmers i aquests han passat a la sang des de l'intestí. La sang els condueix a les fibres musculars, que requereixen glucosa i àcids grassos per fer front a la despesa energètica que significa fer 10 km des de casa fins al col·legi, o a les neurones, que també necessitaran glucosa per al procés d'aprenentatge.

En aquest QR, o a l'enllaç http://qr.teide.eu/0259, podràs veure que, alguns llocs del món, els escolars posen en risc la seva vida cada dia per anar a escola.

Es parla de **transport passiu** quan es produeix a favor de gradient de concentració, a través de canals o *transportadors passius*; en són un exemple les *aquaporines*, que permeten el pas únicament de molècules d'aigua. En canvi, el **transport actiu** es produeix en contra del gradient de concentració i sempre requereix una aportació d'energia. Si l'energia procedeix de l'ATP, el transportador rep el nom de *bomba*; si procedeix del gradient d'un ió (habitualment el Na^+), s'anomena *transportador actiu*.

Acció de la bomba Na^+-K^+.

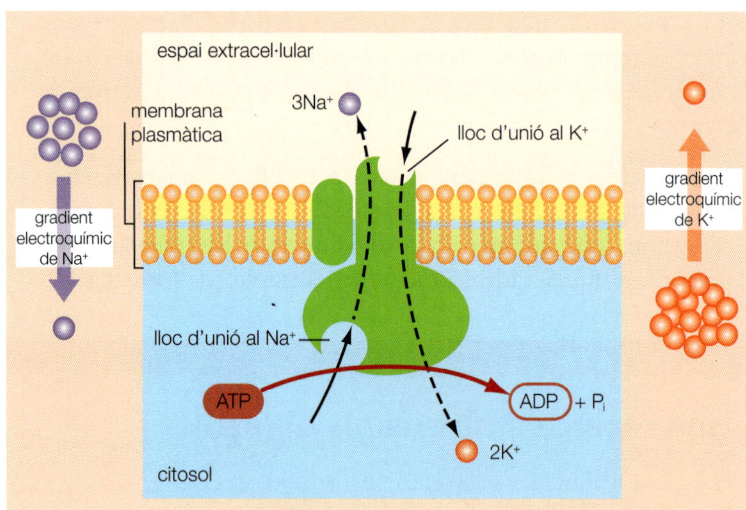

Les proteïnes transportadores de la zona apical dels enteròcits són diferents de les de la zona basolateral. A la membrana basolateral actua el transportador actiu més important: la **bomba Na^+-K^+**, que extreu tres ions de Na^+ per cada dos de K^+ que entren, i hidrolitza ATP. Aquest desequilibri en la concentració d'ions fa possible el transport de glucosa i molts aminoàcids a la membrana apical, en contra de gradient, cotransportats amb Na^+.

Les molècules més grans poden entrar a la cèl·lula mitjançant **endocitosi**, amb la creació d'una concavitat a la membrana que es tanca; així, al citoplasma es forma una vesícula o vacúol que conté la substància ingerida.

Segons la mida de les partícules ingerides es distingeixen dos tipus d'endocitosi: **pinocitosi**, si la mida és relativament petita, d'uns 100 nm, o **fagocitosi**, si la mida és més gran (més de 250 nm). Aquesta vesícula es podrà fusionar amb un *lisosoma primari*, els *enzims hidrolítics* del qual en digeriran el contingut.

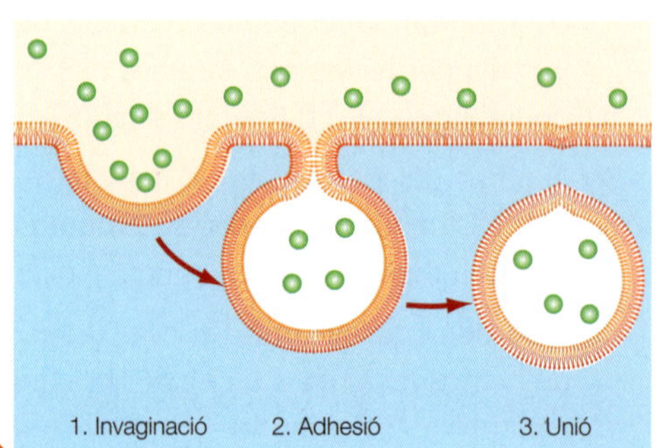

Endocitosi.

Els nutrients passen a la sang

Les biomolècules resultants del procés digestiu dels germans de la família nord-americana segueixen vies diferents per ser absorbides i transportades. Vegem-ho:

Substància	Destí
Midó	Hidrolitzat a l'intestí per l'*amilasa pancreàtica*. Se n'obté glucosa, que penetra a l'enteròcit mitjançant un cotransport amb Na^+, i arriba als capil·lars sanguinis de forma passiva (vegeu el dibuix).
Lactosa	Hidrolitzada per la *lactasa*, a les microvellositats dels enteròcits, on entren la glucosa i la galactosa resultants per cotransport amb Na^+, i arriben als capil·lars sanguinis de forma passiva (vegeu el dibuix).
Cel·lulosa	No és digerida ni absorbida. Arriba al còlon, on una petita fracció és aprofitada per la microbiota. Té un paper important en el trànsit intestinal.
Proteïnes	Hidrolitzades per enzims pancreàtics i intestinals fins a aminoàcids, que penetren als enteròcits per transportadors, alguns dels quals requereixen Na^+ (*Na^+ dependents*).
Triacil-glicèrids	Hidrolitzats per *lipases*. Els *àcids grassos* i el *colesterol* resultants entren als enteròcits i són captats per transportadors específics fins al reticle endoplasmàtic on, juntament amb diferents proteïnes, se sintetitzen els **quilomicrons**, unes **lipoproteïnes** que viatgen pels vasos *limfàtics* fins a la sang.
Vitamina (B_{12})	Penetra als enteròcits per endocitosi. Altres *vitamines hidrosolubles* s'absorbeixen mitjançant transportadors, i les *liposolubles*, per difusió simple.

Els germans de la família nord-americana han menjat per dinar una amanida i una pizza amb molt de formatge. Aquesta és la composició molecular de l'àpat que acaben de fer:

Aliment	Biomolècules
Amanida	**Fibra** cel·lulosa i altres polisacàrids complexos
	Vitamines hidrosolubles i liposolubles
Pizza	**Midó** amilosa i amilopectina
	Proteïnes
	Lípids triacilglicèrids i colesterol
Formatge de la pizza	**Proteïnes** caseïna de la llet desnaturalitzada
	Lactosa disacàrid format per glucosa i galactosa

Des de l'intestí, els lípids absorbits viatgen per la limfa. La resta de nutrients són conduïts per la **vena porta** fins al fetge. En aquest òrgan es reequilibra la concentració dels diversos nutrients i s'eliminen els microorganismes i les substàncies tòxiques.

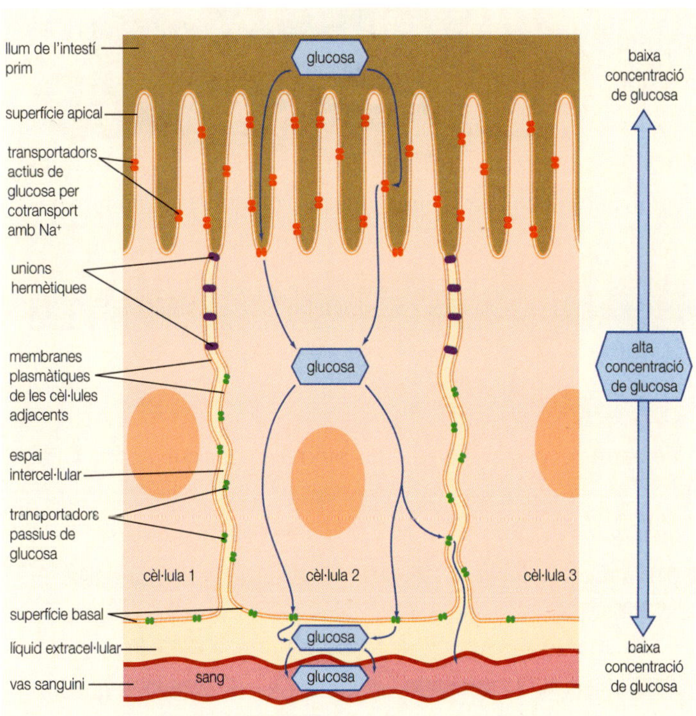

Mecanismes de transport a través de la membrana plasmàtica.

ACTIVITATS

Transport de substàncies a través de les membranes

1. Relaciona les substàncies o partícules de la primera columna amb els mecanismes de transport de la segona que els permeten entrar en un enteròcit. Raona les tries breument.

1. Gotes de líquids extracel·lulars	a. Difusió facilitada
2. Oxigen	b. Transport actiu
3. Potassi	c. Fagocitosi
4. Glucosa	d. Pinocitosi
5. Partícules sòlides de mida gran	e. Difusió simple

2. La taula presenta les concentracions mil·limolars d'ions al medi extracel·lular i al citoplasma d'una cèl·lula. Si aquesta cèl·lula transporta Na^+ cap a fora i K^+ cap al seu interior, de quin tipus serà el transport d'aquests ions? Justifica la resposta.

Ió	Concentració al medi extracel·lular	Concentració al citoplasma
Na^+	145 mM	10 mM
K^+	5 mM	140 mM

3. De quin tipus podria ser el transport si la mateixa cèl·lula transportés aquests ions en sentit contrari?
4. Algunes cèl·lules poden introduir al citoplasma altres cèl·lules i digerir-les per alimentar-se dels monòmers resultants. Per quin mecanisme ho fan? Busca el nom d'alguna d'aquestes cèl·lules.

Hem vist com les verdures, el pa, la pizza, els llegums, la carn i el peix consumits per les quatre famílies s'han transformat en molècules simples, com ara glucosa o aminoàcids. Gràcies al procés digestiu i a l'aparell circulatori, aquestes substàncies arriben a totes les cèl·lules de l'organisme: què faran les cèl·lules amb aquestes molècules simples?

Per saber més del procés digestiu, consulta aquest QR o ves a http://qr.teide.eu/01UY.

Què fem amb el que obtenim del menjar?

Algunes d'aquestes molècules simples, com l'aigua o els ions inorgànics, són utilitzades directament per la cèl·lula. Les vitamines solen ser transformades en **coenzims**, necessaris per al funcionament d'alguns enzims. No obstant això, les substàncies orgàniques més abundants entre els productes de la digestió (glucosa, aminoàcids i àcids grassos) són utilitzades com a font d'energia o com a monòmers per produir polímers, substàncies més grans i complexes. Vegem-ne alguns casos concrets.

Les cèl·lules humanes necessiten elaborar **proteïnes**, les molècules que duen a terme la major part de funcions vitals. No poden utilitzar directament les proteïnes del formatge de la pizza perquè són diferents de les nostres. Per això, durant la digestió, els enzims digestius trenquen les proteïnes i les converteixen en els seus monòmers, els aminoàcids; després s'absorbeixen aquests aminoàcids i es transporten a les cèl·lules, que els utilitzaran per elaborar les seves pròpies proteïnes.

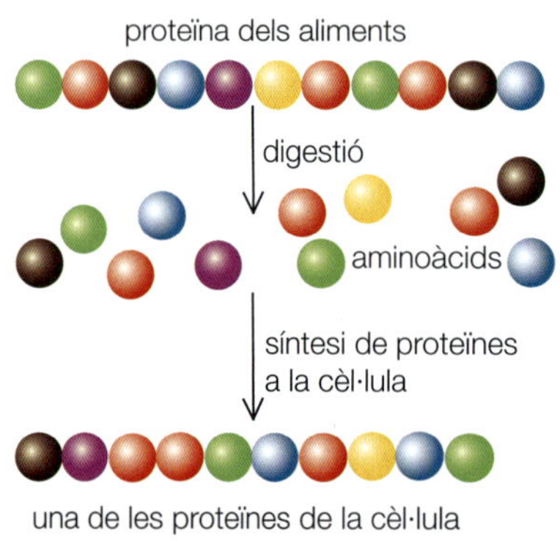

L'elaboració de proteïnes, a més d'aminoàcids, necessita energia. El mateix passa amb la contracció muscular i amb molts altres processos que els éssers vius fem contínuament. Aquesta energia l'obtenim, en forma d'ATP, oxidant algunes de les substàncies procedents de la digestió dels aliments, especialment glucosa i àcids grassos.

Model dels processos de digestió i síntesi de proteïnes.

ACTIVITATS

Pa blanc i pa negre

El gra de blat té unes cobertes de color fosc i l'interior és de color blanc o groc. Després de moldre tot el gra de blat, s'obté una farina de color fosc a partir de la qual es fa el pa integral. El pa blanc s'elabora a partir de la farina que s'extreu de la part interna del gra de blat.

A la postguerra s'aprofitava tot el gra de blat per fer el pa, i se'n deia *pa negre*.

El valor nutritiu del pa blanc és una mica diferent del del pa negre o integral. Sense comptar l'aigua i els micronutrients (com les vitamines, les sals minerals, etc.), 100 grams de pa ens aporten:

	Energia (kcal)	Proteïnes (g)	Glícids midó (g)	Glícids cel·lulosa (g)	Lípids (g)
Pa blanc	232,0	7,6	47,8	3,5	1,2
Pa integral (negre)	198,0	7,0	41,4	7,5	0,9

1. A partir de les dades de la taula anterior, representa en un diagrama de barres el percentatge de les biomolècules que aporta cada tipus de pa.

2. A partir del que hem estudiat a la unitat i de les dades del context, indica quines són les paraules que falten en el paràgraf següent:

El midó i la cel·lulosa pertanyen al grup de glícids (o glúcids) ______. Totes dues molècules només es troben a la cèl·lula ______. El midó hi té una funció ______, mentre que la cel·lulosa té una funció ______. Totes dues molècules estan formades per monòmers de ______; en el cas de la molècula de ______, les unions són alfa, mentre que en cas de la molècula de ______ són beta.

Quan ingerim pa, els enzims digestius hidrolitzen els enllaços alfa de la molècula de ______ en molècules de ______ que absorbim i passen a la sang. Segons les dades de la taula, obtindríem més molècules d'aquestes del pa ______. Els humans, com que no tenim l'enzim que hidrolitza l'enllaç beta de la ______, no la podem digerir i l'expulsem. Per aquest motiu, el pa ______ afavoreix més el trànsit intestinal.

1. La massa de la pizza que s'han menjat els germans està formada, majoritàriament, per molècules de **midó**, un polisacàrid format per la unió de milers de glucoses.

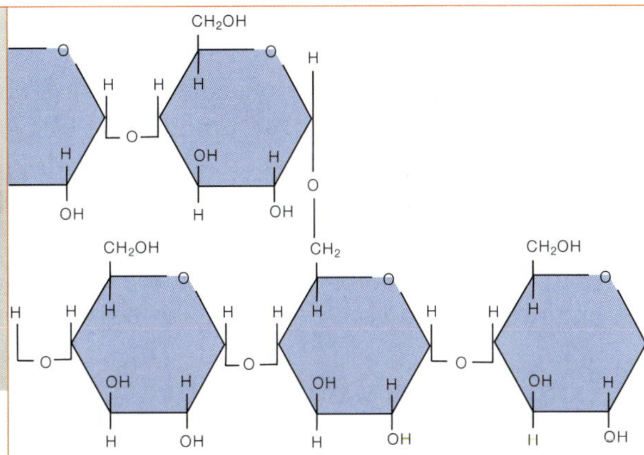

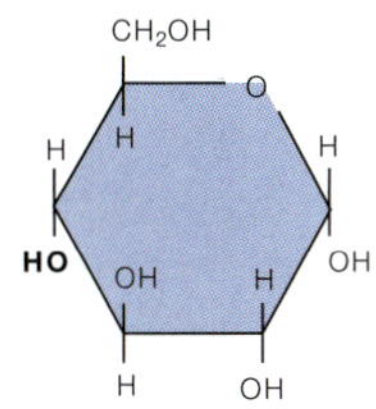

2. Les molècules de midó (a dalt, un petit fragment) són trencades a l'intestí i donen molècules de **glucosa** (a la dreta) que la sang distribueix a les cèl·lules.

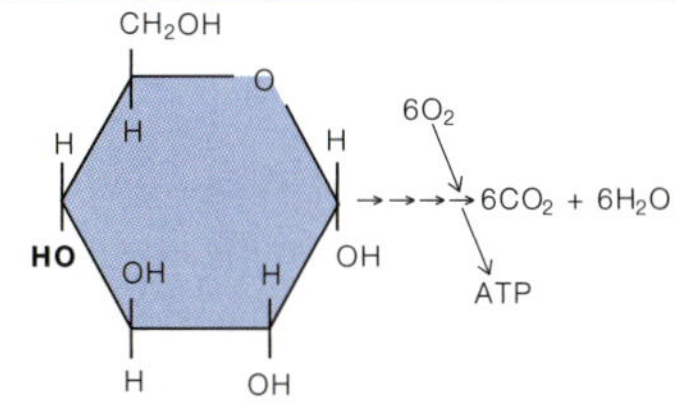

3. Les cèl·lules oxiden la glucosa i la converteixen en diòxid de carboni i aigua per tal d'elaborar **ATP**, la «moneda» energètica que els éssers vius utilitzem per transferir energia. Quan sobra glucosa, el fetge i el múscul l'emmagatzemen en forma de **glicogen** (un polisacàrid semblant al midó dels vegetals), o bé el fetge la transforma en greixos, que s'emmagatzemen al teixit adipós.

Tots aquests processos impliquen moltes reaccions químiques diferents, que en el seu conjunt es coneixen amb el nom de *metabolisme*. Les reaccions químiques del metabolisme es divideixen en dos grans grups: catabolisme, amb les reaccions que trenquen molècules, i anabolisme, amb les reaccions que agrupen molècules per formar-ne de més grans.

El metabolisme d'una sola cèl·lula és un conjunt de milers de reaccions químiques diferents, cadascuna de les quals requereix un enzim diferent. Així, per obtenir energia (ATP) necessitem molts enzims, i per elaborar aquests enzims necessitem, a més d'aminoàcids, energia. No obstant això, el balanç energètic és netament favorable.

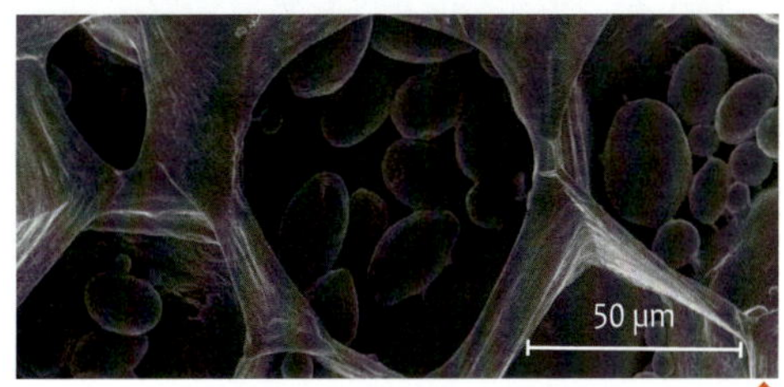

Cèl·lules de patata observades amb el microscopi electrònic de rastreig. S'hi poden observar les parets cel·lulars i els amiloplasts, plens de midó.

El **catabolisme** (en vermell) comprèn les reaccions químiques de degradació, que converteixen molècules grans en altres de més petites. Les reaccions finals del catabolisme produeixen ATP.

D'altra banda, l'**anabolisme** (en blau) comprèn les reaccions químiques de síntesi, que agrupen molècules petites per fer-ne de més grans. L'anabolisme sempre gasta ATP.

Totes les reaccions químiques d'un organisme viu, tant les del catabolisme com les de l'anabolisme, formen el **metabolisme**.

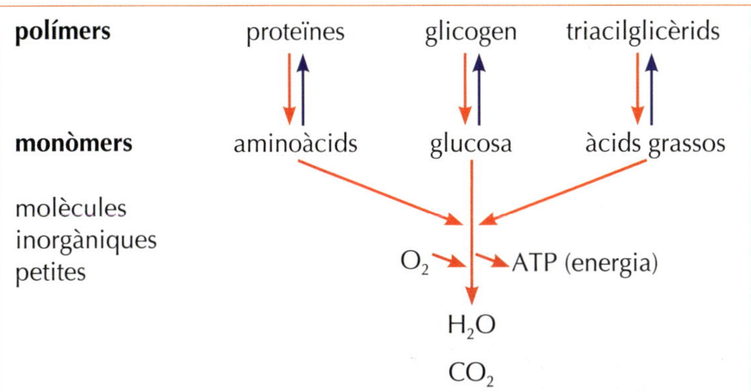

ACTIVITATS

Què fem amb els àcids grassos?

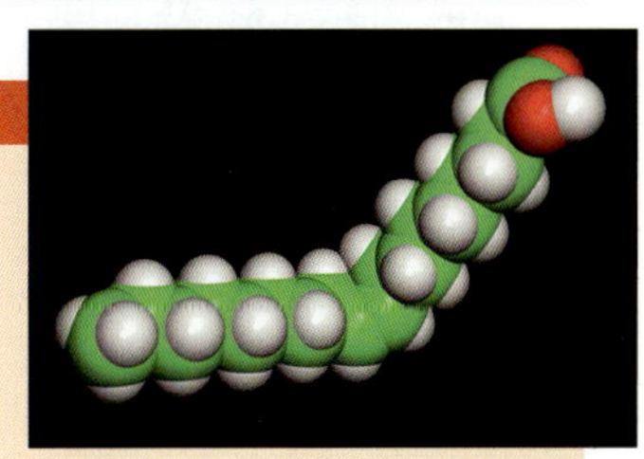

El model molecular de la dreta representa una molècula d'àcid oleic, un dels àcids grassos que absorbim després de digerir oli d'oliva.

1. Les molècules d'àcid oleic poden ser oxidades i convertir-se en diòxid de carboni i aigua. Aquestes reaccions, formaran part del catabolisme, de l'anabolisme o del metabolisme? Justifica-ho.
2. Quina utilitat té per a les cèl·lules oxidar les molècules d'àcid oleic i convertir-les en diòxid de carboni i aigua?
3. Les molècules d'àcid gras es poden ajuntar amb altres substàncies per formar grans molècules de fosfolípids, els principals components de les membranes cel·lulars. Aquest procés, forma part del catabolisme o de l'anabolisme? Justifica-ho.

Els joves de totes quatre famílies tenen una gran despesa energètica pel creixement dels seus teixits i per poder fer front a l'exercici físic que practiquen. Els pares americans, però, fan vida més aviat sedentària i tenen una despesa energètica inferior.

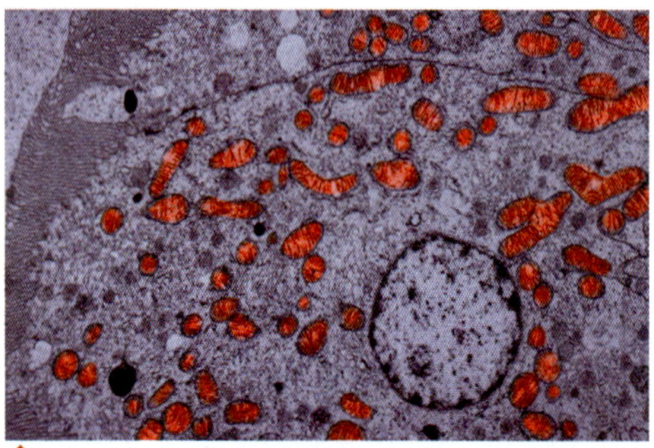

Les cèl·lules eucariotes, com la d'epiteli intestinal que mostra la imatge, contenen un gran nombre de mitocondris (en vermell), especialment si consumeixen molta energia.

Com obtenen energia les cèl·lules?

La major part de processos que fan les cèl·lules necessiten energia per poder-se dur a terme. Les cèl·lules han d'estar produint ATP contínuament i, per això, han d'oxidar molècules orgàniques, sobretot glucosa i àcids grassos. La manera més eficient d'oxidar aquestes molècules és l'anomenada **respiració cel·lular**, en què utilitzen oxigen per convertir-les en diòxid de carboni i aigua. Una alternativa molt menys rendible, però que no necessita oxigen, és la **fermentació**, a partir de la qual es converteixen en unes altres molècules orgàniques més simples, com l'àcid làctic.

Començant a oxidar la glucosa

Els primers passos en l'oxidació de la glucosa es fan al **citosol**, l'espai fluid del citoplasma que es troba entre els diferents orgànuls. Aquest procés és anaeròbic (es pot dur a terme en absència d'oxigen) i pot funcionar independentment si acaba produint àcid làctic. En aquest cas es parla de **fermentació làctica**, un procés relativament ràpid, però que obté poca energia. Els enteròcits la utilitzen per obtenir l'energia necessària per absorbir els nutrients. Les cèl·lules del fetge i del cor, en canvi, obtenen la major part d'energia amb la respiració cel·lular.

Les centrals energètiques de la cèl·lula

Els **mitocondris** són uns orgànuls que es troben a gairebé totes les cèl·lules eucariotes. Tenen forma de bastonet, amb un diàmetre d'uns 0,5 micròmetres i d'1 a 4 micròmetres de llarg.

Observats amb el microscopi electrònic, dins dels mitocondris s'aprecia un medi líquid anomenat *matriu*. Separant la matriu del citosol es troben dues membranes: la *membrana mitocondrial externa* i la *membrana mitocondrial interna*, separades per un estret espai *intermembranós*. La membrana mitocondrial interna conté nombroses invaginacions, anomenades *crestes mitocondrials*, que n'augmenten la superfície.

Els mitocondris acaben l'oxidació de la glucosa i duen a terme l'oxidació completa dels àcids grassos, i amb això produeixen la majoria de l'ATP de la cèl·lula. En tots dos casos converteixen aquestes molècules en diòxid de carboni i aigua gastant molècules d'oxigen. Aquest procés es coneix globalment amb el nom de **respiració cel·lular**.

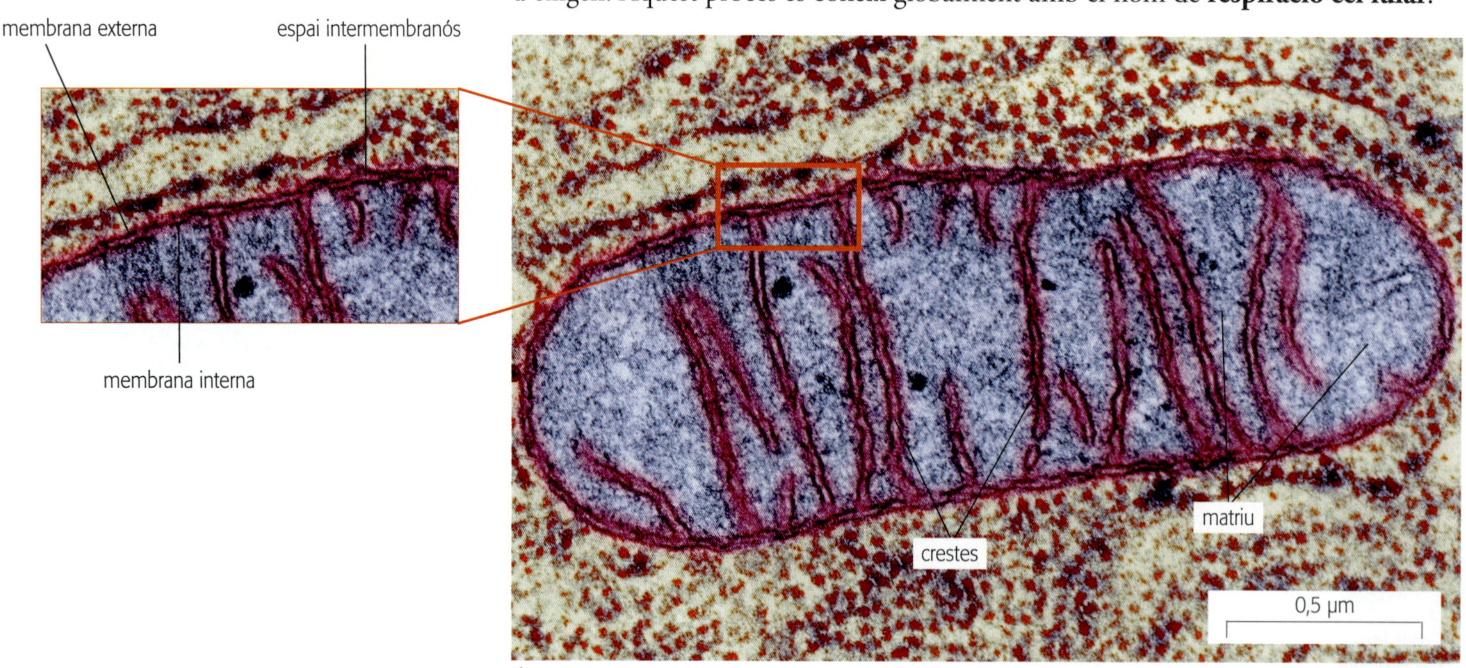

Estructura interna d'un mitocondri observat amb el microscopi electrònic de transmissió.

Origen dels mitocondris

Els mitocondris són uns orgànuls sorprenents. En primer lloc, les seves dimensions són similars a les d'un bacteri. A més, contenen diferents molècules de DNA mitocondrial, de forma circular i amb gens propis. També contenen ribosomes similars als bacterians i tot el que necessiten per elaborar les seves pròpies proteïnes. A més, els mitocondris es formen per divisió a partir d'altres mitocondris.

Totes aquestes característiques queden explicades per la **teoria endosimbiòtica**, segons la qual els mitocondris (i també els cloroplasts) són antics bacteris que van ser fagocitats per les primeres cèl·lules eucariotes. En lloc de ser digerits, els precursors dels mitocondris van acabar vivint a l'interior cel·lular en una situació de simbiosi. La cèl·lula hi guanya amb la gran capacitat productora d'energia dels mitocondris, i aquests, amb una vida més «fàcil» i protegida dins de la cèl·lula eucariota.

En aquests QR, o bé clicant a http://qr.teide.eu/025D i http://qr.teide.eu/025E, podràs accedir a més informació sobre la teoria endosimbiòtica de Lynn Margulis.

Il·lustració de la teoria endosimbiòtica.

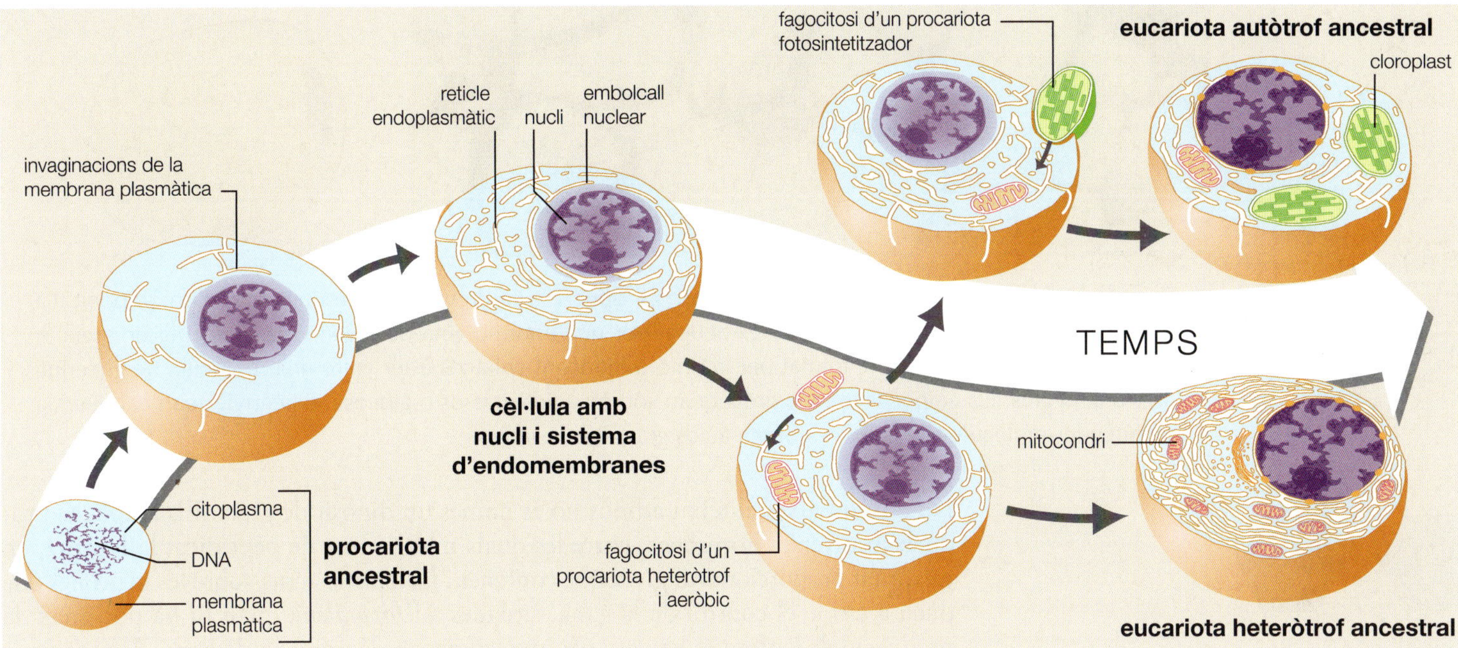

ACTIVITATS

Mitocondris dins la cèl·lula

La fotografia adjunta ha estat feta amb el microscopi electrònic de rastreig. Ens mostra una regió de l'interior d'una cèl·lula i s'hi observen mitocondris tallats per la meitat, a més del reticle endoplasmàtic rugós.

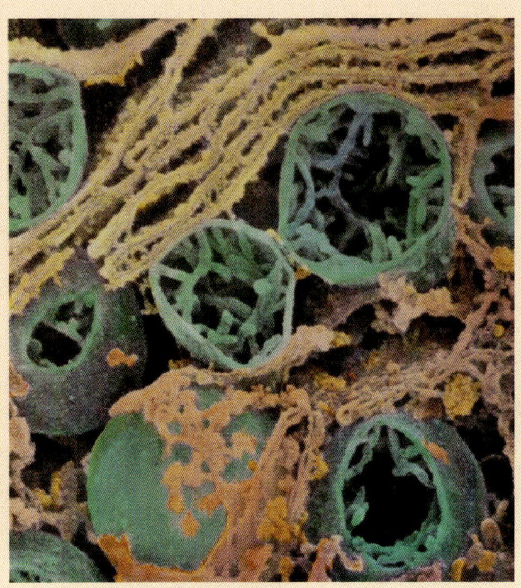

1. Localitza els mitocondris i els seus components, així com el citosol.
2. Observant la gran quantitat de mitocondris, es pot deduir que aquesta cèl·lula consumeix molta energia. Justifica aquesta afirmació.
3. Fes un esquema d'una cèl·lula, amb els orgànuls que intervenen en la producció d'energia. En l'esquema, indica quines molècules orgàniques hi entren, quins processos les transformen i on tenen lloc, i en què es converteixen finalment.
4. Per quin motiu hem de menjar aliments a partir dels quals obtenim glucosa i àcids grassos?
5. Amb l'ajut dels altres companys de classe, esbrineu quins són aquests aliments i elaboreu entre tots una llista que en contingui almenys tres d'origen animal i tres d'origen vegetal.

Què fem amb el que ens sobra?

Els joves protagonistes de la unitat fan entre tres i cinc àpats importants al dia, amb els quals obtenen els nutrients necessaris per viure. Però, quin és el destí d'aquests nutrients ingerits?

Els nutrients que circulen per la sang després d'una ingesta poden ser emmagatzemats per tal que l'organisme disposi d'una font d'energia quan en requereixi: per fer exercici físic o en situacions de dejuni. Com s'emmagatzemen aquestes reserves? Vegem-ho.

Els magatzems de greix

Les molècules oxidables més rendibles com a font d'energia són els àcids grassos. Els àcids grassos s'emmagatzemen en forma de **triacilglicèrids** (greixos o olis). En els animals, els triacilglicèrids s'acumulen al **teixit adipós**, que es troba sota la pell, recobrint certes vísceres i repartit per altres parts del cos. Les reserves de greix d'una persona podrien aportar energia per facilitar la supervivència durant setmanes de dejuni en repòs o durant dies d'exercici físic.

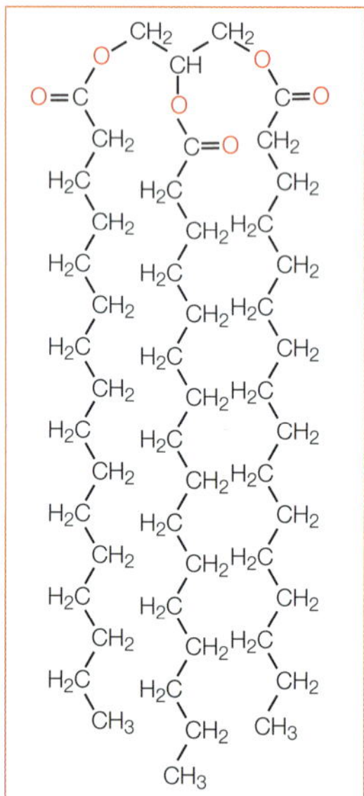

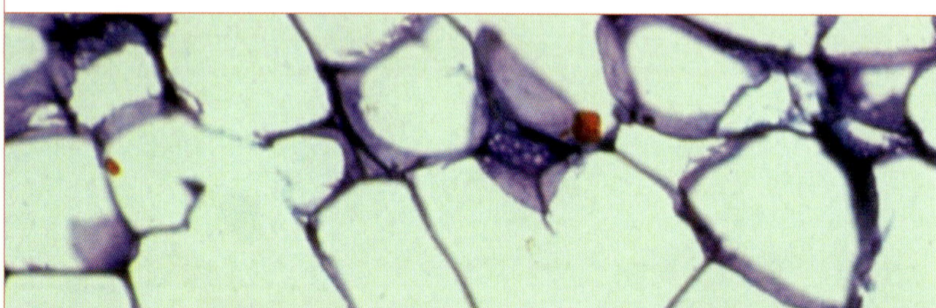

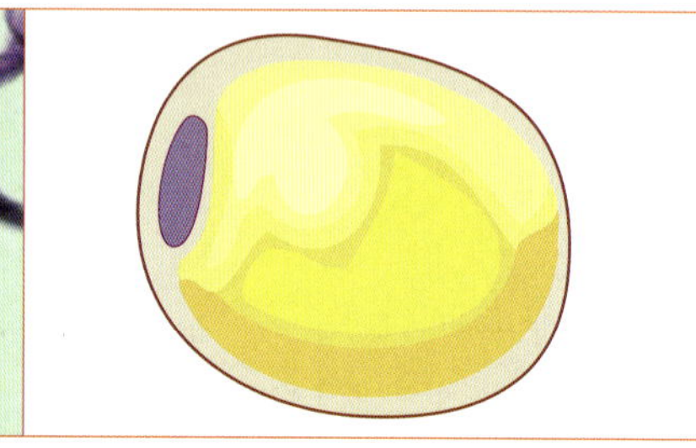

Al centre, teixit adipós observat amb el microscopi òptic i, a la dreta, dibuix esquemàtic d'un adipòcit. La major part del volum de cada adipòcit és ocupat per una enorme gota de greix. Una molècula de greix (a l'esquerra) és un triacilglicèrid, format per la unió mitjançant enllaços èster entre una molècula de glicerina i tres d'àcid gras. Els adipòcits formen greix quan sobren àcids grassos o glucosa. En canvi, quan cal energia trenquen les molècules de greix i alliberen àcids grassos a la sang.

No obstant això, el teixit adipós no és només un dipòsit de greix. Els adipòcits produeixen diverses hormones, entre les quals n'hi ha una de peptídica, la **leptina**, en quantitat proporcional al greix que contenen. La leptina actua sobre les neurones que duen a terme el control de la gana, situades a l'*hipotàlem*: quan hi ha poc greix, la producció de leptina és baixa, i per això augmenta la sensació de gana. Alguns tipus d'obesitat són deguts a un defecte genètic que inactiva la leptina.

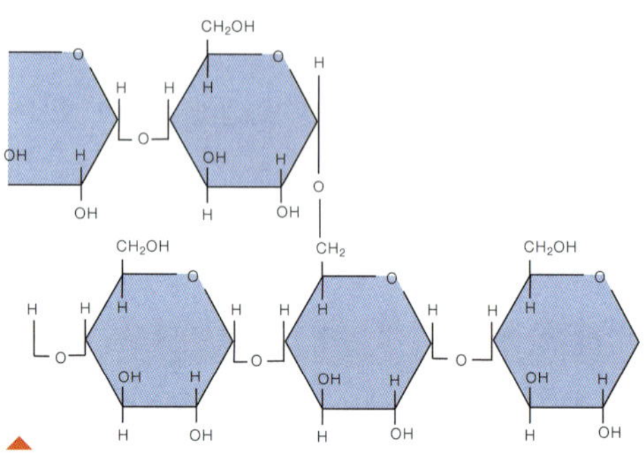

Una petita part d'una molècula de glicogen. Cada hexàgon és un monòmer de glucosa.

Els magatzems de glucosa: el glicogen

El greix només pot ser consumit en presència d'oxigen, la seva mobilització vers les cèl·lules és lenta i, a més, no pot ser utilitzat per les neurones. Per tot això, les reserves de greix no són suficients: també requerim reserves de glucosa en forma de *glicogen*. La concentració de glucosa a la sang o **glucèmia** es manté en valors aproximats d'1 g per L de sang: valors molt més alts provocarien nombrosos perjudicis, generalment derivats de la glucosilació de les proteïnes, i molt més baixos implicarien una manca de substrat energètic per a les neurones i altres cèl·lules. Les hormones **insulina** i **glucagó** s'encarreguen de la regulació de la glucèmia.

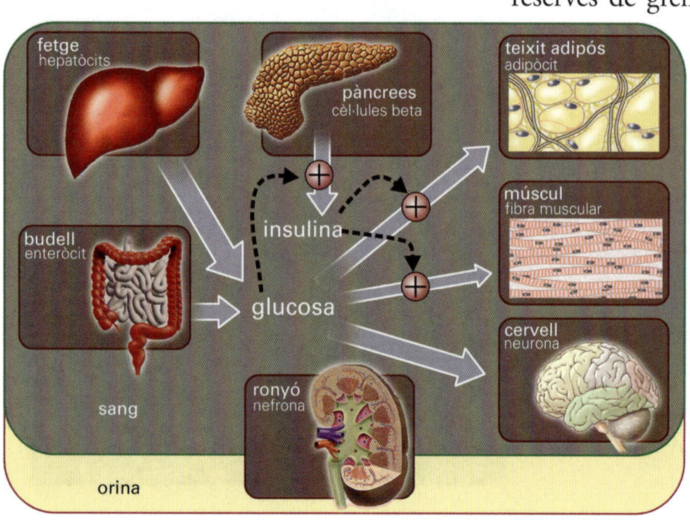

La ingesta i el consegüent augment de la glucèmia –tal com observem en la figura– estimula el pàncrees a produir insulina, la qual cosa afavoreix la captació de glucosa per diversos teixits com ara l'adipós o el múscul, que la transformaran en greixos o glicogen, respectivament. Quan la glucèmia és baixa, el glucagó estimula el fetge a alliberar glucosa, obtinguda a partir del glicogen que aquest òrgan conté en reserva.

ACTIVITATS

Una visió de conjunt

Des d'un punt de vista bioquímic, el procés de transformació dels aliments i els seus components, que hem anat estudiant al llarg de la unitat, es pot resumir tal com es presenta en l'esquema següent:

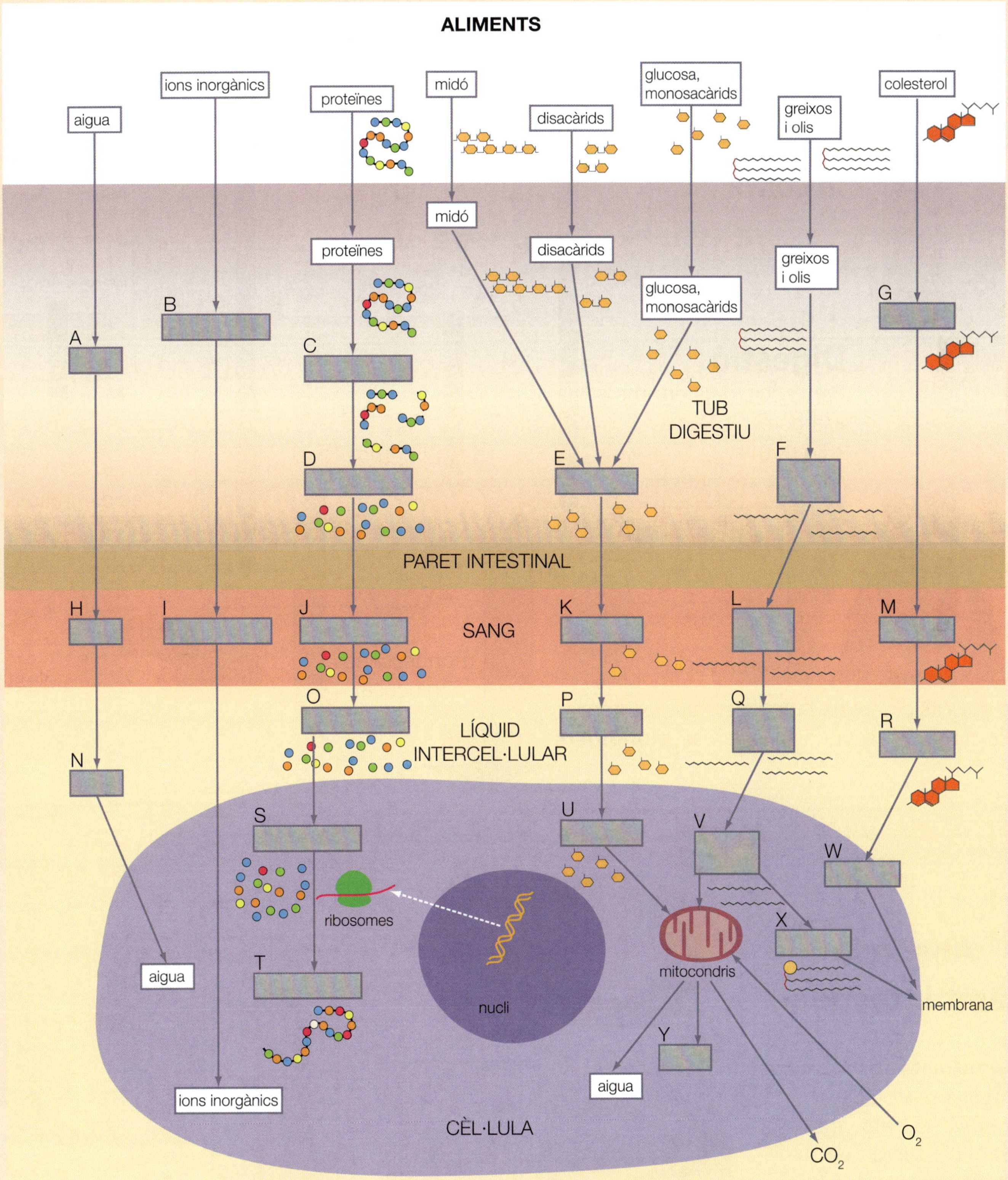

1. Completa l'esquema posant nom als requadres que hi apareixen buits.

Del plat a la cèl·lula amb un cop d'ull

Ingesta

proteïnes

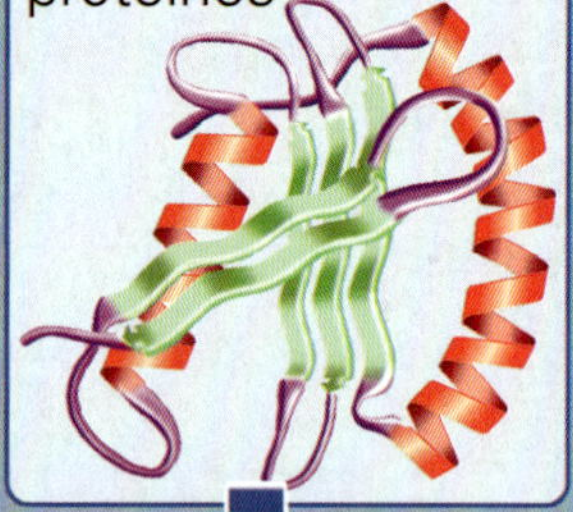

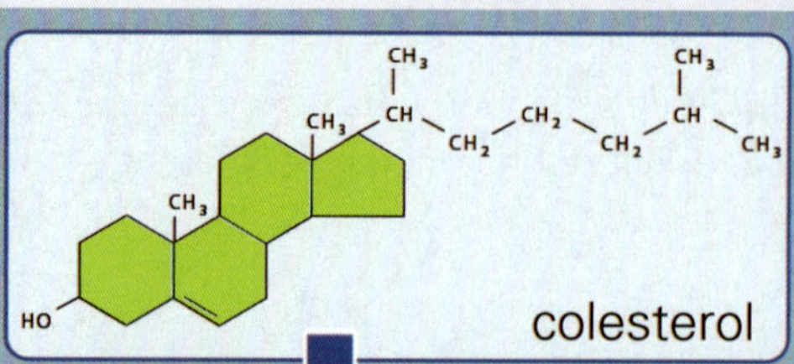

polisacàrids (midó, glicogen)

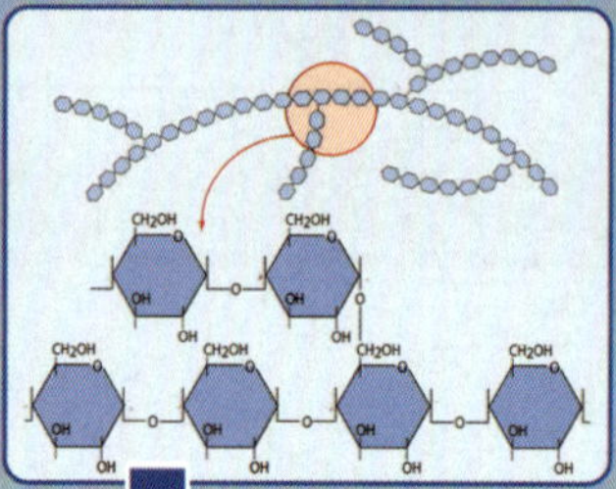

greixos i olis (triacilglicèrids, fosfolípids)

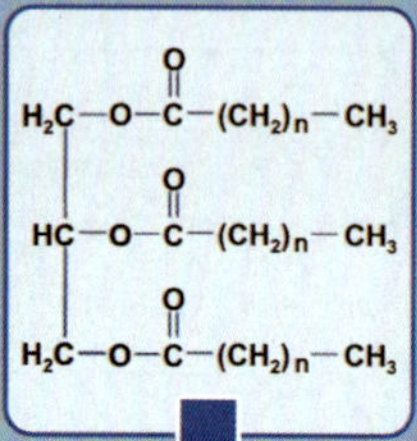

Digestió

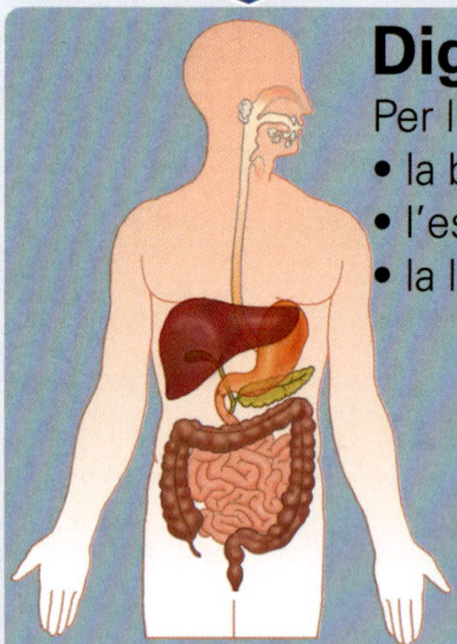

Per l'acció dels enzims a:

- la boca,
- l'estómac,
- la llum de l'intestí.

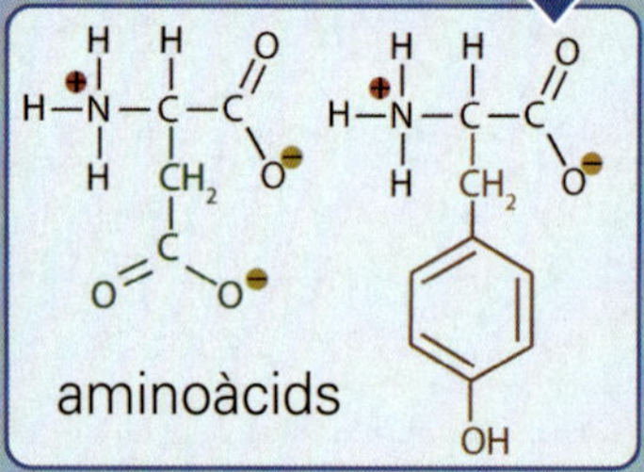

aminoàcids

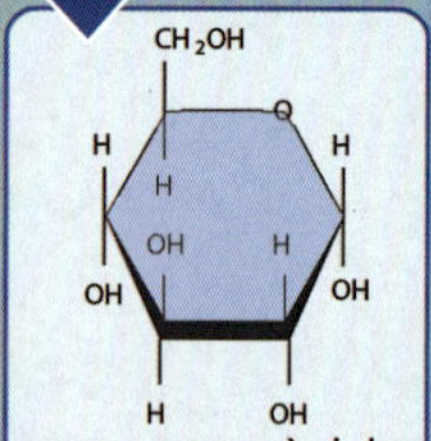

monosacàrids (glucosa)

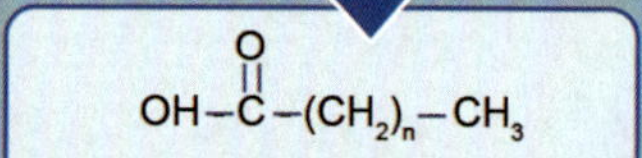

àcids grassos

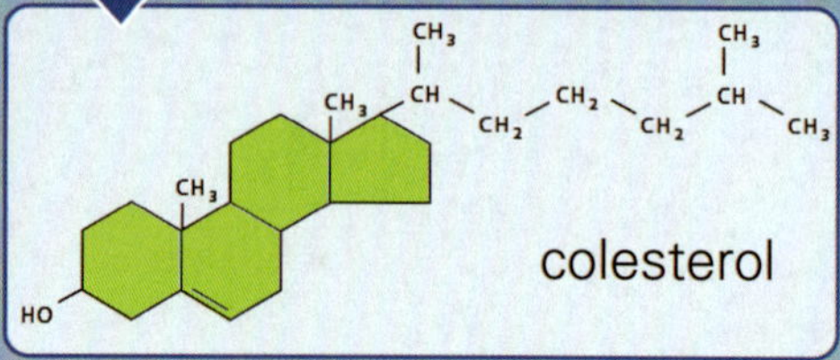

Els enzims digestius hidrolitzen els polímers dels aliments i els converteixen en **monòmers**.

Absorció (paret intestinal)

Els **enteròcits** absorbeixen glucosa, aminoàcids i altres monòmers i els passen a la sang, que els transporta a totes les cèl·lules de l'organisme.

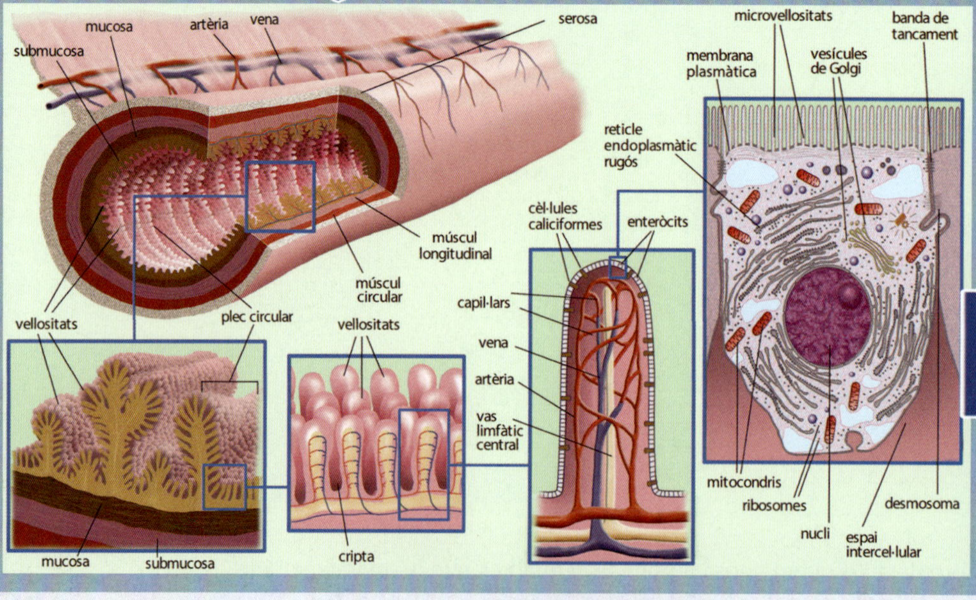

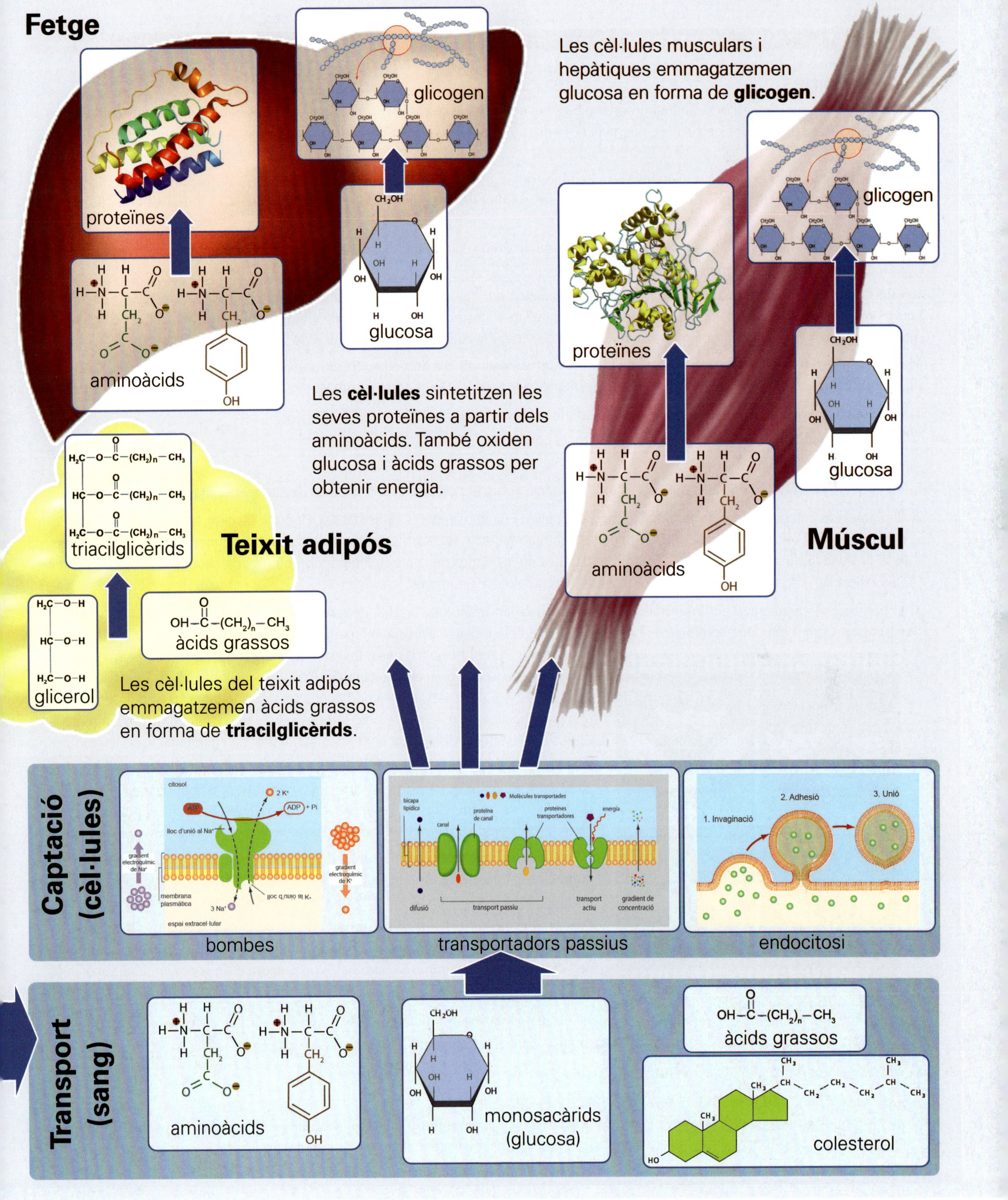
Fetge
proteïnes
aminoàcids
glicogen
glucosa
Les cèl·lules musculars i hepàtiques emmagatzemen glucosa en forma de **glicogen**.
proteïnes
glicogen
aminoàcids
glucosa
Les **cèl·lules** sintetitzen les seves proteïnes a partir dels aminoàcids. També oxiden glucosa i àcids grassos per obtenir energia.
triacilglicèrids
Teixit adipós
Múscul
glicerol
àcids grassos
Les cèl·lules del teixit adipós emmagatzemen àcids grassos en forma de **triacilglicèrids**.
Captació (cèl·lules)
bombes
transportadors passius
1. Invaginació
2. Adhesió
3. Unió
endocitosi
Transport (sang)
aminoàcids
monosacàrids (glucosa)
àcids grassos
colesterol

ACTIVITATS COMPLEMENTÀRIES

Les vitamines

Les vitamines són substàncies orgàniques imprescindibles per a la vida, necessàries en quantitats mínimes i que l'organisme no pot elaborar, sinó que les ha d'adquirir externament, per mitjà de la dieta. Segons si es poden dissoldre en aigua o no, les vitamines es classifiquen en dos grups:

- **Hidrosolubles**, solubles en aigua. Són les vuit vitamines del complex B: B_1 (tiamina), B_2 (riboflavina), B_3 (niacina o àcid nicotínic), B_5 (àcid pantotènic), B_6 (piridoxina), $B_{7/8}$ (biotina), B_9 (àcid fòlic) i B_{12} (cobalamina), més la vitamina C, un derivat glucídic. Totes tenen una naturalesa química diferent.
- **Liposolubles**, insolubles en aigua i de naturalesa lipídica: vitamina A (retinol), vitamina D (calciferol), vitamina E (tocoferol), vitamina K (fitomenadiona o vitamina antihemorràgica).

La falta o la insuficiència d'una vitamina ocasiona una malaltia per avitaminosi o hipovitaminosi, que pot causar trastorns molt greus. En són exemples l'escorbut (dèficit de vitamina C), el raquitisme i l'osteomalàcia (dèficit de vitamina D en infants i adults, respectivament), la ceguesa nocturna i problemes a la pell (dèficit de vitamina A), o la pel·lagra (dèficit de vitamina B_3).

Moltes vitamines s'emmagatzemen al fetge, de manera que les reserves ens en permeten suportar un dèficit passatger. De fet, amb una dieta equilibrada i variada normalment no hi ha problemes per manca o excés de vitamines.

1. Elabora una taula a partir d'aquesta informació i d'altres fonts en què indiquis:
   - Aliments que contenen cada vitamina o altres fonts possibles.
   - Efectes de la seva carència.
   - Per al cas de cada una de les famílies, fes una estimació sobre el possible dèficit o excés de cada vitamina.
2. Et plantegem una petita recerca per dur a terme a casa teva. Tria deu aliments elaborats del frigorífic de casa, només amb la condició que a l'etiqueta informativa hi figuri la quantitat diària recomanada (QDR o CDR, segons l'idioma) d'algunes vitamines i sals minerals. Fes una taula amb els resultats. A partir de l'anàlisi de les dades de la taula, intenta obtenir alguna conclusió sobre la qualitat de la dieta de la família quant a dèficit o excés de vitamines o sals minerals.
3. El beri-beri es caracteritza per insensibilitat, debilitat muscular, tremolors, pèrdua de reflexos i altres alteracions nervioses i cardiovasculars. L'any 1886, una epidèmia de beri-beri assolava l'illa de Java. Christiaan Eijkman, un metge holandès, va ser enviat a Java per intentar descobrir-ne la causa. Investigadors anteriors havien aïllat uns bacteris que se suposava que eren els causants del beri-beri, i Eijkman els va injectar en unes gallines. Al cap d'un mes, aproximadament, aquestes gallines havien desenvolupat una malaltia similar al beri-beri, però també ho havien fet les que no havien rebut la injecció de bacteris. Coincidint amb un canvi casual en l'alimentació de les gallines (els van donar arròs integral en lloc d'arròs blanc), totes les gallines es van curar!

Aleshores, Eijkman es va plantejar una nova hipòtesi: potser hi havia alguna substància en l'arròs que causava el beri-beri i alguna substància en la pellofa que el curava. Per comprovar-ho, va dissenyar l'experiment que es mostra a l'esquerra.

Eijkman va utilitzar onze gallines, dividides en quatre grups. En acabar l'experiment, les gallines alimentades amb arròs blanc tenien beri-beri, mentre que totes les altres estaven sanes. L'experiment es va repetir i es van obtenir els mateixos resultats.

Experiments posteriors van concloure que la malaltia és causada per la falta d'una substància que és present a la pellofa de l'arròs i en altres aliments. Es tracta de la **vitamina B_1** o tiamina. La tiamina és precursora d'un coenzim, el pirofosfat de tiamina.

a) Quin era el problema que investigava Eijkman? Quina era la seva primera hipòtesi? Quina va ser la hipòtesi alternativa?

b) Quines eren les variables independents i dependent de l'experiment? I les variables controlades?

c) Quin és el control de l'experiment? Per què creus que Eijkman va repetir l'experiment?

d) Quines són les conclusions de l'experiment?

e) Poc abans que comencés la gran epidèmia de beri-beri, s'havia introduït a Java la moda europea de menjar arròs blanc, així com un nou tipus de molí que n'eliminava totalment la pellofa. Hi pot haver alguna relació entre aquest fet i l'epidèmia? Explica-ho.

f) Per què a Europa la gent no agafava el beri-beri encara que mengés arròs blanc?

ACTIVITATS COMPLEMENTÀRIES

La piràmide alimentària

La piràmide alimentària és una manera de representar els grups d'aliments i les quantitats que n'hauríem de consumir. La piràmide més famosa va ser publicada pel Departament d'Agricultura dels Estats Units i se n'han fet diverses adaptacions (hi ha piràmides per a diabètics, vegetarians...). Possiblement la piràmide més adaptada al nostre país és la de la dieta mediterrània.

1. Segons aquesta piràmide, quins són els aliments que hauríem de consumir en més quantitat? Quantes racions diàries n'hauríem de consumir?
2. Què ens aporta cada un dels grups d'aliments descrits a la piràmide?

Reconeixement de biomolècules al laboratori

1. Tenim cinc recipients que contenen, respectivament: oli (triacilglicèrids), sal (clorur de sodi), midó, glucosa i sacarosa. Fes totes les proves necessàries per omplir la taula següent:

	Dissolució A	Dissolució B	Dissolució C	Dissolució D	Dissolució E
Solubilitat (en aigua)					
Gust dolç					
Prova de Fehling (color)					
Prova del lugol (color)					

2. Segons les dades de la taula anterior, identifica les cinc solucions i justifica-ho.

Dissolució problema	A	B	C	D	E
Nom de la substància					
Justificació					

3. Observa les fórmules següents:

Fórmula 1	Fórmula 2	Fórmula 3	Fórmula 4
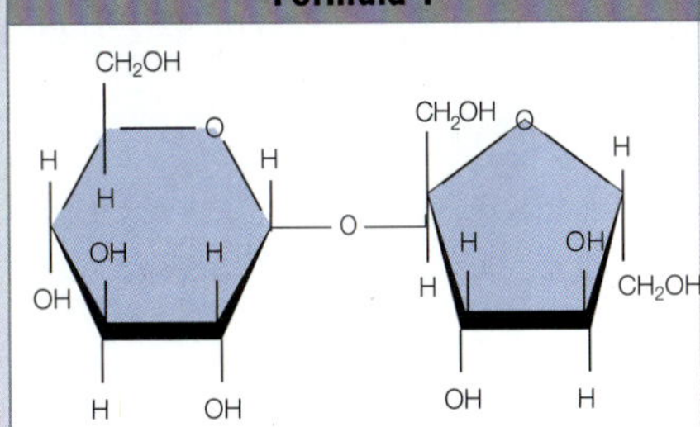	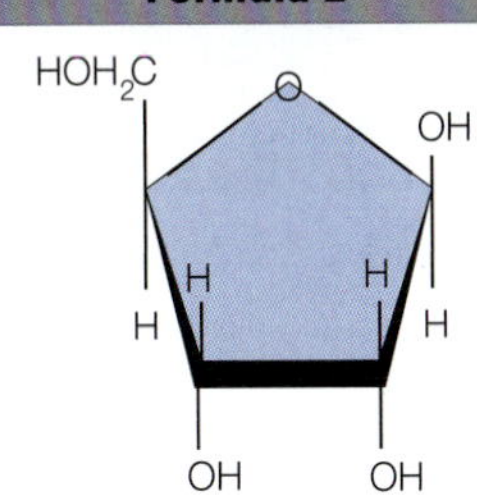	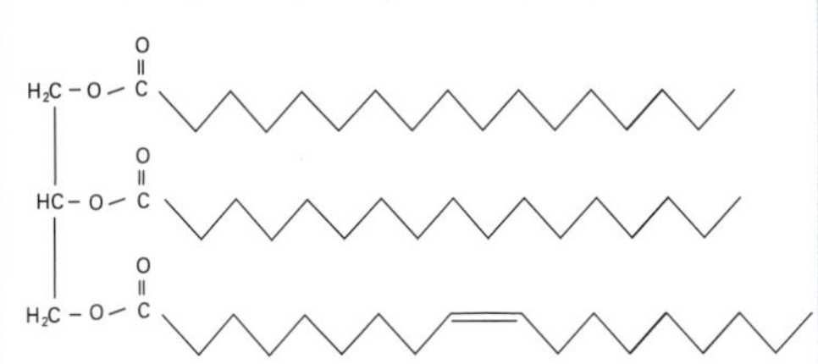	NaCl
Fórmula 5	**Fórmula 6**	**Fórmula 7**	**Fórmula 8**
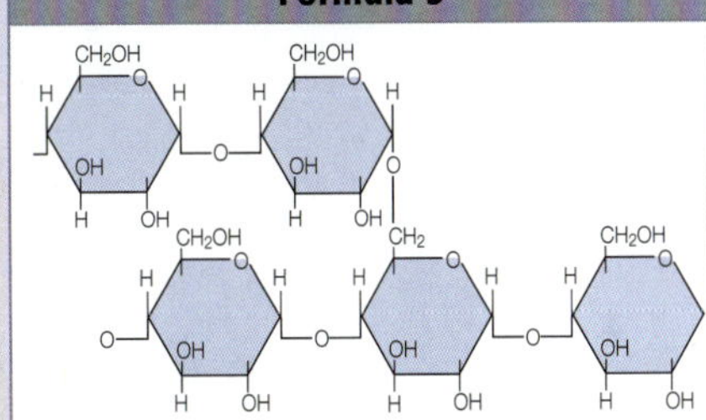	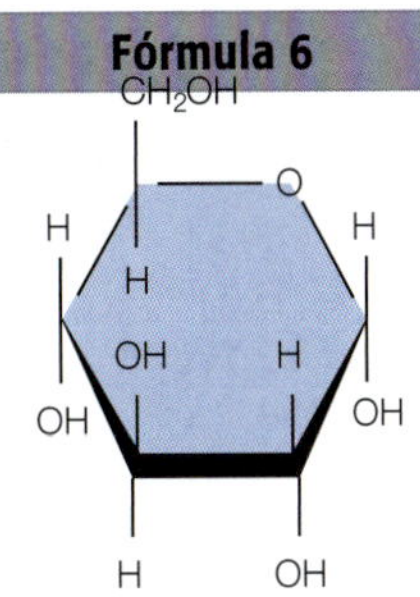	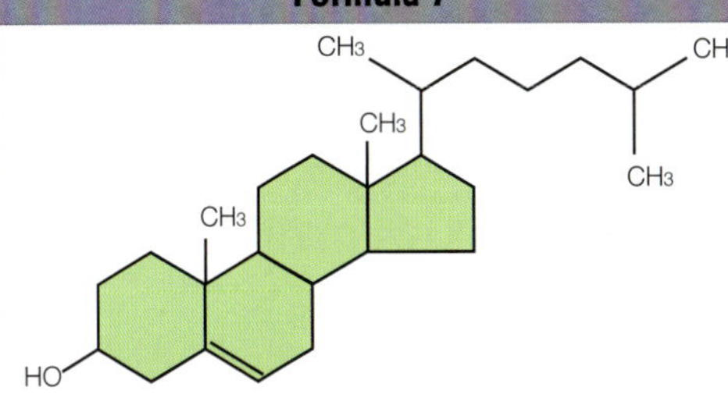	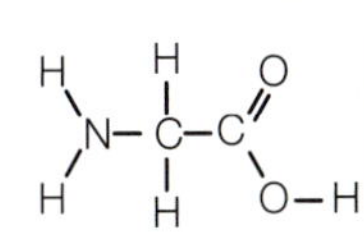

- Elabora una taula que reculli la relació entre el nom de la molècula amb la fórmula corresponent.

5 RÀPIDS O RESISTENTS?

ÍNDEX DE LA UNITAT

Perseguir, fugir, lluitar, volar, saltar, nedar o desplaçar-se sense descans durant dies i nits... A la naturalesa, la capacitat i l'eficàcia per dur a terme aquestes accions poden significar sobreviure o morir.

Hi ha adaptacions que possibiliten que aquests esforços tan diferents es facin amb gran eficàcia utilitzant diferents vies metabòliques.

Els humans som animals i, des de la infantesa, necessitem moure'ns, jugar, córrer... L'esport és l'expressió genuïna d'aquest instint. Als esports que els humans hem inventat hi ha persecució, lluita, salts, agilitat, força, precisió, resistència... Hi ha curses atlètiques molt intenses que duren poc temps, en què el més important és la velocitat. D'altres són de resistència, més llargues i menys intenses.

Al llarg de la història hi ha hagut grans atletes. Homes i dones que han estat capaços de batre rècords i desafiar límits que semblaven insuperables. Distàncies curtes, mitjanes i llargues, cada prova necessita unes característiques especials. Cossos diferents, músculs diferents i entrenaments diferents.

El velocista Usain Bolt va batre els rècords mundials de 100 i 200 metres lliures. Kilian Jornet, en canvi, és capaç de pujar i baixar muntanyes corrent, tot mantenint un ritme constant durant hores.

Idees i context

- Els músculs estan formats per fibres musculars, unes cèl·lules amb capacitat de contracció deguda a diferents proteïnes, com ara l'actina i la miosina.
- Les fibres musculars, en contreure's, consumeixen energia. Ho fan a partir de la glucosa i dels àcids grassos.
- Segons el tipus d'esforç, les fibres musculars poden obtenir l'energia aeròbicament, fent servir oxigen, o bé anaeròbicament, sense necessitat d'oxigen. En cada cas utilitzen diferents vies catabòliques i diverses biomolècules energètiques. Aquests processos també es produeixen en diferents compartiments cel·lulars.

Comença pensant

Iniciem una unitat sobre el metabolisme, al llarg de la qual aprendràs com acumulem i utilitzem l'energia, així com els mecanismes i processos cel·lulars que hi intervenen.

Abans de començar, és interessant que respongueu en petit grup aquestes qüestions:

- Quina diferència hi ha entre el metabolisme aeròbic i el metabolisme anaeròbic?
- Quines estructures cel·lulars intervenen en l'obtenció d'energia?
- Quina diferència hi ha entre la glucosa i el glicogen?
- Quina relació s'estableix entre un triacilglicèrid i un àcid gras?
- Quina és la importància biològica de l'ATP? Si recordes quin tipus de molècula és, intenta fer-ne una representació esquemàtica.

El treball dels músculs

Els guepards són els animals més ràpids en terra ferma. Algunes espècies de colibrí poden batre les ales entre 100 i 200 vegades per segon. Les tonyines, els nyus o alguns ocells migradors poden recórrer grans distàncies sense parar durant moltes hores.

Tots aquests animals posseeixen adaptacions als seus músculs que fan possible el moviment.

El **múscul esquelètic** representa entre el 40 % i el 50 % de la massa corporal humana i conté prop de la meitat de la massa de les proteïnes del cos.

Al cos humà hi ha uns 640 músculs esquelètics, que es contreuen de forma voluntària com a resposta als estímuls nerviosos, fet que permet una gran varietat de moviments.

Els músculs estan constituïts per **fibres musculars**, que són cèl·lules multinucleades (tan llargues com el paquet muscular del qual formen part) amb una membrana que té la propietat de poder ser excitada elèctricament. En una secció microscòpica del múscul esquelètic podem observar una successió de bandes clares i fosques que justifica que també s'anomeni **múscul estriat**.

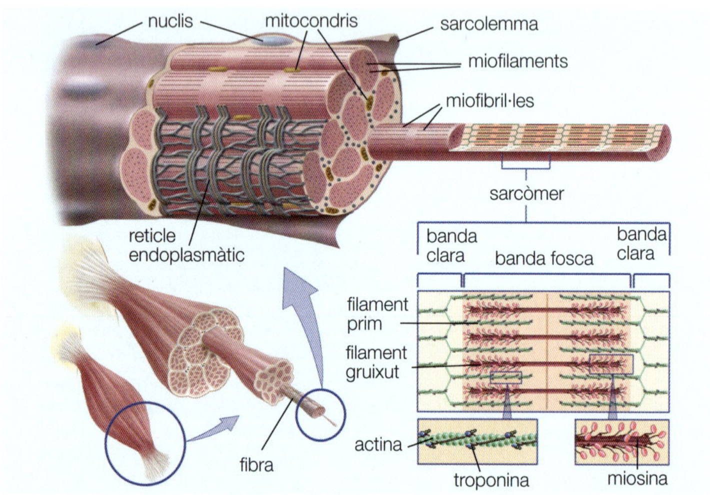

Estructura d'una fibra de múscul esquelètic. Són cèl·lules longilínies amb diversos nuclis. La membrana plasmàtica s'anomena *sarcolemma*. El citoplasma, el *sarcoplasma*, conté glicogen i mitocondris abundants.

L'interior cel·lular presenta un gran nombre de **miofibril·les**, d'un diàmetre d'1 a 2 μm i una longitud igual a la de la mateixa cèl·lula muscular, formades per cadenes repetides de milers de petites unitats contràctils anomenades **sarcòmers**. Cada sarcòmer està format per un conjunt ordenat de filaments prims i filaments gruixuts.

Observats amb més augments, la disposició relativa dels dos tipus de filaments fa que el sarcòmer presenti un patró en bandes. Els filaments prims estan formats per **actina**, i els gruixuts, per **miosina**. Aquestes dues proteïnes constitueixen prop del 80 % de la proteïna muscular.

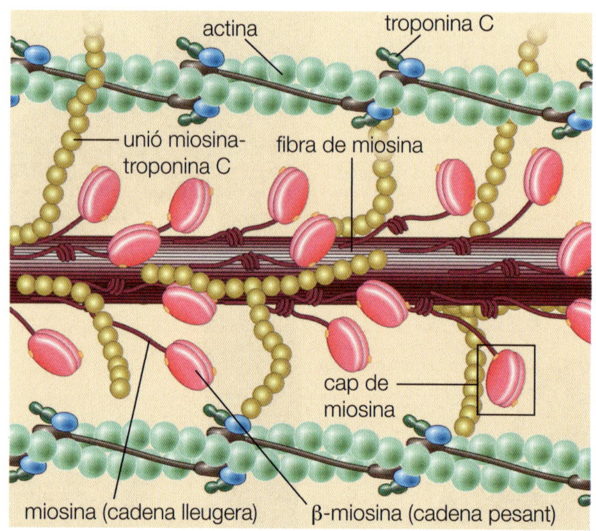

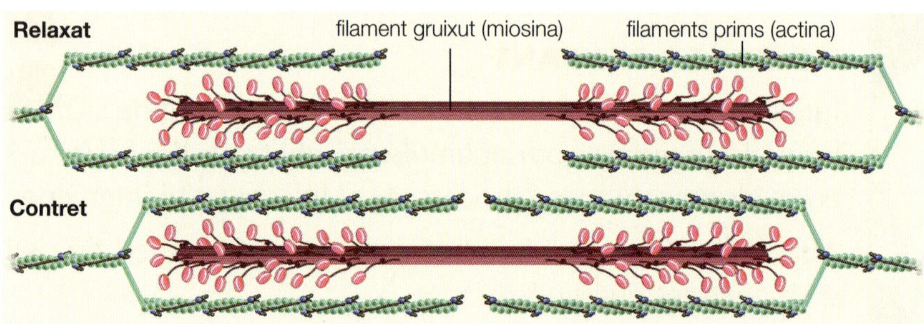

Interaccions moleculars entre els miofilaments dins les fibres musculars. El resultat és un escurçament (contracció) del múscul.

Les **neurones motores** tenen terminacions a les fibres musculars i en provoquen la contracció. Cada un dels sarcòmers s'escurça aproximadament el 10 % de la seva longitud, a causa del lliscament dels filaments de miosina entre els d'actina. Aquest escurçament simultani dels milers de sarcòmers consecutius de cada miofibril·la constitueix la **contracció muscular**. El cap de les molècules de miosina té tendència a unir-se a l'actina, es doblega i així fa avançar la fibra de miosina; però la unió de l'ATP provoca la separació de la miosina i l'actina. Així doncs, aquesta successió d'unions i desunions fa possible el lliscament dels filaments; és com si els caps de la miosina «caminessin» al llarg dels filaments d'actina: això dona com a resultat l'escurçament del sarcòmer a cada «pas» i, per tant, de la longitud del múscul. Aquest desplaçament dels filaments representa una despesa energètica en forma d'ATP: l'energia química es converteix en treball mecànic. Els **ions calci** (Ca^{2+}) intervenen en la unió dels filaments i engeguen el procés de la contracció.

En aquest QR o bé a l'enllaç http://qr.teide.eu/022T trobaràs un vídeo (en anglès) sobre el lliscament dels filaments.

Fibres musculars diferents per a funcions diferents

Els músculs esquelètics duen a terme funcions molt diferents, algunes de les quals estan especialitzades en esforços ràpids (potència), i d'altres, en esforços sostinguts (resistència). Poden utilitzar, també, diferents tipus de substrats metabòlics. Un múscul concret, a més, pot presentar un cert grau de plasticitat, que li permet respondre a variables com ara l'estimulació hormonal o nerviosa, el creixement i l'entrenament. Aquesta plasticitat permet que el múscul s'adapti mitjançant diversos canvis metabòlics i gràcies al tipus de fibres que el constitueixen.

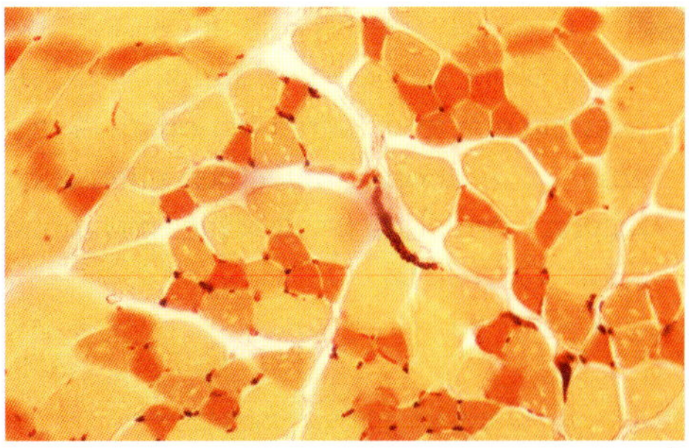

Visió microscòpica del tall transversal d'un múscul en què es poden apreciar els tres tipus de fibres musculars.

Els músculs esquelètics es poden classificar segons la coloració que hi predomina: *músculs blancs* i *músculs vermells*. Aquestes diferències de color depenen de l'abundància de diferents fibres musculars anomenades de *tipus I*, *IIa* i *IIb*. Les *fibres de tipus I* tenen un alt contingut de **mioglobina**, una proteïna muscular que, com l'hemoglobina de la sang, és capaç de lligar-se reversiblement a l'oxigen. La presència d'aquesta proteïna, la vascularització del múscul i l'elevat nombre de mitocondris hi proporcionen la coloració vermella. En canvi, als músculs blancs predominen les *fibres de tipus IIb*, amb menys mitocondris, menys vascularització i poca mioglobina. Les *fibres de tipus IIa* tenen característiques intermèdies dels dos altres tipus de fibres musculars.

Les diferències entre els diversos tipus de fibres són, sobretot, de caràcter metabòlic. Les fibres de tipus I són més aptes per dur a terme un treball muscular en **condicions aeròbiques**, és a dir, dependent de l'oxigen.

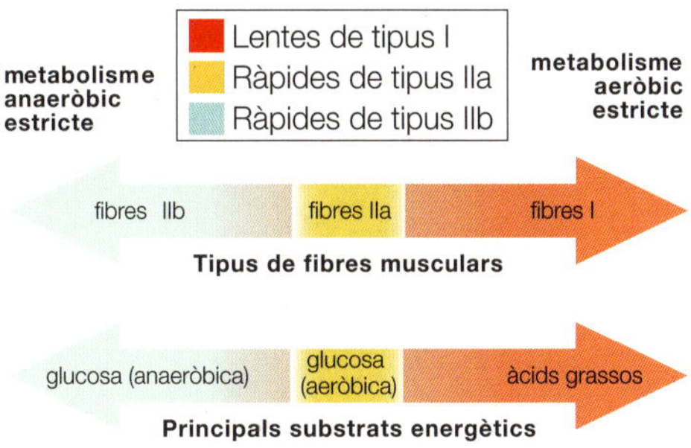

Per contra, les fibres blanques són menys eficaces en condicions aeròbiques, ja que tenen menys adaptacions per utilitzar els recursos energètics que fan servir les fibres vermelles; en canvi, contenen més glicogen i una capacitat més alta de metabolitzar-lo per obtenir-ne energia, la qual cosa els permet funcionar també en **condicions anaeròbiques**, és a dir, amb una disponibilitat baixa d'oxigen.

Les reserves energètiques del múscul

El múscul esquelètic degrada diferents substrats per obtenir l'energia química (ATP) que necessita. Quan treballa intensament, el múscul utilitza **fosfat de creatina** (**fosfocreatina**), però la reserva s'exhaureix al cap de pocs segons. En fer esforços més prolongats, pot utilitzar de manera preferent dos tipus de substrats: la **glucosa** (o la seva forma d'emmagatzematge: el glicogen) i els **àcids grassos**. La glucosa pot procedir de la sang o del **glicogen** del mateix múscul. Si prové de la sang, es pot haver obtingut a partir dels aliments digerits o haver estat sintetitzada pel fetge i emmagatzemada, o no, al fetge en forma de glicogen.

ACTIVITATS

L'ATP és un bon magatzem d'energia?

En una cursa de marató, cada atleta pot gastar prop de 2 600 kcal. Si cada mol d'ATP proporciona 7,3 kcal (en hidrolitzar-se en ADP i P_i) i un mol d'ATP té una massa de 507 g:

1. Calcula la quantitat d'ATP que faria falta per poder acabar la marató.
2. A partir d'aquests resultats, creus que l'ATP és un bon magatzem d'energia? Per què?
3. Quines substàncies fem servir per emmagatzemar energia?
4. En quins teixits del cos s'emmagatzema el glicogen? I els àcids grassos?

Quan fem esport, utilitzem multitud de músculs. Observa la infografia amb la saltadora de perxa: el treball muscular és possible gràcies a l'aire pulmonar i el reg sanguini, que aporta molècules energètiques i oxigen i s'emporta les deixalles metabòliques, com CO_2 o lactat.

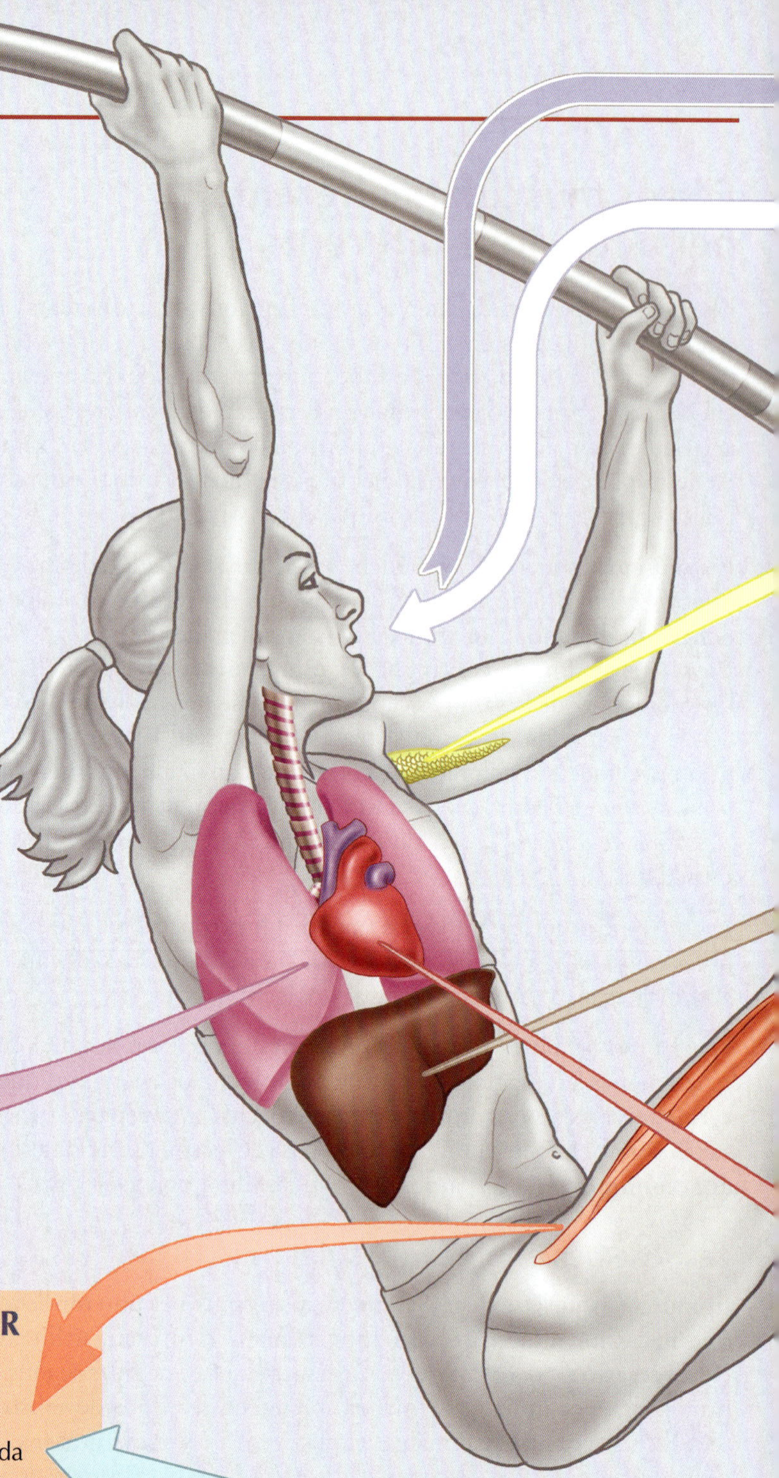

PULMONS

Ventilen: inspiren i expiren aire. L'intercanvi de gasos (CO_2 i O_2) es dona als alvèols.

Alvèols

Petites dilatacions epitelials dels conductes aeris envoltats de capil·lars. La seva forma augmenta la superfície entre la sang i l'aire i facilita l'intercanvi de gasos.

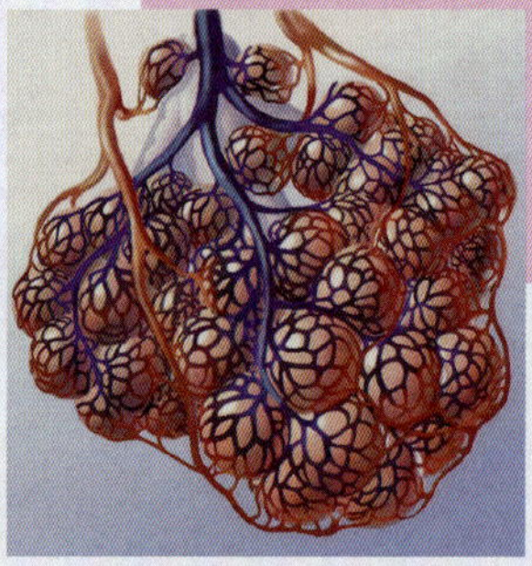

MÚSCUL–TEIXIT MUSCULAR

Fibra muscular

Cèl·lules multinucleades amb una llargada d'entre 1 i 40 mm i fins a 0,1 mm de diàmetre.

Fosfocreatina

~ 6-8 kcal (en 70 kg de massa corporal).

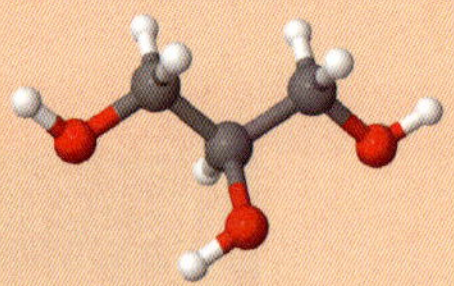

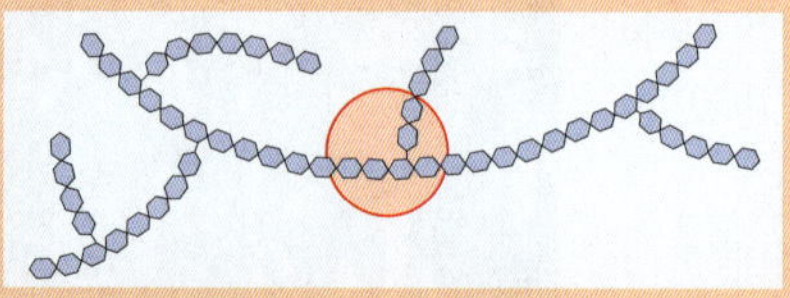

Glicogen

500-1 200 kcal (en 70 kg de massa corporal).

ATP

(trifosfat d'adenosina)

Transportador intracel·lular d'energia (7,3 kcal · mol^{-1}

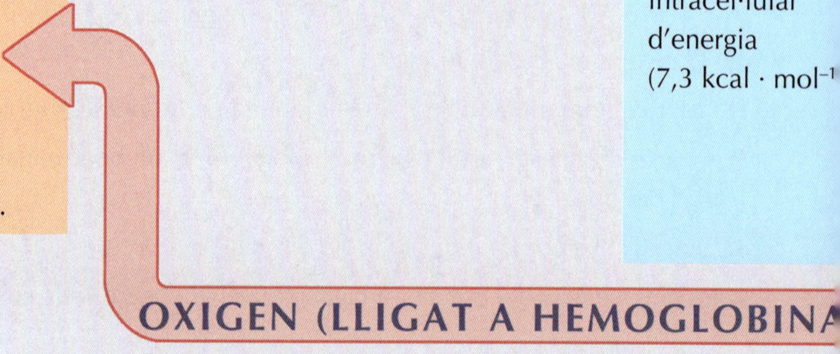

CO_2

O_2

GREIX–TEIXIT ADIPÓS

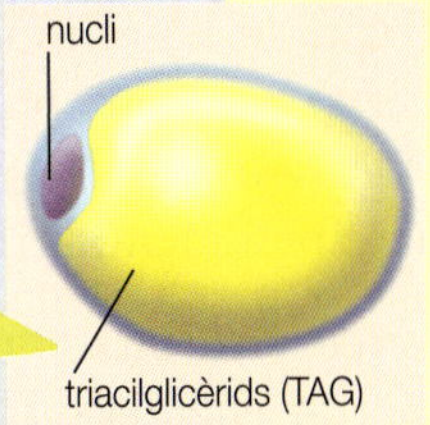

Adipòcit
Cèl·lules arrodonides, de 10 a 200 µm amb un vacúol lipídic que representa el 95 % de la massa cel·lular.

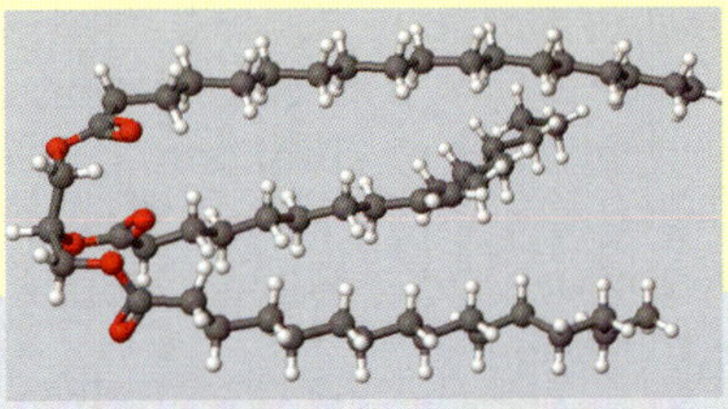

Triacilglicèrids
~ 100 000 kcal (en 70 kg de massa corporal).

FETGE–TEIXIT HEPÀTIC

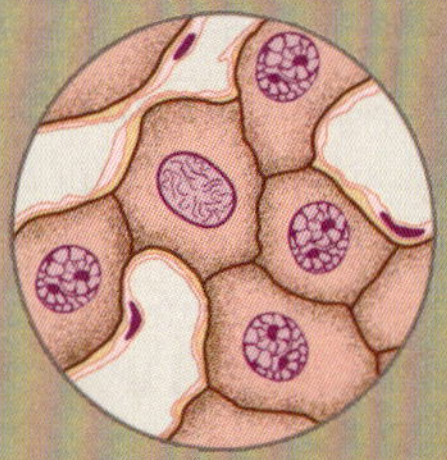

Hepatòcit
Cèl·lules de forma polièdrica. Contenen grànuls de glicogen i centenars de mitocondris.

Glicogen
~ 300 kcal (en 70 kg de massa corporal).

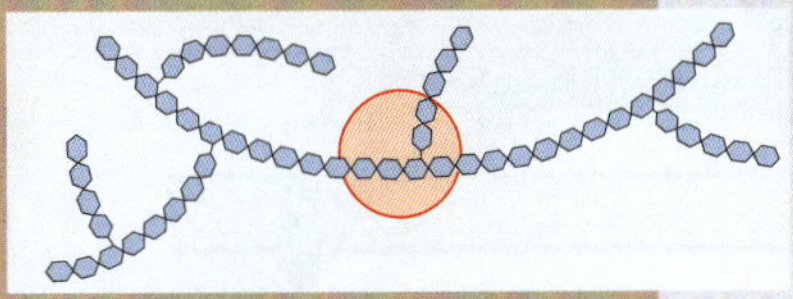

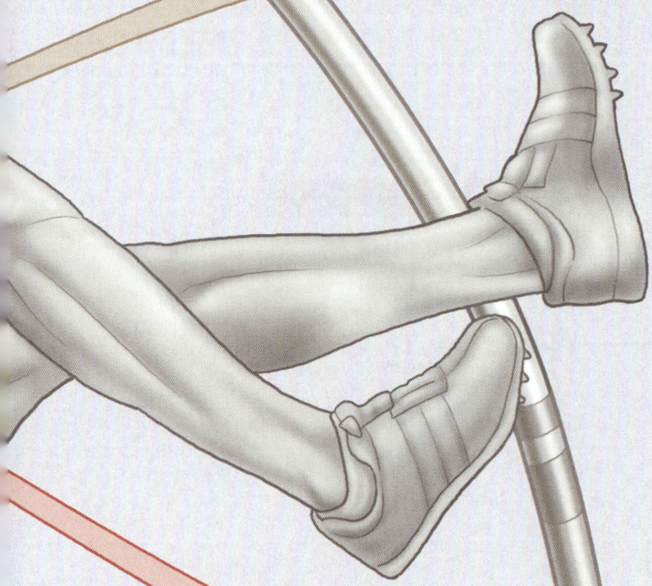

ÀCIDS GRASSOS (UNITS A PROTEÏNES)

GLUCOSA (LLIURE)

COR – SISTEMA CIRCULATORI

Bomba la sang. Permet que els gasos i els nutrients arribin fins a tots els teixits.

La sang circula per capil·lars, venes i artèries.

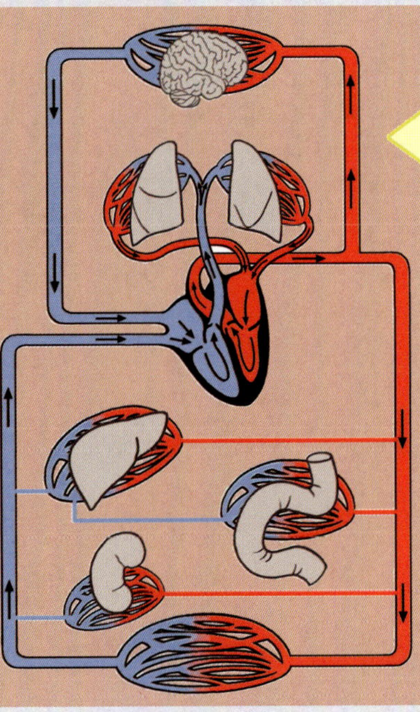

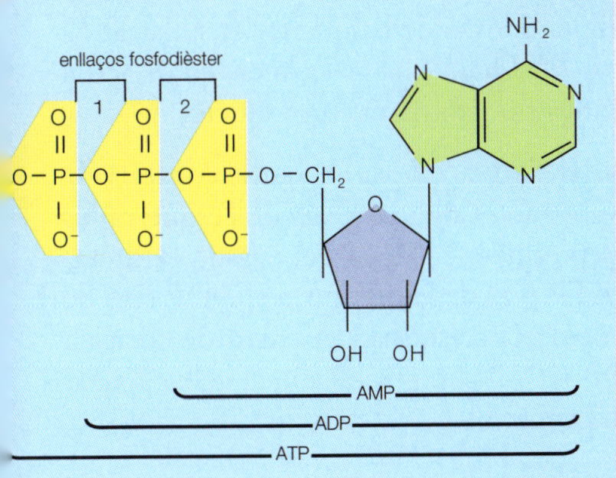

GLUCOSA – ÀCIDS GRASSOS

Els velocistes d'elit corren en prop de set segons els 60 metres tanques, i ho fan sense agafar aire, sense necessitat d'oxigen. Aquestes curses tan intenses també són freqüents entre animals. La contracció muscular, durant aquest esforç tan intens, utilitza uns recursos energètics força diferents dels que fa servir un atleta de mig fons o un corredor de llarga distància.

Durant els primers metres de la cursa, el velocista tan sols utilitza fosfocreatina.

Una molècula molt útil: la fosfocreatina

La quantitat d'**ATP** que hi ha al múscul amb prou feines és suficient per proporcionar l'energia necessària per als primers instants d'un exercici intens, en què es transforma en **ADP** i fosfat (**P_i**). Per això, cal que hi hagi processos metabòlics que tornin a transformar, ràpidament, l'ADP i el P_i en ATP per poder continuar l'esforç.

Segons el tipus d'exercici, s'utilitzen unes vies metabòliques o unes altres. Algunes d'aquestes poden aportar energia durant molt de temps, però requereixen oxigen i s'activen a poc a poc. D'altres poden donar molta quantitat d'energia però durant molt poc temps, i no requereixen oxigen.

La manera més ràpida de regenerar l'ATP a partir d'ADP i P_i és utilitzant **fosfocreatina**, també anomenada **fosfat de creatina**. Aquesta molècula té un enllaç fosfat ric en energia que pot passar l'ADP a ATP i creatina. Es tracta d'una fosforilació en el «substrat», fora de la fosforilació oxidativa dels mitocondris.

La fosfocreatina s'exhaureix de seguida, però permet iniciar exercicis a altíssima intensitat mentre s'activen altres vies metabòliques que recarreguen el sistema ATP/ADP. La fosfocreatina és més abundant a les fibres del múscul blanc (de tipus IIb). Això no obstant, es tracta d'una reserva de curta durada. Acabat l'exercici, el sistema de la fosfocreatina es torna a carregar (a partir de creatina i ATP es genera novament fosfocreatina i ADP).

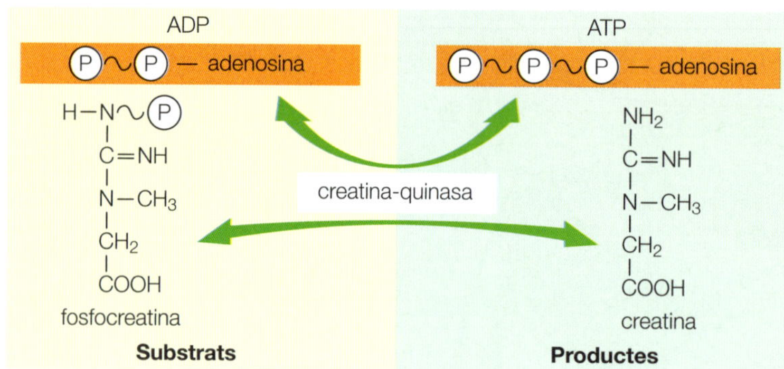

La reacció d'intercanvi de fosfats entre la parella fosfocreatina/creatina i la parella ADP/ATP.

La feina d'un enzim

Aquesta transferència del fosfat entre la fosfocreatina i l'ADP i després entre l'ATP i la creatina es produeix, com en els milers de reaccions del metabolisme, gràcies a la feina d'un **enzim** (en aquest cas, anomenat *creatina-quinasa*).

Els **enzims** són compostos que permeten que les reaccions es desenvolupin a velocitats molt elevades. Són com aixetes entre dos vasos comunicants: si l'aixeta està tancada (no hi ha enzim o està inhibit), l'aigua del vas de l'esquerra (el substrat *S*) no pot passar al vas de la dreta (el producte *P*). Quan obrim l'aixeta (quan actua l'enzim), l'aigua passa ràpidament: el substrat es transformarà en producte.

Quan el múscul es recupera, en canvi, la reacció va en sentit contrari: la quantitat de fosfocreatina (un dels substrats, l'aigua del vas de l'esquerra) és molt baixa i la de creatina (un dels productes, l'aigua del vas de la dreta) és molt alta. A més, ara hi ha força ATP (vas de la dreta) i poc ADP (vas de l'esquerra); és a dir, la reacció anirà de dreta a esquerra. A partir de creatina i ATP, es formarà fosfocreatina i ADP + P_i. I això gràcies a la mateixa aixeta: la reacció seguirà catalitzada pel mateix enzim.

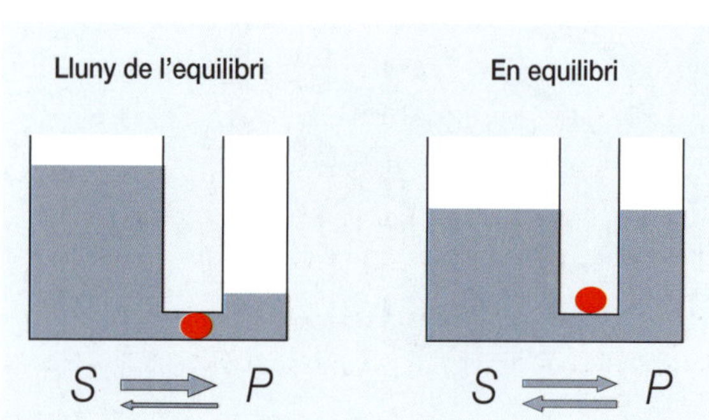

S = substrats (en aquest cas, fosfocreatina i ADP).
P = producte (en aquest cas, creatina i ATP).

Els enzims: les eines de la cèl·lula

Els enzims són **biocatalitzadors** que permeten que les reaccions tendeixin a l'equilibri. Gairebé tots són proteïnes (se'n coneixen uns quants que són molècules d'RNA). S'uneixen a una molècula característica anomenada **substrat** (formant un complex enzim-substrat) i el modifiquen generant un compost diferent anomenat **producte**. Finalment, l'enzim es recupera, inalterat, i pot tornar a actuar sobre una altra molècula de substrat.

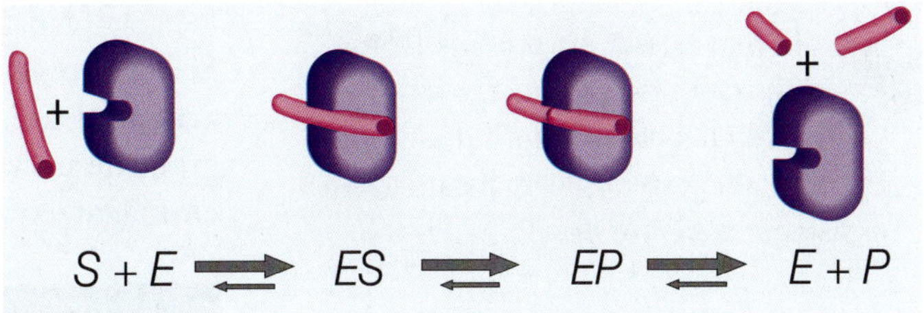

Actuació d'un enzim (una hidrolasa). El lisozim catalitza el trencament d'una cadena de polisacàrid. *ES* representa el complex enzim-substrat, i *EP*, el complex enzim-producte.

L'**activitat** de les reaccions catalitzades per enzims es mesura com una velocitat (v): nombre de molècules de substrat transformades en producte per unitat de temps. Aquesta activitat depèn de diversos factors:

- **Concentració de l'enzim.** Com més gran sigui el nombre de molècules d'enzim en un compartiment, més gran serà la capacitat de transformar el substrat en producte.
- **Concentració del substrat.** A mesura que augmenta la concentració de substrat, augmenta la velocitat perquè és més probable que les molècules d'enzim i les de substrat es trobin. Arriba un moment, però, en què tot l'enzim està ocupat (està **saturat** pel substrat). En aquestes condicions s'assoleix la **velocitat màxima**. La concentració de substrat necessària per assolir la meitat de la velocitat màxima s'anomena K_M (constant de Michaelis-Menten), la qual és una mesura de l'**afinitat** de l'enzim pel substrat.
- **La temperatura i el pH.** Els òptims són aquells en els quals s'assoleix una velocitat màxima.
- **Concentració de cofactors al·lostèrics.**
- **Modificacions covalents de l'enzim**, com ara la fosforilació.

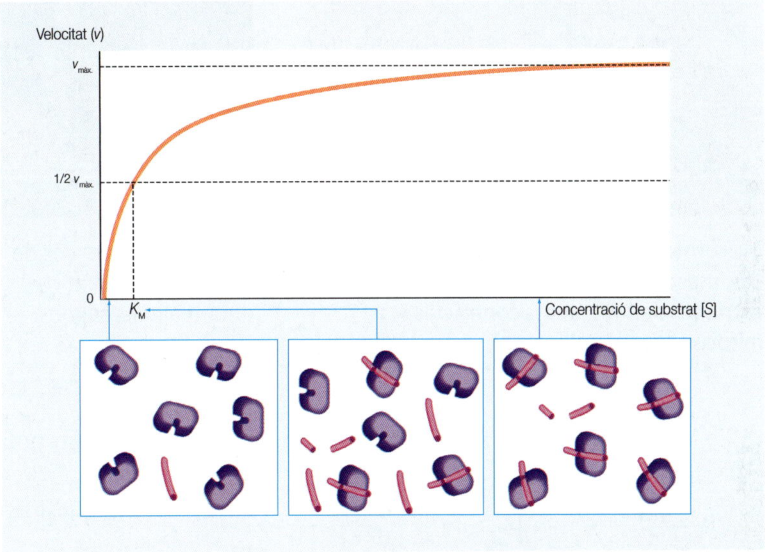

La velocitat de la reacció depèn de la concentració del substrat.

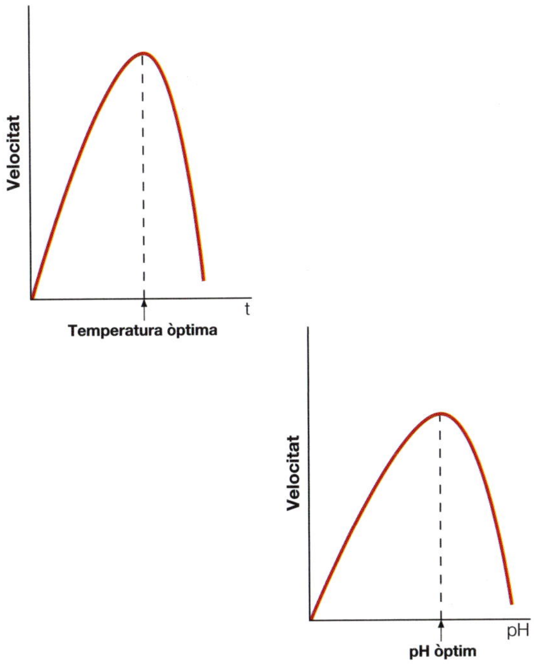

L'activitat enzimàtica depèn de la temperatura (*T*) i del pH.

ACTIVITATS

Biomolècules i energia d'un esprint

Un velocista d'elit consumeix uns 6 mmol d'ATP per quilogram de múscul cada segon. A la taula s'indica el contingut (en mmol/kg de múscul) d'ATP i fosfocreatina abans i després de fer un esprint.

Compost	Abans de l'esprint	Després de l'esprint
ATP	5	4
Fosfocreatina	25	7

1. Com pot ser que la fosfocreatina hagi baixat tant i l'ATP es mantingui gairebé constant si el que consumeix el múscul és ATP?
2. Quants segons d'esprint s'han pogut córrer amb l'energia d'aquests compostos? Per saber-ho, has de calcular quants mil·limols d'ATP s'han format a partir de fosfocreatina i quants n'ha fet servir dels que ja tenia al múscul.
3. Per què no s'ha consumit tota la fosfocreatina? Creus que si les cèl·lules musculars tinguessin més quantitat de creatina-quinasa es consumiria més fosfocreatina? Explica-ho.

Ja han passat els primers tres segons de cursa i les reserves de fosfocreatina s'han exhaurit. I ara què? Ens farà falta respirar? Com recarreguem el sistema d'ATP/ADP + P_i?

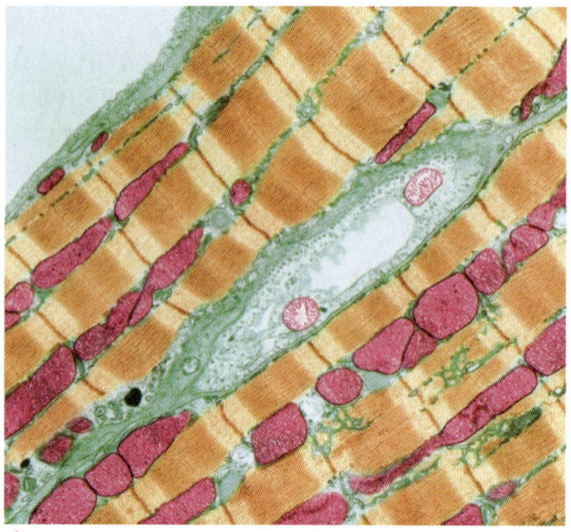

Microfotografia de teixit muscular (en aquest cas, múscul cardíac) on es veuen les bandes estriades dels filaments contràctils i mitocondris (de color rosa).

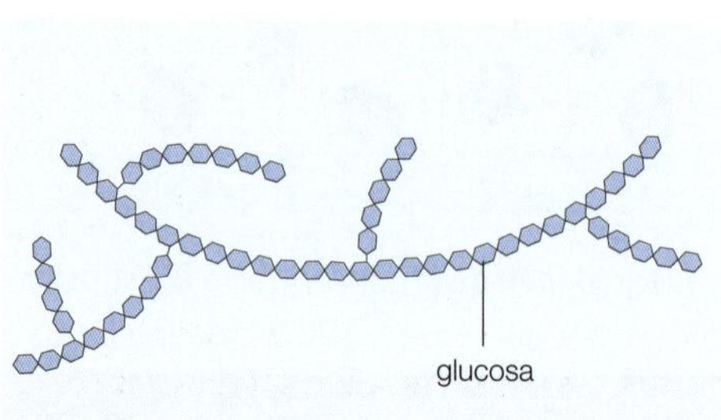

Glicogen.

El glicogen, quan es degrada, genera glucosa-1-P, que s'isomeritza a glucosa-6-P, la qual serà oxidada en la glucòlisi.

Esforç anaeròbic: consumir el glicogen sense oxigen

Si l'esforç va més enllà d'uns quants segons, les reserves de fosfocreatina ja han arribat al seu mínim utilitzable. El múscul ha d'utilitzar altres recursos per obtenir grans quantitats d'energia en poc temps: catabolitzar, per via **anaeròbica**, la glucosa emmagatzemada en forma de glicogen al teixit muscular.

Hi ha atletes capaços de córrer a uns 36 km · h^{-1} durant alguns segons.

Esforços tan intensos com aquests són freqüents a la natura: persecucions, fugides i lluites. En un esprint per atrapar la presa, el guepard pot arribar a una velocitat superior a 100 km · h^{-1}.

Primera etapa: des del glicogen fins a la glucosa-6-P

El **glicogen** és un polisacàrid format per monòmers de glucosa que s'emmagatzema al teixit hepàtic (5 % de la massa del fetge) i als músculs (0,5 % de la massa muscular). Durant aquest tipus d'esforç, bàsicament cada múscul utilitza el seu glicogen.

El procés d'hidròlisi del glicogen, que transforma el polisacàrid (glicogen) en monosacàrids (glucosa) fosforilats utilitzables per la cèl·lula, s'anomena **glicogenòlisi**. El catalitza l'enzim *glicogen-fosforilasa*, que hidrolitza els enllaços Glc $\alpha(1\rightarrow4)$-Glc. Però l'estructura del glicogen presenta moltes ramificacions, generades pels enllaços $\alpha(1\rightarrow6)$, la qual cosa requereix l'actuació d'un altre enzim, l'*enzim desramificant*, que hidrolitza l'enllaç $\alpha(1\rightarrow6)$. Un cop hidrolitzada la ramificació, continua actuant l'enzim glicogen-fosforilasa alliberant molècules de glucosa-1-P.

La glucosa-1-P, el producte de la reacció, no pot ser utilitzada directament per la glucòlisi, sinó que s'ha de convertir en glucosa-6-P mitjançant un altre enzim, la *fosfoglucomutasa*, i d'aquesta manera la glucosa-6-P sí que entra directament a la glucòlisi.

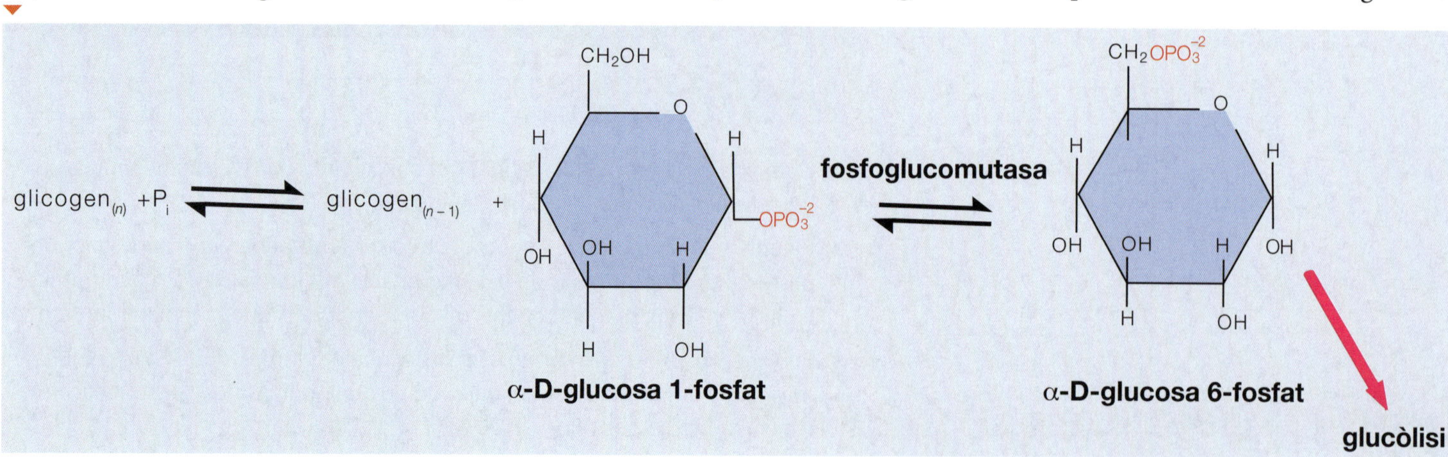

Segona etapa: de la glucosa-6-P fins al lactat

La **glucòlisi** comença amb un seguit de transformacions de la glucosa 6-P, de les quals resulten dues molècules de 3 carbonis. A partir d'aquí (la zona puntejada de l'esquema de la dreta) totes les etapes es produiran dues vegades per cada molècula de glucosa.

Cada una de les dues molècules resultants transforma un NAD^+ en NADH. Immediatament se sintetitza ATP a partir d'ADP i P_i. Aquests 2 ATP (un per cada molècula de 3 carbonis) compensen la despesa dels 2 ATP consumits a les primeres etapes del procés.

El 3-fosfoglicerat es continua transformant fins que el **fosfoenolpiruvat** esdevé **piruvat**, amb la producció d'ATP a partir d'ADP i P_i (2 per cada glucosa).

El sistema NADH/NAD^+ transfereix potencial **redox** des de les reaccions catabòliques fins a la cadena respiratòria, on cedeix la seva càrrega (protons i electrons) a l'oxigen i així se sintetitza ATP a partir d'ADP i P_i.

A les fibres blanques, però, la quantitat d'oxigen és molt baixa, de manera que el NADH produït no es pot transformar en NAD^+. Sense NAD^+, el **gliceraldehid-3-P** no es pot transformar: la glucòlisi s'aturaria i no es podria sintetitzar ATP. La solució és transformar el piruvat en **lactat**, amb la qual cosa el NADH es transforma en NAD^+ i la glucòlisi pot continuar. El lactat s'acumula al citosol i és una de les causes principals de la fatiga muscular. Per tant, en la transformació de glucosa a lactat s'obtenen **2 ATP** nets, i en el que utilitza glucosa-6-P (procedent de glicogen) s'obtenen **3 ATP**.

La glucosa també es podria catabolitzar aeròbicament (amb oxigen), com passa als músculs dels corredors durant un exercici més prolongat però menys intens. D'aquesta manera, s'obtindria molta més quantitat d'energia a partir d'una mateixa quantitat de glucosa (de **36** a **38 ATP**). Això no obstant, les fibres musculars més aptes per a l'**exercici anaeròbic** (*fibres blanques*) són més ràpides que les més aptes per a l'**exercici aeròbic** (*fibres vermelles*). Tenir més o menys fibres de cada tipus ve determinat genèticament, però també es pot variar mitjançant un entrenament específic.

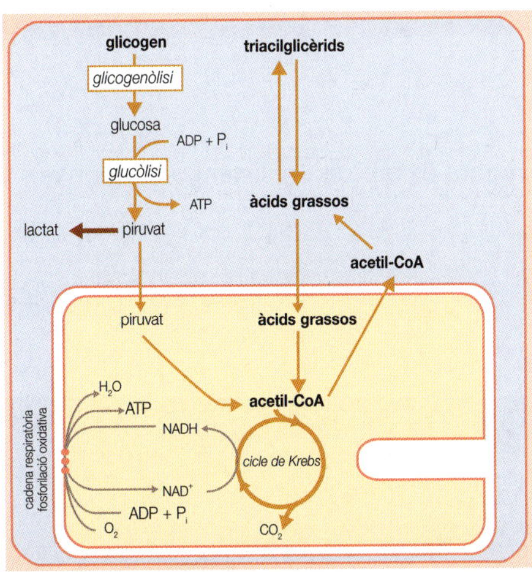

A les fibres blanques, hi arriba poc oxigen, i ni el piruvat ni el NADH poden ser transformats al mitocondri, de manera que s'acumulen al citosol. Així, el piruvat passa a lactat i transforma el NADH en NAD^+. Aquest NAD^+ es torna a reduir a NADH, però el lactat es va acumulant.

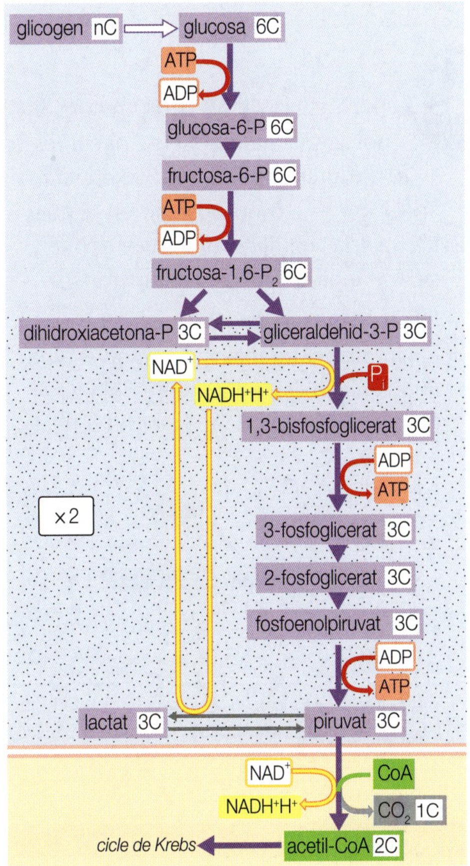

Esquema de l'oxidació de la glucosa. La zona puntejada indica que el nombre de molècules és el doble que el nombre de molècules de glucosa. Als requadres en blanc s'indica el nombre d'àtoms de carboni de cada molècula. P indica fosfat inorgànic.

ACTIVITATS

Hi ha prou glicogen als músculs per fer un esprint de 200 metres?

Seguim el velocista de l'activitat anterior, durant la seva cursa de 200 metres. Abans de començar, cada quilogram dels seus músculs tenia 56 mmol de glucosa en forma de glicogen. En tindrà prou per acabar els 200 metres? La resposta no és fàcil, però intentem-ho:

1. En primer lloc, hem de saber quina quantitat d'energia obtenim a partir de la glucosa per via anaeròbica. Quantes molècules d'ATP es produeixen per cada glucosa consumida? Quantes se n'han hagut de gastar per començar la via? Atenció: quan el glicogen es degrada, proporciona glucosa-6-P, i no pas glucosa.
2. La cursa durarà 20 s, però els primers 3 o 4 s els fa amb l'energia de la fosfocreatina. Si consumeix 6 mmol d'ATP · kg^{-1} · s^{-1}, quanta energia li haurà d'aportar la degradació de glicogen?
3. Finalment hem de calcular quina quantitat de glucosa procedent de glicogen cal degradar mitjançant glucòlisi per aconseguir aquesta quantitat d'energia.
4. N'hi ha prou amb els 56 mmol · kg^{-1} que tenia inicialment el múscul? Per què?

Una cursa de 60 o 100 metres es pot acabar gairebé sense haver respirat durant l'esforç: tot l'exercici és anaeròbic. Això no obstant, en acabar la cursa, la ventilació pulmonar és intensa. Cal molt oxigen per recuperar-se.

D'altra banda, és gairebé impossible prolongar un esforç intens durant més d'un minut, poc més de 400 metres: hi ha factors que limiten l'esforç intens prolongat.

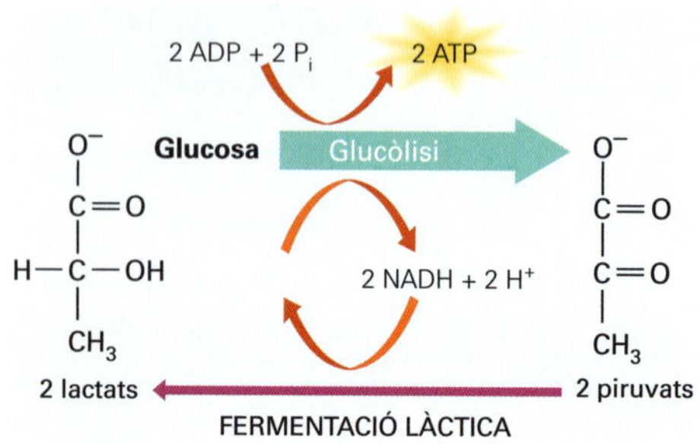

Fermentació làctica

En el cas de l'exercici anaeròbic fet gràcies a la degradació del glicogen muscular, podríem pensar que l'activitat s'hauria de poder mantenir mentre quedin reserves energètiques. Però després d'un exercici intens, encara que hi hagi glicogen muscular per consumir, apareix la fatiga. En aquest cas, doncs, la fatiga no és el resultat de l'esgotament dels substrats energètics (com passaria en un esforç de llarga durada), sinó que la seva causa principal és que les fibres musculars s'han acidificat per acumulació d'ions H^+ (protons). Aquesta producció d'ions H^+ és deguda, sobretot, a la presència d'àcid làctic, el producte final de la **fermentació làctica**, que, en condicions fisiològiques, es dissocia alliberant un H^+:

$$\text{àcid làctic} \rightleftarrows \text{lactat} + H^+$$

Així, en el múscul, el pH pot arribar a disminuir de 7,1 a 6,3 després d'un esprint, i com que una mica de lactat surt a la sang, el seu pH pot passar de 7,4 a 6,8. Aquesta disminució del pH té diverses conseqüències:

- Disminució de la capacitat del reticle sarcoplasmàtic d'alliberar calci al sarcòmer com a resposta als nous estímuls nerviosos.
- Interferència dels ions H^+ en la interacció del calci amb el mecanisme que inicia la contracció muscular i en la interacció entre l'actina i la miosina.
- Inhibició de la glucòlisi.

ACTIVITATS

Una cursa a vida o mort

Les zebres són preses habituals dels lleons. La zebra és ràpida i resistent, i la lleona és una velocista pura. La cursa de persecució no sol durar més d'uns quants segons.

1. Busca on han sortit els termes *sarcòmer*, *actina* i *miosina* a la unitat i rellegeix el paper que tenen, juntament amb el calci, en la contracció muscular. Què provoca la fatiga?
2. Raona des del punt de vista metabòlic per què si la lleona no atrapa la zebra en els vint o trenta primers segons difícilment aconseguirà atrapar la presa.
3. En el QR de la dreta o a l'enllaç http://qr.teide.eu/022U, podeu veure la final olímpica de 400 metres. Observa l'atleta russa, que corre pel carrer 4, del minut 3:34 al 5:07. Què creus que li passa en els últims 100 metres?

L'efecte del pH i la regulació de la glucòlisi

L'activitat dels enzims depèn de factors relacionats amb la reacció que catalitzen, com ara la concentració dels substrats, productes, cofactors, inhibidors, efectors, etc. L'activitat enzimàtica també depèn de variables com ara la temperatura, la concentració d'ions o el pH. Per a tots aquests factors hi ha unes *condicions òptimes* a les quals cada enzim presenta una activitat màxima. Així, quan el pH de la cèl·lula baixa a causa de l'acumulació de lactat produït per la glucòlisi, l'activitat de molts enzims disminueix. La glucòlisi s'alenteix i cada cop es produeix menys quantitat d'ATP; per tant, el múscul es queda sense energia i perd la seva capacitat de contracció.

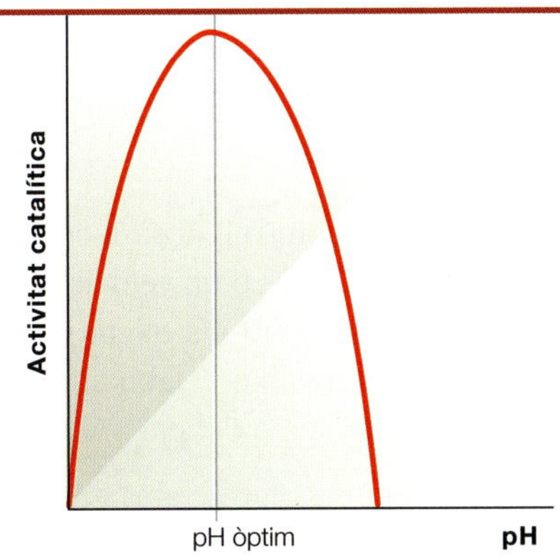

L'activitat catalítica dels enzims depèn, entre altres factors, del pH.

Deute d'oxigen, gluconeogènesi i glicogènesi

Per recuperar la capacitat de contracció, cal eliminar el lactat que s'ha acumulat i, així, recuperar els valors normals de pH. En primer lloc, el lactat ha de passar a piruvat. Quan arriba oxigen, la cadena respiratòria es posa a funcionar i genera ATP, i es gasta ADP i P_i. Així, al citosol els nivells d'ATP pugen i els d'ADP i P_i baixen. La glucòlisi s'inhibeix. El piruvat pot passar a glucosa, i el lactat, a piruvat. La síntesi de glucosa a partir de lactat o d'altres compostos (per exemple, d'aminoàcids) s'anomena **gluconeogènesi**. A continuació, la glucosa polimeritza i forma glicogen (molècula que emmagatzema energia) a través de la via anabòlica anomenada **glicogènesi**.

Aquestes dues vies de síntesi (com totes les anabòliques) requereixen l'aportació d'energia en forma d'ATP, que procedeix de l'oxidació d'altres compostos, principalment lípids. Una part del lactat dels músculs pot sortir a la sang i anar al fetge, on es transformarà en glucosa, la qual viatjarà novament per la sang fins al múscul, on s'acumularà en forma de glicogen. En fer l'exercici gairebé sense respirar (i, per tant, acumulant lactat) és com si hagués contret un **deute d'oxigen** que cal pagar immediatament, aportant oxigen als teixits per recuperar el lactat i oxidar-lo al cicle de Krebs o per a la síntesi de glucosa. Per això, en acabar un exercici d'intensitat elevada, l'esportista comença a agafar aire intensament.

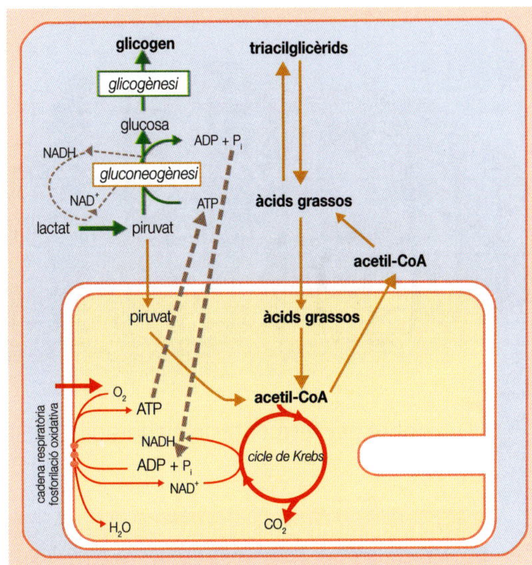

Després d'un esforç intens l'esportista ha de «pagar un deute d'oxigen». S'utilitza piruvat per sintetitzar glucosa o per oxidar-lo al cicle de Krebs, i així el lactat acumulat va passant a piruvat.

ACTIVITATS

La PFK i el lactat

L'enzim de la glucòlisi més sensible a les variacions de pH és la fosfofructoquinasa (PFK), que catalitza la fosforilació de la fructosa-6-P. A la taula es presenten els valors de la seva activitat catalítica segons el pH.

pH	6,00	6,25	6,50	6,75	7,00	7,25	7,50	7,75	8,00	8,25
Activitat catalítica (%)	0	7	15	30	48	60	78	91	100	95

1. Localitza, a l'esquema de la glucòlisi de la pàgina 124, en quin pas actua la PFK.
2. Fes un gràfic que relacioni la variació de l'activitat PFK amb el pH.
3. Si amb un exercici d'alta intensitat el pH del múscul baixa de 7,1 a 6,3, quant disminueix l'activitat de la PFK (en percentatge d'activitat catalítica)? Què succeirà amb la glucòlisi?
4. A partir d'aquestes dades, justifica per què l'acidificació del múscul produeix fatiga.
5. El múscul podria arribar a danyar-se si continua treballant amb gran intensitat. Interpreta la funció reguladora d'aquest enzim per protegir el múscul.

Què tenen en comú els nostres eritròcits o els músculs d'un velocista durant una cursa amb els microorganismes que fan possible l'elaboració del iogurt, del formatge o del pa?

Altres fermentacions

La **fermentació** és qualsevol procés catabòlic en el qual hi ha una oxidació incompleta de compostos orgànics. Habitualment es dona en absència d'oxigen; per tant, és un procés anaeròbic. Tot i això, hi ha fermentacions aeròbiques, com és el cas de la fermentació acètica.

En absència d'oxigen no es pot obtenir energia de l'oxidació de l'acetil-CoA, AcCoA (i, per tant, ni de l'oxidació de lípids ni de glúcids). En aquests casos, com a molècula que accepta els electrons del NADH, només es pot utilitzar una altra molècula diferent de l'oxigen. Segons la substància orgànica que s'obté com a producte final, hi ha diferents tipus de fermentacions: **alcohòlica** (l'acceptor final és un alcohol), **làctica** (ho és l'àcid làctic), **pútrida** o **putrefacció** (ho són diversos compostos orgànics que fan pudor).

El pa s'obté per fermentació elaborada per llevats.

El rendiment energètic de les fermentacions és molt inferior al de l'oxidació total de la matèria orgànica fins a CO_2 i H_2O. Amb la fermentació només s'obtenen 2 ATP d'una molècula de glucosa; en canvi, en la respiració cel·lular aeròbica se'n produeixen de 36 a 38.

Fan fermentacions els llevats i alguns bacteris, encara que algunes cèl·lules d'animals també en poden fer; és el cas, per exemple, dels eritròcits, que no tenen mitocondris quan són madurs i circulen per la sang, o de les fibres musculars esquelètiques dels mamífers, algunes de les quals són *facultatives*: poden treballar aeròbicament o anaeròbicament.

Segons la substància orgànica que s'obté com a producte final, hi ha diferents tipus de fermentacions. Vegem-ne alguns:

Tipus de fermentació i alguns organismes que la duen a terme	Procés bioquímic	Resultat del procés i usos humans
Fermentació làctica (bacteris: *Lactobacillus, Streptococcus lactis, Leuconostoc citrovorum*) 	La lactosa (disacàrid format per una glucosa i una galactosa) es transforma, mitjançant diversos passos, en àcid làctic: LACTOSA —(lactasa)→ GLUCOSA + GALACTOSA ↓ isomerasa 2 GLUCOSES → 4 ÀCIDS PIRÚVICS ↓ lactat-deshidrogenasa 4 ÀCIDS LÀCTICS + 4 ATP	Aquest tipus de fermentació permet obtenir aliments derivats de la llet: formatge, iogurt, quefir... Molts embotits, en el procés d'adobament, també experimenten fermentacions làctiques.
Fermentació alcohòlica (llevats del gènere *Saccharomyces*) 	La glucosa es transforma en dues molècules d'alcohol etílic (etanol) i dues molècules de diòxid de carboni: GLUCOSA → 2 ETANOLS + 2 CO_2 + 2 ATP	Amb aquest procés s'elaboren begudes alcohòliques, i amb llevats de *S. cerevisiae* purificats s'elabora el pa.
Fermentació pútrida o putrefacció (*Clostridium sporogenes*, entre d'altres) 	A partir de proteïnes i aminoàcids de restes d'organismes, s'obtenen substàncies orgàniques que fan mala olor (indole, cadaverina, escatol). Aquest tipus de fermentació es dona en els cadàvers i en les restes vegetals en descomposició. ALANINA (aminoàcid) $CH_3{-}CHNH_2{-}COOH$ + GLICINA (aminoàcid) 2 ($CH_2NH_2{-}COOH$) —(2 H_2O)→ ÀCID ACÈTIC 3 ($CH_3{-}COOH$) + CO_2 + 3 NH_3	La putrefacció és un fenomen força important en els sistemes naturals, ja que contribueix a la descomposició de les restes orgàniques. Així, les plantes poden utilitzar els materials inorgànics que se n'obtenen.

ACTIVITATS

Una investigació amb llevats

Feu aquest experiment en grups de tres o quatre alumnes.

Què necessitareu?

- llevat de pa
- matrassos d'Erlenmeyer i pipetes
- aigua
- globus
- sacarosa (pot servir sucre de taula)
- font de calor i de fred (estufa d'incubació, nevera...)
- vasos de precipitats grans
- termòmetres
- microscopis

Què cal saber?

La fermentació, en aquest cas, és una fermentació alcohòlica duta a terme pel llevat *Saccharomyces cerevisiae*:

$$C_6H_{12}O_6 \rightarrow 2\ (CH_3{-}CH_2OH) + 2\ CO_2 + \text{energia (2 ATP)}$$

Penseu què investigareu i formuleu-ne una hipòtesi

Amb els materials de la llista, cada grup ha de fer una investigació sobre la fermentació del llevat de pa. Fixeu-vos que en el procés es desprèn CO_2: penseu quin paper poden tenir els globus en l'experiment.

Cada grup ha de triar una variable (temperatura, quantitat de llevat, quantitat d'aigua, quantitat de sacarosa) que cregueu que pot influir sobre l'activitat metabòlica del llevat. Formuleu una hipòtesi (per exemple: *potser amb més quantitat d'aigua hi haurà més activitat metabòlica*).

Dissenyeu un experiment

Tenint en compte la vostra hipòtesi, dissenyeu un experiment amb els materials de què disposeu.

Identifiqueu en cada cas la variable independent i la variable dependent.

Si estudieu l'efecte d'una variable, penseu que haureu de fixar totes les altres (control de variables). Penseu també que l'aire calent ocupa més volum, i haureu de descartar que aquest fet alteri els resultats (segons l'experiment que feu pot ser important). Abans de començar, ensenyeu el pla de la investigació al professor o professora.

Feu l'experiment i observeu els resultats

Feu l'experiment i anoteu acuradament els resultats al llarg del temps.

Al llarg de l'experiment pot ser molt interessant que observeu els llevats amb el microscopi: agafeu una petita mostra de la suspensió de llevats, observeu-la amb el microscopi i cerqueu llevats que s'estiguin reproduint per gemmació.

Feu-ne dibuixos o fotografies si disposeu dels mitjans.

Feu un breu informe

Elaboreu un breu informe (o presentació amb suport informàtic) en què interpreteu els resultats i expliqueu si es confirma o no la vostra hipòtesi.

Esforç de llarga durada

En Kilian Jornet és corredor d'ultrafons, esquiador extrem, aventurer... Les seves fites semblen inabastables per a la resta de persones. Potser es podria esperar que en Kilian tingués un cos de superheroi de pel·lícula. Però no, al contrari, la seva complexió no correspon pas a aquest estereotip... De què està fet en Kilian? Com s'ha d'entrenar per afrontar unes proves tan exigents? Potser té unes característiques genètiques determinades?

Les proves d'*ultrafons* com les que disputa Kilian Jornet es duen a terme amb un metabolisme completament **aeròbic**, en el qual el substrat energètic principal són els greixos (àcids grassos) acumulats als músculs i al teixit adipós. Malgrat les baixes xifres de massa corporal i compostos energètics que puguin tenir els esportistes que fan esforços de llarga durada, al nostre cos acumulem gran quantitat d'energia en forma de greixos. El tipus de fibra muscular que predomina als músculs d'aquests atletes és de tipus I, característic del **múscul vermell** (més del 90 % del total de les fibres musculars en un corredor de llargues distàncies).

Pesa entre 58 i 59 kg, fa 171 cm d'alçada i té una freqüència cardíaca de 34 pulsacions per minut en repòs i 205 de màxima. La seva capacitat pulmonar és de 5,3 L, amb un volum de O_2 màxim d'entre 85 i 90 mL · min^{-1} · kg^{-1}, i la seva composició de greix corporal és del 8 %. Dorm unes vuit hores diàries. Té una infinitat de rècords i medalles en diferents campionats de curses i esquí de muntanya, i puja i baixa del Kilimanjaro, la muntanya africana més alta, de 5 892 m, en només set hores i quinze minuts!

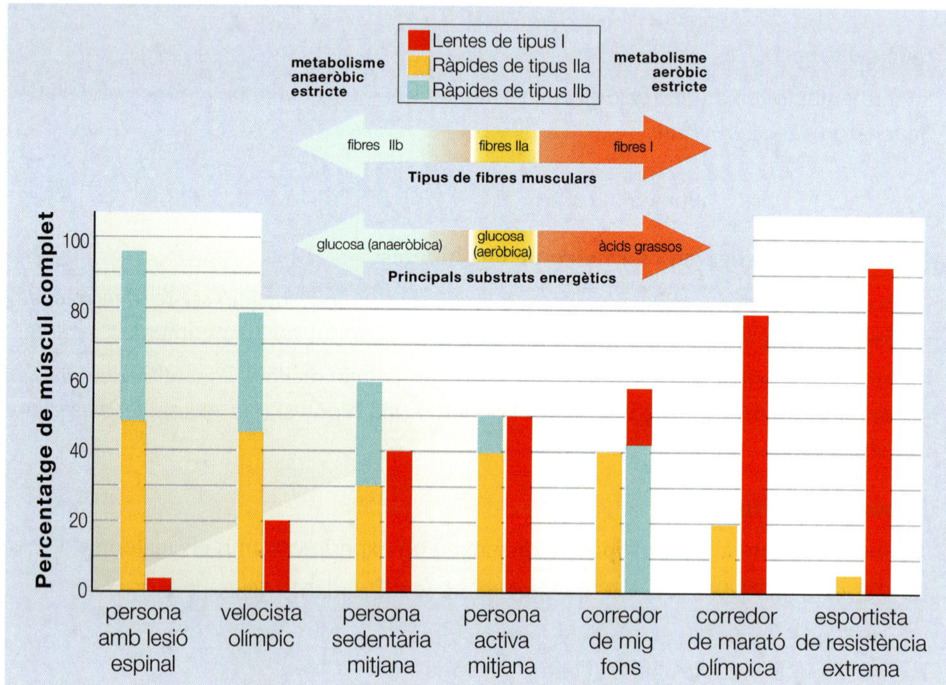

Campions de resistència en el món animal

Molts animals (aus, ratpenats, foques, rens, antílops, tortugues marines, papallones, llagostes, peixos i, fins i tot, cucs marins), per terra, mar o aire, recorren grans distàncies durant determinades èpoques de l'any –els rècords de Kilian Jornet queden molt petits–, buscant condicions climatològiques més adequades per alimentar-se o bé per reproduir-se i, al cap d'uns mesos, tornen al lloc d'origen.

Alguns d'aquests animals fan migracions de milers de quilòmetres: el xatrac àrtic és l'au que fa les migracions més llargues del planeta: més de 20 000 km des del cercle polar àrtic fins a l'extrem sud d'Àfrica. Algunes espècies de balenes recorren tot l'oceà Atlàntic, de sud a nord, per alimentar-se de *krill*. Les cigonyes blanques nidifiquen a l'Europa Occidental i passen l'hivern a l'Àfrica Occidental tropical després de travessar el desert del Sàhara i fer més de 2 000 km de distància. Les aus canores fan més de 500 km diaris. Les tortugues marines recorren uns 3 000 km des de les platges on nien fins a les zones on s'alimenten. Centenars de milers de nyus blaus, a les planes africanes, durant l'estació seca fan una migració anual de milers de quilòmetres per buscar pastures òptimes.

Tots aquests animals, en el període previ a les migracions, s'alimenten amb abundància i acumulen teixit adipós, reserves bioquímiques d'energia que aniran consumint per via aeròbica al llarg de la travessia.

Branta leucopsis: moltes espècies d'anàtids són aus migratòries.

La migració més llarga d'un mamífer marí és la de les iubartes o balenes amb gep (*Megaptera novaeangliae*): passen l'estiu a la península Antàrtica i es reprodueixen a l'altura de les costes de Colòmbia i Costa Rica.

Oxidant greixos

Les fibres musculars de tipus I contenen molts mitocondris, els quals, com a substrat energètic, poden oxidar els àcids grassos emmagatzemats en forma de triacilglicèrids (TAG), també anomenats *triglicèrids* o *triacilglicerols*, en el mateix múscul o al teixit adipós, des d'on es transporten per la sang fins als músculs. Aquests àcids grassos s'oxiden a la matriu mitocondrial mitjançant un procés estrictament aeròbic (és a dir, que requereix O_2), es produeix ATP a partir d'ADP i P_i, i s'elimina CO_2, que prové dels carbonis de les molècules d'àcid gras.

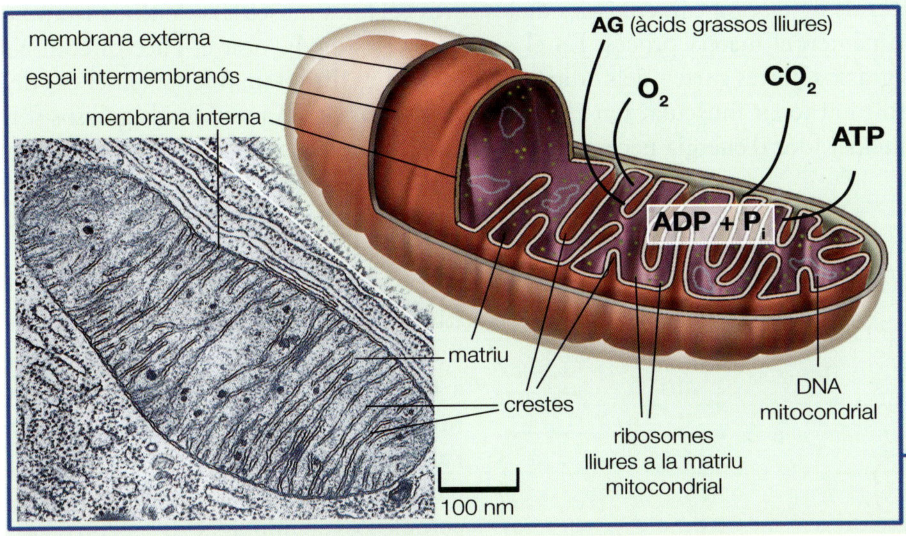

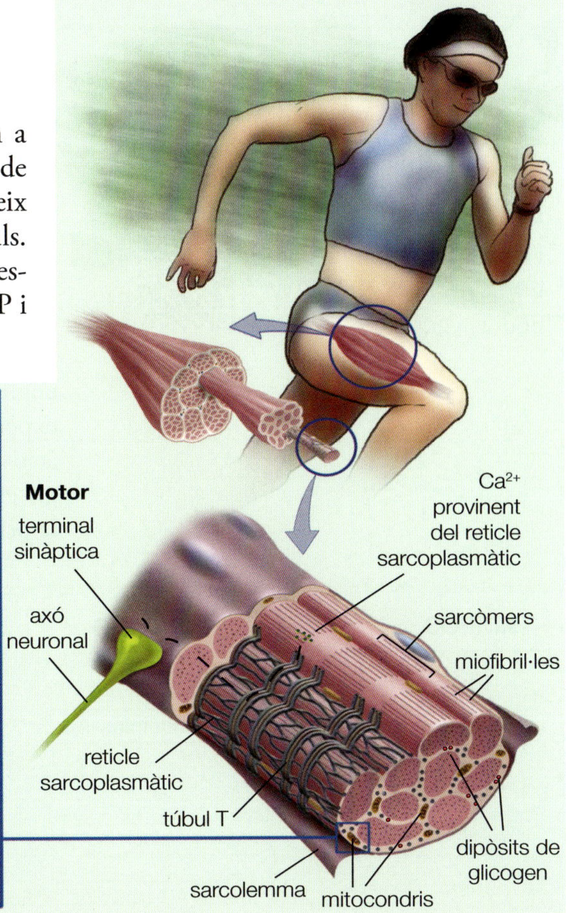

ACTIVITATS

Les fibres vermelles en l'alimentació

La tonyina, *Thunnus thynnus*, o tonyina d'aleta blava, que pot arribar a fer més de 2 m i pesar 300 kg, és un dels peixos més preuats per la seva carn. Viu a l'oceà Atlàntic, el mar Mediterrani i el mar Negre, i s'alimenta d'altres peixos més petits. Aquestes tonyines fan migracions de milers de quilòmetres, tant per reproduir-se com per alimentar-se. Abans de migrar, acumulen greix i, durant el trajecte, s'alimenten freqüentment. La musculatura és d'un color fosc, amb predomini de les fibres vermelles.

1. Què fan els animals migratoris per acumular greix?
2. Com s'utilitzaran els greixos durant la migració?
3. Explica per què es caracteritza el tipus de fibra muscular que predomina a la tonyina i justifica per què és idònia per al tipus d'esforç que fa durant les migracions.

Pit o cuixa?

Quantes vegades t'han demanat, a l'hora de servir el pollastre a taula: «Què t'estimes més, pit o cuixa?» I... tu què contestes? Què t'agrada més? Per què?

1. El pit de pollastre té la carn més seca, no té gens de greix, mentre que la de la cuixa és més sucosa. Raona de quin tipus de múscul es tracta en cada cas.
2. El pollastre, quan era viu, caminava amunt i avall contínuament, tot el dia... i només de tant en tant agitava les ales amb un esforç extraordinari per intentar prendre el vol. Justifica si aquest diferent tipus d'activitat física té a veure amb els tipus de múscul de què estan formats el pit i la cuixa. Explica-ho.
3. Fes un esquema dels processos metabòlics mitjançant els quals obté l'energia el múscul del pit del pollastre.
4. Fes un esquema dels processos metabòlics mitjançant els quals obté l'energia el múscul de la cuixa del pollastre.
5. Compara els dos esquemes metabòlics i diferencia allò que proporciona la textura i el gust a la carn del pit de pollastre del que els dona a la carn de la cuixa.

En Kilian Jornet entrena set dies a la setmana, unes 1 000 hores l'any, la qual cosa suposa un recorregut d'uns 15 000 km, amb un desnivell acumulat d'uns 550 000 m.

En aquest QR o a l'enllaç http://qr.teide.eu/022W podràs veure'l en acció!

Utilitzant els greixos: magatzem i transport

Però... els greixos que consumeixen els músculs en l'exercici aeròbic s'emmagatzemen en un teixit especialitzat, el teixit adipós blanc. Cal, doncs, traslladar-los des del magatzem fins al lloc de consum. I no és un procés senzill ni ràpid.

Lipòlisi al teixit adipós

En plena cursa, al teixit adipós d'en Kilian, els triacilglicèrids s'hidrolitzen fins a àcids grassos lliures (AG o AGL) i glicerol en el procés anomenat **lipòlisi**. Els triacilglicèrids de reserva característics de les seves cèl·lules musculars de tipus I també experimenten el mateix procés. En el cas del teixit adipós, tant el glicerol com els àcids grassos lliures surten dels adipòcits, des d'on es dirigiran al fetge (en el cas del glicerol) i al teixit muscular (en el cas dels àcids grassos). Aquests àcids grassos són la principal font d'energia necessària per afrontar la cursa.

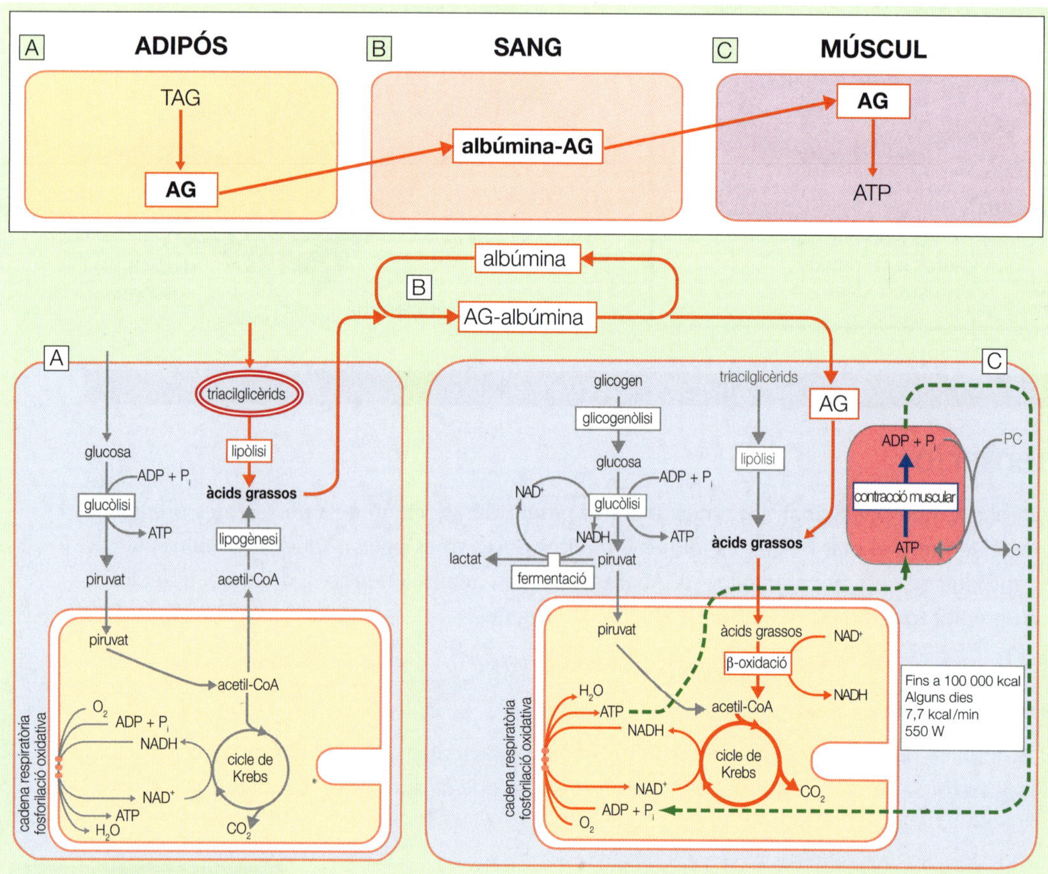

Transport d'àcids grassos (AG) des del teixit adipós fins al múscul, on són oxidats per obtenir energia.

El transport dels àcids grassos per la sang

Els àcids grassos lliures són substàncies hidrofòbiques i, per tant, s'han d'unir a una proteïna per ser transpotats per mitjà de la sang. Aquesta proteïna és l'**albúmina sèrica**, que presenta tres llocs d'unió als àcids grassos. Des de la sang, els complexos albúmina-àcids grassos passen als espais intersticials, des d'on els àcids grassos penetren dins de les cèl·lules musculars mitjançant proteïnes de transport, per difusió facilitada. Un cop al citoplasma, s'uneixen a proteïnes receptores específiques, i finalment entren a la matriu mitocondrial travessant la membrana mitocondrial interna mitjançant un complex sistema de transport.

La β-oxidació dels àcids grassos

Els àcids grassos, de 16 o 18 carbonis, procedents de la lipòlisi del teixit adipós i transportats per la sang, o procedents de la lipòlisi dels triacilglicèrids de la mateixa cèl·lula muscular són processats a la matriu mitocondrial de la manera següent:

1. Activació de l'àcid gras: formació d'un *acil-CoA*, per unió de l'àcid gras a una molècula de coenzim A (CoA); es consumeix l'equivalent energètic a 2 ATP (ATP → AMP + PP_i).

2. Entrada al mitocondri.

3. Oxidació del tercer carboni (carboni β, segona posició després del grup −COOH), mitjançant tres reaccions, passant de la forma reduïda $-CH_2$ a l'oxidada −C=O. És una forma inestable.

4. La molècula anterior, inestable, es trenca i forma una molècula d'acetil-CoA (petit àcid gras de dos carbonis unit al CoA) i un àcid gras de dos carbonis menys.

5. Aquest nou àcid gras, dos carbonis més curt que el primer, torna a començar el procés, i produeixen un nou acetil-CoA i un nou àcid gras dos carbonis més curt.
6. Cada acetil-CoA s'oxida completament en el cicle de Krebs, fins a dues molècules de CO_2, i genera 12 molècules d'ATP.

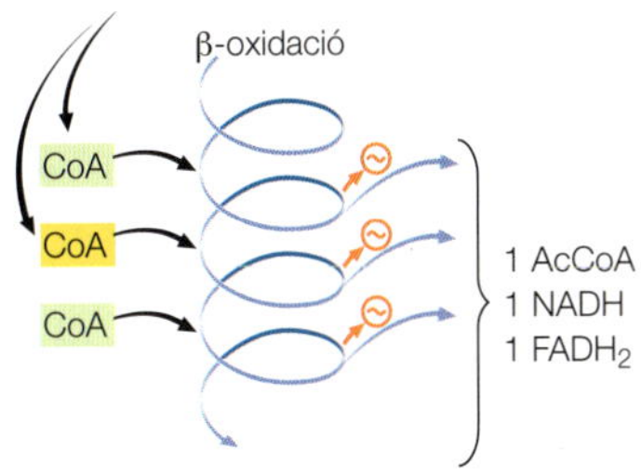

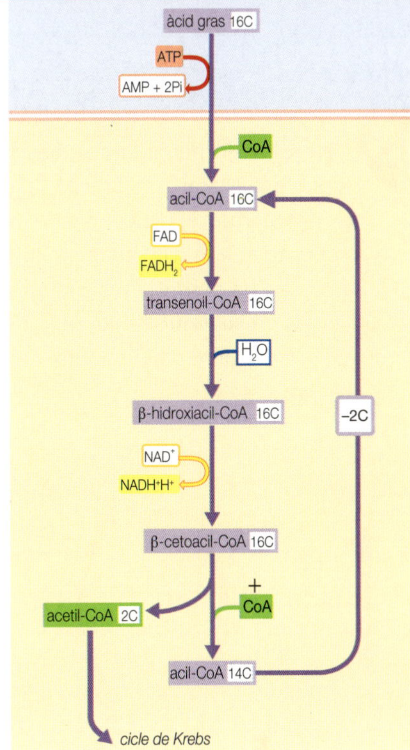

Esquema de l'oxidació dels àcids grassos (β-oxidació). Ombrejades en groc, les reaccions que s'esdevenen a la matriu mitocondrial. Als requadres en blanc s'indica el nombre d'àtoms de carboni de cada molècula.

Balanç energètic de l'oxidació d'àcids grassos

L'oxidació completa a l'interior del mitocondri d'una molècula d'un àcid gras característic, com l'àcid palmític, $C_{16}H_{32}O_2$, de 16 carbonis, comporta l'obtenció de 129 molècules d'ATP, segons el balanç següent:

Oxidació completa d'un àcid gras de 16 carbonis			
7 voltes de β-oxidació +	8 molècules d'acetil-CoA −	activació inicial de l'àcid gras =	balanç global
$7\ FADH_2 \times \frac{2\ ATP}{1\ FADH_2} = 14\ ATP$ $7\ NADH \times \frac{3\ ATP}{1\ NADH} = 21\ ATP$	$\times \frac{12\ ATP}{1\ \text{molècula AcCoA}} = 96\ ATP$	2 ATP	129 ATP

El balanç anterior es pot resumir amb l'equació:

$$\text{àcid palmític} + 23\ O_2 + 129\ ADP + 129\ P_i \rightarrow 16\ CO_2 + 16\ H_2O + 129\ ATP + 129\ H_2O$$

ACTIVITATS

Els gossos més resistents i els més ràpids: huskies i llebrers

Els gossos de trineu poden córrer cada dia fins a catorze hores. Si descansen i s'alimenten bé durant les deu hores que resten del dia, l'endemà estan com nous i poden tornar a córrer catorze hores més, i l'endemà, un altre cop...

1. La despesa energètica que fan aquests animals (23 700 kcal · dia^{-1}) no és gaire més alta que la que fa un cavall (21 700 kcal · dia^{-1}) o un ciclista (20 000 kcal · dia^{-1}). Però es tracta d'individus de pes corporal molt diferent. Calcula la despesa energètica diària per quilogram de pes d'un gos de 22 kg de massa, d'un cavall de 220 kg i d'un ciclista de 65 kg, i compara'n els resultats.
2. Durant les hores de descans, els gossos s'alimenten amb una dieta rica en greixos. Fes un esquema metabòlic en el qual expliquis com recuperen les reserves que han consumit durant l'exercici.
3. A la dieta, però, també hi ha hidrats de carboni. Creus que els poden transformar en greixos i emmagatzemar-los al teixit adipós? Explica-ho sobre l'esquema metabòlic anterior.

4. Els llebrers són gossos caçadors que arriben a assolir una velocitat de fins a 70 km · h^{-1}. Poden fer aquest esforç tan intens sempre que no es perllongui gaire en el temps.
   a) Quines diferències pel que fa a l'obtenció d'energia hi ha entre un llebrer i un gos de trineu? Quina font predominarà en cada cas: de glicogen o de triacilglicèrids?
   b) Quin tipus de múscul ha de predominar en cada un dels dos tipus de gossos? Justifica-ho.
   c) Explica, metabòlicament, per què els gossos de trineu poden mantenir molt de temps l'esforç muscular i, en canvi, els llebrers només poden mantenir una velocitat molt elevada durant un temps limitat.

El cicle de Krebs

En Kilian Jornet ja fa tres dies que corre a la Marató del Sàhara, al desert del Marroc. El petit excés de massa corporal que havia guanyat abans de la cursa l'ha perdut, en bona part, a causa dels greixos que li han oxidat els músculs. Com obté tanta energia a partir dels greixos?

Oxidar significa, químicament, cedir electrons a una altra molècula, la qual, en acceptar-los, es *redueix*. Totes les molècules tenen una certa tendència a cedir o captar electrons en les reaccions de transferència d'electrons (*redox*), la qual es pot mesurar: el **potencial redox**. En diversos processos catabòlics, com ara la *glucòlisi* i la *β-oxidació*, alguns compostos s'oxiden i cedeixen electrons a la molècula NAD^+, que es redueix a NADH, tal com es veu a l'esquema. Aquest NADH cedirà els electrons a una altra molècula, i s'oxidarà novament fins a NAD^+, que es podrà tornar a reduir. Per això, aquests parells de molècules (com ara $FAD/FADH_2$) s'anomenen **transportadors d'electrons**.

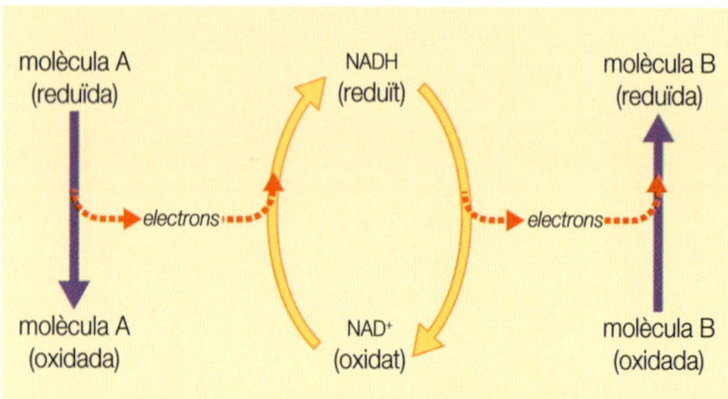

La fàbrica quantitativament més important de transportadors reduïts (NADH i $FADH_2$) a partir de les seves parelles oxidades (NAD^+ i FAD) és el **cicle de Krebs**. En aquesta via cíclica conflueixen tots els processos catabòlics.

La molècula clau del catabolisme és l'**acetil-CoA**, format per dos carbonis en forma d'acetil units a un derivat vitamínic, el coenzim A. L'acetil-CoA prové de l'oxidació de glúcids o, com en el cas de la cursa d'en Kilian, de l'oxidació de greixos.

Les etapes més importants del cicle de Krebs són les següents:

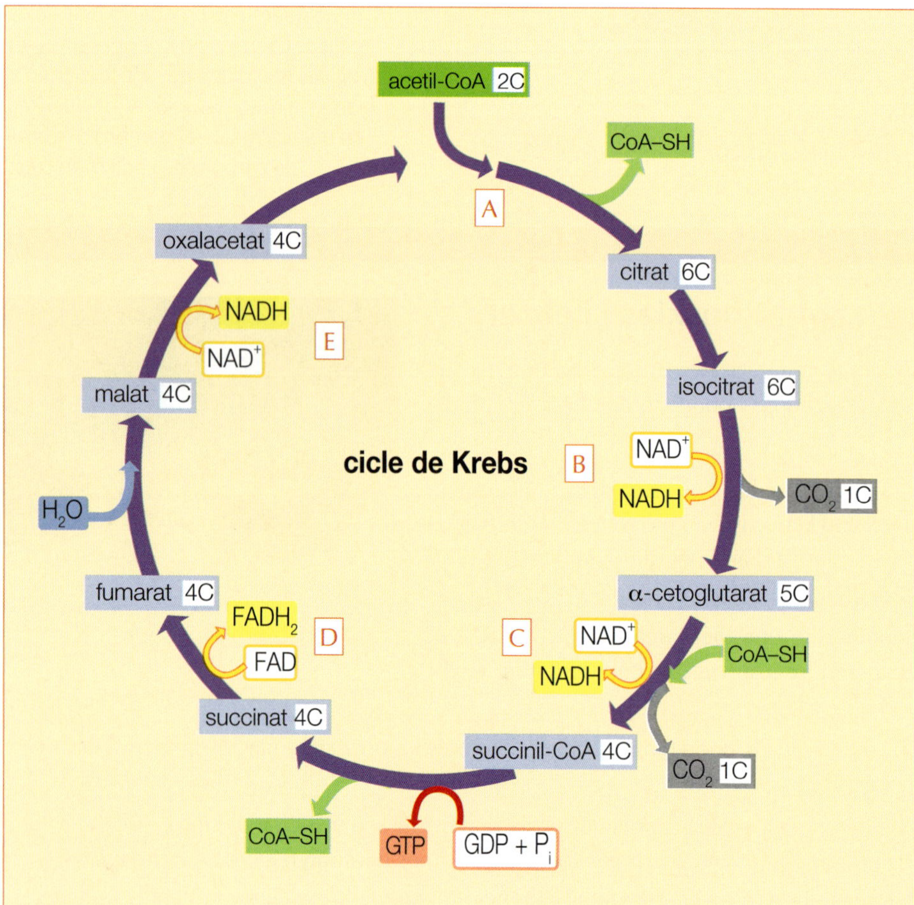

Etapes principals del cicle de Krebs

A. Unió dels dos carbonis de l'acetil-CoA a l'oxalacetat per formar **citrat**, de 6 carbonis.

B. Primera **descarboxilació**: es generen el primer CO_2 i un NADH a partir de NAD^+.

C. Segona **descarboxilació**: es generen el segon CO_2, un altre NADH i un compost activat amb coenzimA (CoA), que després es trenca i produeix l'energia necessària per sintetitzar GTP a partir de GDP + P_i, equivalent a l'ATP.

D. Nova oxidació, que comporta l'obtenció de $FADH_2$.

E. Quarta oxidació, amb formació de NADH, i regeneració de l'oxalacetat, que torna a començar el cicle.

El balanç energètic del cicle de Krebs és de 3 NADH, 1 $FADH_2$ i una molècula de GTP (equivalent a 1 ATP) per l'oxidació dels dos carbonis de l'acetil fins a dues molècules de CO_2.

El cicle de Krebs **només funciona en condicions aeròbiques** (en presència de O_2) perquè necessita les formes oxidades, NAD^+ i FAD, les quals es generen a partir de les formes reduïdes (NADH i $FADH_2$), principalment a la **cadena de transport d'electrons** o cadena respiratòria. Aquesta cadena només funciona en presència d'oxigen molecular (O_2) com a **acceptor final d'electrons**, a causa del seu elevat potencial redox.

ACTIVITATS

Enzims del cicle de Krebs: cooperativitat i al·losteria

Els enzims del cicle de Krebs (CK) no estan gaire regulats. No obstant això, entre els enzims del CK destaca l'**α-cetoglutarat-deshidrogenasa**, una oxidoreductasa que descarboxila l'àcid α-cetoglutarat i genera succinil-CoA, CO_2 i NADH. En realitat és un **complex multienzimàtic**: tres enzims diferents es troben lligats entre si, de manera que el producte d'un és immediatament reconegut com a substrat per l'enzim següent del complex, i així guanya molta eficiència en les cinc reaccions de què realment consta el procés. Com altres llocs clau de la regulació del metabolisme, aquest enzim és regulat mitjançant dos sistemes importants: la **cooperativitat** i l'**al·losteria**.

- La **cooperativitat** és un fenomen que suposa que diverses molècules interaccionen entre si i n'afavoreixen (cooperativitat positiva) o en dificulten (cooperativitat negativa) la unió a una altra molècula. Es produeix sobre molècules amb més d'una subunitat. Per exemple, la unió de l'oxigen a l'hemoglobina (un tetràmer) és cooperativa positiva. En el cas dels enzims, la cooperativitat positiva es posa de manifest per un gràfic entre la velocitat inicial (v_0) i la concentració de substrat [S], que no és hiperbòlic, sinó que és *sigmoidal* (en forma de s).
- L'**al·losteria** és un fenomen que té lloc quan una substància determinada, anomenada **efector al·lostèric**, s'uneix a l'enzim, però en un lloc diferent del que s'hi uneix el substrat, fet que provoca un augment (efector positiu) o una disminució (efector negatiu) de l'activitat de l'enzim. Els enzims que presenten aquests fenòmens s'anomenen **enzims al·lostèrics**. Els efectors desplacen la corba entre v_0 i [S], i fan variar la $v_{màx.}$, però no la K_M ($S_{0,5}$); per això s'anomenen *enzims V*.
- Molts enzims complexos presenten cooperativitat pel substrat i al·losteria alhora. Són els enzims K, perquè ara els efectors al·lostèrics desplacen la corba entre v_0 i [S] de dreta a esquerra, i fan variar la K_M ($S_{0,5}$), però no la $v_{màx.}$.

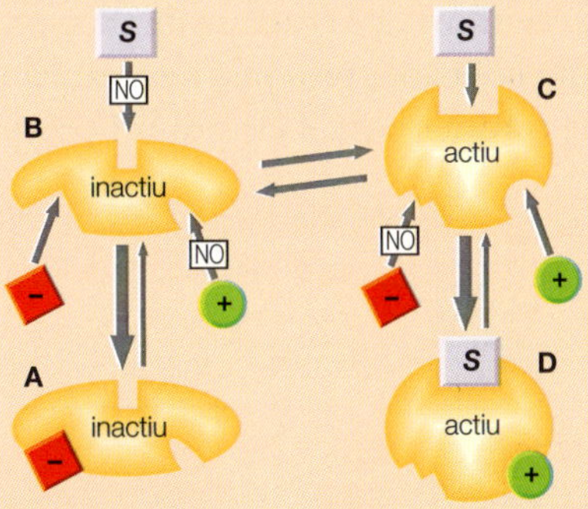

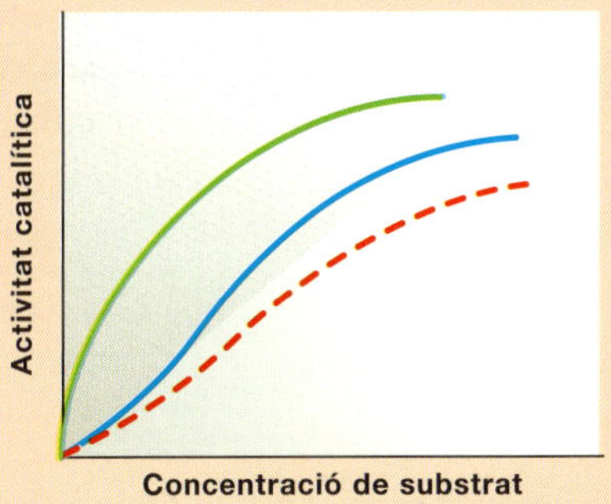

Efectors al·lostèrics i cooperatius pel substrat (enzims K)

- Els enzims al·lostèrics i amb cooperativitat pel substrat presenten almenys dues conformacions, que quan són «buides» (formes B i C) estan en equilibri.
- El substrat generalment s'uneix a C i el transforma en D. La disminució del nombre de formes C provoca el desplaçament de l'equilibri de B cap a C, de manera que, en augmentar la quantitat de substrat (S), augmenta la quantitat de formes actives de l'enzim, i es genera així una corba entre v_0 i [S] que és sigmoidal (cooperativitat positiva pel substrat).
- Un efector al·lostèric positiu (**cercle verd**) desplaça l'equilibri cap a les formes actives (C i D). Amb elevades concentracions d'efector positiu, tot l'enzim es trobarà en forma activa, la qual cosa proporciona una corba v_0 i [S] que és hiperbòlica desplaçada a l'esquerra.
- Un efector al·lostèric negatiu (**rombe vermell**) desplaça l'equilibri cap a les formes inactives, és a dir, una corba v_0/[S] desplaçada a la dreta, cada cop més sigmoidal. Però un augment molt gran de S aconseguirà que tot l'enzim passi a les formes actives (C i D): s'assolirà la mateixa $v_{màx.}$, però caldrà una concentració de S molt més alta que sense efector negatiu.

1. Localitza al cicle de Krebs la reacció catalitzada per l'enzim α-cetoglutarat-deshidrogenasa. Quins substrats té? I quins productes?
2. Digues, i justifica, quina de les tres corbes del gràfic correspon a:
   a) un enzim al·lostèric i amb cooperativitat positiva pel substrat sense efectors;
   b) l'enzim al·lostèric i amb cooperativitat positiva pel substrat, en presència d'un efector positiu;
   c) l'enzim al·lostèric i amb cooperativitat positiva pel substrat, en presència d'un efector negatiu.
3. El Ca^{2+} és un efector al·lostèric positiu de diferents enzims del cicle de Krebs. Tenint en compte el paper del calci en la contracció muscular, quin sentit fisiològic té això en relació amb l'exercici muscular? Explica-ho.

Una de les errades comunes en afrontar aquestes curses tan llargues –diu Kilian Jornet– és que la gent s'obsessiona a córrer, quan el desert no és per a velocistes. Cal centrar-se en els **entrenaments aeròbics** de llarga distància.

Intervenció de l'oxigen

Fan falta tot un seguit de vies metabòliques per fer treballar els músculs en esforços poc intensos però que es perllonguen durant molt de temps. L'oxigen i els mitocondris hi tenen un paper important.

La cadena respiratòria

A la membrana mitocondrial interna es disposen tot un seguit de proteïnes que alhora actuen com un enzim i com un transportador. Aquests complexos proteics, juntament amb altres substàncies (la ubiquinona, el citocrom *c*, etc.) s'intercanvien electrons procedents de les molècules transportadores, obtingudes sobretot de la *β-oxidació* i del *cicle de Krebs*: el NADH i el $FADH_2$. Aquests components moleculars de la membrana mitocondrial interna constitueixen la **cadena de transport d'electrons** o **cadena respiratòria.** L'intercanvi d'electrons té lloc des d'aquelles substàncies que tenen una gran tendència a cedir-los (potencial redox baix) i s'oxiden, fins a aquelles altres que tenen més tendència a captar-los (potencial redox més alt) i es redueixen.

Els complexos proteics NADH-deshidrogenasa, b-c_1 i citocrom-oxidasa actuen a manera de bombes que impulsen ions H^+ des de la matriu mitocondrial fins a l'espai intermembranós, i així generen un gradient de protons entre les dues cares de la membrana mitocondrial interna, de manera que tenen una gran tendència a tornar a la matriu del mitocondri. Aquest procés només funciona en presència d'oxigen, ja que l'oxigen és l'últim acceptor d'electrons de la cadena de transportadors (gràcies al seu elevat potencial redox): es redueix i capta protons, i es transforma en una molècula d'aigua. Sense oxigen, tota la transferència d'electrons i protons s'atura.

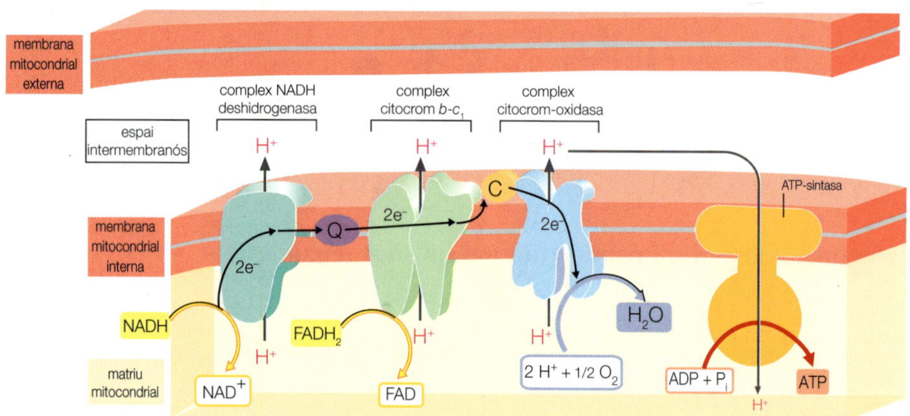

Flux d'electrons des del NADH fins a l'oxigen a través dels complexos enzimàtics de la membrana interna mitocondrial. La ubiquinona (Q) i el citocrom c (C) actuen com a transportadors entre els complexos. En algunes de les transferències d'electrons es capten protons de la matriu i es transfereixen a l'espai intermembranós.

La fosforilació oxidativa

En el procés de la *fosforilació oxidativa*, la cèl·lula transforma l'energia del gradient de protons (procedent de la diferència de potencial redox) en **energia d'enllaç fosfat**: els protons (H^+) poden retornar a la matriu mitocondrial a través de l'ATP-sintasa, que aprofita aquest flux per sintetitzar ATP a partir d'ADP + P_i. El gradient de H^+ generat per l'oxidació d'1 NADH proporciona prou energia perquè s'obtinguin, aproximadament, 3 molècules d'ATP. D'altra banda, l'oxidació del $FADH_2$ genera energia aproximadament per a 2 ATP.

Les ATP-sintases dels mitocondris d'una persona de 70 kg de pes, en situació de repòs, produeixen cada dia l'energia corresponent a 100 kg d'ATP, la qual cosa equival a una potència de 80 watts. No obstant això, el pes corporal d'aquesta persona no varia 100 kg al llarg del dia! Això és perquè, així que l'ATP se sintetitza a partir d'ADP i P_i, és consumit a l'instant novament a ADP i P_i. El sistema ATP/ADP + P_i és un **transportador** d'energia química entre el lloc de producció (majoritàriament a les ATP-sintases) i els llocs de consum.

L'ATP-sintasa

L'ATP-sintasa és una proteïna gran (d'uns 600 000 daltons), constituïda per un cap, F_1, i un transportador de H^+ transmembranós, F_0. Totes dues parts estan formades per diverses subunitats. Quan els protons (empesos pel seu gradient) passen pel canal estret que deixen les subunitats transmembranoses, fan girar l'anell d'una manera similar com l'aigua fa girar les aspes d'una turbina. El gir de l'anell, al seu torn, fa girar el cap F_1, i aquest moviment provoca uns canvis de conformació que impulsen la síntesi d'ATP a partir d'ADP + P_i. Encara que sembli impossible, gira a més de 8 000 revolucions per minut, com el motor d'una moto!

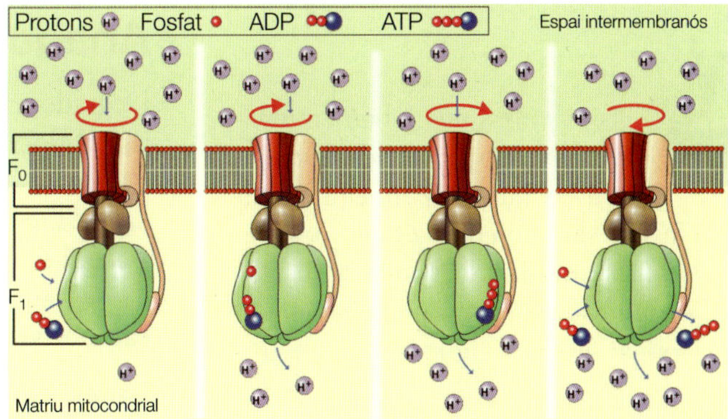

Mecanisme de funcionament de l'ATP-sintasa.

Cada ATP-sintasa pot produir més de 400 molècules d'ATP per segon a partir d'ADP i P_i, i per a cada una es requereix el pas de tres o quatre protons.

Rendiment energètic

Quan una glucosa procedent d'una molècula de glucogen s'oxida completament (per via aeròbica) fins a 6 molècules de CO_2 (glicogenòlisi, glucòlisi, conversió del piruvat a acetil-CoA, cicle de Krebs, cadena respiratòria i fosforilació oxidativa), genera entre 36 i 38 ATP a partir d'ADP i P_i, la qual cosa suposa unes 4 kcal · g^{-1}.

Al QR de la dreta o entrant a http://qr.teide.eu/022V podràs veure una animació de l'ATP-sintasa, un veritable motor molecular que va a 8 000 revolucions per minut.

Resum del rendiment energètic màxim obtingut per l'oxidació completa de la glucosa

Procés		Producció de molècules: al citosol	a la matriu mitocondrial	al transport electrònic	
Glucòlisi		2 ATP →	→	→	2 ATP
		2 NADH →	→	6 ATP →	6 ATP*
Respiració	àcid pirúvic a acetil-CoA		2 × (1 NADH) →	2 × (3 ATP) →	6 ATP
	cicle de Krebs		2 × (1 ATP) →	→	2 ATP
			2 × (3 NADH) →	2 × (9 ATP) →	18 ATP
			2 × (1 $FADH_2$) →	2 × (2 ATP) →	4 ATP
				Total:	38 ATP

*En algunes situacions, el cost energètic de transportar electrons des del NADH format a la glucòlisi, a través de la membrana interna del mitocondri, baixa la producció neta d'aquests 2 NADH a 4 ATP; així, la producció màxima total en aquestes cèl·lules és de 36 ATP.

ACTIVITATS

Catabolitzant glucosa al teixit adipós

Volem estudiar la velocitat de metabolització de la glucosa en cèl·lules de teixit adipós. Per això, hem fet l'experiment següent:

- Mantenim aquestes cèl·lules en un tub d'assaig tancat, en presència d'un medi artificial.
- Cada 10 minuts mesurem la quantitat de glucosa que hi ha al medi d'incubació i la quantitat de CO_2 que es genera al tub.
- Després de 30 minuts, eliminem l'oxigen del medi i continuem l'experiment durant 30 minuts més.

1. Fes un esquema metabòlic per explicar la via que seguirà la metabolització de la glucosa abans i després d'eliminar l'oxigen del medi. Com es diuen aquestes dues vies?
2. Els gràfics següents mostren els resultats de l'experiment:
   - Com expliques que, quan no hi ha oxigen al medi...
     a) s'estabilitzi la concentració de CO_2;
     b) la concentració de glucosa al tub d'assaig disminueixi més ràpidament que en presència d'oxigen.

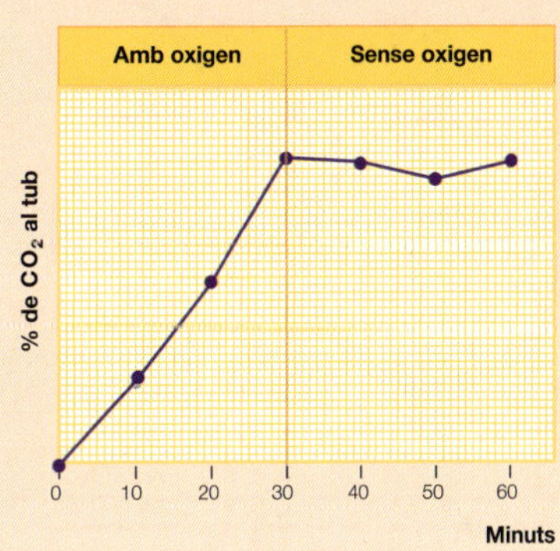

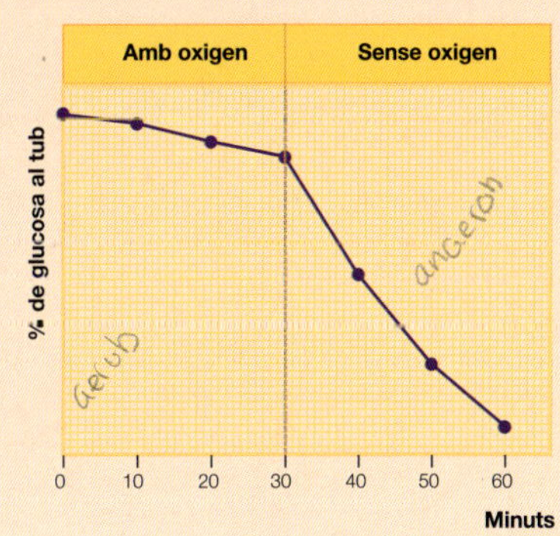

Els mamífers que hibernen mengen amb abundància per acumular molt greix que els permetrà resistir l'hivern sense menjar. Quan mengem i consumim menys energia de la que ingerim, acostumem a engreixar-nos, a fabricar més teixit adipós.

El liró menja molt i sintetitza greix abans que arribi l'hivern, l'estació desfavorable que passarà hibernant gràcies a l'energia de les reserves acumulades.

Anabolisme: elaboració de biomolècules

Degradem biomolècules i n'obtenim part de la seva energia. Així, degradem glicogen fins a glucosa (*glicogenòlisi*), i degradem glucosa, per via aeròbica, fins a acetil-CoA (*oxidació de la glucosa*), i per via anaeròbica, fins a lactat o altres compostos (*fermentació*). Degradem triacilglicèrids fins a àcids grassos (*lipòlisi*); els àcids grassos, fins a acetil-CoA (*betaoxidació*), i l'acetil-CoA, fins a CO_2 (*cicle de Krebs*). Aquestes vies de degradació, amb obtenció d'energia, s'anomenen **catabòliques**, i el seu conjunt, **catabolisme**.

També sintetitzem biomolècules, per tal d'emmagatzemar energia i recuperar les nostres reserves: sintetitzem glucosa a partir d'aminoàcids o d'intermediaris del cicle de Krebs (*gluconeogènesi*) i glicogen a partir de glucosa (*glicogènesi*). Produïm àcids grassos a partir d'acetil-CoA (*lipogènesi*) i triacilglicèrids a partir d'àcids grassos (*esterificació*). Aquestes vies de síntesi amb consum d'energia s'anomenen **anabòliques**, i el seu conjunt, **anabolisme**.

Malauradament, hi ha reaccions que no podem dur a terme, com ara sintetitzar glucosa a partir d'acetil-CoA i, per tant, de greixos. L'acetil-CoA ha d'entrar al cicle de Krebs i, abans d'incorporar-se a la gluconeogènesi, perd els dos carbonis en forma de CO_2, per la qual cosa aquesta via d'obtenció de glucosa és impossible. Només les plantes, alguns invertebrats i determinats microorganismes la poden fer, ja que disposen d'una via extraordinària, el cicle del glioxilat, mitjançant el qual poden sintetitzar glucosa a partir de greixos.

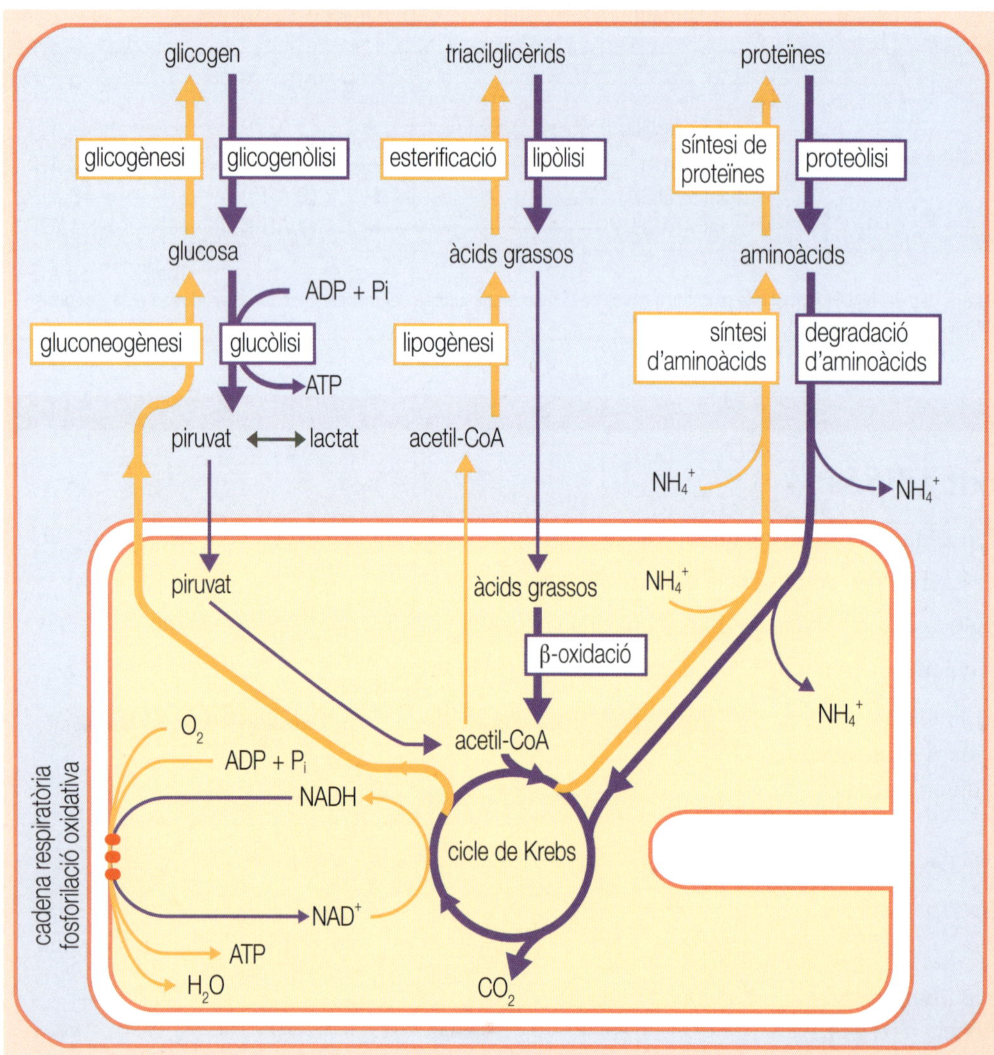

Fem moltes altres reaccions anabòliques: sintetitzem proteïnes a partir d'aminoàcids, colesterol a partir d'acetil-CoA, fosfolípids, hormones... Les plantes, mitjançant la fotosíntesi, produeixen monosacàrids a partir de CO_2. De fet, sintetitzem moltes de les nostres molècules a partir dels seus components, que obtenim de la digestió de les molècules que mengem.

Algunes molècules complexes, però, no les podem sintetitzar i les hem d'obtenir de la dieta, com ara alguns aminoàcids i alguns àcids grassos poliinsaturats. Són els «essencials».

Principals reaccions (fletxes primes) i vies metabòliques (fletxes gruixudes i nom dins d'un requadre) del metabolisme intermediari en una cèl·lula animal. En blau, el citoplasma, i en groc, la matriu d'un mitocondri.

ACTIVITATS

Les vies anabòliques

Aquest esquema resumeix algunes vies metabòliques de la cèl·lula:

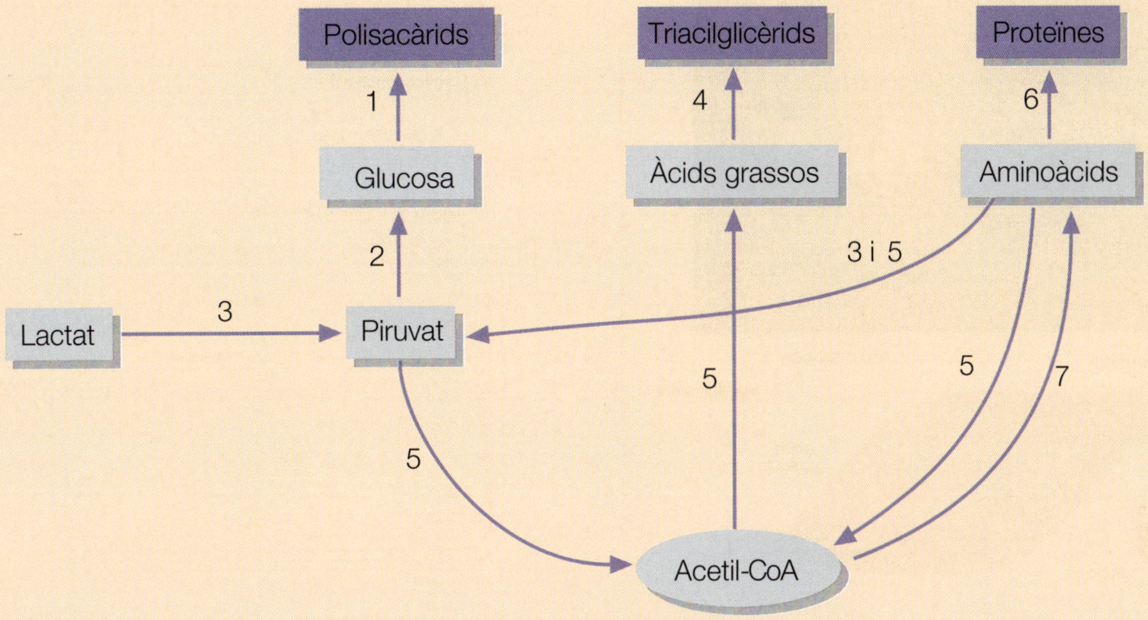

1. Identifica cadascun dels processos indicats amb un número. Diferencia quins són vies anabòliques i quins són vies catabòliques.
2. Un cop hagis situat a l'esquema la gluconeogènesi i la glicogènesi (síntesi de glicogen), explica si consideres que un procés és previ a l'altre.
3. En quina situació metabòlica la glucosa es converteix en glicogen? En quins moments se sol donar aquesta situació?
4. Identifica el camí metabòlic que permet emmagatzemar greixos quan hi ha un excés de glucosa.
5. Debat l'afirmació següent: «La via metabòlica indicada amb el número 5 és la β-oxidació en sentit invers».
6. Tot i que els aminoàcids poden ser el substrat de la síntesi de la glucosa i dels àcids grassos, aquests processos es donen en situacions molt diferents. Explica-ho.
7. Llegeix els tres paràgrafs següents; després, fes servir els esquemes de la pàgina anterior i d'aquesta activitat i explica la relació entre els tres paràgrafs:
   a) La dita «Si menges massa, t'engreixaràs» no sorprèn ningú: la nostra pròpia experiència ens diu que una ingestió extra de greix fa augmentar la nostra massa, de vegades més enllà del que desitjaríem.
   b) És conegut el fet que un excés de glúcids en la dieta repercuteix en un increment de l'emmagatzemament de greix.
   c) Tot i l'èmfasi en la ingestió d'una gran quantitat de proteïnes que fan algunes dietes per aprimar-se, cal recordar que l'excés de proteïnes en la dieta s'acaba convertint en greix.
8. Observa la imatge. Prendre begudes energètiques, que porten substàncies estimulants (com ara la cafeïna o la taurina), i menjar pastisseria industrial ens pot ajudar a augmentar el nostre rendiment intel·lectual? Per què?
9. Justifica per què un maratonià acostuma a ingerir, durant els dies previs a la competició, gran quantitat de glúcids (sobretot, midó) a partir d'aliments com ara macarrons, espaguetis...

▶ *Ràpids o resistents?* amb un cop d'ull

Córrer a tot drap: potència màxima

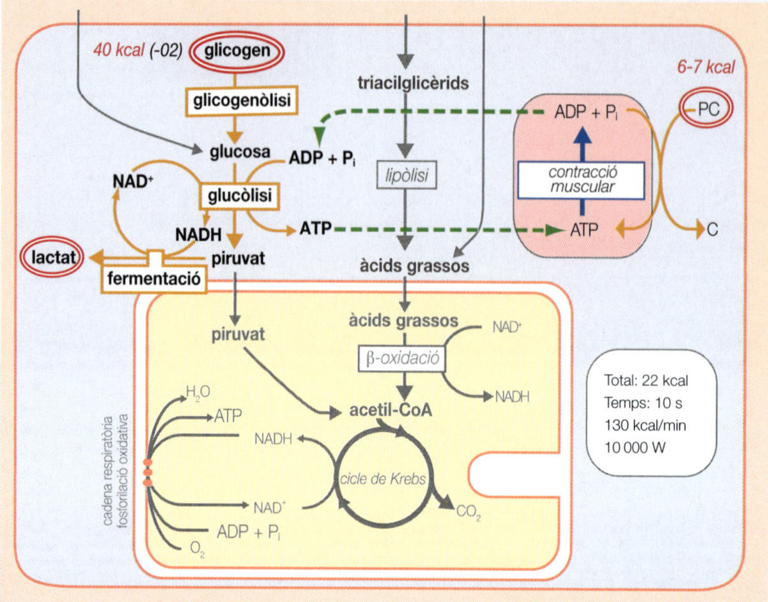

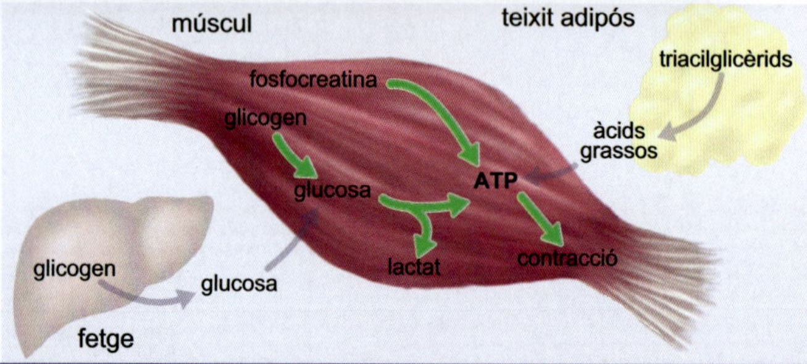

Músculs blancs: ràpids i potents però anaeròbics i poc vascularitzats. Tenen pocs mitocondris i els arriba poc oxigen. Consumeixen les reserves pròpies: fosfocreatina i glucosa (que procedeix del glicogen muscular) per via anaeròbica fins a lactat. Poden desenvolupar una potència enorme però durant poc temps.

Cursa de llarga durada: equilibri entre potència i resistència

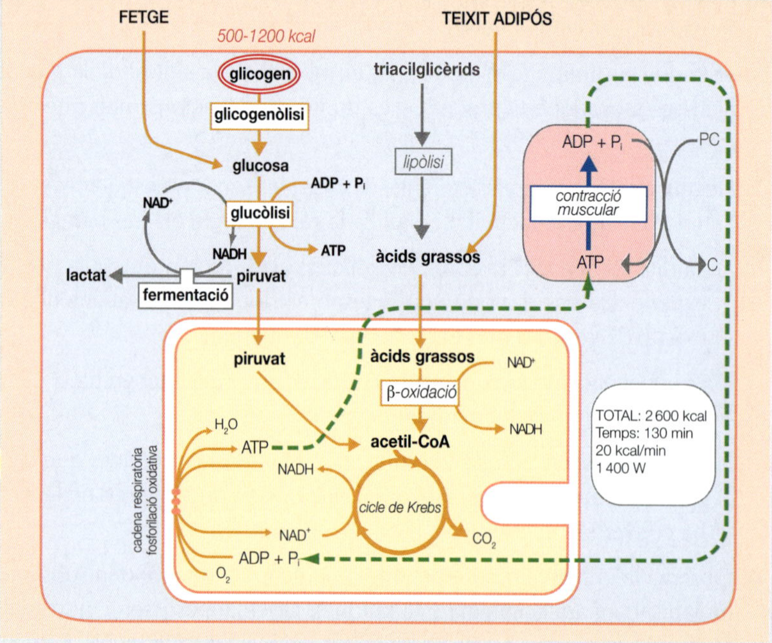

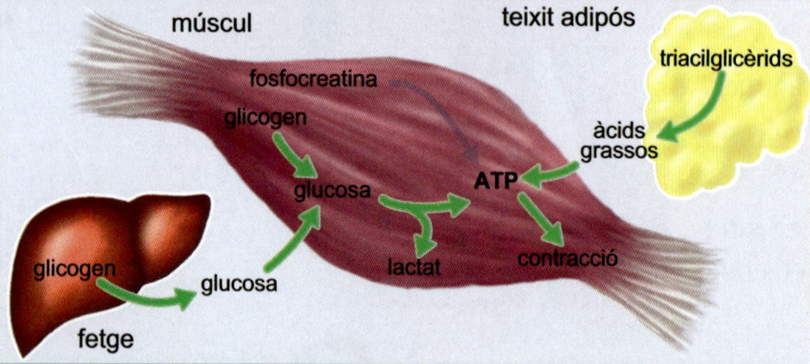

En un esforç continuat, per augmentar la velocitat cal consumir també el glicogen del múscul i del fetge. Per tant, cal dosificar l'esforç per arribar sense haver exhaurit el glicogen i utilitzar els greixos.

Volar, volar, volar: resistència màxima

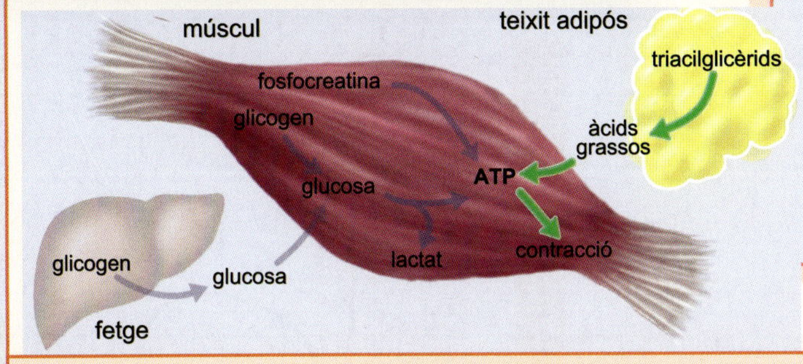

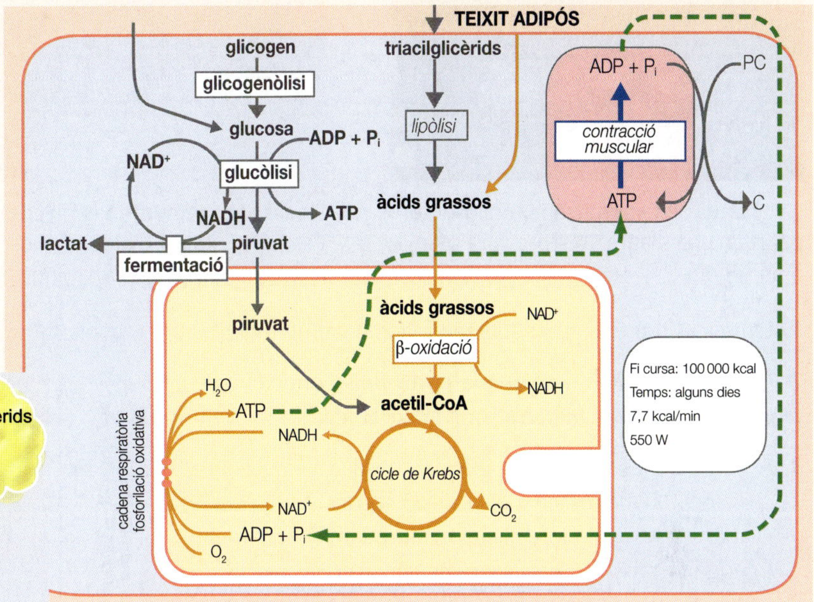

Músculs vermells: lents i resistents, però aeròbics i vascularitzats. Importen oxigen i substrats energètics. Tenen molts mitocondris. Consumeixen lentament les reserves del teixit adipós (per via aeròbica) que els arriben en forma d'àcids grassos per la sang. La potència és reduïda, però l'esforç es pot mantenir durant molt de temps.

Els humans

		Potència màxima (velocista)	Equilibri entre potència i resistència	Resistència màxima (corredor d'ultrafons)
Velocitat (km · h^{-1})		30-40	12-15	7-10
Despesa total (kcal)		~ 22	fins a 2 600	sobre unes 100 000
Temps d'exercici		10 segons	130 minuts	alguns dies
Potència	kcal · min^{-1}	130	20	7,7
	W	~ 10	~ 1400	~ 550
Reserves consumides		fosfocreatina (múscul) (6-7, totes) glicogen (múscul) (15-16, via anaeròbica)	glicogen (múscul i fetge) (800-1 600, totes) TAG (adipós) (1000 -1800)	TAG (adipós) (~ 100 000, totes)
Via		anaeròbica	aeròbica	aeròbica
Quocient respiratori		1,0-1,2	~ 0,85	~ 0,7
Factor limitant		fosfocreatina (múscul) cúmul de lactat	glicogen (múscul) velocitat de transport dels NEFA	TAG (adipós)

ACTIVITATS COMPLEMENTÀRIES

Atletes de la naturalesa

La granota salta per atrapar un insecte parat en una planta. L'esforç dura menys d'un segon.

Els salmons remunten el riu contracorrent. Per salvar un salt d'aigua fan un esforç intens durant prop d'un minut.

Sovint les lleones cacen en grup. La lleona que captura la presa fa un esprint curt de tres o quatre segons i un salt.

1. Quin substrat energètic utilitzen fonamentalment la granota (A), els salmons (B) i la lleona (C)? Justifica-ho.
2. Interpreta el gràfic de barres a partir dels coneixements que tens sobre el metabolisme anaeròbic.
3. A partir de les dades dels gràfics, justifica per què una cursa de 200 metres (en menys de 23 segons) no es podria acabar sense reserves de glicogen muscular. Teòricament, es podria acabar la cursa sense agafar aire? Raona-ho.
4. En una cursa de 400 metres, les cèl·lules musculars realitzen una fermentació. De quina fermentació es tracta? Justifica, des del punt de vista metabòlic, per què cap atleta no podria continuar corrent amb el mateix ritme intens durant 400 metres més.

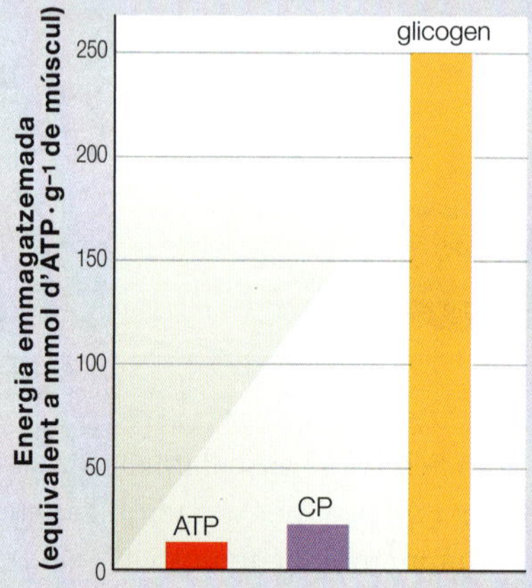

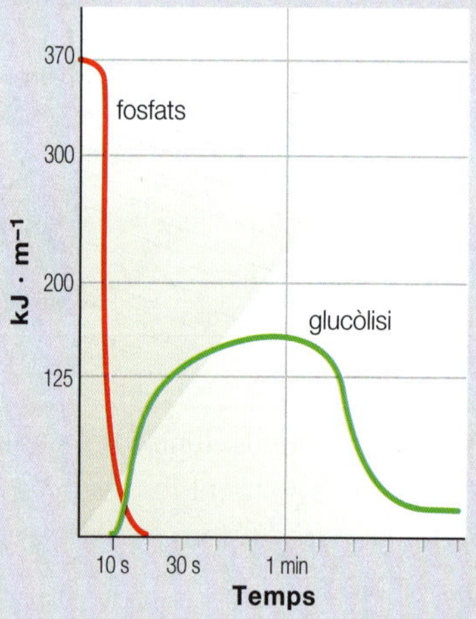

Vies metabòliques

Aquesta imatge correspon a un esquema general de les vies metabòliques d'una cèl·lula animal:

1. Fes una taula amb les vies metabòliques de l'esquema assenyalades amb un número. Indica el compartiment cel·lular on es duen a terme.
2. Justifica si cada via funciona en condicions aeròbiques o anaeròbiques.

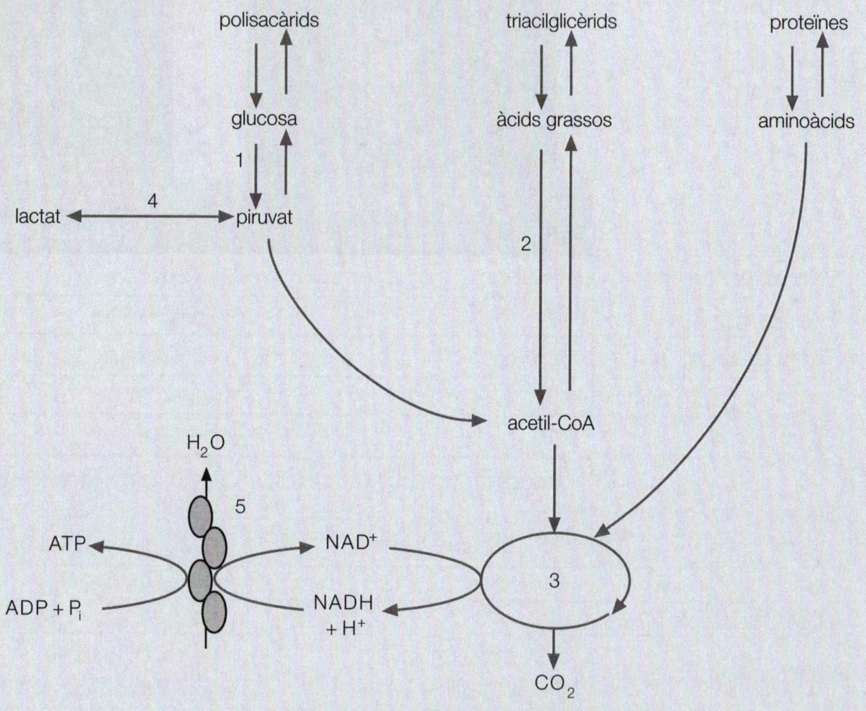

Marató agònica

L'arribada a la meta de la maratoniana suïssa Gabriela Andersen als Jocs Olímpics de Los Angeles (1984) és molt impactant. L'atleta ha esgotat un tipus de recursos energètics, fa quilòmetres que utilitza altres recursos energètics, se salta el darrer avituallament d'aigua, però...

Obre el QR o l'enllaç http://qr.teide.eu/025P, observa el vídeo i interpreta des del punt de vista metabòlic la situació.

ACTIVITATS COMPLEMENTÀRIES

Una cursa

El gràfic de sota mostra la variació de l'acidesa del teixit muscular de les cames al llarg d'una cursa que fa un corredor. La cursa es disputa amb un esforç continuat moderat i finalitza amb un esforç intens. També s'hi observa el període de recuperació al llarg del qual es recuperen els nivells normals d'acidesa muscular.

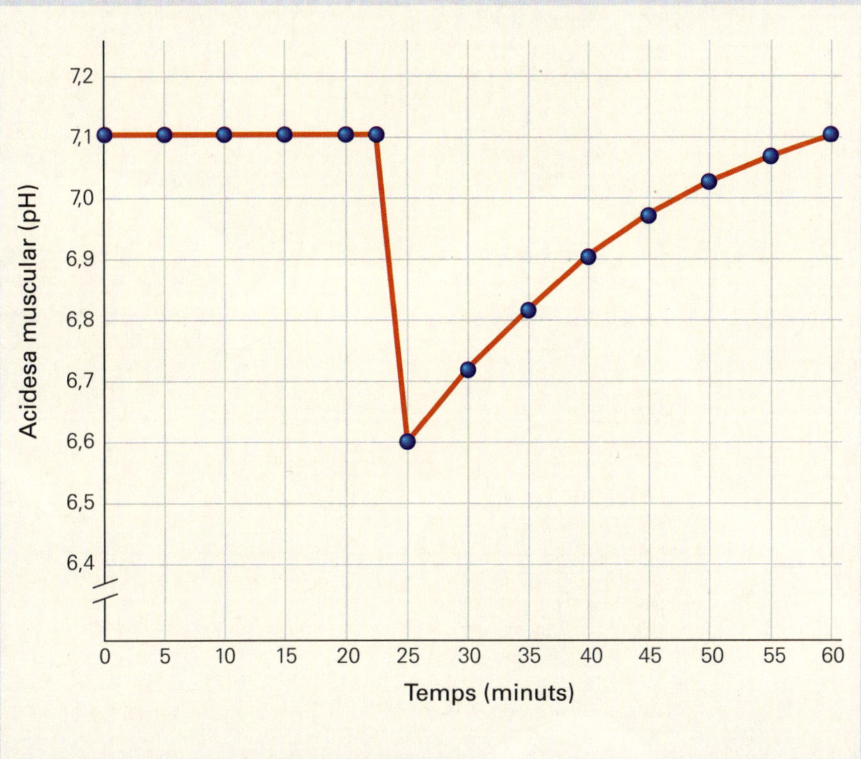

1. A partir del gràfic justifica la durada aproximada de la cursa.
2. Quant temps dura el període de recuperació? Raona-ho.
3. Digues, a partir del gràfic, la durada dels tres períodes que s'esmenten en el text (A: període amb un esforç continuat moderat; B: període amb un esforç intens; C: període de recuperació).
4. Fes un esquema de les vies metabòliques implicades en el catabolisme energètic de les cèl·lules musculars i indica el compartiment cel·lular on té lloc cada procés. Utilitzant l'esquema, raona per què es produeix el descens de pH del teixit muscular que s'observa en el gràfic.
5. El gràfic de la dreta mostra la corba d'activitat d'un enzim segons l'acidesa del medi. Indica quin seria el nivell d'activitat d'aquest enzim en el múscul durant els diferents moments de la cursa que es mostren a la taula i digues quin és el seu pH òptim.

Temps transcorregut des de l'inici de la cursa	Percentatge de l'activitat màxima
15 minuts	
25 minuts	
40 minuts	

pH òptim de l'enzim	

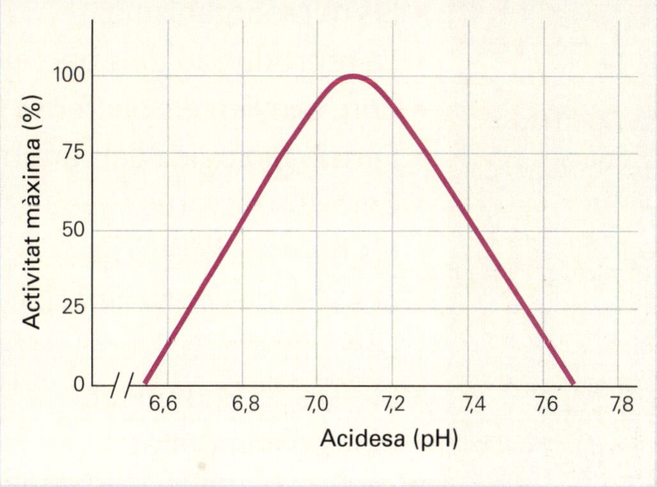

6. Hi ha alguna altra variable o un altre factor que pugui modificar l'activitat de l'enzim? Explica-ho.

6 BACTERIS O VIRUS?

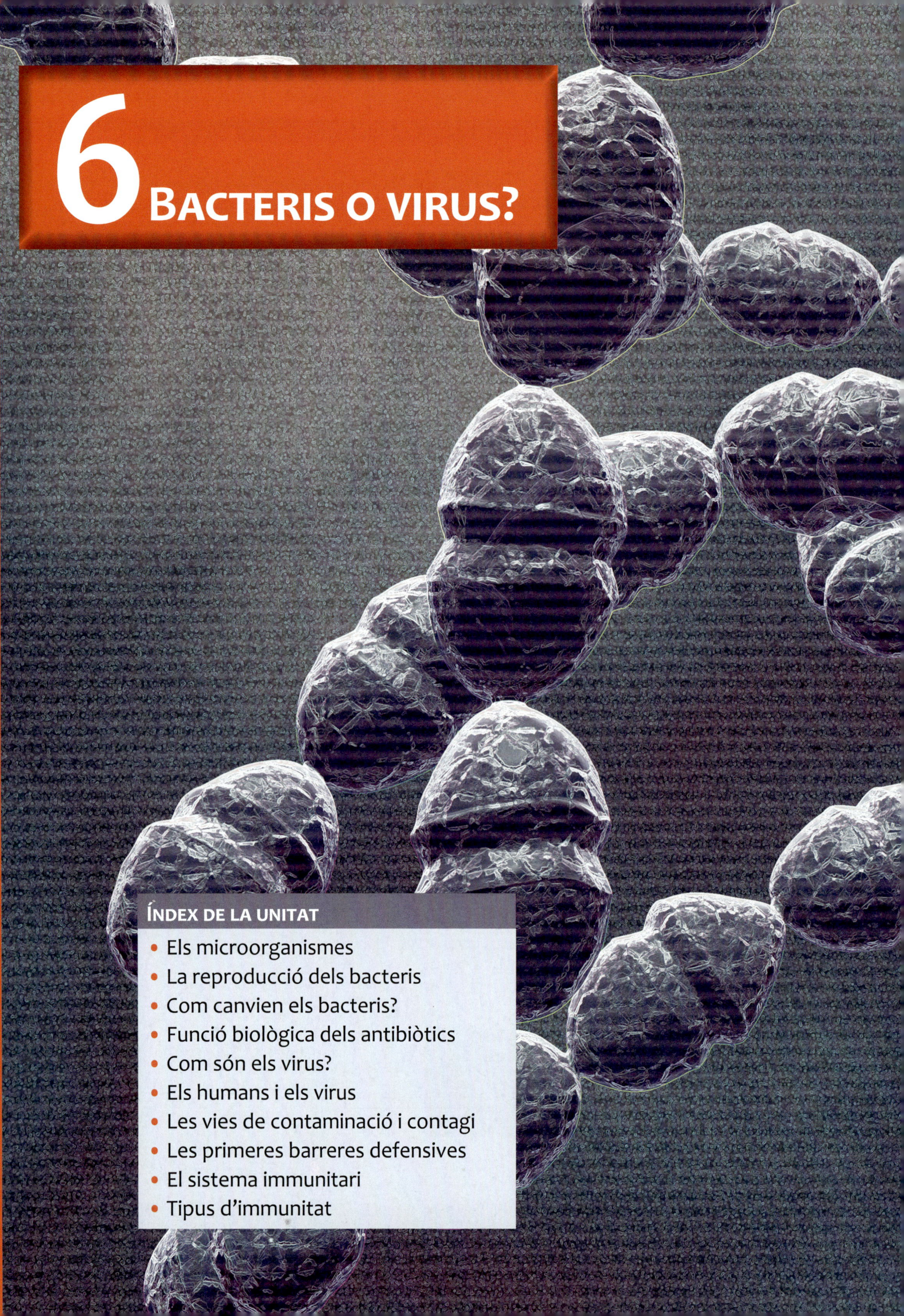

ÍNDEX DE LA UNITAT

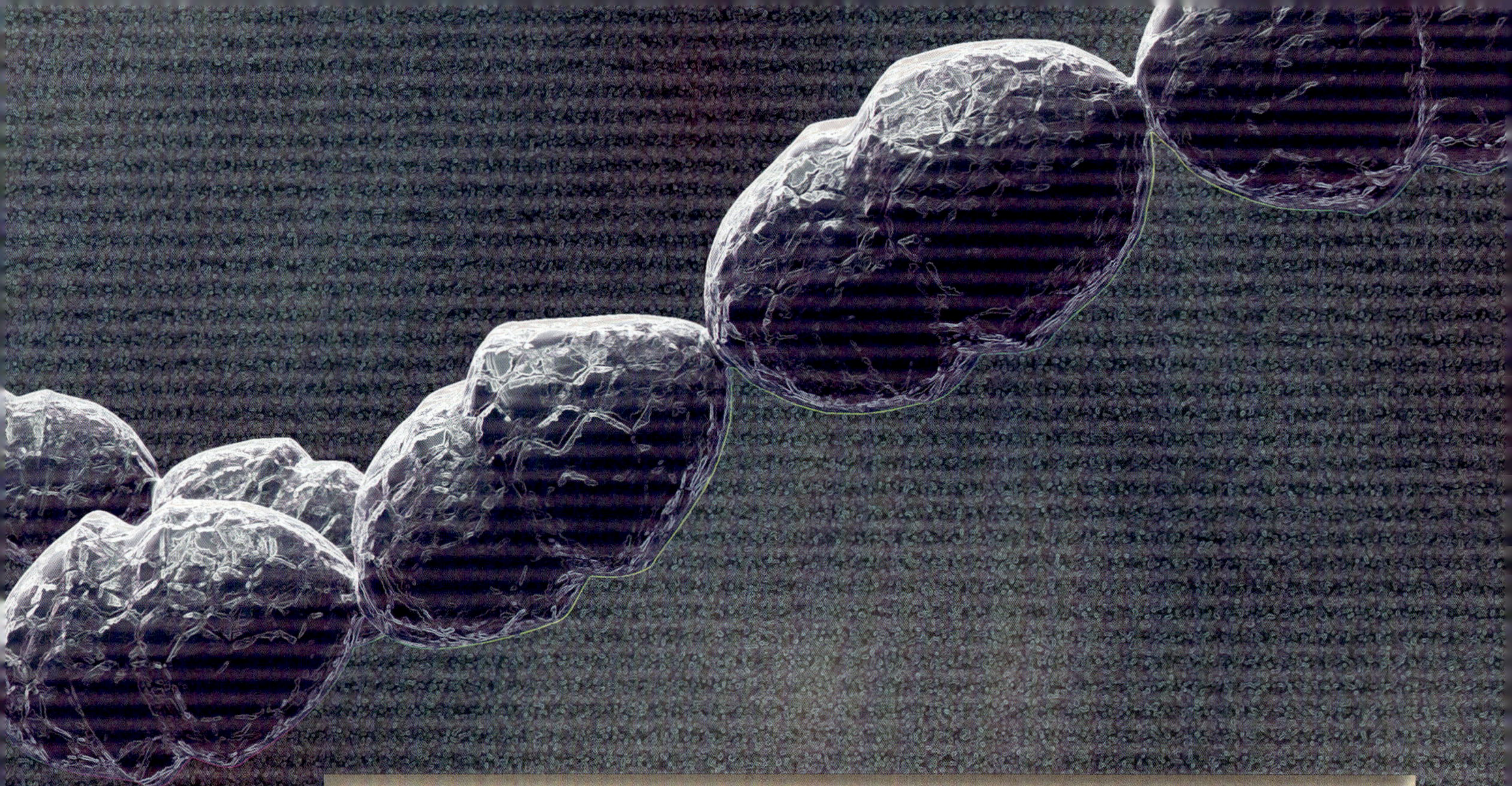

La mare d'en Roger ha arribat de la feina amb molt mal de gola. Amb un fil de veu, ha dit al seu fill:

–Roger, ves a la farmàcia i demana un bon antibiòtic. Demà tinc una reunió molt important.

–Mare, vols dir que no hauries d'anar al metge?

–Sí, home! Estic jo per perdre la tarda al CAP! Si el farmacèutic em pot donar el mateix que em receptaria el metge!

–Sempre em toca a mi! –remuga en Roger quan surt de casa.

Cinc minuts més tard, en Roger és dins la farmàcia:

–Hola, noi.

–Bona tarda, senyor Andreu. Volia un antibiòtic per a la meva mare. Li fa mal la gola.

–Tens la recepta del metge?

–No, no. M'ha dit que li doni vostè mateix un bon antibiòtic i així demà podrà anar a treballar.

–Em sap greu, noi, però no podem vendre cap antibiòtic sense recepta. El que sí que et puc donar són unes pastilles que li calmaran el mal de gola.

–No crec que la mare es conformi amb això. No podria fer els ulls grossos i donar-me el que ella vol?

El farmacèutic es posa seriós.

–Mira, noi, hi ha medicaments que no es poden vendre sense recepta. A més: segons el tipus de faringitis que tingui, els antibiòtics no l'ajudaran. L'únic que pot saber si els necessita o no és el metge. I a sobre... Saps què passarà si la gent pren antibiòtics sense necessitat?

–Què passarà? Que augmentarà la despesa en farmàcia! A vostès això ja els va bé, oi?

El farmacèutic fa com si no l'hagués sentit.

–No, noi. El que passarà és que els bacteris es faran resistents i els antibiòtics ja no serviran per a res. Mireu-vos aquest adhesiu del Departament de Salut. Però sobretot que vagi al metge.

Tal com en Roger es temia, la seva mare no s'ha pres gaire bé la resposta del farmacèutic.

–Que no t'ha volgut donar l'antibiòtic? El que hauria de fer és trucar a Salut per queixar-me d'aquest poca-solta.

–Però, si són els de Salut els que no volen que es venguin antibiòtics sense recepta. Has vist què diu l'adhesiu? Vols que els bacteris es facin resistents i els antibiòtics deixin de curar?

–I jo com ho sé, que tot això no s'ho inventen? A veure, tu que estudies Biologia, explica'm què és això tan dolent que pot passar si prenc un antibiòtic sense necessitat.

Idees i context

- Els bacteris són organismes unicel·lulars i procariotes. Només algunes espècies i soques són patògenes per als humans. La majoria tenen un paper important als ecosistemes.
- Els bacteris poden esdevenir resistents als antibiòtics per mutacions o adquirint gens de resistència per fenòmens de parasexualitat.
- Els virus són estructures acel·lulars que parasiten cèl·lules per reproduir-se seguint cicles lítics o lisogènics.
- Alguns organismes produeixen substàncies antibiòtiques que actuen contra els bacteris. Els antibiòtics són fàrmacs indicats per combatre els bacteris, però no són útils per tractar les infeccions causades per virus.
- El nostre cos disposa de barreres defensives, com ara la pell o les mucoses, que impedeixen les infeccions. Si un microorganisme les travessa, s'activa una resposta inespecífica.
- La resposta immunitària específica implica la síntesi d'anticossos i l'acció de cèl·lules que destrueixen selectivament un determinat agent infecciós. Té mecanismes de memòria per respondre amb rapidesa a altres infeccions del mateix agent.

Comença pensant

L'encàrrec de la mare ha omplert el cap d'en Roger de dubtes. Haurà d'aplicar el que ha après a les classes de Biologia per poder donar-hi resposta:

- Bacteris i virus no són el mateix?
- Què són els antibiòtics? No serveixen per a qualsevol infecció?
- Els bacteris es poden tornar resistents als antibiòtics? Com?
- Com aconsegueixen els microbis entrar al nostre cos? Què passa quan són dins?
- Com actua el nostre sistema immunitari contra els agents infecciosos?
- Com podem adquirir immunitat davant d'una malaltia?

Escriu les teves respostes inicials a aquestes preguntes en un full. Després formeu grups de quatre o cinc alumnes i compareu les vostres respostes. Elaboreu conjuntament un full amb les respostes més detallades i completes de cadascuna de les preguntes.

Els microorganismes

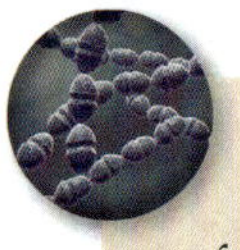

La primera idea que li ve al cap a en Roger és que les malalties infeccioses, com el mal de gola de la seva mare, estan causades per microbis, però intueix que aquest terme no deu ser del tot científic. Tot i que la mare no sembla gaire amoïnada per la distinció entre un virus i un bacteri, ell creu que és millor que l'hi expliqui bé. Li caldrà consultar el llibre per aclarir-ho.

Els conceptes *microbi* o *microorganisme* no tenen cap valor sistemàtic o taxonòmic; tan sols fan referència als éssers vius molt petits, que requereixen un microscopi per ser observats. Dins d'aquesta categoria s'inclouen els protoctists (com les algues unicel·lulars o els protozous), els fongs (com ara el llevat *Saccharomyces*, utilitzat industrialment per a la fermentació que produeix el pa i la cervesa) o bacteris de mides i formes ben diferents. Fins i tot hi ha qui inclou els virus dins dels microorganismes.

Què són els bacteris?

Els **bacteris** pertanyen al regne de les **moneres**, i són els éssers vius més petits i més simples. L'organització cel·lular és **procariota**, sense embolcall nuclear. Són unicel·lulars, malgrat que es poden trobar en **colònies**, agrupacions d'un gran nombre de cèl·lules bacterianes. La seva mida oscil·la, en general, entre 1 i 10 μm, mentre que la de les cèl·lules eucariotes ho fa entre 10 i 100 μm.

Els bacteris són erròniament considerats com a perjudicials, perquè tot sovint es relacionen amb les infeccions i les malalties. Una consideració, certament, no sempre merescuda: van ser els primers éssers vius a habitar la Terra, fa uns 3 500 milions d'anys, i encara continuen aquí, amb un enorme èxit evolutiu i amb una importància cabdal en el funcionament global de la biosfera, intervenen en tots els cicles biogeoquímics i els regulen, ja que hi actuen com a organismes descomponedors. Es troben a tots els ecosistemes: hi ha bacteris al medi terrestre, al damunt de qualsevol superfície, i en tota mena de medis aquàtics. Per tant, hi estem en contacte directe contínuament, sobretot perquè també viuen a la nostra pell i a les nostres mucoses, tant de l'aparell respiratori, com del tracte genital o el digestiu.

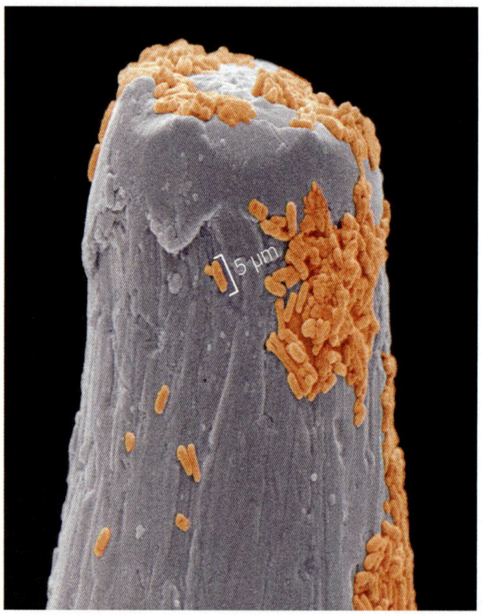

Bacteris (de color taronja) a l'extrem d'una agulla metàl·lica. Imatge obtinguda amb un microscopi electrònic de rastreig, a 1 200×.

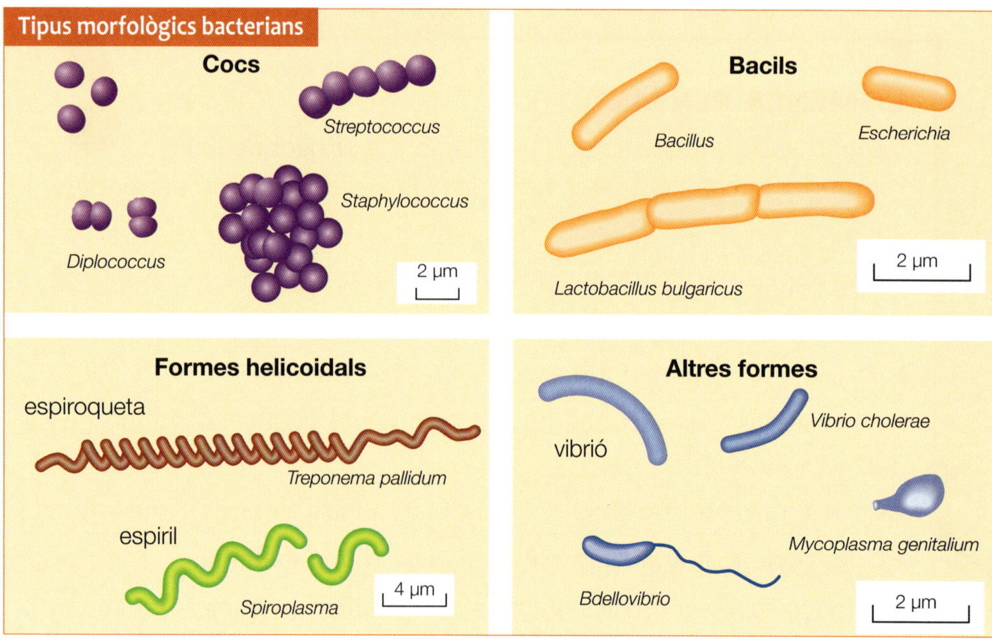

- **Cocs** (esfèrics): diplococs: grups de dos; estreptococs: en cadena; estafilococs: grups irregulars.
- **Bacils:** bastonets.
- **Formes helicoidals:** espirils, espiroquetes.
- **Altres formes:** vibrions, en forma de coma; els bacteris més petits, com ara *Mycoplasma* (de 0,2 a 1 μm).

A més, la variabilitat i versatilitat metabòliques dels bacteris els ha permès colonitzar gairebé tots els medis del planeta. El quadre de la pàgina següent mostra els quatre tipus de metabolisme bacterià amb alguns exemples.

Font de carboni	Font d'energia	
	Llum (fotòtrofs)	**Substrats oxidables (quimiòtrofs)**
Matèria orgànica (heteròtrofs)	Fotoheteròtrofs • Bacteris vermells i verds no del sofre (fotosíntesi anoxigènica heterotròfica): *Rhodospirillum*, *Chlorobium*.	Quimioheteròtrofs • Bacteris aerobis, bacteris anaerobis i bacteris facultatius: *Bacillus*, *Clostridium*, *Escherichia*.
Matèria inorgànica (autòtrofs)	Fotoautòtrofs • Bacteris vermells i verds del sofre (fotosíntesi anoxigènica): *Chromatium*. • Cianobacteris (fotosíntesi oxigènica): *Spirulina*.	Quimioautòtrofs • Bacteris incolors del sofre, bacteris oxidants del ferro, bacteris nitrificants: *Beggiatoa*, *Leptotrix*, *Nitrosomonas*.

Com són les cèl·lules procariotes?

Els bacteris no tenen orgànuls membranosos a l'interior del citoplasma, tret d'alguns casos, com els **tilacoides** dels cianobacteris, amb funció fotosintètica. El material genètic està format per DNA bicatenari circular, que ocupa el **nucleoide bacterià**, immers directament al citoplasma. A més, s'hi poden trobar **plasmidis**, molècules de DNA fora del cromosoma que contenen gens addicionals, com alguns dels que confereixen resistència als antibiòtics. Disposen d'una gran quantitat de *ribosomes*, que els permeten dur a terme la síntesi proteica i que estan dispersos pel citoplasma. Damunt la membrana plasmàtica, algunes espècies bacterianes tenen cobertes amb una composició complexa. També poden tenir *flagels* (que els permeten moure's), *'pili'* (que intervenen en la conjugació) o *fímbries* (que els permeten adherir-se a un substrat).

Possibles cobertes bacterianes

- **Paret cel·lular:** constituïda per **peptidoglicà** o **muropèptid**, un polisacàrid molt complex. És present en gairebé tots els bacteris i pot ser grampositiva o gramnegativa.
- **Càpsula:** recobreix la paret i està formada per polisacàrids complexos, diferents segons l'espècie.

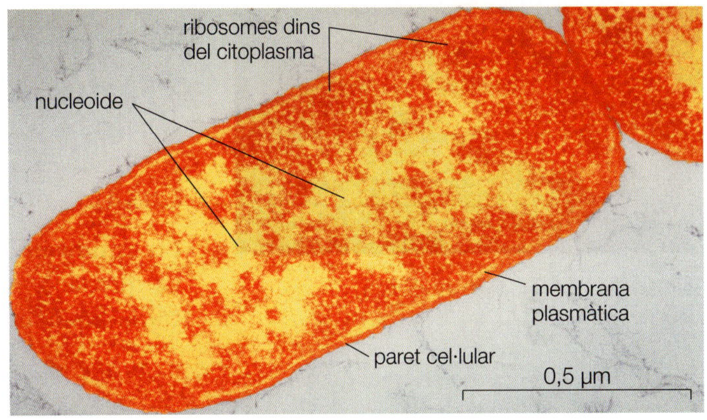

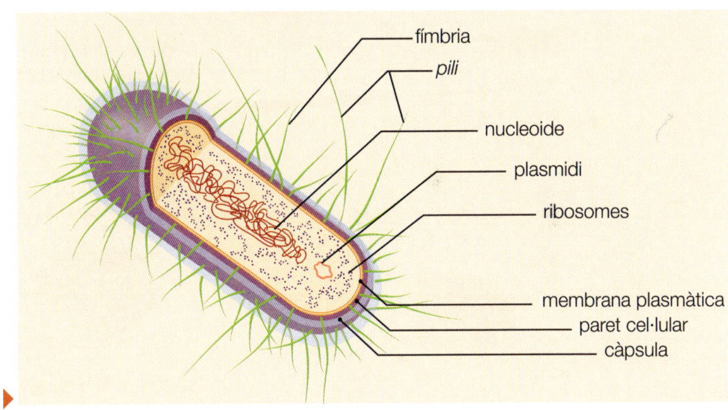

A dalt, bacteri observat amb un microscopi electrònic. A sota, dibuix detallat dels orgànuls.

ACTIVITATS

La tinció de Gram

La tinció de Gram, que requereix tres colorants (cristall violeta, iode i safranina), és una tinció diferencial que permet distingir els bacteris grampositius dels gramnegatius.

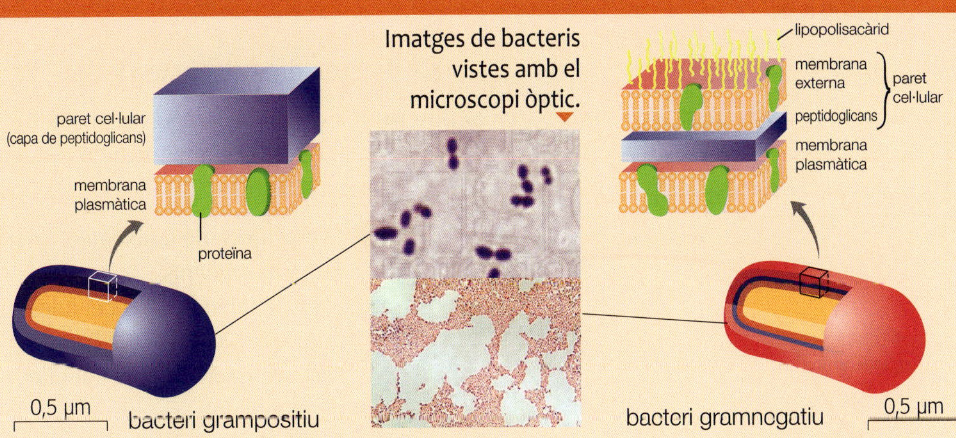

1. De quins colors s'observen amb el microscopi els dos tipus de bacteris?
2. Quines diferències hi ha entre les cobertes dels bacteris G⁺ i G⁻?
3. Justifica que la tinció de Gram sigui una característica que calgui tenir en compte per classificar o identificar les espècies bacterianes.
4. Busca informació sobre quines funcions fa la paret cel·lular en les cèl·lules bacterianes.

En Roger acaba de llegir que quan una infecció és provocada per bacteris, aquests creixen i es multipliquen molt ràpidament en el teixit afectat. Com deu tenir lloc aquest procés?

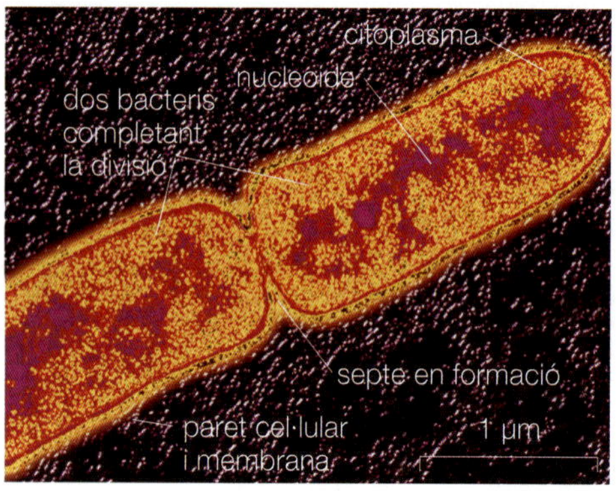

Salmonella typhimurium en divisió.

La reproducció dels bacteris

Els bacteris es reprodueixen de forma asexual, per **divisió binària**: una cèl·lula es divideix en dues cèl·lules filles genèticament idèntiques. Tot just després d'haver-se originat, els bacteris comencen a créixer, incorporant nutrients i elaborant els seus propis components. Finalment, el bacteri fabrica un septe a la zona central, format per la membrana plasmàtica i la paret cel·lular. Quan el septe és complet, les dues cèl·lules filles ja són independents i cada una torna a començar el procés.

En condicions favorables, tot aquest cicle vital és molt ràpid. Una cèl·lula humana pot tardar deu o vint hores a reproduir-se, però la major part de bacteris tarden entre quinze minuts i una hora. No obstant això, si la temperatura, el pH o els nutrients no són favorables, el cicle es pot alentir considerablement i, fins i tot, aturar. Això és el que explica que els aliments es conservin molt més temps a la nevera.

Mitjançant aquest procés reproductiu s'originen clons de cèl·lules genèticament idèntiques, que s'anomenen **soques** o **varietats bacterianes**.

Cultiu de bacteris

Els estudis microbiològics es duen a terme amb cultius bacterians, líquids o sòlids. La metodologia habitual en l'aïllament de bacteris en cultius sòlids a partir d'un cultiu líquid és la següent:

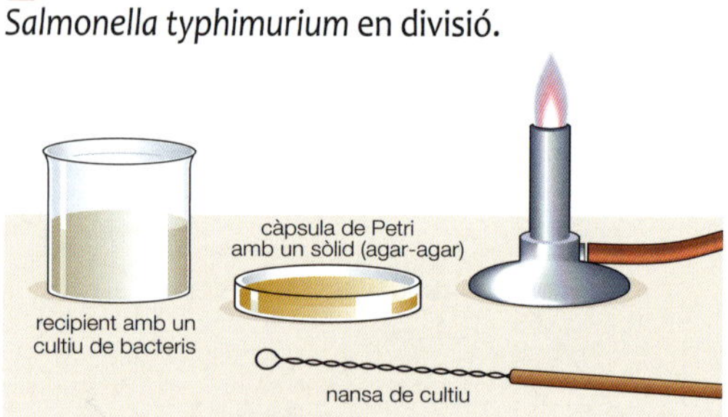

Disposem del cultiu líquid a partir del qual volem fer l'aïllament de cèl·lules en cultiu sòlid, sobre una càpsula de Petri amb agar-agar nutritiu.

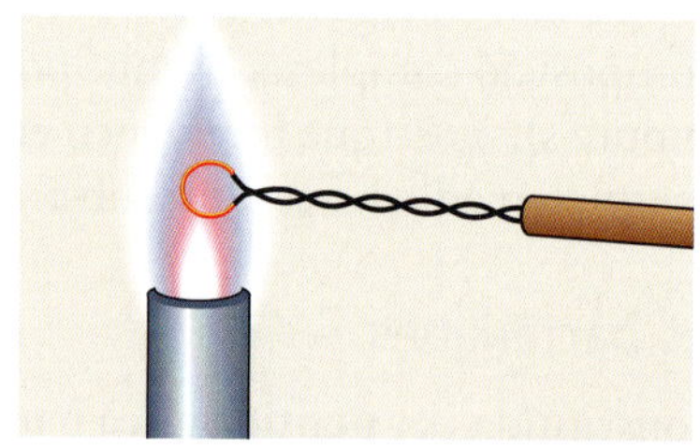

En primer lloc, cal esterilitzar la nansa de cultiu a la flama del bec de Bunsen, no amb alcohol.

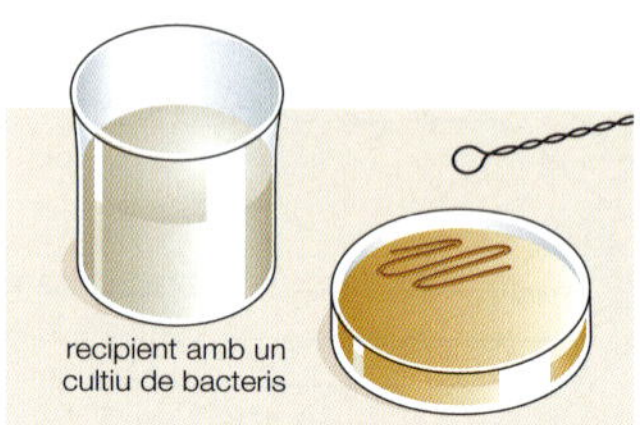

Un cop refredada la nansa de cultiu, en submergim l'extrem al cultiu bacterià. A continuació fem lliscar suaument l'extrem de la nansa en ziga-zaga sobre l'agar de la càpsula de Petri.

Tornem a esterilitzar la nansa de cultiu i, després de deixar-la refredar de nou, iniciem un nou dibuix sobre la placa, partint dels últims trams del traçat inicial: així estem diluint molt més el nombre de cèl·lules que anem deixant.

La càpsula de Petri es disposa en una estufa de cultiu, a una temperatura d'uns 30 °C. Cada cèl·lula aïllada anirà produint una colònia a partir de biparticions successives. Per assegurar-nos que són pures, podem fer nous cultius a partir d'aquestes colònies en noves càpsules de Petri.

Corba de creixement bacterià

Si posem uns quants bacteris en un medi de cultiu, amb prou nutrients, i observem com canvia el seu nombre en funció del temps, obtindrem un gràfic com el següent:

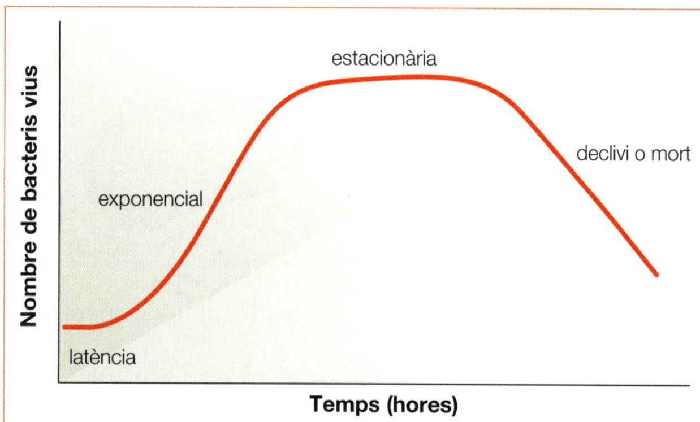

Corba típica de creixement bacterià en un medi de cultiu. S'hi distingeixen les fases següents:

Fase de latència. Les cèl·lules bacterianes comencen a fabricar els enzims que necessiten en aquell medi. Per això no hi ha, de moment, reproducció.

Fase exponencial. Les cèl·lules es multipliquen activament, aprofitant l'excés d'aliments.

Fase estacionària. A causa de la falta d'aliment i l'alteració del medi, els bacteris simplement sobreviuen.

Fase de declivi. L'aliment és tan escàs i el medi està tan alterat que les cèl·lules van morint.

ACTIVITATS

La reproducció bacteriana: un ritme frenètic?

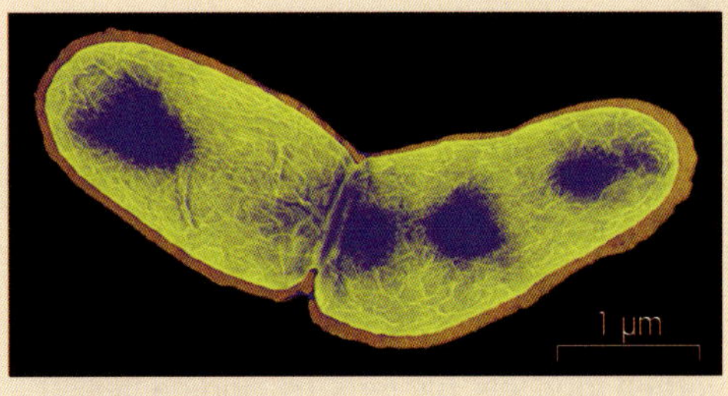

Quan un bacteri infecciós aconsegueix superar les barreres defensives del cos humà i entrar-hi, es troba en un medi molt ric en nutrients, on es pot començar a multiplicar immediatament.

Suposem que un sol bacteri patogen ha aconseguit arribar a la gola de la mare d'en Roger i que es reprodueix cada vint minuts. Completa la taula següent i representa gràficament aquest creixement en un paper mil·limetrat. Després, respon les preguntes que es formulen.

Temps	0 min	20 min	40 min	60 min	80 min	100 min	120 min	140 min	160 min
Nombre de bacteris	1								

1. A quina fase de la corba de creixement en un medi de cultiu correspon aquest creixement?
2. Si continués la reproducció al mateix ritme, quants bacteris hi hauria al cap de deu hores?
3. Si no s'aturés, quines conseqüències tindria aquest creixement per a la mare d'en Roger?

Aplicació: cultius sòlids d'*Escherichia coli*

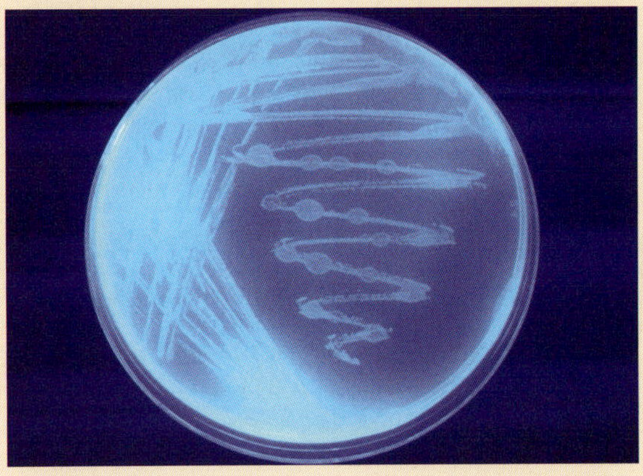

Un investigador vol obtenir mutants d'*Escherichia coli*. Per aconseguir-ho, sotmet diverses colònies bacterianes a tractament amb raigs X (un agent mutagen, és a dir, que provoca mutacions). Després de molts assaigs, obté algunes colònies mutants que no creixen en un medi de cultiu anomenat *mínim* (conté glucosa i sals minerals), sinó que necessiten algunes substàncies suplementàries (cal afegir aminoàcids al medi o bé bases nitrogenades).

Alguns dels resultats obtinguts s'indiquen a la taula següent. **«sí»** vol dir que hi ha creixement bacterià, i **«no»**, que no n'hi ha.

Placa de Petri amb colònies bacterianes d'*Escherichia coli*.

	Creixement en un medi mínim	**Creixement en un medi suplementat amb aminoàcids**	**Creixement en un medi amb bases nitrogenades**
Colònia 1 (control)	Sí	Sí	Sí
Colònia 2	No	Sí	No
Colònia 3	No	No	Sí

1. Explica el procediment seguit per obtenir les colònies d'*Escherichia coli* a partir de cultius líquids.
2. Què són les mutacions? On es manifestarà de manera més immediata l'efecte d'una mutació: en un bacteri o en una cèl·lula humana? Per què?
3. A la taula podem veure que la colònia 1 és la colònia control. Explica què vol dir i justifica per què cal aquesta colònia a la recerca.
4. Formula una hipòtesi que pugui explicar que els bacteris de les colònies mutants 2 i 3 no creixin en un medi mínim i sí que ho facin en un medi suplementat amb aminoàcids i bases nitrogenades, respectivament.
5. Esmenta dos elements químics que formaran part de les sals minerals del medi mínim. Justifica-ho tenint en compte la composició química de les proteïnes, dels àcids nucleics i de l'ATP.

La reproducció asexual, forma en què els bacteris es reprodueixen, fa que es multipliquin molt ràpidament, però també fa que, en principi, tots els bacteris descendents siguin genèticament idèntics al bacteri progenitor. No obstant això, el farmacèutic i el fullet del Departament de Salut advertien que els bacteris es podien fer resistents als antibiòtics. En Roger es pregunta: com pot canviar el DNA dels bacteris i fer que esdevinguin resistents?

Com canvien els bacteris?

Hi ha dues maneres que el material genètic dels bacteris pugui canviar: a partir de mutacions o per fenòmens de parasexualitat.

Mutació bacteriana

Una **mutació** és un canvi heretable en el material genètic. Això implica que qualsevol canvi en el DNA que es transmeti a les cèl·lules descendents serà una mutació.

Algunes mutacions es produeixen espontàniament (per exemple, per un error durant la replicació del DNA) amb una freqüència relativament baixa. Així, en *Escherichia coli* s'ha calculat que la proporció de mutacions espontànies és d'unes 10^{-10} per parell de bases i replicació. Si tenim en compte que el genoma d'un bacteri consta de 4,6 milions de parells de bases, aproximadament, això vol dir que esperem que hi hagi una mutació espontània per cada 2 100 bacteris que es reprodueixin.

Però les mutacions també poden ser causades per diferents **agents mutàgens** que poden alterar el DNA. Els més coneguts són les radiacions ionitzants (raigs X, llum ultraviolada, raigs gamma o raigs còsmics) i els mutàgens químics. Si els canvis causats per aquests agents no són ben reparats, el resultat serà una modificació permanent del DNA, una mutació.

Pel que fa als efectes que causen, les més senzilles són les **mutacions gèniques**, és a dir, canvis en la seqüència de bases d'un gen. Vegem les més freqüents:

Tot seguit es mostra la seqüència de bases nitrogenades d'un fragment de DNA bacterià:

GATGATGATGATGAT

Al DNA hi ha la informació de quins aminoàcids s'han d'unir per sintetitzar una proteïna. Cada aminoàcid és codificat per un triplet de bases. Per tant, els ribosomes llegiran la informació transcrita d'aquest DNA:

GAT GAT GAT GAT GAT

Si en aquest fragment de DNA es produeix una **substitució** amb el canvi d'una de les bases, la seqüència resultant serà:

GATGAGGATGATGAT

Aquesta nova seqüència serà llegida com a:

GAT GAG GAT GAT GAT

Es pot observar que canvia un únic triplet de bases del DNA. A la proteïna només canviarà un aminoàcid.

Però si el fragment inicial ha patit una **inserció** amb l'afegiment d'un nucleòtid, la seqüència resultant serà:

GATAGATGATGATGAT

que la cèl·lula llegirà com a:

GAT AGA TGA TGA TGA

I en la proteïna canviaran tots els aminoàcids a partir de la inserció.

Finalment, si hi ha una **deleció**, amb l'eliminació d'un nucleòtid, la seqüència resultant serà:

GAT _ ATGATGATGAT

que la cèl·lula llegirà com a:

GAT ATG ATG ATG ATG

I a la proteïna també canviaran tots els aminoàcids a partir de la deleció.

Les mutacions es poden produir en qualsevol punt del DNA i canviar la proteïna resultant de moltes maneres. Així, poden modificar la **diana d'un antibiòtic** (molècula o procés sobre el qual actua) i convertir un bacteri en resistent o fer-lo més sensible. Posteriorment, la **selecció natural** afavorirà els bacteris que portin una mutació que els faci més aptes en un ambient determinat. Aquests bacteris amb mutacions favorables es multiplicaran fins a ser els més abundants en la població. Per tant, l'adquisició d'aquesta característica és un exemple d'adaptació.

ACTIVITATS

Una mutació avantatjosa... o letal!

Mycobacterium tuberculosis és un bacteri patogen, causant de la tuberculosi, una malaltia infecciosa molt greu. La rifampicina ha estat un dels antibiòtics més utilitzats contra aquest bacteri. La rifampicina s'uneix a la subunitat β de l'enzim RNA-polimerasa i n'inhibeix la transcripció. Actualment hi ha soques de *Mycobacterium tuberculosis* sensibles a la rifampicina i n'hi ha d'altres que hi són resistents.

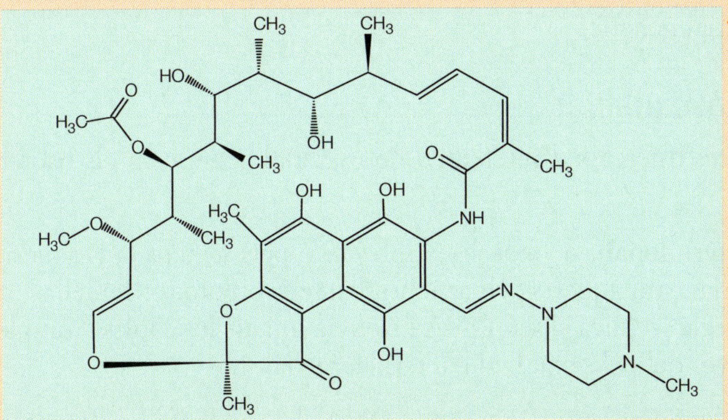

Estructura química de la rifampicina.

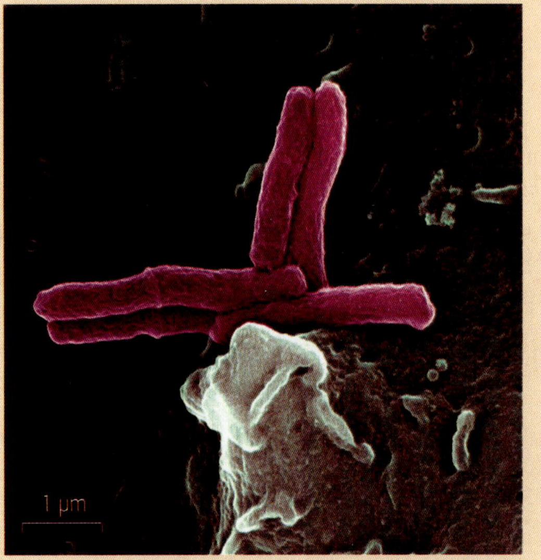

Cinc cèl·lules de *Mycobacterium tuberculosis* infectant una cèl·lula humana.

El 1994 es va publicar la seqüència del gen *rpoB*, que codifica la subunitat β de l'RNA-polimerasa, de *Mycobacterium tuberculosis*. Aquest gen té 3 534 parells de bases, del qual reproduïm un petit fragment (nucleòtids 2 424 a 2 438):

DNA complementari	CGA	CTG	TCG	GCG	CTG
DNA que es transcriu					
mRNA					
Seqüència d'aminoàcids					

1. Consultant la taula del codi genètic de la dreta, completa la taula anterior.
2. S'ha comprovat que una mutació que canviï la citosina 2 431 (C, en vermell) per timina modifica la proteïna resultant, de manera que converteix el bacteri en resistent a la rifampicina. Explica de quin tipus és aquesta mutació i quines conseqüències té sobre l'estructura primària de la subunitat β de l'RNA-polimerasa.
3. Formula una hipòtesi que expliqui per què aquesta mutació fa que el bacteri sigui resistent a la rifampicina.
4. Si, en comptes de canviar la citosina anterior, canviés la guanina 2 432 (G, en verd) per timina, passaria el mateix? Raona-ho.
5. Si la mutació elimina la guanina 2 432 (G, en verd), la cèl·lula mor. Explica de quin tipus és aquesta mutació i proposa una hipòtesi per explicar la mort de la cèl·lula.

Segona lletra

Primera lletra	U	C	A	G	Tercera lletra
U	UUU Phe	UCU Ser	UAU Tyr	UGU Cys	U
	UUC Phe	UCC Ser	UAC Tyr	UGC Cys	C
	UUA Leu	UCA Ser	UAA aturada	UGA aturada	A
	UUG Leu	UCG Ser	UAG aturada	UGG Trp	G
C	CUU Leu	CCU Pro	CAU His	CGU Arg	U
	CUC Leu	CCC Pro	CAC His	CGC Arg	C
	CUA Leu	CCA Pro	CAA Gln	CGA Arg	A
	CUG Leu	CCG Pro	CAG Gln	CGG Arg	G
A	AUU Ile	ACU Thr	AAU Asn	AGU Ser	U
	AUC Ile	ACC Thr	AAC Asn	AGC Ser	C
	AUA Ile	ACA Thr	AAA Lys	AGA Arg	A
	AUG Met	ACG Thr	AAG Lys	AGG Arg	G
G	GUU Val	GCU Ala	GAU Asp	GGU Gly	U
	GUC Val	GCC Ala	GAC Asp	GGC Gly	C
	GUA Val	GCA Ala	GAA Glu	GGA Gly	A
	GUG Val	GCG Ala	GAG Glu	GGG Gly	G

6. Quines poden ser les causes de les mutacions anteriors?
7. Com pot ser que, des que s'utilitza la rifampicina, cada vegada hi hagi més bacteris *Mycobacterium tuberculosis* resistents? Explica-ho.
8. Què aporta el que hem après sobre les mutacions al problema del farmacèutic amb la mare d'en Roger?

En Roger ara ja té clar un dels mecanismes que poden transformar un bacteri en resistent a un antibiòtic. Però en el llibre que està llegint també es parla d'un altre mecanisme. «Vaja, i com li explico això a la mare?», pensa.

La parasexualitat dels bacteris

En el món dels bacteris també hi ha sexualitat, entenent com a tal l'intercanvi de material genètic, amb l'obtenció de noves combinacions de gens. No obstant això, a diferència del que passa en els animals i les plantes, en els bacteris la sexualitat és totalment independent de la reproducció i, per això, s'anomena *parasexualitat.*

En els bacteris, la parasexualitat té lloc de la manera següent: un bacteri rep un fragment de DNA (un plasmidi o una part de la molècula principal) d'un altre bacteri i l'incorpora al seu material genètic.

Conjugació entre dues cèl·lules d'*Escherichia coli*.

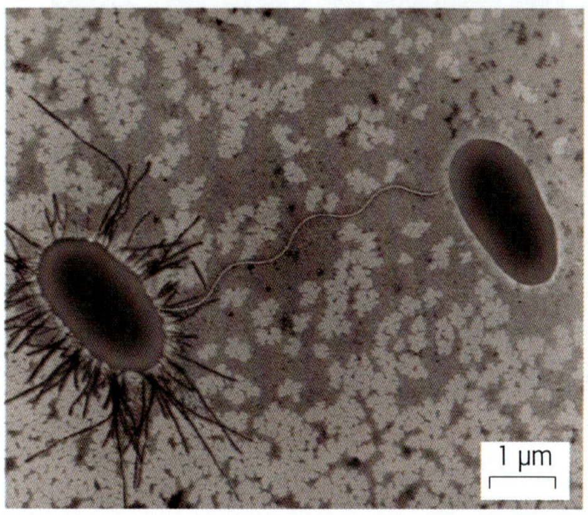

Fenòmens de parasexualitat

Es coneixen tres maneres diferents d'intercanvi de material genètic en els bacteris. Són les següents:

- **Conjugació.** Un bacteri donant o «mascle», amb *pili* o pèls sexuals (a l'esquerra), estableix contacte mitjançant aquests pèls amb un bacteri receptor o «femella» (a la dreta). El bacteri «mascle» replica el seu DNA i n'envia una de les còpies (completa o un fragment), a través del pèl sexual, al bacteri «femella».
- **Transformació.** El bacteri receptor incorpora DNA del medi (normalment, un fragment que prové d'un bacteri o d'una altra cèl·lula morta).
- **Transducció.** Un virus transporta DNA d'un bacteri a un altre. Això és possible perquè algunes vegades dins una partícula vírica s'empaqueta un fragment de DNA del bacteri infectat, en comptes de DNA víric. Si aquesta partícula vírica s'uneix a un segon bacteri no l'infectarà, sinó que li introduirà un fragment de DNA bacterià.

Aquests tres mecanismes de sexualitat fan que els bacteris d'arreu del món formin una mena de comunitat que pot compartir tots els seus fragments de DNA (Lynn Margulis ho compara amb Internet). Si un bacteri, en algun lloc del món, té un gen útil, com ara un gen que confereixi resistència a un antibiòtic, aquest gen pot acabar formant part del genoma de molts bacteris de diferents espècies.

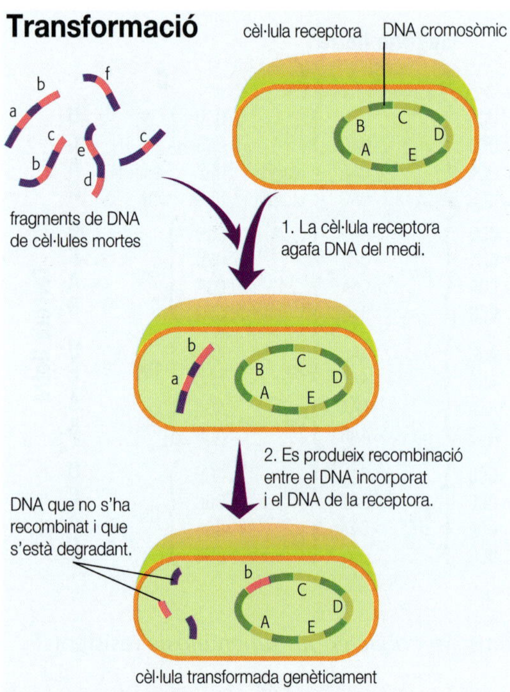

Transformació.

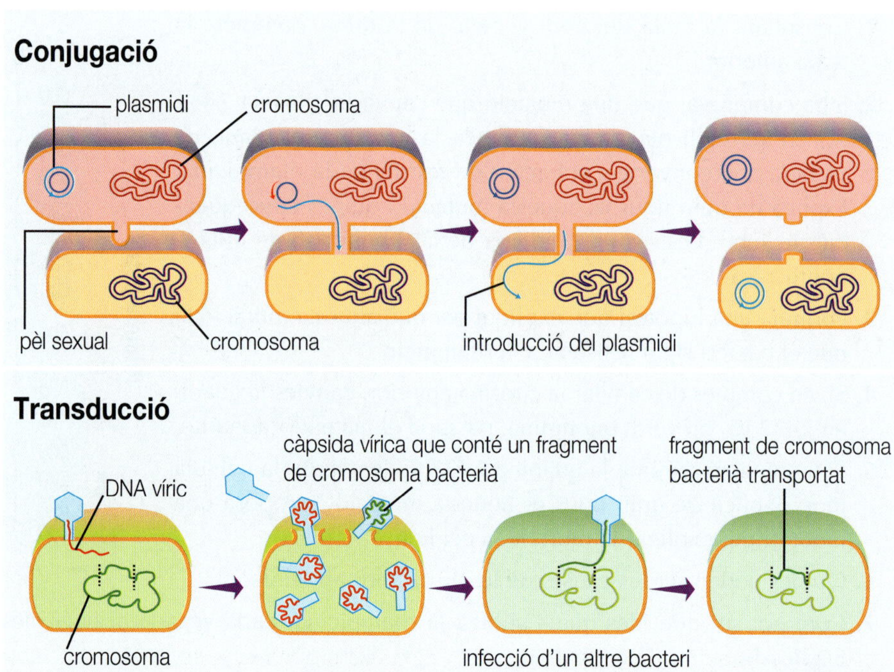

Transducció.

Un cas que fa pensar: la vancomicina

La vancomicina és un antibiòtic que inhibeix la síntesi de la paret cel·lular en bacteris grampositius. A causa de l'increment de bacteris resistents a altres antibiòtics, la vancomicina es va convertir, durant la dècada del 1980, en l'últim recurs mèdic contra infeccions causades per *Staphylococcus aureus*, un bacteri patogen.

El 1988 es va observar l'aparició de resistència a la vancomicina en *Enterococcus*, una espècie molt menys patògena. La resistència en aquesta espècie es va estendre ràpidament per tot el món, coincidint amb la gran utilització mèdica de la vancomicina.

Molts investigadors es preguntaven si seria possible que la resistència a la vancomicina fos adquirida per *Staphylococcus aureus*. El 1992, W. C. Noble va decidir investigar-ho i va observar al laboratori com una soca patògena de *Staphylococcus aureus* adquiria el gen que produeix resistència a la vancomicina d'uns *Enterococcus* resistents. Alarmat, l'investigador va destruir immediatament aquests bacteris. Per desgràcia, el mateix procés de transferència es va acabar produint de forma natural en altres llocs (al cos d'un malalt, per exemple).

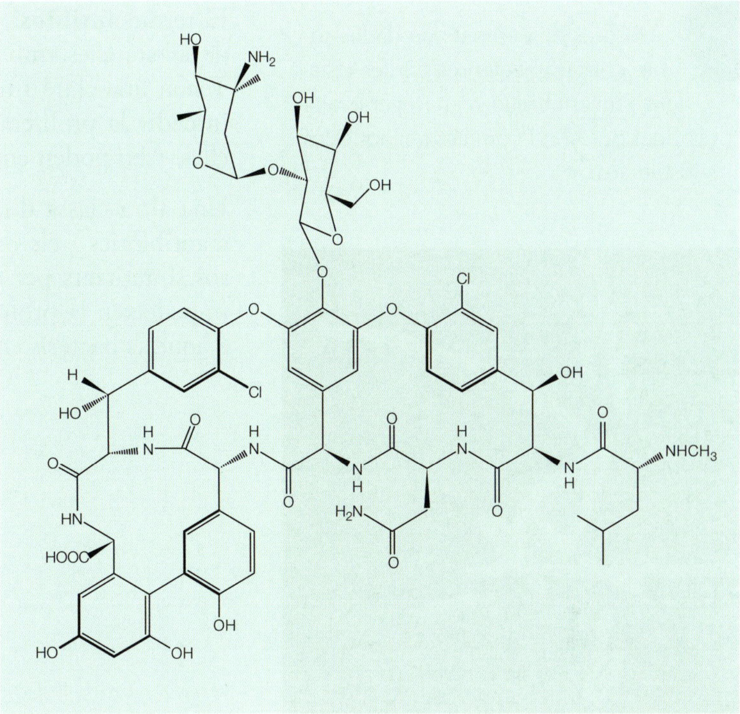

Estructura molecular de la vancomicina.

L'any 2002 es va informar del primer cas d'infecció humana causada per *Staphylococcus aureus* resistent a la vancomicina.

ACTIVITATS

Una arma cada vegada menys efectiva

La imatge adjunta mostra cèl·lules de *Staphylococcus aureus*, observades amb el microscopi electrònic de rastreig. Tal com hem vist, moltes cèl·lules d'aquesta espècie ara són resistents a la vancomicina.

1. Per què la resistència a la vancomicina en *Enterococcus* es va estendre per tot el món?
2. Quina és la rellevància de l'observació duta a terme al laboratori per W. C. Noble l'any 1992? Explica-ho.
3. Com podria haver sorgit el primer *Staphilococcus aureus* resistent a la vancomicina? Explica-ho.
4. Per què actualment hi ha cada vegada més infeccions causades per *Staphylococcus aureus* que no són tractables amb vancomicina?
5. Explica quina relació hi ha entre el que ha passat amb la vancomicina i les campanyes que es fan des del Departament de Salut per al bon ús dels antibiòtics.

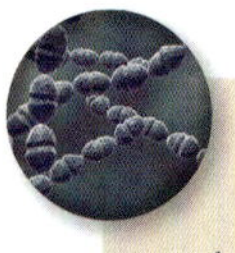

Després de l'empatx de dades sobre com un bacteri es pot fer resistent a un antibiòtic, a en Roger li falta esbrinar què són i com actuen aquestes substàncies.

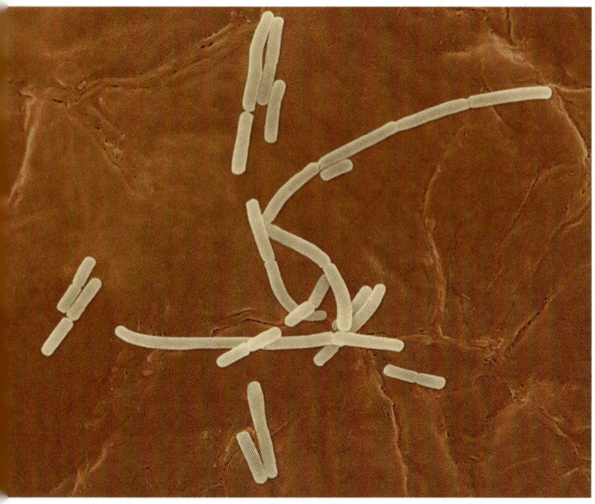

Bacteris sobre pell humana.

Alexander Fleming.

Funció biològica dels antibiòtics

El terme **antibiosi**, literalment, significa 'anar en contra de la vida'. La producció de substàncies amb activitat antibiòtica està molt estesa entre els fongs i els bacteris. Tenen una clara funció ecològica per a les espècies que les sintetitzen: dificultar o impedir la proliferació d'altres microorganismes perjudicials o competidors per a elles. Així poden colonitzar el medi i accedir als nutrients més fàcilment.

Una altra classe d'interacció ecològica es pot establir entre els bacteris productors d'antibiòtics i els organismes amb els quals viuen en mutualisme. Els àcids grassos sintetitzats per espècies de bacteris que viuen a la pell humana, per exemple, impedeixen la proliferació de llevats o bacteris que poden ser patògens. L'*antibiosi* d'aquests bacteris ens protegeix també a nosaltres.

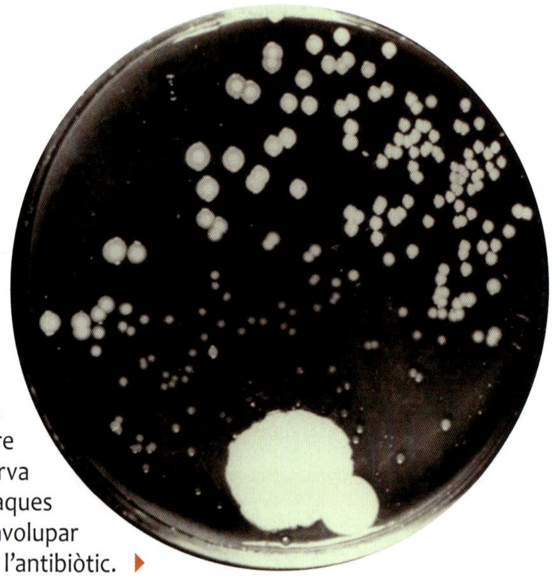

Placa de cultiu on A. Fleming va descobrir la penicil·lina. La taca blanca és la floridura del gènere *Penicillium*. Al voltant seu s'observa com les colònies de bacteris (taques més petites) no s'han pogut desenvolupar per la difusió de l'antibiòtic.

L'any 1928, el científic escocès Alexander Fleming estava fent una recerca sobre el bacteri *Staphylococcus aureus*, un patogen per als humans. En examinar unes plaques de cultiu que havia preparat dies enrere, va observar que en una havia crescut una floridura anomenada *Penicillium notatum*. Al voltant seu, les colònies de bacteris no havien crescut. Fleming va intuir que la floridura produïa alguna substància que eliminava els bacteris i, per això, la va anomenar **penicil·lina**, que, anys més tard, es convertiria en el primer antibiòtic d'ús mèdic.

Característiques i tipus d'antibiòtics

Les substàncies antibiòtiques han de complir tres propietats per poder ser utilitzades com a medicaments:

- **Especificitat:** actuar contra el bacteri causant de la infecció que volem tractar.
- **Elevada activitat:** ser efectives en concentracions baixes.
- **Baixa toxicitat:** ser poc tòxiques o innòcues per a les nostres cèl·lules.

Segons el seu origen, els antibiòtics poden ser **naturals**, com ara la penicil·lina; **semisintètics**, com ara l'amoxicil·lina, o **sintètics**, com ara les sulfamides.

En relació amb l'activitat antibacteriana, els antibiòtics poden tenir dos tipus d'acció:

- **Bacteriostàtics:** impedeixen el creixement de la població de bacteris sense eliminar-los, com fan, per exemple, les tetraciclines.
- **Bactericides:** maten els bacteris, com fan les penicil·lines o les cefalosporines.

Bacteris resistents als antibiòtics

Des que es van començar a utilitzar, es va observar que per a cada antibiòtic hi havia algunes espècies de bacteris que tenien **resistència natural** a la seva acció. L'explicació d'aquest fenomen és senzilla: si el bacteri no té la molècula diana sobre la qual actua l'antibiòtic, aquest no li farà cap efecte. Els bacteris del gènere *Mycoplasma*, per exemple, tenen resistència natural a la penicil·lina perquè no tenen paret cel·lular bacteriana, estructura sobre la qual actua aquest antibiòtic.

Diana	Exemple	Acció específica d'aquest antibiòtic
paret cel·lular	penicil·lina	Impedeix la síntesi del peptidoglicà.
membrana plasmàtica	polimixina B	Actua contra els fosfolípids.
síntesi de proteïnes	estreptomicina	Bloqueja la subunitat 30S dels ribosomes.
síntesi d'RNA	rifampicina	Bloqueja l'RNA-polimerasa.
síntesi d'àcid fòlic	sulfamides	Impedeixen la síntesi d'àcid fòlic (cofactor de molts enzims importants).

Molt diferent és el cas de la **resistència adquirida**, que consisteix en l'aparició de soques resistents a un o més antibiòtics en una espècie que fins aleshores era sensible a la seva acció. Diversos mecanismes poden permetre que un bacteri esdevingui resistent a un antibiòtic com, per exemple, la capacitat de sintetitzar un enzim que trenca les molècules d'antibiòtic o posseir membranes que n'impedeixen l'entrada. Com qualsevol procés evolutiu, és el resultat de l'aparició de mutacions a l'atzar i la **selecció** posterior de mutants resistents.

Un bacteri pot adquirir el gen o gens que li confereixen la resistència a un antibiòtic de dues maneres: a partir d'una **mutació espontània** del seu DNA, o bé per l'adquisició de DNA exogen procedent d'altres cèl·lules bacterianes mitjançant algun dels mecanismes de **parasexualitat** (conjugació, transformació i transducció). L'ús d'antibiòtics actua com un factor de selecció favorable als bacteris resistents, que cada cop són més abundants. Les soques de bacteris patògens resistents a diversos antibiòtics s'estan convertint en un dels problemes sanitaris més greus a escala mundial.

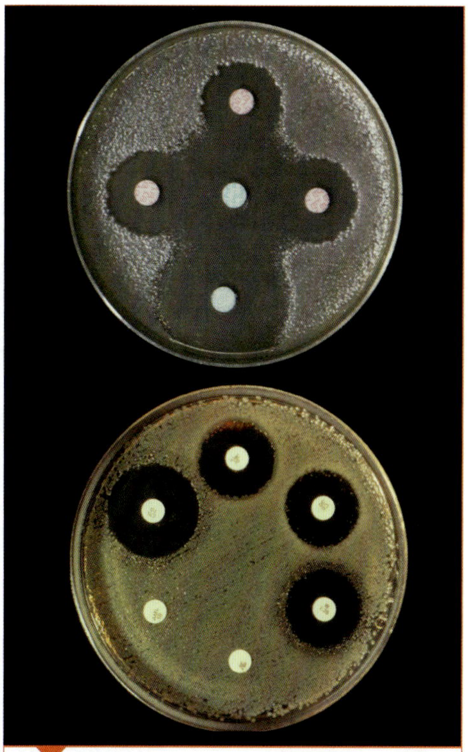

La determinació de soques de bacteris resistents es fa sovint amb la tècnica de l'**antibiograma**, que consisteix a fer-los créixer sobre plaques en les quals es posen discos impregnats amb antibiòtics. La imatge de dalt mostra una soca sensible als cinc antibiòtics assajats, i la de baix, una de sensible a quatre antibiòtics, però resistent a dues d'aquestes substàncies.

ACTIVITATS

La penicil·linasa

La penicil·lina és un antibiòtic que s'utilitza contra moltes infeccions bacterianes, però alguns bacteris produeixen un enzim, la penicil·linasa, que la hidrolitza. El gràfic de la dreta representa l'activitat enzimàtica de la penicil·linasa i l'activitat d'aquest enzim en presència d'àcid clavulànic.

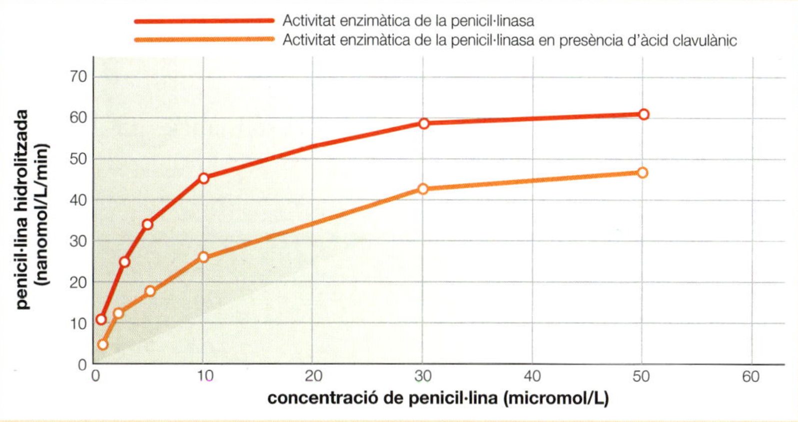

1. Justifica per què la síntesi de penicil·linasa es pot considerar un tipus de resistència als antibiòtics.
2. Els bacteris de la soca originada per un bacteri resistent a la penicil·lina també ho seran? Per què?
3. Mitjançant quins mecanismes un bacteri pot adquirir el gen de la penicil·linasa?
4. Quin efecte té l'àcid clavulànic sobre l'activitat d'aquest enzim? Per què creus que a molts preparats farmacèutics amb penicil·lina se'ls afegeix àcid clavulànic?
5. Com podem contribuir qualsevol de nosaltres a la lluita contra l'augment de soques resistents a un o més antibiòtics?

Com són els virus?

Ara que en Roger té clar com són els bacteris, com els afecten els antibiòtics i com es poden tornar resistents a la seva acció, vol saber què tenen de diferent els virus, com causen malalties i si els antibiòtics serveixen per eliminar-los. Per això es posa a buscar aquesta informació al llibre de Biologia i a Internet. En Roger pensa ara: «Si el mal de gola de la mare està causat per un virus, com són aquests agents infecciosos? Com provoquen les malalties?».

Els **virus** no estan formats per cèl·lules, sinó que tenen una **organització acel·lular**. La seva estructura és extraordinàriament senzilla, ja que només consten d'una molècula d'àcid nucleic –que pot ser de cadena simple o doble cadena, de DNA o RNA–, portadora d'informació genètica, i un embolcall proteic anomenat **càpsida**, que protegeix aquesta molècula. La càpsida vírica està formada per diverses subunitats proteiques, anomenades **capsòmers**. Com es pot veure a la imatge inferior, l'organització d'aquestes subunitats a l'espai pot donar lloc a diferents formes. Alguns virus, anomenats **virus amb embolcall**, com el de la grip, també tenen un embolcall membranós extern. Aquesta estructura procedeix, en gran part, de la membrana de la darrera cèl·lula infectada pel virus, però conté també proteïnes i glicoproteïnes d'origen víric.

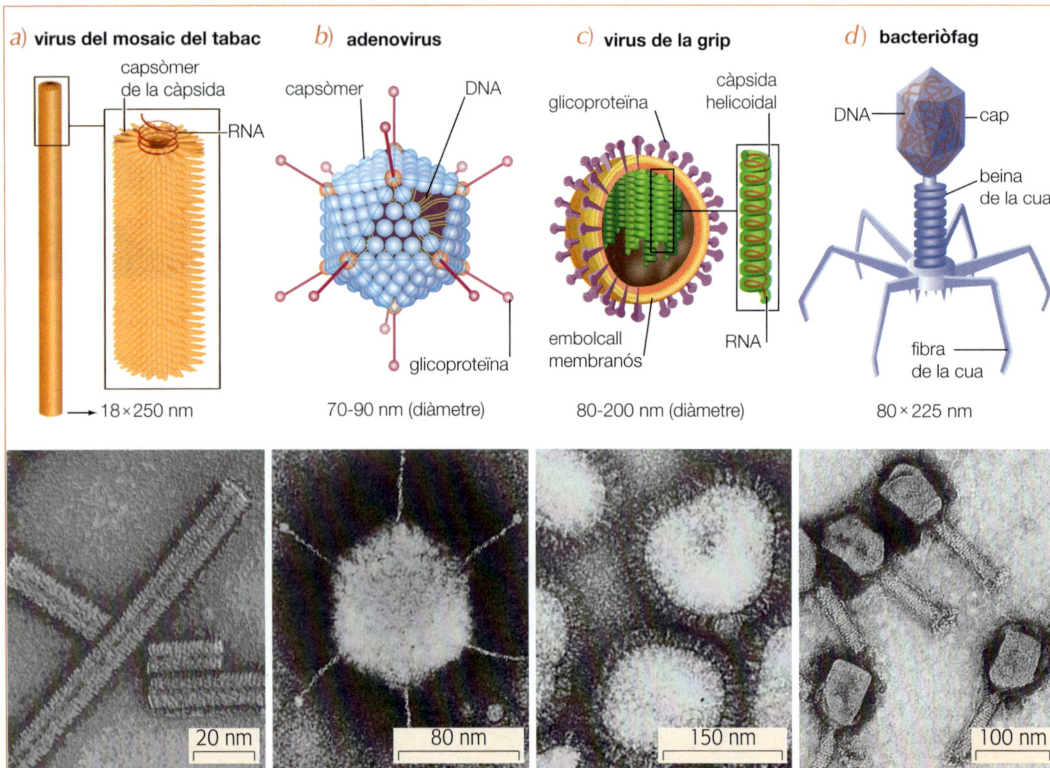

Estructura i imatge amb el microscopi electrònic de transmissió de virus amb diferents formes:

a) Virus del mosaic del tabac (helicoidal).

b) Adenovirus del refredat (polièdric).

c) Virus de la grip (càpsides helicoidals que envolten les molècules d'RNA, al voltant de les quals hi ha un embolcall membranós).

d) Bacteriòfag T4 (càpsida complexa amb cap polièdric i diverses estructures a la cua).

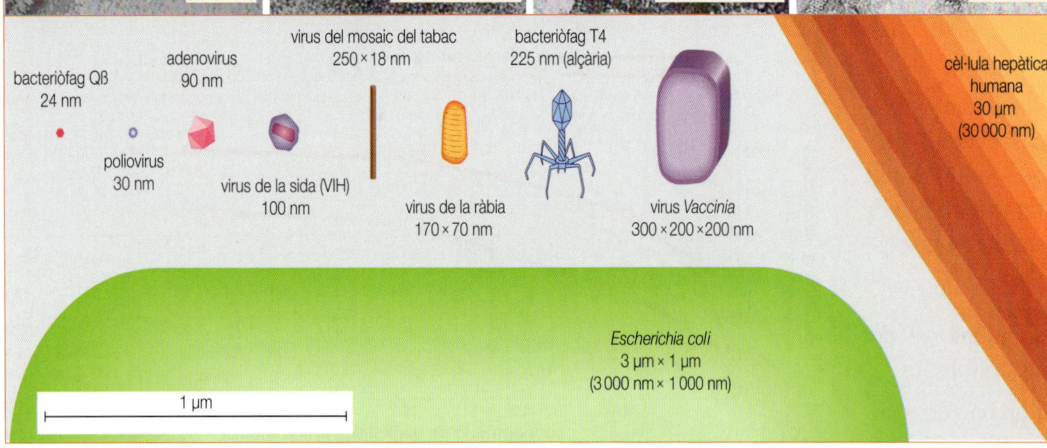

Mida comparativa de diversos tipus de virus, el bacteri *Escherichia coli* i una cèl·lula hepàtica humana.

Els virus no desenvolupen algunes de les funcions vitals pròpies dels éssers vius. Per això, els científics creuen que no es poden considerar organismes. No duen a terme cap tipus de reacció metabòlica i, per tant, no intercanvien amb el medi ni matèria ni energia. No són, doncs, autopoètics. L'única funció que exerceixen és la reproducció, però per fer-la, es veuen obligats a parasitar una cèl·lula.

Cada tipus de virus té un grup d'espècies, anomenat **rang d'hostes**, les cèl·lules de les quals pot infectar. Molts són altament específics, com els virus causants dels refredats, que només poden infectar les cèl·lules de les vies respiratòries superiors dels humans. D'altres, com el de la ràbia, es poden reproduir en cèl·lules de diverses espècies, com els ratpenats, els gossos i els humans, entre d'altres.

L'especificitat dels virus depèn del reconeixement químic entre les proteïnes de la seva càpsida o embolcall membranós i les molècules de l'embolcall de les cèl·lules que infecten, que actuen com a receptores. Un cop s'introdueixen a l'interior d'una cèl·lula, els virus fan que la maquinària metabòlica d'aquesta cèl·lula (biomolècules, energia, orgànuls) fabriqui diverses còpies de l'àcid nucleic i la càpsida. Després de la seva síntesi, aquests components s'uneixen mitjançant un procés d'autoacoblament i originen nous virus, els quals surten de la cèl·lula que han infectat, que gairebé sempre acaba morint. Els virus recoberts surten per una mena de procés d'exocitosi, que recorda una gemmació, gràcies al qual queden embolcallats per la membrana de la cèl·lula hoste. En aquest cas, les cèl·lules infectades solen sobreviure. Aquesta seqüència reproductiva dels virus, il·lustrada a l'esquema, és en realitat una generalització dels processos que tenen lloc en els diversos tipus de cicle reproductiu que aquests agents infecciosos poden presentar.

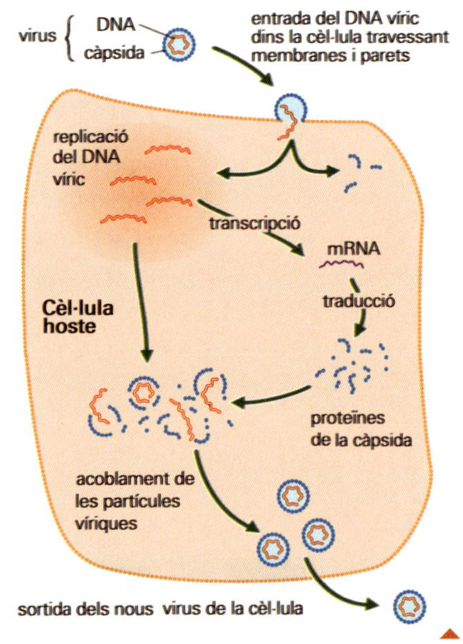

Cicle reproductiu simplificat d'un virus amb DNA i un sol tipus de proteïna a la càpsida.

ACTIVITATS

Els cicles dels bacteriòfags

Els virus que infecten cèl·lules bacterianes (bacteriòfags o fags) poden presentar dos tipus de cicles reproductius:

- **Lític:** els bacteriòfags destrueixen la paret cel·lular; la cèl·lula mor i els fags queden lliures tots alhora.
- **Lisogènic:** alguns bacteriòfags integren el seu DNA al del bacteri i formen el **pròfag**, que es transmet com un gen més a les cèl·lules filles.

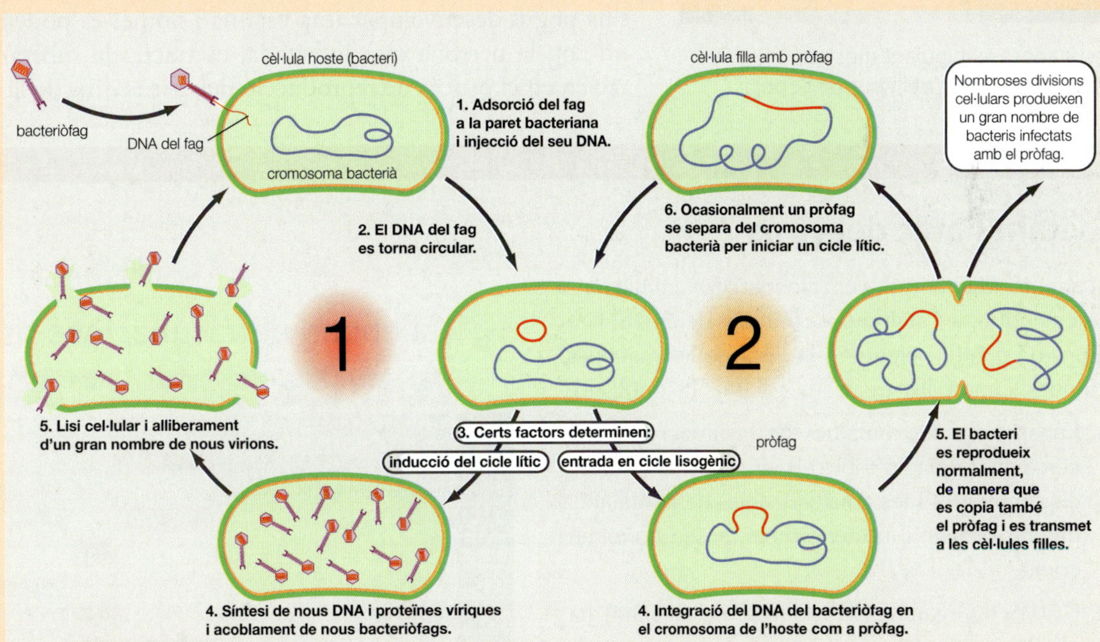

1. Identifica a quin número correspon cada tipus de cicle.
2. Redacta un text en què expliquis què succeeix en cadascun dels dos cicles pas a pas.
3. Cerca informació a Internet sobre quins factors determinen la inducció d'aquests cicles.
4. Els fags són molt específics en relació amb les espècies de bacteri que parasiten. Alguns microbiòlegs han proposat utilitzar-los per lluitar contra els bacteris resistents als antibiòtics. Justifica per què poden ser útils amb aquest objectiu i quin tipus de cicle haurien de tenir els fags usats per ser efectius.
5. Recentment s'ha començat a utilitzar el complex CRISPR/Cas (format per RNA i una endonucleasa) en procediments biotecnològics, un mecanisme que permet als bacteris desactivar de manera molt precisa gens vírics. Justifica quins avantatges pot atorgar als bacteris tenir aquest complex.

Es pot veure com funcionen els cicles lític i lisogènic dels virus als QR de la dreta o bé clicant a http://qr.teide.eu/021P i http://qr.teide.eu/021Q.

A en Roger només li falta trobar informació que li permeti explicar a la seva mare si prendre antibiòtics li servirà en el cas que el seu mal de gola sigui víric. Ha trobat una pàgina web que tracta de les interrelacions entre els humans i els virus. Aquí segur que troba el que està buscant.

Els humans i els virus

Els virus tenen una gran importància per als humans a causa de les malalties que provoquen. Els danys per malalties víriques als conreus i els ramats pugen a milers de milions d'euros anuals en el conjunt del món. Pitjors encara són els perjudicis causats per les aproximadament 2 000 malalties víriques que poden afectar directament les persones. La seva gravetat depèn dels danys que els virus causen a les cèl·lules i els teixits afectats. En el cas de la mare d'en Roger, si el mal de gola està causat per un virus, es tractarà d'una malaltia lleu, ja que les cèl·lules de l'epiteli de les vies respiratòries superiors es regeneren amb facilitat. Altres malalties víriques, en canvi, com la ràbia o la poliomielitis, són mortals o causen lesions irreversibles perquè afecten cèl·lules nervioses que difícilment es divideixen. També hi ha virus que, en integrar el seu genoma al de la cèl·lula, provoquen canvis genètics que la poden transformar en cancerosa, com els papovavirus causants del càncer cervical uterí.

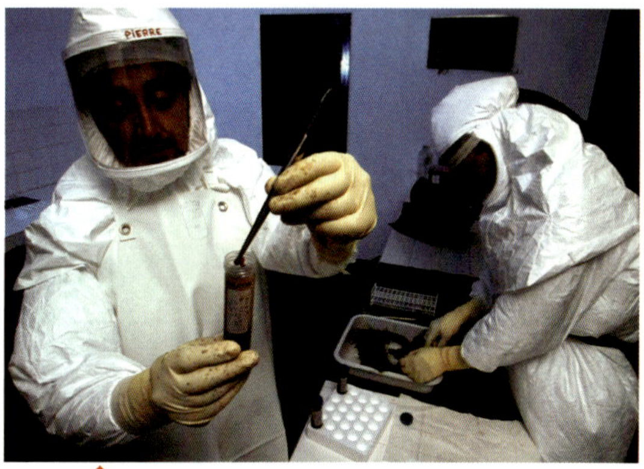

Investigadors manipulant mostres d'un animal infectat pel virus de l'Ebola.

Els virus no resulten afectats pels antibiòtics perquè, com que tenen organització acel·lular, no posseeixen molècules diana sobre les quals actuen els antibiòtics i, per això, aquests no són eficaços per combatre les infeccions víriques. Les malalties víriques lleus, com el mal de gola, només es tracten amb fàrmacs per reduir-ne els símptomes, ja que es curen al cap de pocs dies perquè el nostre sistema immunitari aconsegueix eliminar els virus.

Malauradament, hi ha malalties víriques molt més greus que el mal de gola. La sida, la ràbia o l'hepatitis, per exemple, maten cada any milions de persones arreu del món. Una de les millors estratègies preventives de les infeccions víriques greus són les **vacunes**, com és el cas de la poliomielitis o les hepatitis A i B. En altres casos, no s'ha pogut desenvolupar una vacuna i només es poden utilitzar **fàrmacs antivirals** un cop la persona està infectada; es tracta de substàncies químiques que interfereixen en el procés de reproducció dels virus dins de la cèl·lula.

ACTIVITATS

Evitant l'atac del virus

El quadre adjunt mostra el calendari de vacunacions sistemàtiques a Catalunya, vigent des del 2016. Feu grups de quatre i elaboreu la llista de les malalties víriques contra les quals es vacuna la població.

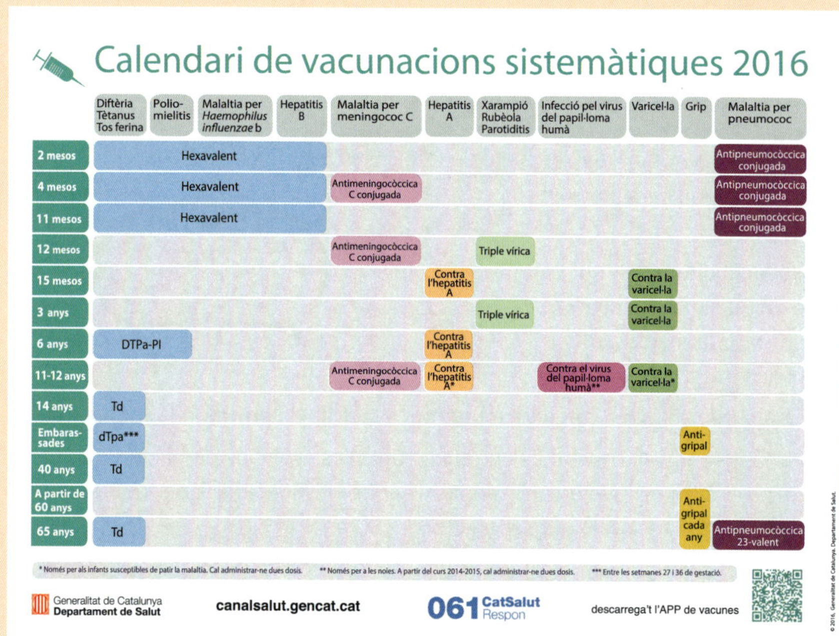

Calendari de vacunacions sistemàtiques 2016

	Diftèria Tètanus Tos ferina	Polio-mielitis	Malaltia per *Haemophilus influenzae* b	Hepatitis B	Malaltia per meningococ C	Hepatitis A	Xarampió Rubèola Parotiditis	Infecció pel virus del papil·loma humà	Varicel·la	Grip	Malaltia per pneumococ
2 mesos	Hexavalent										Antipneumocòccica conjugada
4 mesos	Hexavalent				Antimeningocòccica C conjugada						Antipneumocòccica conjugada
11 mesos	Hexavalent										Antipneumocòccica conjugada
12 mesos					Antimeningocòccica C conjugada		Triple vírica				
15 mesos						Contra l'hepatitis A			Contra la varicel·la		
3 anys							Triple vírica		Contra la varicel·la		
6 anys	DTPa-PI					Contra l'hepatitis A					
11-12 anys					Antimeningocòccica C conjugada	Contra l'hepatitis A*		Contra el virus del papil·loma humà**	Contra la varicel·la*		
14 anys	Td										
Embarassades	dTpa***									Antigripal	
40 anys	Td										
A partir de 60 anys										Antigripal cada any	
65 anys	Td										Antipneumocòccica 23-valent

* Només per als infants susceptibles de patir la malaltia. Cal administrar-ne dues dosis. ** Només per a les noies. A partir del curs 2014-2015, cal administrar-ne dues dosis. *** Entre les setmanes 27 i 36 de gestació.

Generalitat de Catalunya Departament de Salut canalsalut.gencat.cat 061 CatSalut Respon descarrega't l'APP de vacunes

1. Repartiu-vos les malalties de la llista i feu una cerca d'informació sobre els virus que les causen, els símptomes i les conseqüències de la malaltia que provoquen i, posteriorment, poseu-ho tot en comú.
2. L'OMS (l'Organització Mundial de la Salut) ha analitzat deu mites sobre les vacunes que els col·lectius antivacunes utilitzen com a arguments. Busqueu-los a http://qr.teide.eu/021R, repartiu-vos aquests mites i els fets que els rebaten (un per grup) i prepareu-ne una breu presentació.
3. Després de posar en comú les presentacions, feu un debat sobre les qüestions següents:
   a) Cal obligar la gent a vacunar els seus fills?
   b) Llegeix l'article que trobaràs a http://qr.teide.eu/0264. Com et sentiries si un fill o filla teu morís o quedés greument afectat per una malaltia vírica de la qual hi ha la vacuna, però que no l'hi vas administrar?

Mereixen una atenció especial els anomenats **virus emergents**. Es tracta de mutacions de virus ja existents, de virus que passen d'afectar espècies animals no humanes a la humana, o bé de virus que estaven confinats en poblacions humanes aïllades i que es disseminen per zones més àmplies. Els virus emergents apareixen de forma sobtada i causen brots epidèmics, com ara la febre hemorràgica causada pel letal virus de l'Ebola, la grip A o la sida.

Aquest darrer cas és d'una malaltia causada pel VIH, un **retrovirus**. Aquest tipus de virus tenen un enzim que fa una còpia del seu RNA en DNA, que després s'insereix al genoma cel·lular. L'enzim que catalitza aquesta transcripció, en sentit contrari al que habitualment té lloc a les cèl·lules, s'anomena **transcriptasa inversa**.

Tot i la llarga llista de conseqüències negatives per als humans derivades de l'acció dels virus, al llarg de les darreres dècades se n'han desenvolupat diverses aplicacions. Alguns s'utilitzen per a la lluita biològica, com s'ha fet experimentalment amb castanyers del Montseny; en aquest cas, els virus ataquen el fong causant d'una malaltia als arbres. Un camp encara més important és l'ús de virus en enginyeria genètica, on es fan servir principalment per introduir gens dins d'algunes cèl·lules. Igualment, es creu que els virus poden tenir un paper important en el procés evolutiu de les espècies, perquè causen reordenacions en el DNA dels organismes.

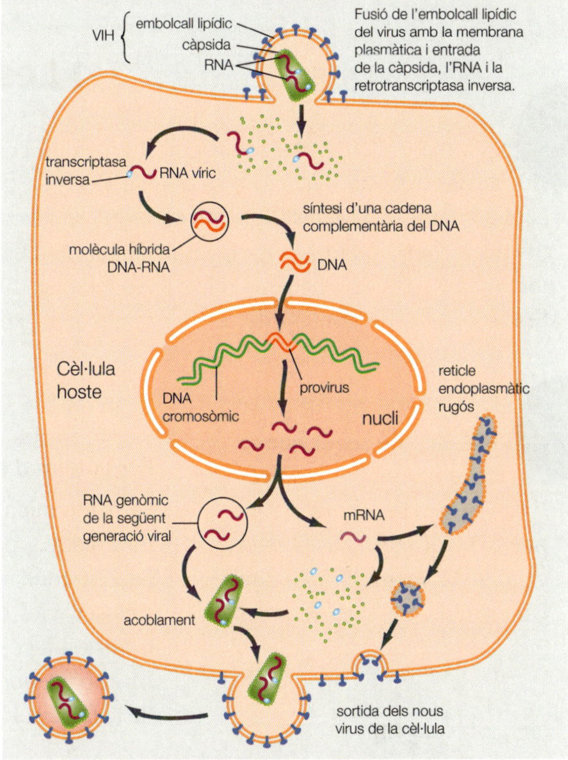

Cicle reproductiu del VIH, virus causant de la sida.

ACTIVITATS

Igualtat d'oportunitats?

Les dades indiquen els nous casos d'infecció per sida estimats per l'OMS (Organització Mundial de la Salut) l'any 2014.

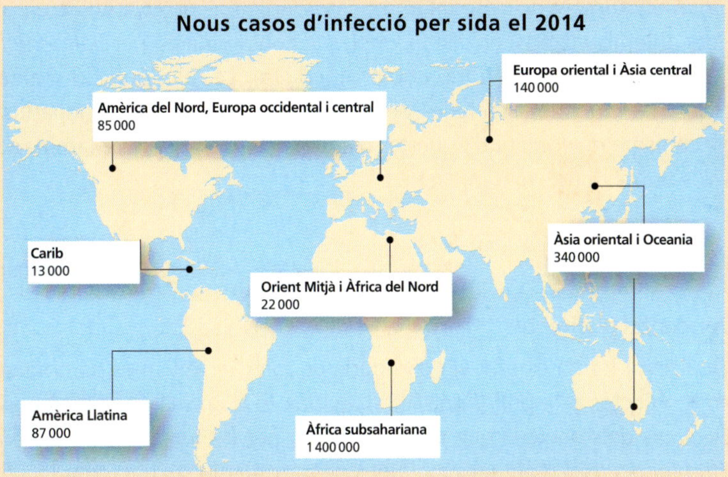

1. Com es distribueixen geogràficament?
2. Quins factors poden explicar aquesta distribució?
3. Busca a http://qr.teide.eu/021S dades sobre la mortalitat relacionada amb la sida a les mateixes zones. Elabora unes conclusions sobre com es distribueix i evoluciona aquesta malaltia en comparació amb l'any 2000.
4. Expressa la teva opinió sobre aquestes dades i proposa alguna mesura per reduir l'elevada incidència i mortaldat d'aquesta malaltia en determinades zones.
5. Quines mesures n'eviten els contagis?
6. Feu grups de quatre i busqueu al web de l'OMS, o bé a http://qr.teide.eu/021T, quatre exemples més de virus emergents dels que hi ha al menú inferior esquerre, i elaboreu un pòster digital o una presentació sobre les característiques de la malaltia que causen (contagi, símptomes i efectes), les àrees que afecten i les mesures preventives que s'hi apliquen.

CRISPR/Cas: de defensa bacteriana a eina biotecnològica precisa

L'any 1993 el microbiòleg espanyol Francisco J. M. Mojica va descobrir el sistema CRISPR/Cas, un mecanisme usat per algunes soques de bacteris per defensar-se de la infecció per bacteriòfags. CRISPR/Cas consisteix en un «RNA guia» (gRNA) acoblat a una endonucleasa (proteïna Cas9) capaç de tallar el DNA per parelles de nucleòtids molt específiques.

1. Justifica per què el sistema CRISPR/Cas pot servir a un bacteri per evitar la infecció per bacteriòfags.
2. Explica com es pot fer servir aquest sistema en biotecnologia per a la manipulació del DNA. Pots buscar informació complementària al QR de la dreta o bé a http://qr.teide.eu/0265.
3. Quins aspectes ètics caldrà tenir en compte en els possibles usos de CRISPR/Cas?

Les vies de contaminació i contagi

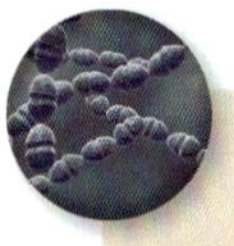

La mare d'en Roger segur que li pregunta com ha pogut agafar aquesta infecció respiratòria. Recorda que li va explicar que fa uns dies que hi ha molta gent esternudant i tossint al metro quan va i torna de la feina: «Així és fàcil agafar tota mena de virus i bacteris o les seves toxines!». Busca en el llibre les vies de contagi de les infeccions per explicar-les-hi.

«És gairebé segur que la mare ha contret la infecció de gola per aquesta via», pensa en Roger. «Dins dels vagons del metro hi ha molta gent respirant el mateix aire!»

Com arriben els bacteris infecciosos fins al nostre cos?

- Hi ha **contagi directe** quan la transmissió dels gèrmens causants de la infecció es dona d'un individu a un altre per proximitat o contacte.
- Hi ha **contagi indirecte** quan la transmissió es produeix a través d'objectes contaminats.

Aquestes són les principals vies de contagi:

Per gotetes d'exhalació (per l'aire)

La petita mida dels microorganismes els permet transmetre's per l'aire dins de gotes minúscules. Esternudar, estossegar o simplement parlar suposen vies de contagi pròpies de microorganismes infecciosos de l'aparell respiratori, com *Mycobacterium tuberculosis* (el bacteri causant de la tuberculosi) o els virus del refredat i la grip.

Quan esternudem, produïm moltes gotes d'exhalació que poden contenir virus o bacteris causants d'infeccions respiratòries.

Per contaminació d'aliments o begudes

Quan un aliment no ha estat en bones condicions de conservació o de manipulació, pot contenir bacteris; en són exemples la contaminació per *Salmonella typhi* (causant de la febre tifoide) o *Vibrio cholerae* (còlera). La manipulació d'aliments o estris de cuina per persones afectades per infeccions víriques com l'hepatitis A també és un mecanisme de contagi d'aquestes malalties. Beure aigua contaminada amb bacteris o virus és una altra via d'infecció.

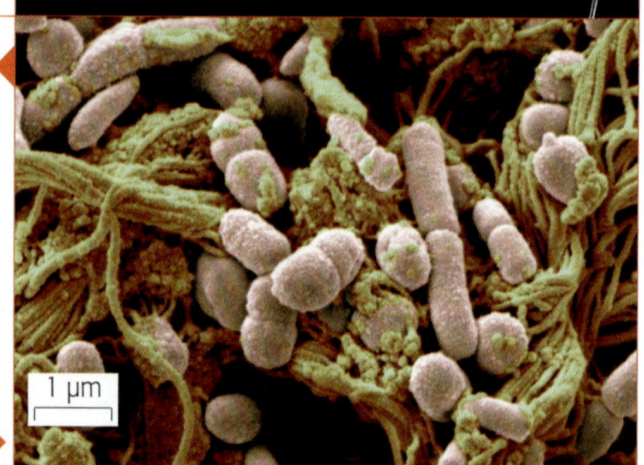

Salmonella contaminant pell de pollastre.

Per contacte directe

Qualsevol ferida és una via d'entrada de microorganismes. El contacte amb el terra, amb objectes o la pell d'una altra persona (o d'un mateix) pot suposar una infecció. És el cas dels bacteris que poden penetrar per les ferides, com ara *Staphylococcus* o *Streptococcus*, i d'algunes malalties de transmissió sexual, com la sífilis, causada pel bacteri *Treponema pallidum* –una espiroqueta–, o la sida i l'hepatitis B, causades per virus.

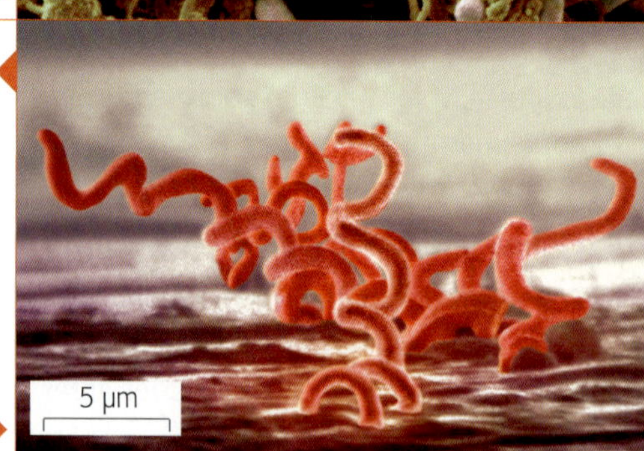

Treponema pallidum, bacteri causant de la sífilis.

Per vectors animals

Moltes infeccions de gran transcendència històrica i social es transmeten per vectors animals com els insectes: és el cas de la pesta, que passa de la rata als humans a través de les picades de puça.

Aquest tipus de via de contagi no és exclusiu dels bacteris, ja que també pot transmetre protozous (com la malària, per la picada del mosquit *Anopheles*) o virus (com la febre groga, per picades d'insectes).

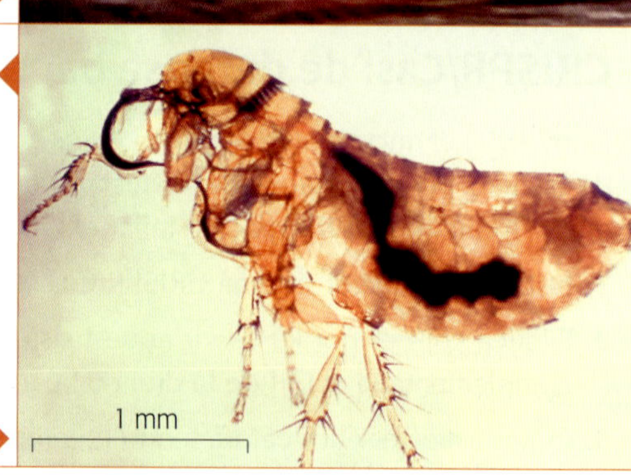

Puça infectada de pesta.

Les primeres barreres defensives

La proporció d'espècies bacterianes **patògenes**, és a dir, que causen malalties, és molt baixa en relació amb el conjunt d'espècies de bacteris. De fet, hi ha nombrosos bacteris que viuen amb nosaltres –a la superfície de la pell o al nostre interior– i ens són beneficiosos. Molts es troben al medi on vivim i són innocus; d'altres intervenen en els processos d'elaboració d'aliments (iogurt, formatges) o de fàrmacs.

Quan ens infecta un microorganisme patogen, posem en marxa el **sistema immunitari**, un conjunt complex de mecanismes defensius que ens protegeixen de les infeccions causades per bacteris, fongs, virus o altres paràsits. Aquests mecanismes poden ser inespecífics, com les **barreres defensives naturals** que impedeixen el pas i la proliferació dels microorganismes. Però si aquests aconsegueixen superar aquestes barreres, es trobaran amb una **resposta immunitària**, que consta de mecanismes inespecífics i d'específics.

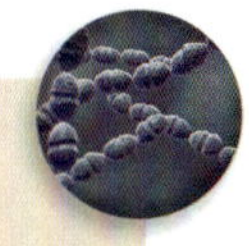

En Roger té clar que la seva mare no es pot prendre l'antibiòtic pel seu compte. «No em farà cas», pensa, «... potser si li explico allò del sistema immunitari que hem fet amb la *profe* de Biologia, aleshores entendrà que el seu cos ja està lluitant contra els microorganismes que li causen el mal de gola».

Barreres defensives naturals

La **pell** és impenetrable per a la major part de microorganismes. L'acidesa de la suor i les secrecions sebàcies limiten i controlen el creixement de fongs. A més, la descamació contínua de les capes superficials de la pell contribueix a eliminar agents infecciosos.

Si una ferida esquinça l'epidermis, els microorganismes poden penetrar fins a la **dermis**, situada just per sota. Allà, les primeres cèl·lules de defensa, **macròfags** i **mastòcits**, combatran la infecció amb una acció fagocitària o bé estimulant el **procés inflamatori**.

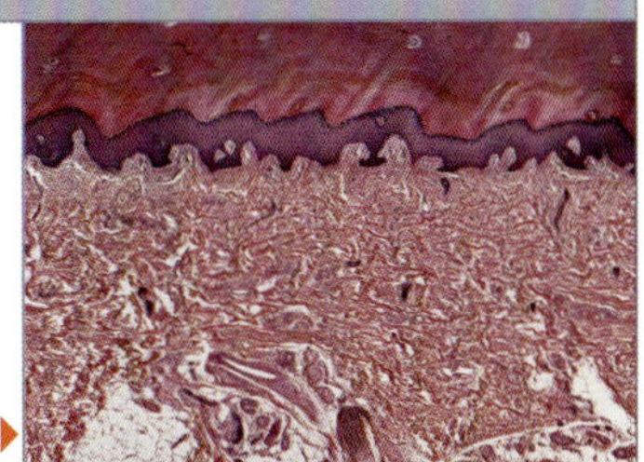

Fotografia d'una secció transversal de pell, feta amb tinció d'hematoxilina.

Les **mucoses** respiratòries contenen nombroses cèl·lules ciliades, recobertes de *mucus*, que desplacen la pols i els gèrmens inhalats cap a la faringe, on són deglutits o bé s'eliminen amb la tos o els esternuts. Alguns virus poden afectar els cilis, la qual cosa permet la invasió bacteriana posterior. A la boca, la saliva conté l'enzim **lisozim**, que destrueix (lisa) la paret de moltes espècies de bacteris. A l'estómac, l'acidesa del suc gàstric també actua contra els microorganismes.

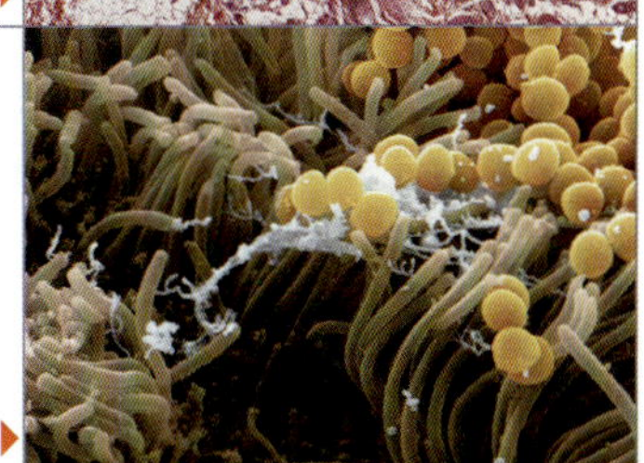

Estafilococs a la mucosa nasal.

El cos d'una persona conté aproximadament 10^{14} bacteris vius (100 bilions), molts dels quals són a la pell o formen part de les **microbiotes** o **flores bacterianes** de la boca, l'intestí o la vagina. Tots plegats formen una eficaç línia de defensa. Es tracta d'una comunitat de diverses espècies de bacteris que viuen sota una relació de mutualisme amb l'hoste (la persona). Per això és difícil la invasió de bacteris patògens a les mucoses, si no hi ha una modificació de la microbiota bacteriana.

Diversos bacteris de la microbiota bucal humana.

ACTIVITATS

Infeccions vaginals

La microbiota bacteriana vaginal, entre altres coses, genera un ambient àcid que protegeix contra les infeccions dels fongs (sobretot, del gènere *Candida*) que no proliferen en un medi de tanta acidesa. A la microfotografia de la dreta s'observen les característiques pseudohifes de *Candida albicans*, així com cèl·lules semblants a les del llevat.

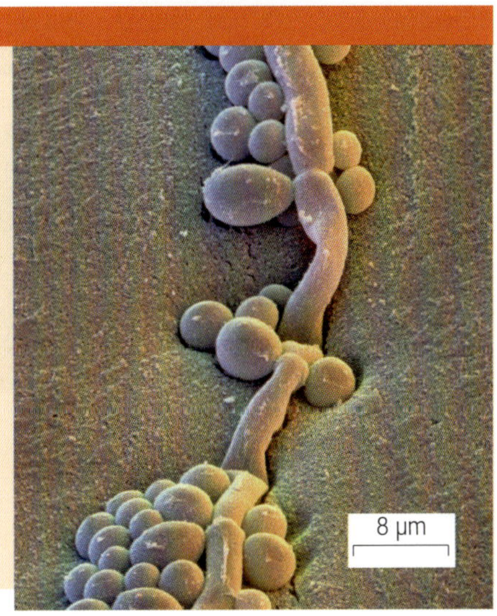

1. Temps enrere, la mare d'en Roger va patir una bronquitis, contra la qual, aquest cop sí, el metge li receptà un antibiòtic. Poc després va contreure una infecció vaginal per fongs. Ella no va trobar cap relació entre els dos fets, però en tenen. Explica i justifica aquesta situació.
2. Busca informació i elabora una taula on hi hagi el nom i una breu descripció de les espècies bacterianes de la microbiota vaginal.

En Roger vol acabar de llegir la informació sobre el sistema immunitari. Recorda que, tant si la infecció que té la seva mare és bacteriana com vírica, el seu cos té mecanismes de lluita contra els microorganismes. «Potser no cal que ella s'hi amoïni gaire, i si fa una mica de bondat, demà ja es llevarà bé», pensa en Roger. «Quina llauna, hauré de tornar a mirar-me bé el llibre per explicar-li-ho!»

El sistema immunitari

El nostre organisme disposa d'un mitjà molt potent, el **sistema immunitari**, per eliminar les infeccions, tant si són víriques com bacterianes. Per bé que prenguem fàrmacs com ara antibiòtics, analgèsics per al dolor o antipirètics per a la febre, sempre són les nostres defenses les que posen fi a la infecció.

Hi ha diverses respostes del sistema immunitari davant d'una infecció: algunes són **inespecífiques**, com la febre o la inflamació, i d'altres són **específiques**, com la producció d'anticossos. Totes actuen de manera coordinada, i normalment provoquen la destrucció i l'eliminació dels microorganismes invasors i totes les molècules tòxiques que aquests produeixen.

Immunitat inespecífica o innata

En el moment en què qualsevol tipus d'agent infecciós travessa la pell o les mucoses, es dispara la **resposta immunitària inespecífica**, la qual suposa un fre inicial a la infecció, una important barrera molecular i cel·lular. Es tracta d'una resposta ràpida i que no depèn del microorganisme infecciós. Són diversos els **tipus cel·lulars** que hi intervenen:

Leucòcits polimorfonuclears o granulòcits

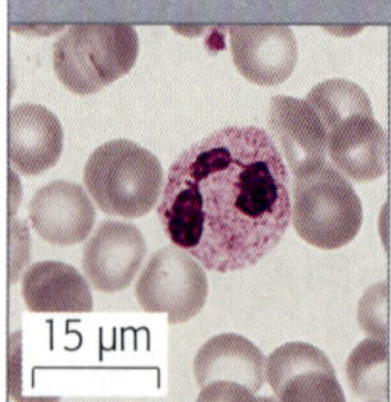

Neutròfils

Tenen el nucli multilobulat i grànuls citoplasmàtics. Exerceixen una funció fagocitària i són de gran importància a l'hora de combatre infeccions bacterianes. Normalment se'n troben entre 3 000 i 6 000 per mil·límetre cúbic de sang.

Neutròfil vist amb el microscopi òptic.

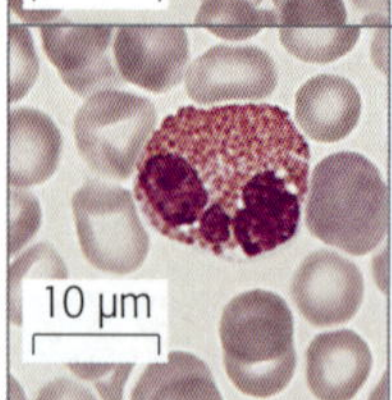

Eosinòfils

Nucli lobulat i grànuls citoplasmàtics que es tenyeixen amb colorants àcids. Combaten paràsits intracel·lulars i esmorteeixen la resposta inflamatòria. N'hi ha entre 100 i 400 per mil·límetre cúbic de sang.

Eosinòfil vist amb el microscopi òptic.

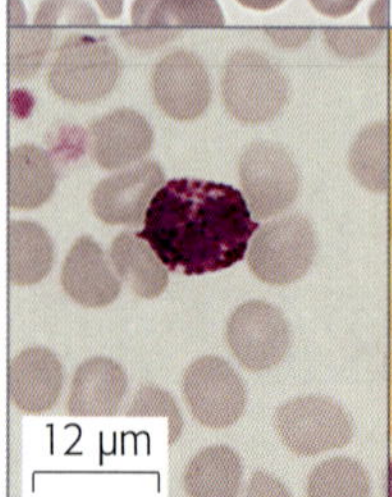

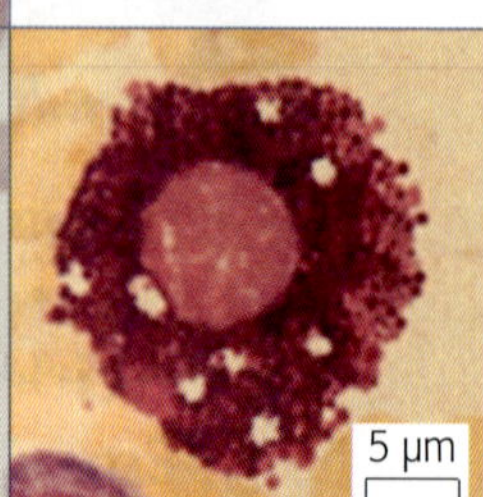

Basòfils (sang) / Mastòcits (teixits)

Els basòfils són la versió «circulant» dels mastòcits. Els seus grànuls citoplasmàtics es tenyeixen amb colorants bàsics. Basòfils i mastòcits intervenen en les respostes inflamatòries i les al·lèrgies, secretant **histamina**. N'hi ha entre 25 i 200 per mil·límetre cúbic.

Basòfil (a l'esquerra) i mastòcit (a la dreta) vistos amb el microscopi òptic.

Cèl·lules mononuclears o agranulòcits

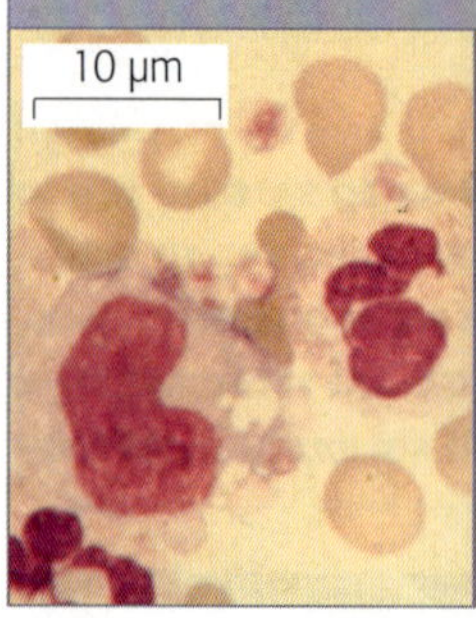

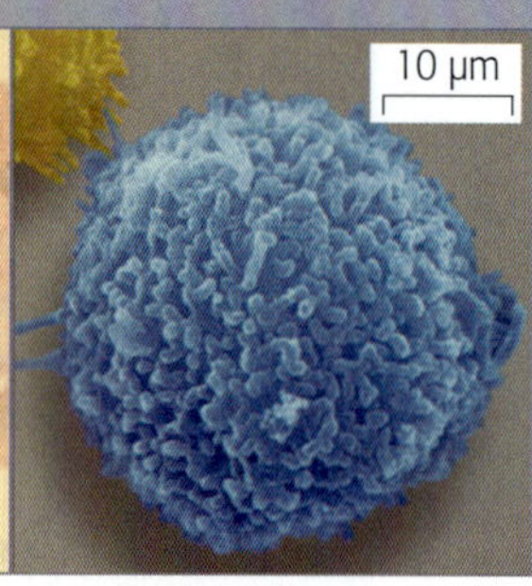

Monòcits (sang)

Cèl·lules sanguínies amb capacitat fagocitària. Poden sortir dels vasos sanguinis per **diapedesi** i esdevenir macròfags.

Macròfags (teixits)

Fagòcits dels teixits. Alliberen **histamina** i vasodilatadors. Inicien la **immunitat específica**.

A l'esquerra, monòcit vist amb el microscopi òptic. A la dreta, macròfag vist amb el microscopi electrònic.

Aprèn més coses sobre les diferents cèl·lules del sistema immunitari accedint al QR de la dreta o a http://qr.teide.eu/021U (en anglès).

Els neutròfils, els basòfils i els eosinòfils són **granulòcits** (tenen grànuls al citoplasma) o **cèl·lules polimorfonuclears** (el nucli té formes variades). Els monòcits són **leucòcits mononuclears**, sense grànuls al citoplasma, i poden abandonar el torrent sanguini, i aleshores esdevenen macròfags. Aquest procés també el poden fer els neutròfils.

Tots dos tipus cel·lulars són **fagòcits**, és a dir, fan el procés de fagocitosi, tal com veiem a la figura. El fagòcit embolcalla el bacteri amb la membrana (1) i forma un endosoma (2) que, posteriorment, es posarà en contacte amb els lisosomes primaris de la cèl·lula (3). Aquests orgànuls cel·lulars estan carregats d'enzims hidrolítics, les **hidrolases**, que trenquen tota mena de biomolècules. Així, un cop es fusionen amb la vesícula que conté el bacteri, aquests enzims trenquen els lípids, els polisacàrids i les proteïnes del bacteri fagocitat (4). L'estructura resultant s'anomena **lisosoma secundari**. Posteriorment, aquesta vesícula residual pot extreure part del seu contingut per exocitosi (5).

L'alliberament de substàncies com les interleucines dels macròfags i la histamina dels mastòcits activa la **reacció inflamatòria**, que consisteix principalment en un augment del flux sanguini i de la permeabilitat dels vasos a la zona afectada. L'augment local de temperatura i la sortida de plasma i leucòcits cap als teixits afavoreixen la resposta immunitària inespecífica.

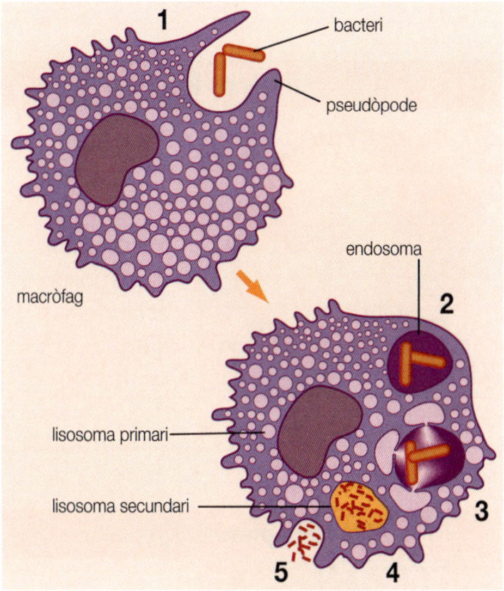

Procés de fagocitosi que efectua un macròfag sobre un bacteri.

ACTIVITATS

La resposta inflamatòria

L'acció fagocítica està afavorida pel procés inflamatori, que provoca la vasodilatació del teixit que facilita l'accés dels fagòcits a la zona infectada.

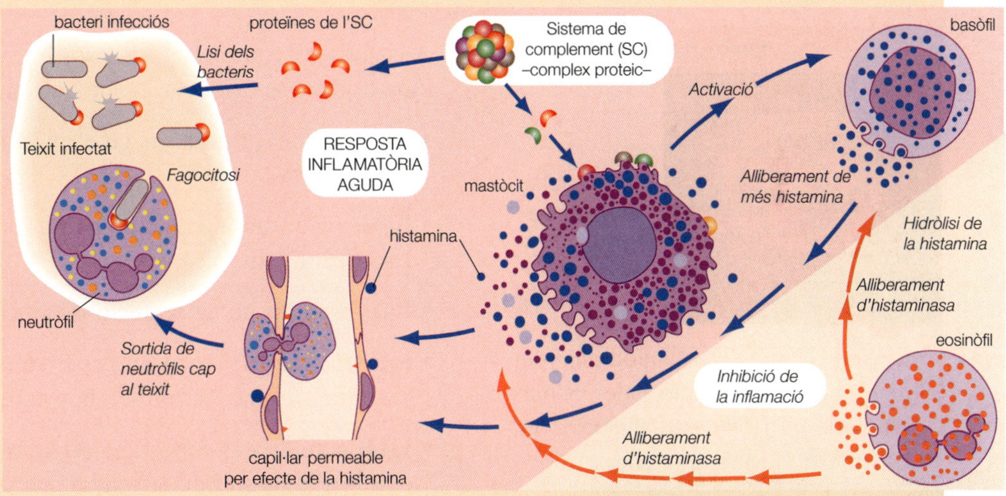

1. Descriu tot el seguit de reaccions que es produeixen en la resposta inflamatòria fins que el bacteri és embolcallat pel neutròfil al teixit infectat. Explica quines cèl·lules i molècules intervenen en el procés.
2. El sistema de complement està format per un conjunt de proteïnes del plasma que formen part de la resposta immunitària innata. Busca informació i redacta un text en què expliquis com actuen contra els bacteris patògens.
3. Localitza on es produeix la diapedesi.
4. Quin avantatge, des del punt de vista immunitari, proporciona el procés inflamatori?

El tabac i els macròfags

L'any 2009, un equip de científics espanyols va publicar una recerca a la revista internacional *Infection and Immunity* en la qual demostraven que el fum del tabac redueix l'activitat dels macròfags presents als pulmons.

1. En el mateix article relacionaven aquesta dada amb el major nombre d'infeccions respiratòries que pateixen els fumadors. Justifica aquesta relació fent referència al paper dels macròfags en la immunitat inespecífica.
2. Fes una recerca d'informació sobre altres funcions que duen a terme els macròfags.

Limfòcits B

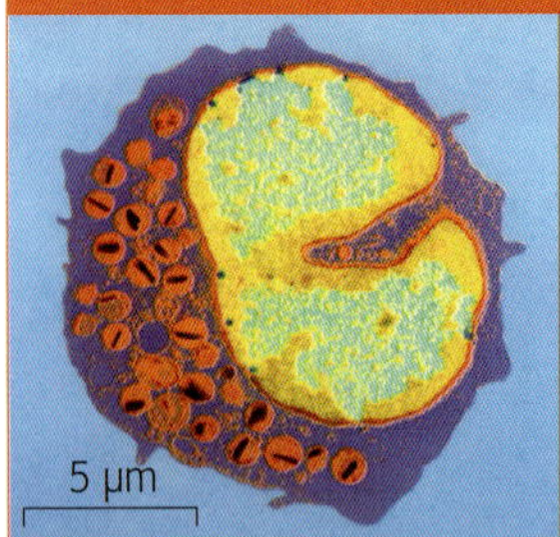

Micrografia electrònica acolorida d'un limfòcit B.

Els limfòcits B són les cèl·lules productores d'*anticossos*.

Cèl·lules plasmàtiques

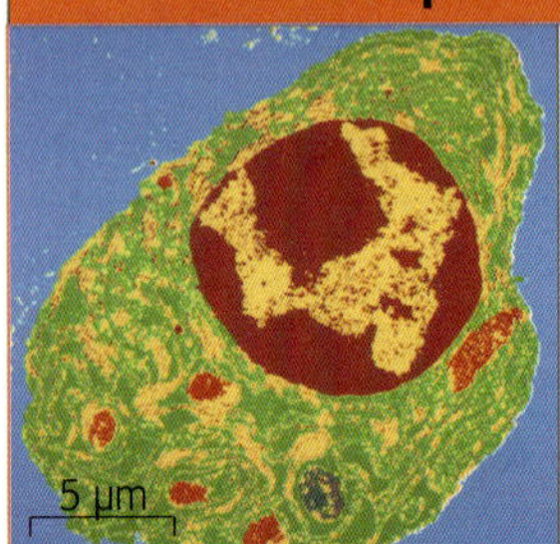

Micrografia electrònica acolorida d'una cèl·lula plasmàtica.

Les cèl·lules plasmàtiques són limfòcits B madurs o activats.

Limfòcits T

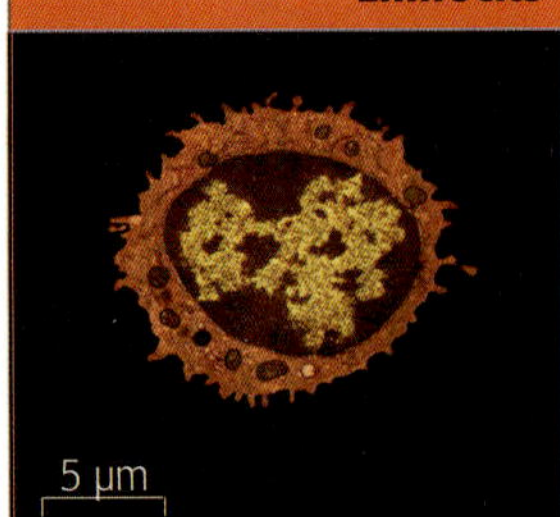

Micrografia electrònica *colour-enhanced* d'un limfòcit T.

Regulen l'activitat dels limfòcits B i destrueixen les cèl·lules infectades. N'hi ha de tres tipus: Th (*helper* o col·laboradors), Tc (citotòxics) i Ts (supressors).

Immunitat específica, adquirida o adaptativa

La **resposta immunitària específica** o **adquirida** depèn de molècules que el sistema immunitari reconeix com a alienes, els **antígens**, habitualment proteïnes de les cobertes de virus i bacteris. Així, s'ataca d'una manera singular la infecció i augmenta enormement l'eficàcia del sistema de defensa, tot i que és una resposta més lenta.

Hi intervenen elements cel·lulars (**immunitat cel·lular**), uns tipus especials de leucòcits anomenats **limfòcits**; i substàncies proteiques (**immunitat humoral**), els **anticossos**. Les principals cèl·lules que participen en la resposta immunitària específica són les que es mostren a l'esquerra.

Els **anticossos** són proteïnes específiques per a cada antigen, produïdes pels limfòcits B, les cèl·lules que han estat estimulades pels limfòcits T. Presenten una zona de reconeixement específic que s'uneix a una petita part de l'antigen: el **determinant antigènic**. Els anticossos estan formats per dos tipus de cadenes polipeptídiques: dues cadenes pesants (H, *heavy*) i dues de lleugeres (L, *light*), unides per enllaços disulfur (–S–S–). Als dos braços superiors hi ha les **regions variables**, on es reconeixen els determinants antigènics.

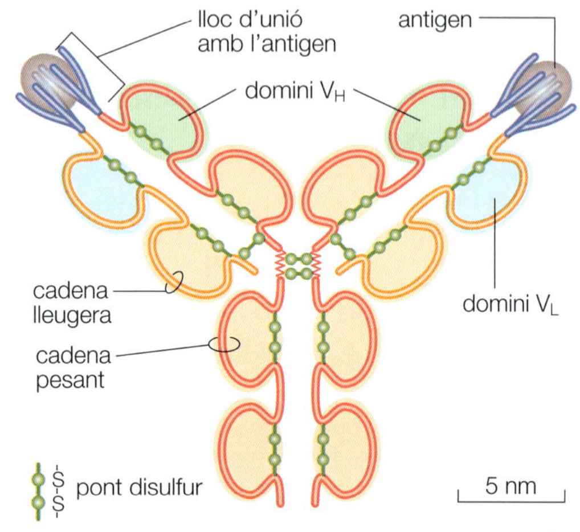

Estructura d'un anticòs IgG.

A la zona inferior dels anticossos hi trobem les **regions constants**, de les quals hi ha cinc tipus, que originen les cinc classes d'immunoglobulines:

- **IgG:** les més abundants en el plasma i la limfa. Poden travessar la placenta, de la mare al fetus.
- **IgM:** pentamèriques (cinc subunitats). Abundants en la primera resposta contra l'agent infectiu.
- **IgA:** presents en les secrecions: mucoses, saliva, llet materna.
- **IgE:** sembla que tenen un paper en la defensa contra paràsits i al·lèrgies. En presència d'un antigen, estimulen la producció d'histamina dels mastòcits i basòfils.
- **IgD:** actuen a la superfície cel·lular, i es poden trobar inserides a les membranes dels limfòcits B. Són les que tenen una funció menys coneguda.

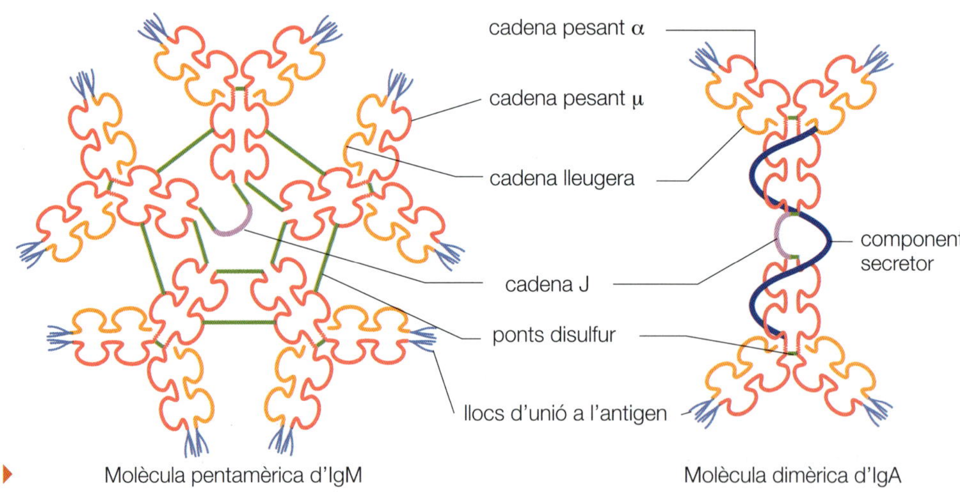

Estructura comparativa de les IgM i de les IgA.

Mecanismes d'acció de la resposta immunitària específica

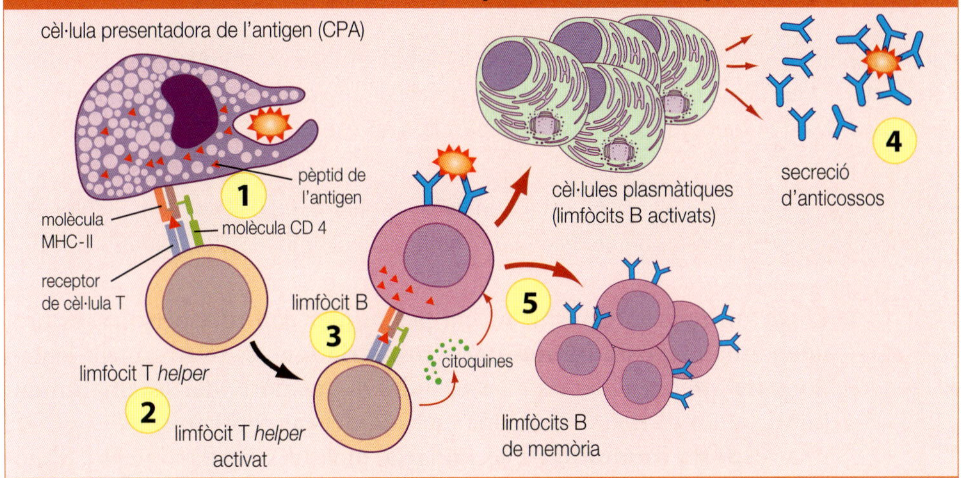

1. **Presentació dels antígens:** la **cèl·lula presentadora de l'antigen** (CPA), que normalment és un macròfag, fagocita el bacteri i exposa els seus determinants antigènics a la membrana, juntament amb una molècula anomenada MHC-II (complex major d'histocompatibilitat-II). Aquesta molècula és un «senyal d'identitat» que garanteix que la cèl·lula pertany a l'organisme, és a dir, que és pròpia (encara que, com en aquest cas, porti una proteïna aliena).
2. **Activació del limfòcit T *helper*** per unió amb la CPA.
3. Unió del limfòcit T *helper* activat amb un **limfòcit B que posseeix a la superfície els anticossos complementaris**: aquest limfòcit B s'activa, es reprodueix i la major part dels descendents es transformen en cèl·lules plasmàtiques, les quals comencen a sintetitzar anticossos al reticle endoplasmàtic i els expulsen al medi.
4. **Unió dels anticossos alliberats** per les cèl·lules plasmàtiques als determinants antigènics del bacteri. Això els immobilitza i actua com a senyal per als macròfags o neutròfils, que els eliminen.
5. **Formació de cèl·lules de memòria** a partir de la divisió cel·lular dels limfòcits B. Aquestes quedaran a la circulació sanguínia i es transformaran en cèl·lules plasmàtiques ràpidament quan hi hagi un segon contacte amb l'antigen.

Tot aquest procés està regulat pels limfòcits Ts (supressors), que fan que els limfòcits B frenin la producció d'anticossos quan l'agent infecciós ha estat definitivament eliminat.

Pots veure una animació sobre la resposta immunitària (en anglès) al QR de la dreta, o bé a l'enllaç http://qr.teide.eu/021V.

ACTIVITATS

Resposta immunitària específica

1. Reconeix a l'esquema d'aquesta pàgina quins elements pertanyen a la immunitat cel·lular i quins a la immunitat humoral.
2. Els bacteris es reprodueixen de forma òptima a uns 30 °C. Així, els 37 °C del cos humà ja no són una temperatura òptima per al creixement bacterià, i si, a més, aquesta s'eleva uns 2 o 3 °C mitjançant el mecanisme fisiològic de la febre, els bacteris estan clarament en declivi. Justifica que la febre sigui un mecanisme efectiu per eliminar bacteris. Però, per què és tan perillós que pugi per sobre de 42 °C?
3. Hi ha malalties produïdes per bacteris que sols es pateixen un cop. Explica-ho fent referència al dibuix d'aquesta pàgina.

ACTIVITATS

La pandèmia del 1918

L'epidèmia de «grip espanyola» del 1918 és considerada la més devastadora de la història de la humanitat, ja que va causar entre 20 i 40 milions de morts en un sol any.

1. L'any 2009, un equip de científics va descobrir que els supervivents que encara hi havia d'aquesta pandèmia mantenien la capacitat de combatre la soca del virus H1N1, causant de l'epidèmia del 1918. Quines cèl·lules permeten aquesta perllongada memòria immunitària?
2. Quins processos s'han de produir prèviament per tal que una persona tingui memòria immunitària davant una malaltia infecciosa?

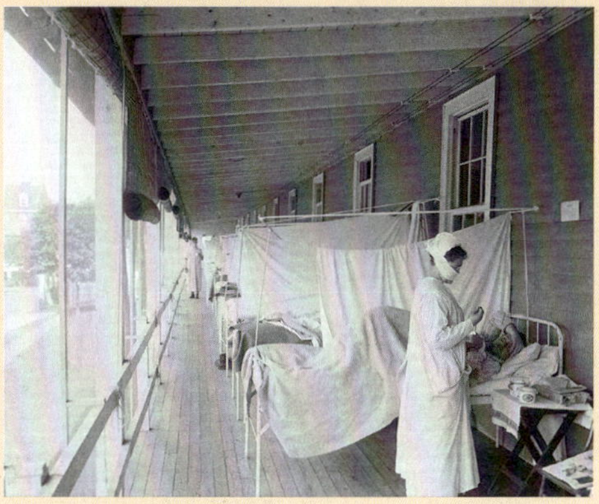
Sala de malalts de la grip a l'hospital Walter Reed durant l'epidèmia de grip espanyola del 1918 al 1919, a Washington DC.

Tipus d'immunitat

Al capítol del llibre que en Roger ha consultat, hi sortien algunes pàgines web per trobar més informació. Com que està una mica tip de fullejar llibres, prefereix posar-se a l'ordinador. «Miro això, i ràpidament, a xerrar per whatsapp amb els col·legues», pensa. Al primer web on entra té pestanyes sobre diversos temes d'immunologia. Molts conceptes ja li sonen, però li criden l'atenció dos apartats: vacunes i al·lèrgies.

«Ep! Potser si la mare s'hagués vacunat de la grip, com va fer l'any passat, ara no estaria malalta. D'altra banda, si es pren antibiòtics potser li provocaran al·lèrgia, com li va passar a l'Enric, el meu cosí. Però..., quina relació deu tenir tot això amb el sistema immunitari?»

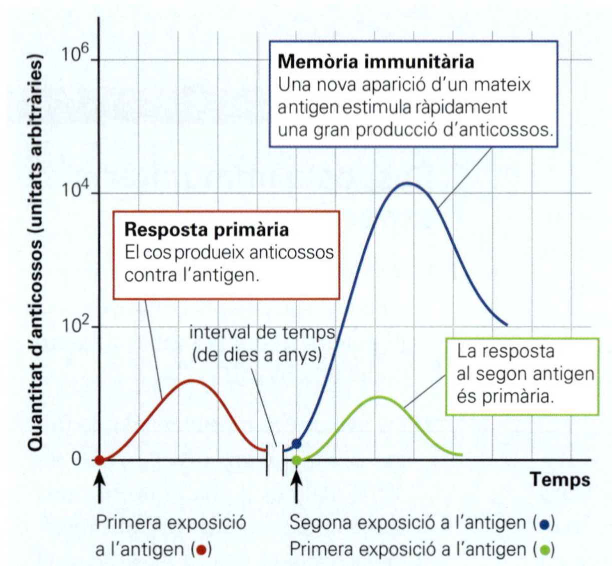

Respostes immunitàries primària i secundària.

Quan un microorganisme afecta per primer cop una persona, es produeix una **resposta immunitària primària**, que és relativament lenta i no gaire intensa. Gràcies a les cèl·lules de memòria del sistema immunitari, quan té lloc una segona entrada del microorganisme, es genera una **resposta immunitària secundària**, molt més ràpida i intensa. S'anomena **immunitat natural activa** la protecció davant una malaltia que adquireix un individu mitjançant aquest mecanisme, ja que és el mateix organisme el que produeix els anticossos que li permeten defensar-se del microorganisme que la provoca.

Les **vacunes** són tractaments preventius de malalties infeccioses que es basen, precisament, en l'efectivitat de la resposta immunitària secundària. Consisteixen a introduir antígens del microorganisme causant de la malaltia que es vol prevenir per generar una resposta primària. Aquests antígens es troben en microorganismes vius però incapacitats per infectar (vacunes del xarampió i la rubèola), microorganismes morts o parts d'aquests (vacunes del tifus i la grip), toxines bacterianes inactivades (vacunes de la diftèria i el tètanus) o pèptids antigènics sintètics (vacuna experimental de la malària).

La **immunitat**, o protecció envers una malaltia determinada, que confereixen les vacunes s'anomena **artificial activa**, ja que és el mateix organisme el que produeix els anticossos, però després d'introduir-hi artificialment l'antigen. Algunes vacunes només produeixen immunitat parcial, ja que no són efectives contra totes les soques bacterianes o tipus de virus causants d'una malaltia. En el cas de la grip, les mutacions que sovint experimenta cada any el virus fa que hi hagi una vacuna diferent cada any.

Un cas diferent és la **immunitat passiva**, que consisteix que l'individu està temporalment protegit davant una malaltia per haver rebut anticossos contra el microorganisme que la provoca. Durant la vida fetal, anticossos de la sang materna arriben al fetus a través de la placenta. Igualment, durant els primers mesos de vida, la llet materna i, especialment, el calostre (llet molt concentrada que es produeix els primers dies després del part) contenen anticossos que confereixen immunitat al nadó. En aquests dos casos, es tracta d'**immunitat passiva natural**. De vegades, un individu no immunitzat és infectat per algun microorganisme que provoca una malaltia greu, com una persona que no està vacunada i que és mossegada per un animal rabiós. En aquests casos, la resposta immunitària no és capaç d'aturar la progressió de la infecció. Per això, cal recórrer a tractaments d'**immunitat passiva artificial**, és a dir, injectar a l'individu anticossos contra l'agent infecciós. En tots els casos, la immunitat passiva és temporal i dura només mentre els anticossos persisteixen a la sang.

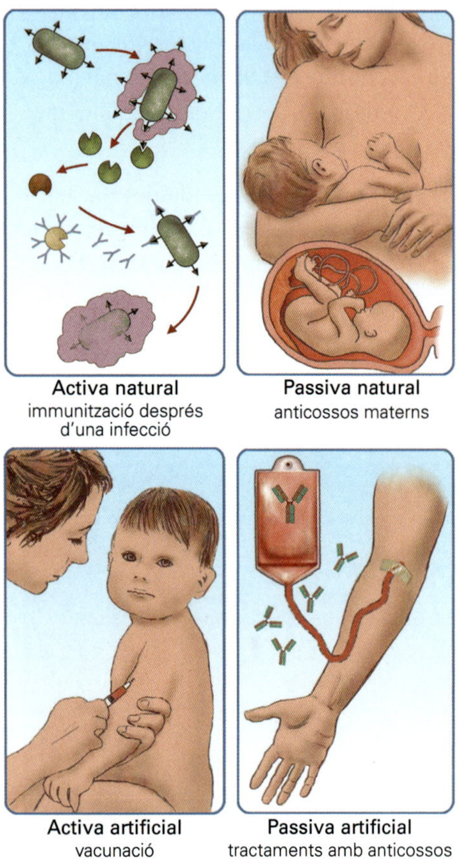

Tipus d'immunitat.

En els dos QR de la dreta o bé a http://qr.teide.eu/021W i http://qr.teide.eu/021X podràs participar en la recerca de les vacunes contra el VIH i la malària.

Una **al·lèrgia** és un tipus de reacció d'hipersensibilitat del sistema immunitari. Això significa que es produeix una resposta immunitària excessiva davant molècules que normalment són innòcues (àcars, espores de fongs, antibiòtics, etc.). Aquesta reacció, doncs, no és protectora i pot produir lesions als teixits. En el cas de les al·lèrgies, els antígens s'anomenen **al·lergògens** (la molècula de penicil·lina és un dels més comuns entre els antibiòtics), i els elements del sistema immunitari implicats són els mastòcits, les IgE i la histamina.

Mecanisme de resposta immunitària en el cas d'una al·lèrgia.

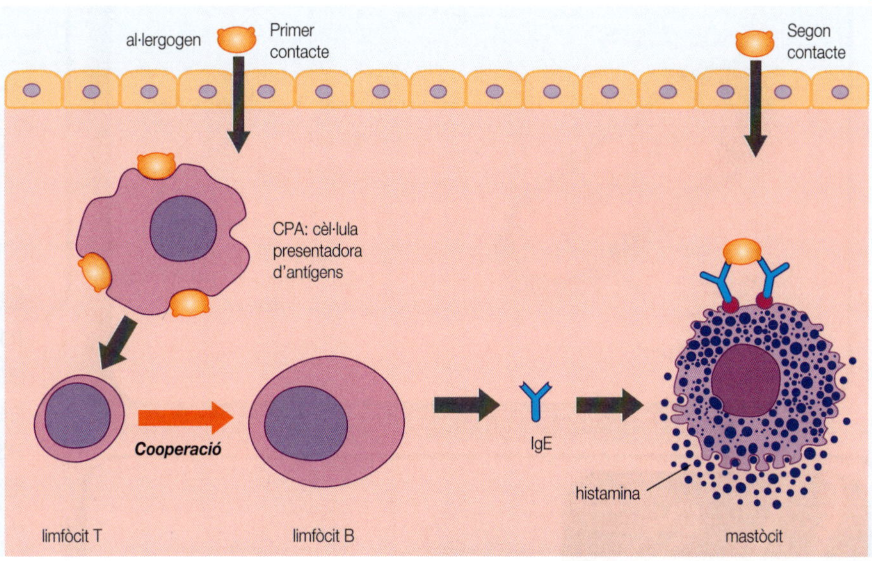

El **mecanisme d'actuació de l'al·lèrgia** és el següent: quan l'al·lergogen entra a l'organisme per primer cop, la CPA (cèl·lula presentadora d'antígens) el «presenta» a la seva superfície i, seguint la seqüència normal en una resposta immunitària específica, els limfòcits B produeixen els anticossos complementaris; en aquest cas, es tracta d'IgE, que s'uneixen a la membrana del mastòcit. Quan l'al·lergogen es posa en contacte per segona vegada amb el cos, es produeix l'acoblament antigen-anticòs i els mastòcits desencadenen l'alliberament d'histamina. Els efectes de la histamina en l'organisme són la contracció de la musculatura llisa (a les vies respiratòries en el cas de l'ofec produït per l'asma) i la inflamació del teixit.

El tractament per a l'al·lèrgia consisteix bàsicament a prendre's **antihistamínics** per tal de neutralitzar la histamina produïda i disminuir-ne els símptomes.

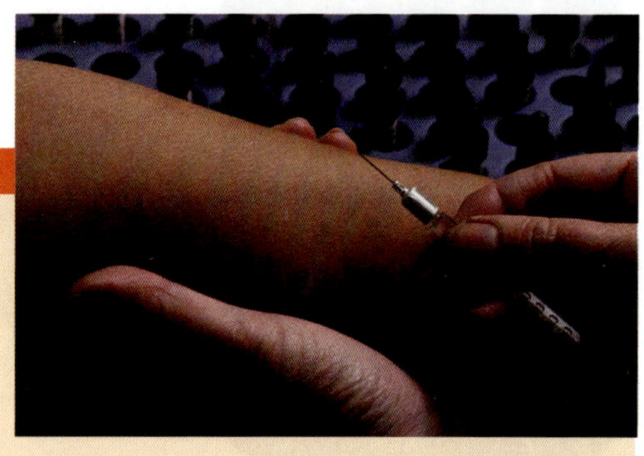

Al QR de la dreta o a l'enllaç http://qr.teide.eu/021Y trobaràs (en anglès) un laboratori virtual d'immunologia on podràs determinar si la sang d'un pacient té anticossos contra una determinada malaltia.

ACTIVITATS

La fórmula leucocitària

En cas que la infecció de la mare d'en Roger no cedís i tingués la febre molt alta, li haurien de fer una analítica. A l'**hematologia** (anàlisi de sang) es destaquen la fórmula leucocitària i l'eritrosedimentació o VSG (velocitat de sedimentació dels eritròcits), un paràmetre que es relaciona amb la possibilitat de patir una infecció. Està per sobre dels 20 $mL \cdot h^{-1}$ en situacions d'infecció i en malalts que tenen processos inflamatoris crònics (lupus, artritis reumatoide...) i també en casos d'anèmia. La identificació d'una infecció vírica es pot fer a partir de l'augment del percentatge de limfòcits, leucòcits que participen en la resposta immunitària específica. Moltes infeccions bacterianes provoquen augments en el percentatge de neutròfils.

Imaginem que l'analítica de la mare d'en Roger tingués aquesta fórmula leucocitària:

	Valors normals	Analítica de la mare d'en Roger
ERITRÒCITS (per mL)	$4{,}2 \cdot 10^{12}$ - $5{,}5 \cdot 10^{12}$	$4{,}75 \cdot 10^{12}$
LEUCÒCITS (per L)	$4{,}5 \cdot 10^{9}$ - $11{,}0 \cdot 10^{9}$	$13{,}5 \cdot 10^{9}$
FÓRMULA LEUCOCITÀRIA:		
NEUTRÒFILS (segmentats)	40-70%	40,8%
BASÒFILS	< 2%	0,7%
EOSINÒFILS	< 4%	2,7%
MONÒCITS	3-7%	4,6%
LIMFÒCITS	22-44%	51,2%
ERITROSEDIMENTACIÓ (VSG)	< 20 $mL \cdot h^{-1}$	30 $mL \cdot h^{-1}$

1. Calcula el nombre dels diferents tipus de leucòcits que té la mare d'en Roger per litre de sang.
2. Quin diagnòstic es pot deduir de l'analítica de la mare d'en Roger? Justifica-ho.
3. Algunes analítiques permeten esbrinar quin és exactament l'agent causant d'una infecció gràcies a la utilització d'anticossos sintetitzats al laboratori. Explica la base d'aquesta especificitat.
4. Imaginem que també s'haguessin valorat els nivells dels diferents tipus d'anticossos a la sang. Què indicaria un augment de les IgE?

Bacteris o virus? amb un cop d'ull

Els **bacteris** són organismes unicel·lulars que pertanyen al regne de les **moneres**. Les seves cèl·lules són **procariotes**.

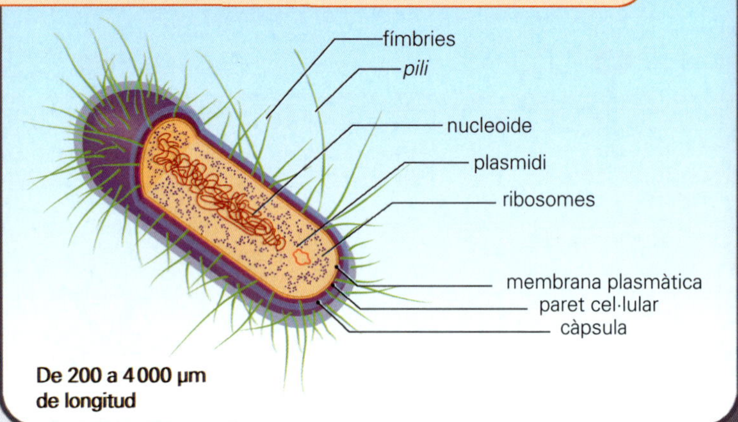

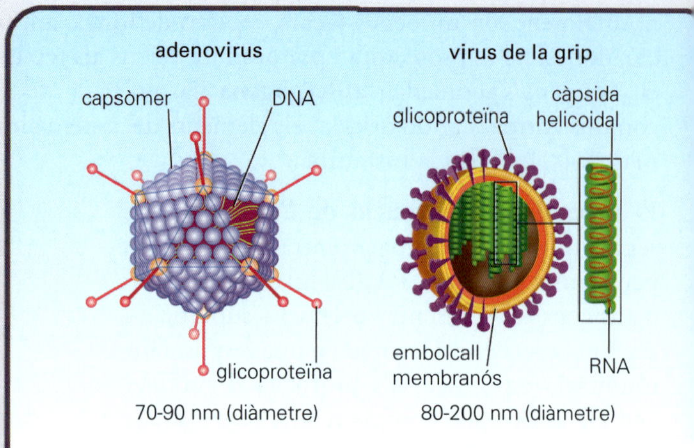

Els **virus** tenen una estructura **acel·lular** formada per una molècula d'àcid nucleic i un embolcall proteic (**càpsida**). Els **antibiòtics** no tenen cap efecte sobre els virus. Els virus es poden reproduir fent cicles lítics, matant la cèl·lula hoste, o **lisogènics**, integrant-se al seu genoma.

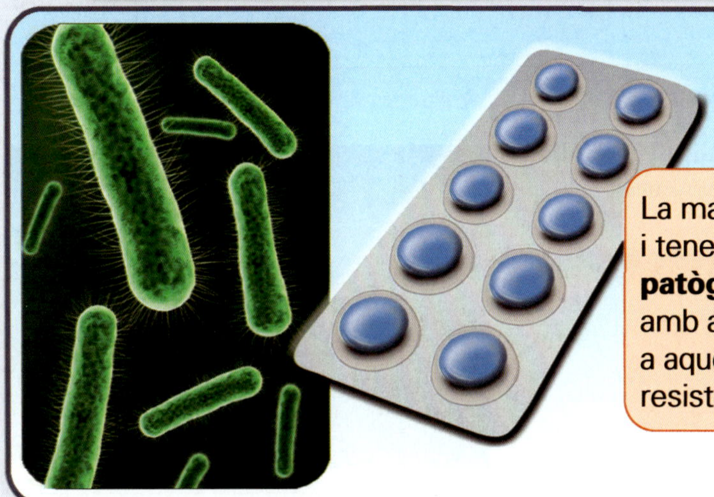

La majoria d'espècies i soques de bacteris no són infeccioses i tenen un paper important als ecosistemes. Les **espècies patògenes** (que ens causen malalties) es poden combatre amb antibiòtics. Els bacteris es poden convertir en resistents a aquests fàrmacs per mutació o bé adquirint gens de resistència per mecanismes de parasexualitat.

Resposta immunitària primària: el primer cop que un microorganisme entra al cos d'una persona la resposta és lenta i no gaire intensa; en una segona entrada del microorganisme, es genera una **resposta immunitària secundària**, molt més ràpida i intensa.

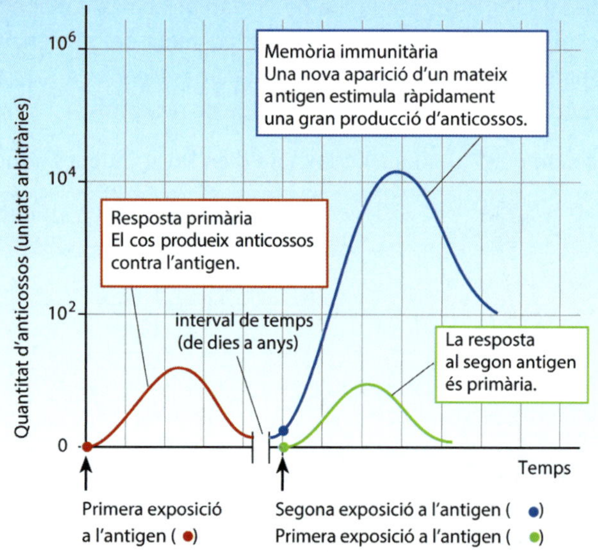

Defensa contra microorganismes patògens

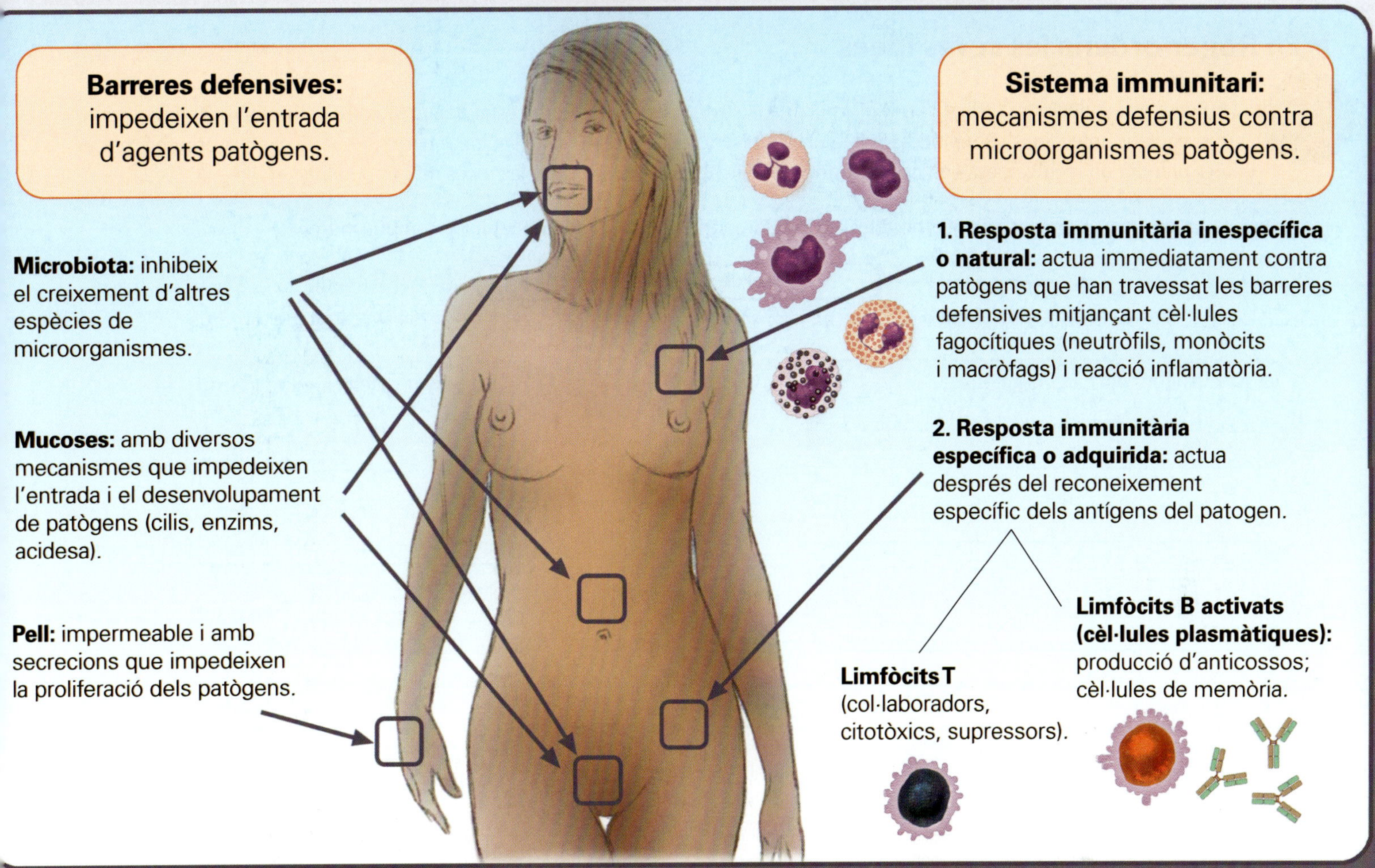

Tipus d'immunitat

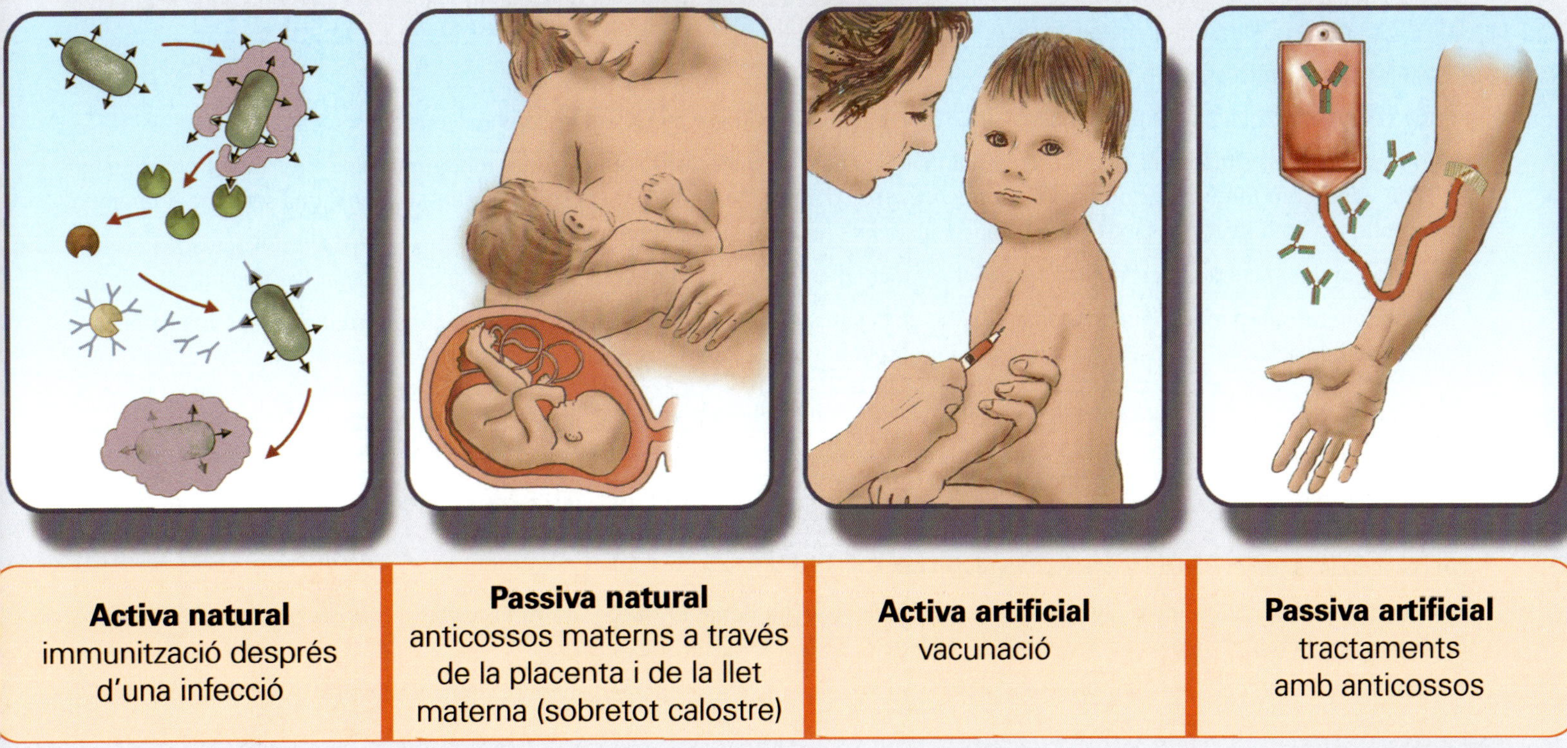

Activa natural
immunització després d'una infecció

Passiva natural
anticossos materns a través de la placenta i de la llet materna (sobretot calostre)

Activa artificial
vacunació

Passiva artificial
tractaments amb anticossos

ACTIVITATS COMPLEMENTÀRIES

En Roger ordena les seves idees

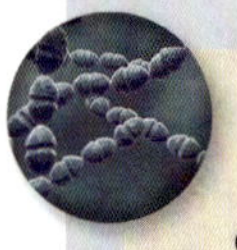

En Roger està indecís: ha arribat l'hora d'explicar a la seva mare tot el que ha estat llegint al llibre de Biologia i Internet sobre virus, bacteris, infeccions i antibiòtics. Si li fa un discurs, la seva mare no se l'escoltarà, però si no li ho explica prou bé, potser ella es prendrà un medicament que no serà l'adequat. Li cal ordenar i escriure les idees més importants.

Completa un esquema com el següent amb totes les idees importants que hauria de tenir en compte en Roger:

Mal de gola de la mare

Si està causat per un bacteri

Característiques del microorganisme:

que

Causa la infecció perquè (procés de reproducció):

es curarà perquè

Possible medicació (característiques):

El nostre cos es defensa amb:

Si està causat per un virus

Característiques del microorganisme:

que

Causa la infecció perquè (cicle reproductiu):

es curarà perquè

Possible medicació (característiques):

La mare d'en Roger va al metge

Després de l'explicació d'en Roger, la seva mare ha vist que no li queda més remei que anar al metge. Al cap d'una bona estona a la sala d'espera, és el seu torn. El metge en té prou amb un cop d'ull:

–Vostè té rinofaringitis aguda.

–I què vol dir això, que tinc virus o bacteris? –demana la mare d'en Roger recordant les explicacions del seu fill.

–Miri, senyora, pels símptomes que presenta ara mateix, aquestes infeccions són causades, en la major part de casos, per diferents tipus de virus, com *Rinovirus*, *Coronavirus*, *Influenzavirus* i d'altres. Normalment causen molèsties al llarg d'una setmana, i rarament es compliquen amb infeccions més greus; si passa això, ja li receptaré un antiinflamatori suau...

–Així, no em donarà antibiòtics, doncs? –pregunta la mare d'en Roger, que continua pensant que es vol curar molt de pressa.

–Li receptaré un xarop mucolític, però un antibiòtic de cap manera! Precisament ara el Departament de Salut està fent una campanya sobre el mal ús dels antibiòtics. Tingui, un adhesiu on surten un parell de webs que pot consultar:

http://canalsalut.gencat.cat/ca/detalls/article/Resistencia-als-antibiotics
http://medicaments.gencat.cat/ca/ciutadania/informacio-i-consells/preguntes-frequents/antibiotics/

Un cop a casa, la mare li torna a demanar explicacions a en Roger:

–De medicaments, només un analgèsic! I mira quin adhesiu m'ha donat el metge, on hi ha webs en què es pot trobar informació. Explica'm què hi diu perquè vull que em quedi clar què és això dels bacteris resistents.

1. Debateu i redacteu els arguments que pot utilitzar en Roger per explicar a la seva mare el contingut de l'adhesiu informatiu. Podeu fer servir els recursos web indicats.

ACTIVITATS COMPLEMENTÀRIES

Bacteris a la pell

Segurament deus haver vist algun cop, a la realitat, a la televisió o al cinema, que les persones que intervenen en una operació, just abans d'iniciar-la, es renten les mans i es posen guants. També es cobreixen el cap i es tapen la boca. Tu també, abans de dinar, o si has de manipular aliments, t'has de rentar les mans. I no diguem després de fer una visita al lavabo. Als dits, a causa del contacte amb múltiples objectes i materials, s'hi poden trobar bacteris. Però, realment hi ha bacteris als dits? En aquesta activitat intentarem demostrar-ho.

Material

- càpsules de Petri, amb medis de cultiu per al creixement bacterià
- vasos de precipitats
- cinta adhesiva
- retoladors per marcar vidre

Metodologia

Abans de començar, descriu quina és la teva pregunta de recerca, formula'n una hipòtesi i detalla'n les variables (independent, dependent i controlades). Després segueix el procediment:

1. Obre la càpsula de Petri i amb el tou del dit toca sense fer pressió el medi de cultiu.
2. Fes aquesta operació dues o tres vegades més amb els altres dits, però vigila que la càpsula no es contamini perquè estigui molta estona destapada.
3. Segella la càpsula amb la cinta adhesiva.
4. Col·loca a la incubadora la placa amb el medi de cultiu a 30 °C. Quan hagin passat entre 24 i 48 hores, observarem els resultats.

Resultats

1. Fes un dibuix del que hi observes. Què creus que conté el medi de cultiu? Què et sembla que és el que hi veus?
2. Com explicaries els resultats?
3. Creus que convé rentar-se les mans? Per què?
4. Per què el cirurgià es tapa la boca durant l'operació? Per què les persones que manipulen aliments han de respectar estrictes normes d'higiene?
5. Esmenta altres casos en què s'hagin de prendre mesures per evitar infeccions.
6. Per desinfectar-nos les mans i eliminar-ne els microorganismes, podem fer servir alcohol, aigua oxigenada, una solució iodada o, simplement, rentar-nos les mans amb sabó. Però, si es fan servir aquests productes, es desinfecten realment? Et proposem que facis una recerca sobre això, suposant que disposes de sabó, alcohol, aigua oxigenada i una solució iodada desinfectant.
   a) Planteja una pregunta relacionada amb els bacteris, les teves mans i aquests agents desinfectants.
   b) Formula una hipòtesi sobre la pregunta que has plantejat.
   c) Identifica les variables dependents i independents de la teva recerca.
   d) Escriu pas a pas les operacions que seguiràs. No oblidis el control i les rèpliques.
   e) Quines observacions faràs? Per què?
   f) Fes l'experiment.
   g) Presenta les conclusions de manera clara, breu i precisa.

7 QUAN LES CÈL·LULES PERDEN EL CONTROL

ÍNDEX DE LA UNITAT

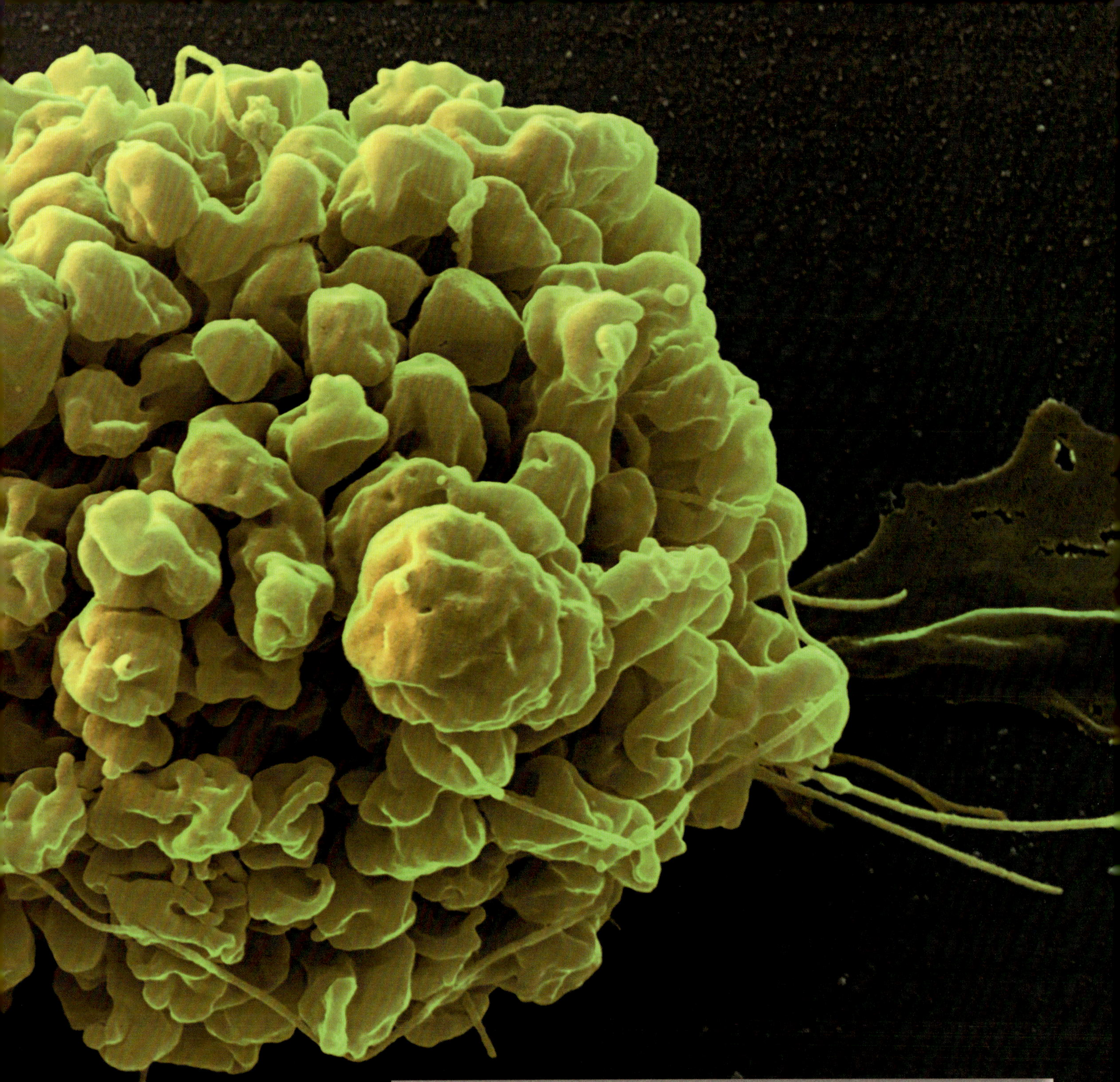

La Clara s'acaba d'assabentar que a la seva família hi ha una tendència hereditària a tenir càncer de mama. És major d'edat i ha de decidir si se sotmet a un test genètic per esbrinar si ha heretat la mutació al gen BRCA1. Per entendre-ho i poder prendre una decisió, haurà d'aprofundir –amb l'ajut de la seva exprofessora de Biologia– en diferents aspectes de citologia, genètica mendeliana, genètica molecular, immunologia i biotecnologia.

Idees i context

- El càncer és un conjunt de malalties genètiques que provoquen una pèrdua de control en la divisió cel·lular.
- L'herència i expressió d'aquesta mutació es regeix per processos de genètica mendeliana i molecular, a més d'estar sotmesa a l'acció de l'epigenètica i el sistema immunitari.
- Tots els càncers són genètics, però només alguns afecten les cèl·lules de la línia germinal i esdevenen hereditaris, com el càncer de mama produït per la mutació heretada del gen BRCA1.
- La medicina està fent grans avenços en la detecció i el tractament del càncer.

Windows Live Mail

Missatge nou

Envia | Guarda | Adjunta | Firma

Per a: PilarTJ@hotmail.com | ClaraD@hotmail.

Tema: Soc la Clara... | Mostra CC i CCO

Agrega fotos | Disseny | Disseny de fons | Arial | 10

Hola, Pilar!

Soc la Clara. Des de la *Sele* no sé res de tu, i d'aquí a un mes començo Biologia. En tinc unes ganes! T'envio aquest *e-mail* perquè tinc un problema «biològic», o més aviat «genètic», i qui em pot aconsellar millor que la meva *profe* de Biologia preferida 🙂?

T'escric perquè no m'acabo de creure el que m'està passant. T'ho explico: el dia que vaig fer divuit anys, els meus pares van desplegar un paper davant meu i em van dir que havíem de parlar seriosament... El pare em va explicar que les dones de la seva família tenen tendència a patir càncer. Em va venir al cap que a la tieta Eva li van haver de treure un pit, però aleshores jo tenia sis anys... Al paper hi havia un arbre genealògic de la família (te n'envio una còpia escanejada). Veuràs que hi figuren dones que han mort joves (les he marcades amb una creu i hi he escrit l'edat en què els van diagnosticar la malaltia). M'havien dit que havien mort d'un «mal lleig», però ara sé que era càncer de pit. A l'arbre també hi ha indicades les dones afectades de càncer que han sobreviscut.

Quan els metges van veure tants casos a la família, van aconsellar fer un estudi genètic a la tieta i, després, als familiars més directes, per saber si es tractava d'un càncer hereditari. Recordo que ens vas explicar que el càncer gairebé mai no s'hereta, per això estic confosa. Fa un any van dir al pare que ell també tenia una mutació del gen BRCA1 («deleció d'una A a l'exó 3», diu el diagnòstic) que predisposa a tenir càncer de mama. Els pares m'han plantejat la possibilitat que jo em faci la prova genètica. És una decisió que depèn de mi, ara que soc major d'edat.

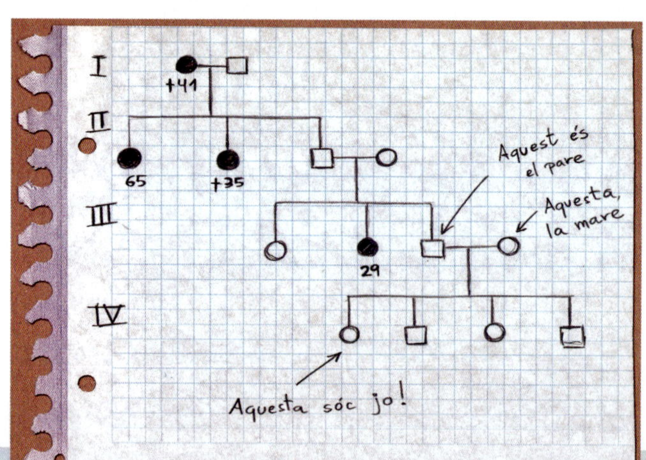

Quants maldecaps t'estic donant! El cert és que estic preocupada. Tenir informació em tranquil·litza, però també em fa por. Si vols, escriu-me i quedem.

Moltes gràcies i un petó,

Clara

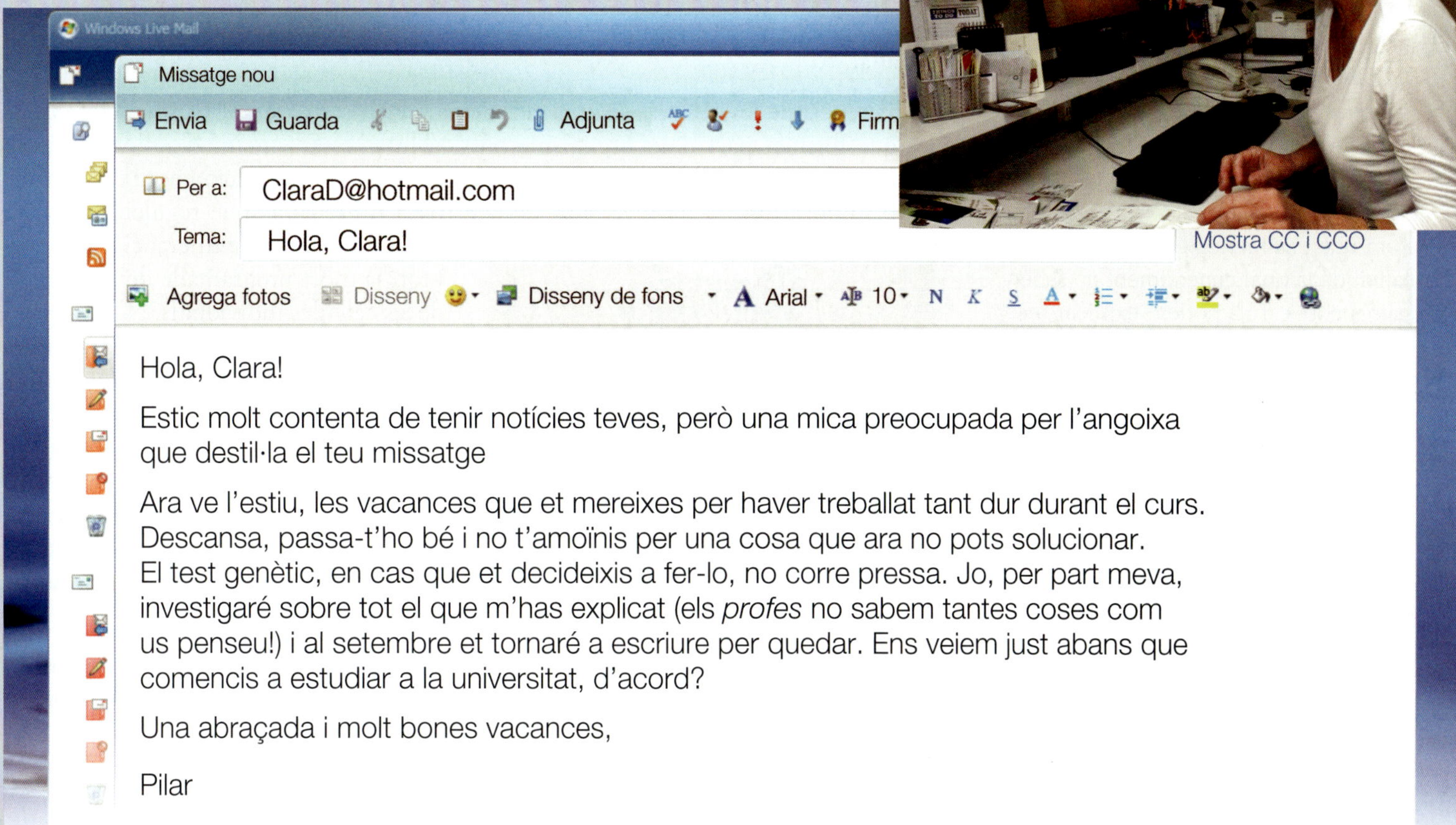
Windows Live Mail

Missatge nou

Envia Guarda Adjunta Firm

Per a: ClaraD@hotmail.com

Tema: Hola, Clara!

Mostra CC i CCO

Agrega fotos Disseny Disseny de fons Arial 10

Hola, Clara!

Estic molt contenta de tenir notícies teves, però una mica preocupada per l'angoixa que destil·la el teu missatge

Ara ve l'estiu, les vacances que et mereixes per haver treballat tant dur durant el curs. Descansa, passa-t'ho bé i no t'amoïnis per una cosa que ara no pots solucionar. El test genètic, en cas que et decideixis a fer-lo, no corre pressa. Jo, per part meva, investigaré sobre tot el que m'has explicat (els *profes* no sabem tantes coses com us penseu!) i al setembre et tornaré a escriure per quedar. Ens veiem just abans que comencis a estudiar a la universitat, d'acord?

Una abraçada i molt bones vacances,

Pilar

Comença pensant

Després d'enviar el correu, la Pilar agafa un paper i escriu una llista. Algunes són qüestions que podrà explicar a la Clara, però d'altres les haurà d'investigar. Al final d'aquesta unitat n'hauràs d'haver trobat les respostes:

Què és un càncer?

- Què és això del càncer?
- Quines són les característiques més importants del càncer de mama?
- Els càncers rarament són hereditaris però, d'altra banda, gairebé tots tenen a veure amb mutacions. La mutació del BRCA1 té un component familiar o hereditari. Quina diferència hi ha entre *genètic* i *hereditari*? I entre *cèl·lules somàtiques* i *cèl·lules germinals*?

Com es desenvolupa el càncer?

- Què signifiquen alguns termes del diagnòstic: *deleció, exó, gen...*?
- Com es transmet la predisposició a tenir aquest càncer?

Com es lluita contra el càncer?

- Disposem de mecanismes immunològics que eviten que es desenvolupin càncers?
- Com es diagnostica, com es tracta i quines tècniques de biotecnologia es fan servir per combatre el càncer?

Què és el càncer?

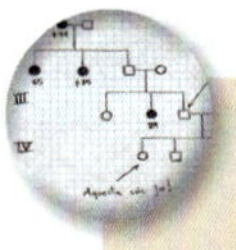

La Clara sempre s'ha sorprès de la manera com la gent parla del càncer: fent servir expressions que denoten distància, molt poc rigor i una mica de por. Els seus avis deien «un mal lleig» i tothom sabia de què es tractava. Però també la gent jove té molta cura quan es refereixen a aquesta malaltia, de la qual generalment no saben gaires coses. Tots podem explicar més o menys què és una grip o un atac de cor, però, en realitat, què és això del càncer?

El càncer no és una sola malaltia. El terme **càncer** s'aplica a un conjunt de més de cent malalties genètiques que es caracteritzen per un descontrol en la proliferació cel·lular.

A diferència de les cèl·lules amb vida independent –com ara els bacteris–, les cèl·lules que formen part d'un organisme pluricel·lular estan organitzades en teixits, i aquests constitueixen òrgans, en què cada teixit fa la seva funció coordinadament. Això implica que hi ha un seguit de controls i limitacions que regulen la divisió cel·lular, el grau de diferenciació i, fins i tot, la mort programada de cadascuna de les cèl·lules individuals. N'hi ha prou que una sola cèl·lula es desprogrami i es comenci a dividir sense control perquè origini una massa de cèl·lules, anomenada **tumor**, que va creixent sense fer la funció que duia a terme en l'òrgan del qual formava part. Si el tumor és capaç d'envair altres teixits i disseminar-se per altres òrgans, aleshores és un **tumor cancerós** o **maligne**.

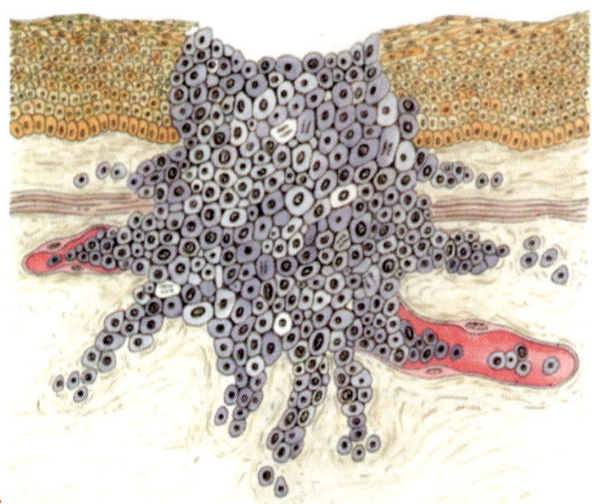

El tumor maligne conté cèl·lules immadures que creixen descontroladament, sovint amb forma de roseta o amb prolongacions que recorden les extremitats d'un cranc (en llatí, *cancer* significa 'cranc').

Els tumors es comporten de manera diferent (quant a la capacitat de disseminar-se, la taxa de creixement, la resposta als tractaments, etc.) segons el teixit on s'originen:

- **Sarcomes:** tumors originats al teixit connectiu, com el dels ossos, els cartílags, els nervis i els músculs.
- **Carcinomes:** tumors que es formen als teixits epitelials i glandulars, com la pell, les glàndules mamàries i la pròstata. Són els més freqüents.
- **Limfomes i leucèmies:** els que afecten el teixit sanguini.

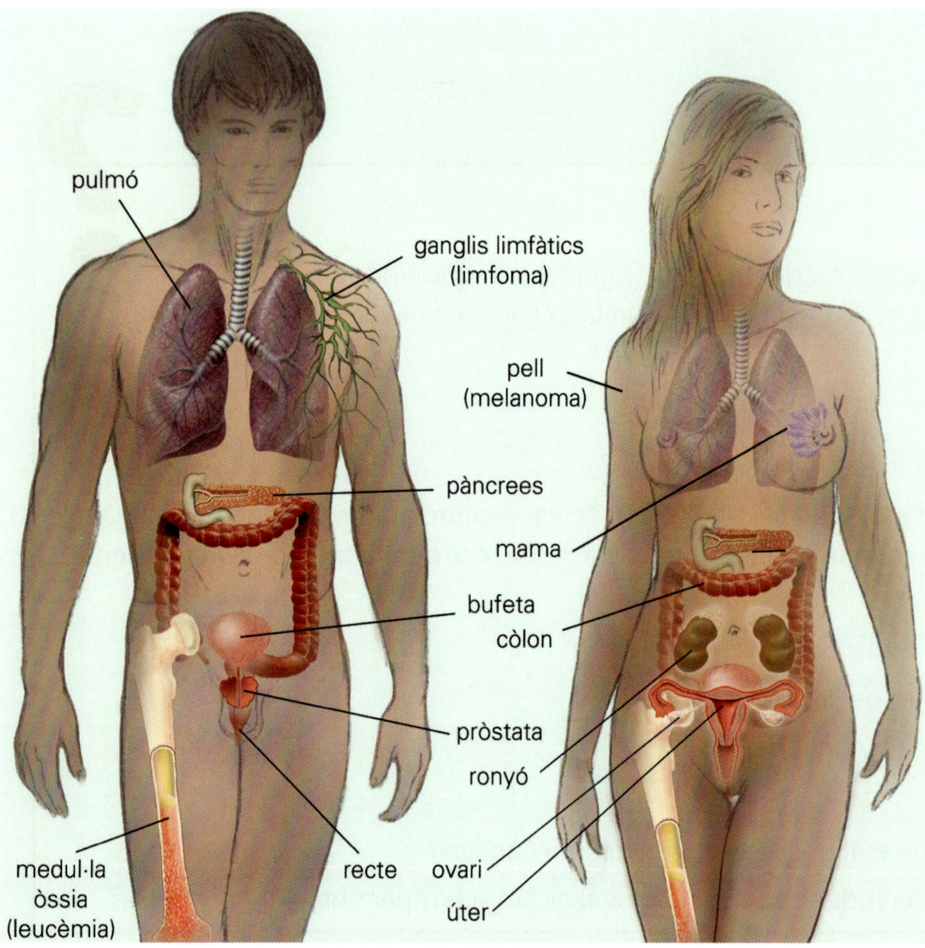

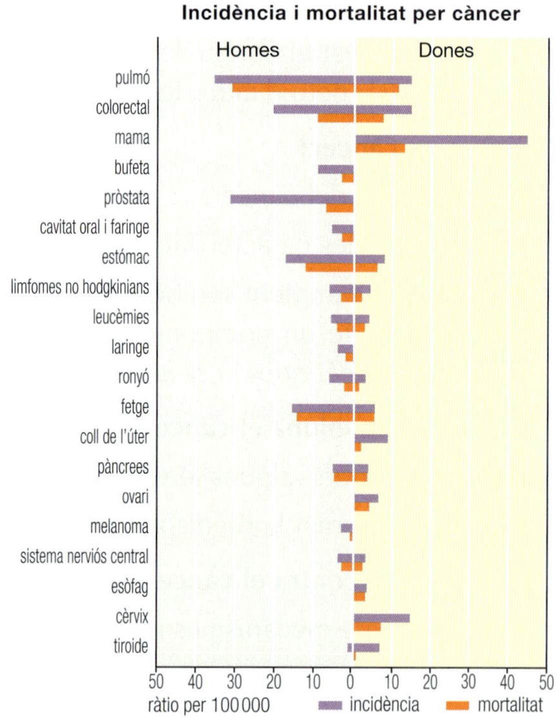

La major part de cèl·lules del cos es divideixen per mitosi, però la freqüència de la divisió cel·lular varia segons el tipus de cèl·lula: així, mentre que les cèl·lules de la pell es divideixen cada dos dies, les del fetge només ho fan un o dos cops l'any (excepte quan hi ha una lesió hepàtica, ja que el fetge es pot regenerar ràpidament) i les d'altres teixits, com el muscular i el nerviós, gairebé no es divideixen.

Cal recordar que la mitosi produeix dues cèl·lules genèticament idèntiques a la cèl·lula mare i serveix per al creixement, la reparació de lesions i la regeneració dels teixits. Per tant, si una cèl·lula ha experimentat una mutació al seu DNA, les cèl·lules filles i totes les que procedeixin d'aquestes cèl·lules per divisió cel·lular l'heretaran. Aquest és el mecanisme que origina un càncer, des del punt de vista de la divisió cel·lular.

Però quan un càncer és detectat, normalment ja fa molts anys que s'està desenvolupant, i el tumor pot tenir milers de milions de cèl·lules canceroses, és a dir, s'han produït milions de divisions cel·lulars a partir de la primera cèl·lula cancerosa. En realitat, perquè una cèl·lula finalment es converteixi en un càncer es requereix que hi hagi mutacions en diversos gens independents (almenys, cinc). L'acumulació de mutacions espontànies (o provocades per agents carcinògens com ara el tabac) en una sola línia de cèl·lules explica que la incidència del càncer augmenti amb l'edat. El més freqüent és que calgui l'exposició a carcinògens perquè es desenvolupi un càncer.

Els càncers no solen ser diagnosticats fins a una fase relativament tardana, però hi ha alguns tipus de càncer –com ara el de coll d'úter, el de mama i el de pròstata– que es poden detectar en les primeres fases gràcies a les revisions ginecològiques o urològiques periòdiques. La prevenció possibilita tractaments que disminueixen molt la mortalitat.

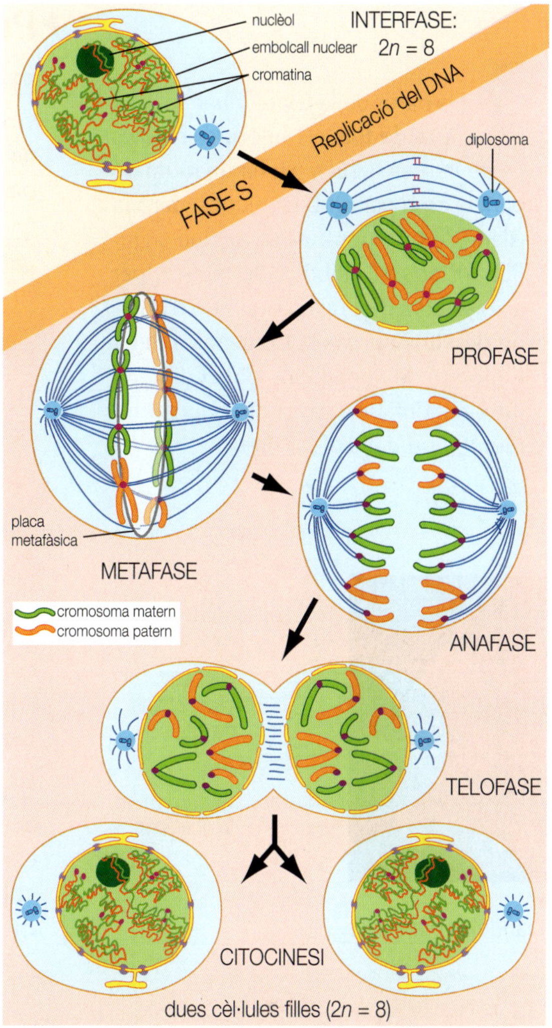

Per la mitosi s'obtenen dues cèl·lules filles idèntiques a la cèl·lula de la qual provenen.

ACTIVITATS

Càncer i edat

1. Observa el gràfic de la incidència de càncers amb l'edat. Quin tipus de corba es produeix? Interpreta-la en termes biològics.
2. En el transcurs de la vida d'un ésser humà es produeixen unes 10^{16} divisions cel·lulars, i les mutacions espontànies es donen amb una freqüència de 10^{-6} mutacions per gen i per divisió cel·lular. Quantes mutacions pot patir un gen al llarg de la vida d'un individu en el total de les seves cèl·lules?
3. A quin tipus de càncer pertany el càncer de mama? Formula una hipòtesi que expliqui el fet que els càncers d'origen epitelial siguin els més freqüents.
4. Observa la taula de la pàgina anterior i interpreta per què en el cas del càncer de mama hi ha tanta diferència entre la quantitat de casos nous que es detecten i el nombre de morts per any. Formula una explicació possible a aquest fet i compara-ho amb el càncer de pulmó.

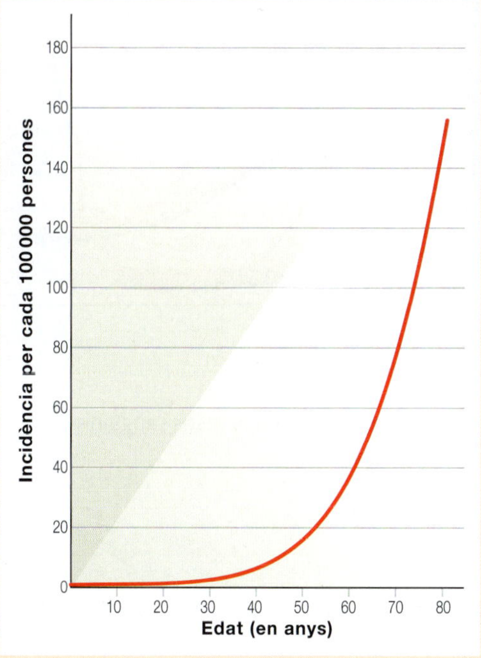

Per què càncer de mama?

Els pares de la Clara li han fet una còpia de tots els informes mèdics de la seva tia Eva. Hi ha un munt de papers amb paraules tècniques, però la Clara s'ha proposat esbrinar què significa tot aquest embolic de mots..., per això estudia Biologia! És qüestió d'anar-ho desxifrant a pams. Comença a llegir l'informe de l'operació: «Procediment: tumorectomia de carcinoma ductal infiltrant i buidat axil·lar dret».

El carcinoma de mama és el càncer més freqüent en la població femenina occidental: s'estima que als països europeus una de cada onze dones en desenvoluparà un al llarg de la seva vida. Tot i que afecta principalment les dones, també es produeix en un petit percentatge d'homes.

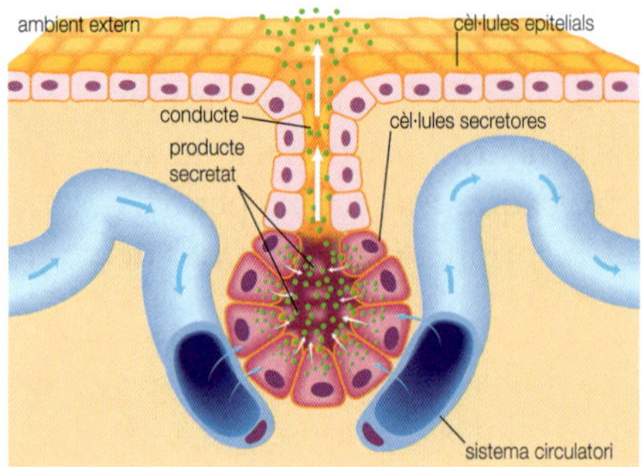

Glàndules exocrines.

Una de les característiques que defineix els mamífers és la possessió d'un tipus especial de glàndules exocrines: les glàndules mamàries, capaces de produir llet per alimentar les cries. Com succeeix amb qualsevol altra glàndula exocrina (com ara les glàndules sudorípares, les lacrimals o les salivals), estan formades per un conjunt de cèl·lules secretores que aboquen els seus productes a un conducte que comunica amb l'exterior.

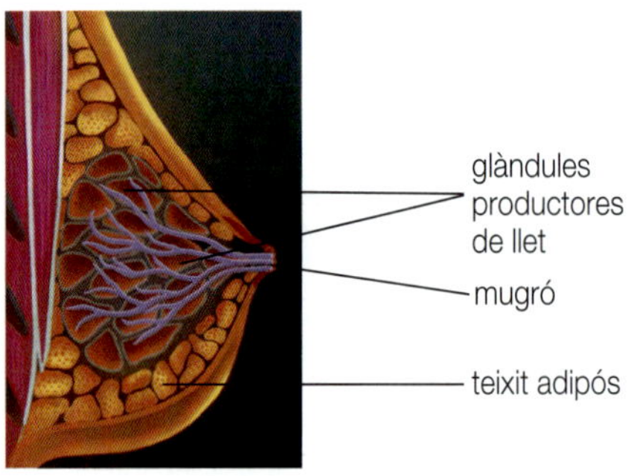

Glàndules mamàries.

La glàndula mamària està inserida al múscul pectoral. En realitat, la mama és un conjunt de moltes glàndules secretores de llet que convergeixen a través d'uns vint conductes cap a cada mugró. Si el càncer es produeix a les glàndules, s'anomena **carcinoma lobular**, i si ho fa als conductes, **carcinoma ductal**.

Les glàndules mamàries tenen receptors hormonals, i això significa que tant el seu desenvolupament com la producció de llet depenen de l'acció de diverses hormones, com ara els estrògens, la progesterona i la prolactina. A més, contenen teixit muscular llis, teixit adipós i teixit conjuntiu, i estan molt irrigades per vasos sanguinis i limfàtics.

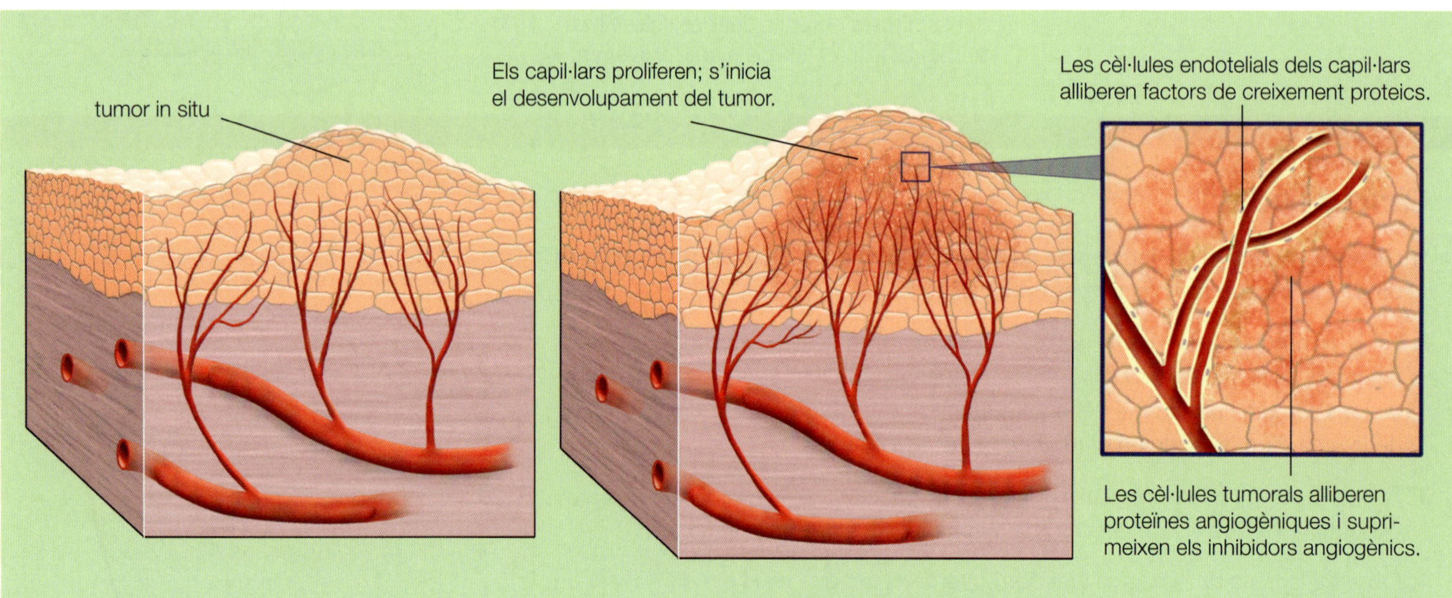

Procés de formació de nous vasos sanguinis en l'angiogènesi.

Les cèl·lules d'un tumor necessiten més nutrients i més oxigen que les cèl·lules del teixit original per mantenir la seva alta activitat reproductiva. El tumor allibera un seguit de molècules que porten senyals als vasos sanguinis del teixit sa més proper i estimulen el desenvolupament de nous vasos sanguinis que creixen cap al tumor. Aquest procés s'anomena **angiogènesi**. D'aquesta manera, el tumor pot créixer, i quan les seves cèl·lules perden la cohesió amb les altres cèl·lules del mateix teixit, es poden disseminar fins a accedir a altres parts del cos, el que es coneix com a **metàstasi**.

El sistema limfàtic i el càncer de mama

Gairebé tota la limfa d'una mama drena cap als ganglis limfàtics de l'aixella del mateix costat. Això és molt important a l'hora de detectar una metàstasi quan s'ha produït un càncer, ja que aquests ganglis són el primer lloc del sistema circulatori on tenen accés les cèl·lules canceroses que s'han separat del tumor. L'afectació o no dels ganglis axil·lars és un dels mètodes de diagnosi d'aquesta malaltia, i dona informació de l'agressivitat del càncer i de l'etapa en què es troba. Si els ganglis no contenen cap cèl·lula cancerosa, és un senyal que el tumor no s'ha disseminat i, per tant, es pot eliminar totalment amb cirurgia.

Però, quina funció fa el sistema limfàtic en condicions normals? I per quina raó és tan important en aquest cas?

El sistema limfàtic té un recorregut paral·lel al sistema sanguini i desenvolupa funcions de reciclatge i de neteja.

Al llarg del seu recorregut pels capil·lars sanguinis, part del plasma passa als espais intercel·lulars dels teixits. El líquid que surt del sistema sanguini es recupera a través d'una sèrie de vasos distribuïts per tots els òrgans que formen, juntament amb els ganglis, el sistema limfàtic. Els petits capil·lars limfàtics convergeixen en vasos cada cop més grossos i, finalment, tot el plasma extravasat torna, a través de dos grans vasos, a la circulació sanguínia. D'aquesta manera es recupera tot el líquid que es perd en els intercanvis cel·lulars. No hi ha fuites.

En el trajecte, aquests vasos travessen els ganglis limfàtics. Allà, els fagòcits retenen partícules inertes i bacteris. D'altra banda, és als ganglis on es produeix majoritàriament la resposta immunitària específica: els limfòcits reaccionen amb els antígens aliens que pugui portar la limfa. Així, la limfa en surt més neta per tornar a la sang.

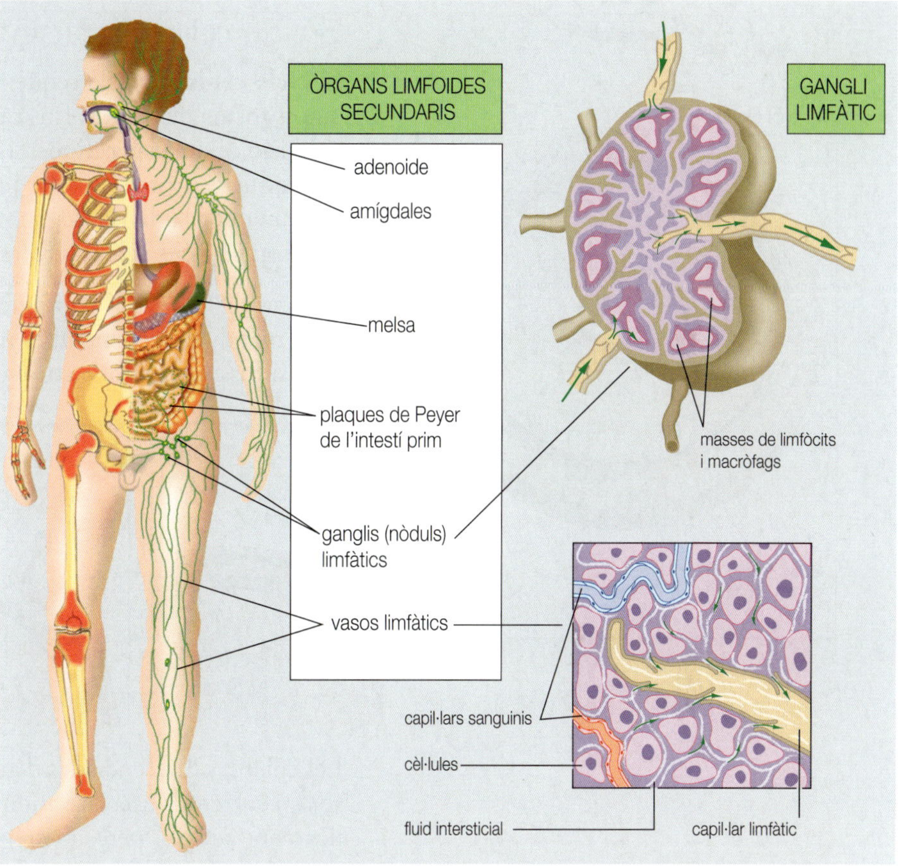

ACTIVITATS

La tècnica del gangli sentinella

Per diagnosticar si hi ha hagut metàstasi, es fa servir la tècnica del **gangli sentinella** (que es defineix com el primer gangli que rep el drenatge limfàtic procedent del tumor). Aquest gangli es pot detectar injectant una substància al voltant del tumor i comprovant quin és el primer gangli que la rep. Si el tumor és petit i el gangli sentinella resulta negatiu (no té cèl·lules canceroses), es pot evitar l'extracció total dels ganglis axil·lars.

1. Quines són les dues funcions més importants del sistema limfàtic? On tenen lloc?
2. A la tia de la Clara, l'Eva, li van fer un estudi dels ganglis de l'aixella del mateix costat del tumor. Explica com l'estudi d'aquests ganglis dona informació sobre l'existència de metàstasi. Fes servir els termes *glàndula mamària, angiogènesi, limfa, ganglis limfàtics, torrent sanguini* i *metàstasi.*

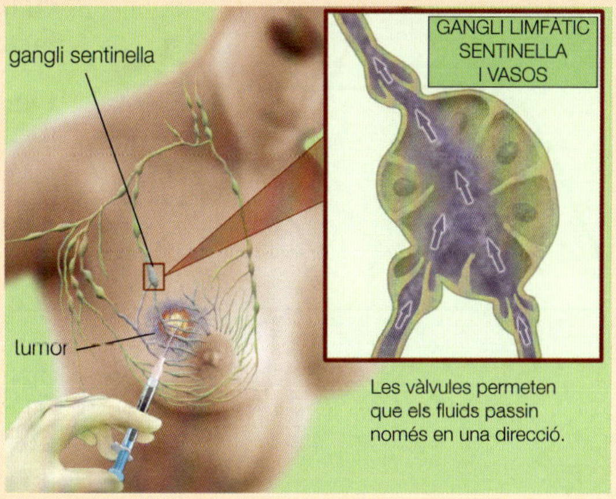

Tècnica que es fa servir per detectar el gangli sentinella.

Quins processos cel·lulars afecta el càncer?

«Així, el càncer s'hereta o no s'hereta?», pensa la Clara. «Quin embolic, a veure si la Pilar m'ho pot aclarir! El que sí que entenc, però, és que el cicle normal de les cèl·lules s'altera greument...»

La formació d'un càncer requereix un seguit de mutacions dels gens que controlen el *cicle cel·lular*, la *diferenciació cel·lular* o els *contactes entre cèl·lula i cèl·lula*, que afavoreixen la disseminació cel·lular i la **metàstasi**.

El cicle cel·lular i la seva regulació

El **cicle cel·lular** és la seqüència d'esdeveniments pels quals passa una cèl·lula des que es forma per mitosi fins que es torna a dividir. Comprèn la **interfase** i la **fase M**, o divisió cel·lular per mitosi. Durant la interfase té lloc el creixement cel·lular, ja que es produeixen processos de biosíntesi (**G_1**), la cèl·lula duplica el seu DNA (**S**) i es prepara per a la divisió següent (**G_2**). A la fase M, la cèl·lula fa la mitosi i la citocinesi, i es formen dues cèl·lules filles idèntiques.

En una cèl·lula sana, la progressió d'aquest cicle és el resultat d'una complexa regulació que duen a terme unes molècules que controlen el pas d'una fase a la següent, com si fossin semàfors: aturen o no el cicle cel·lular, com a punts de control.

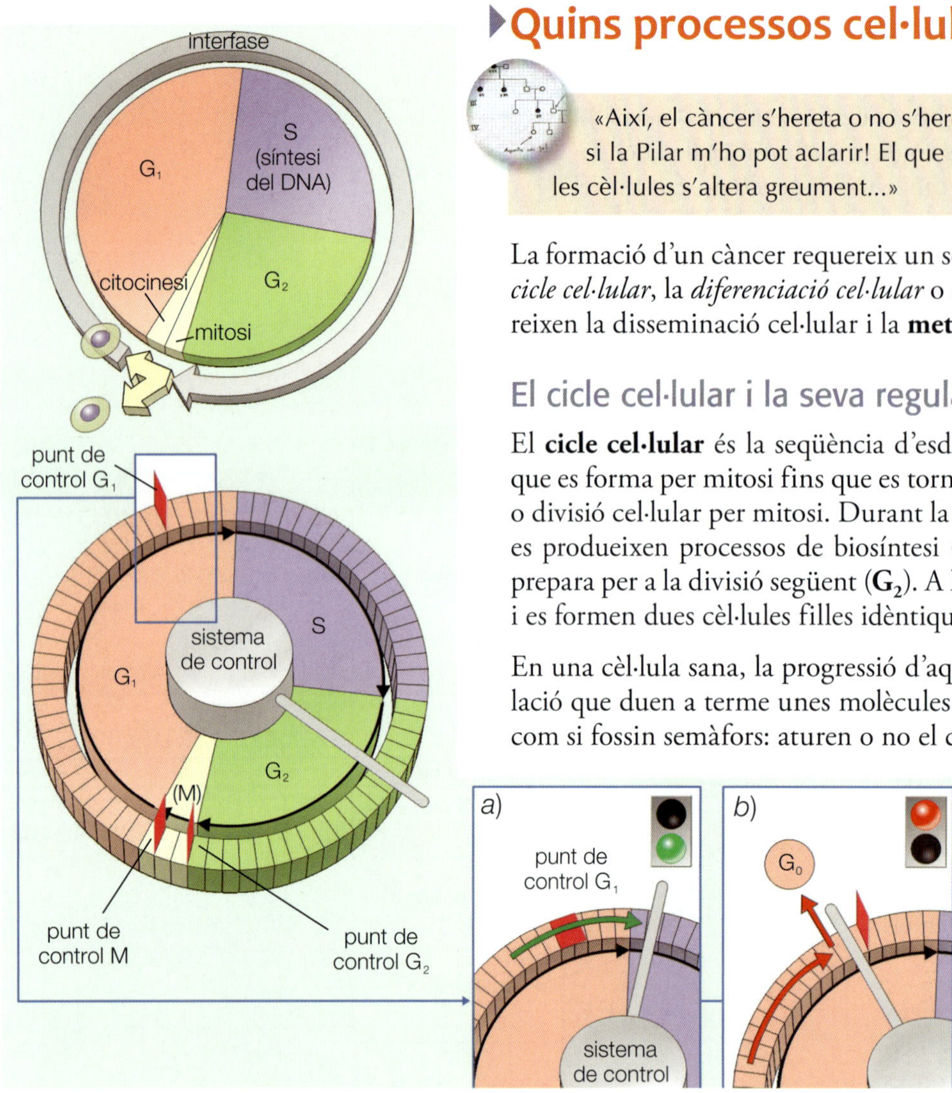

a) Si una cèl·lula rep el senyal de passar al punt de control G_1, la cèl·lula continua el seu cicle.

b) Si una cèl·lula no rep el senyal de passar al punt de control G_1, la cèl·lula surt del cicle cel·lular i entra a la fase G_0, en un estat d'aturada, en què ni creix ni es divideix.

Les cèl·lules diferenciades d'alguns teixits aturen la seva progressió després de la fase G_1 i entren en una fase anomenada G_0, fase d'aturada en què es mantenen metabòlicament actives, però no creixen ni es divideixen. Per a la majoria, però, en aquest punt de la fase G_1 es controla la mida cel·lular i la detecció de danys al DNA: fins que aquests no es reparen, el cicle cel·lular no progressa. Aquesta complexa senyalització està controlada per cicles de producció de determinades proteïnes, com les **ciclines**, les **quinases dependents de ciclines** (**CDK**, de ***c****yclin* ***d****ependent* ***k****inases*), **factors de creixement i hormones**.

Relació entre les fases del cicle cel·lular i la presència o no de diferents ciclines

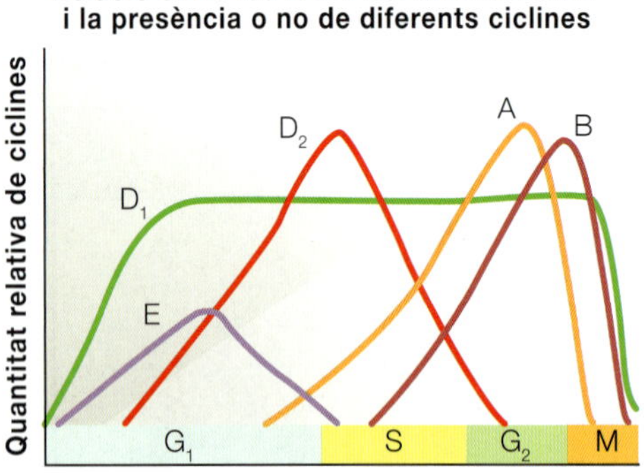

Quan s'acumulen mutacions als gens que codifiquen qualsevol d'aquestes proteïnes, la cèl·lula perd el control de la seva pròpia divisió i pot produir una proliferació cel·lular que generi un tumor. En el cas de la mutació en el BRCA1, aquesta augmenta la probabilitat que s'acumulin errors en altres gens, ja que el gen sa intervé en la reparació del DNA. En el gràfic s'observen els augments de les diferents ciclines que coincideixen amb els punts de control del cicle cel·lular.

Diferenciació cel·lular

Les cèl·lules canceroses esdevenen més immadures i es troben en un estat menys diferenciat (quant a l'estructura i la funcionalitat) que el que els correspondria. Si les cèl·lules diferenciades es divideixen entre vint i seixanta vegades abans de morir per **apoptosi** o mort cel·lular programada, les cèl·lules cancerígenes ho fan indefinidament, mentre hi hagi prou aportació de nutrients.

Factors que afavoreixen el càncer

Qualsevol substància o succés que pugui danyar el DNA d'una cèl·lula pot actuar com a **agent mutagen**; si, a més, afecta el mecanisme de la divisió cel·lular, és un potencial **carcinogen**. L'ambient pot contenir carcinògens: des de productes químics (com ara el fum del tabac, que provoca el 30 % dels càncers) fins a radiacions (com ara els raigs X utilitzats per fer radiografies). També ho poden ser alguns virus o inflamacions cròniques. Alguns càncers, com el de còlon, el de pròstata o el de mama, s'associen al tipus de dieta.

Aquest codi QR, o l'enllaç http://qr.teide.eu/026E, t'adreçarà a un text sobre factors desencadenants del càncer, amb unes activitats associades.

Aquest codi QR, o l'enllaç http://qr.teide.eu/026F, t'adreçarà a un text sobre el gen P-53, amb unes activitats associades.

Gens alterats en el càncer

Les causes dels diferents tipus de càncer, tot i ser diverses, responen sempre a una alteració (una o diverses mutacions) en els gens: és per això que els càncers sempre són *malalties genètiques*. No obstant això, si l'alteració es produeix en *cèl·lules somàtiques*, el càncer no serà hereditari. Només en el cas que l'alteració es doni en *cèl·lules sexuals* o a les *cèl·lules germinals* de les quals provenen, el càncer podrà esdevenir hereditari. Les alteracions genètiques poden afectar, d'una banda, els **protooncogens**, que són gens que promouen la divisió cel·lular i que, un cop mutats, esdevenen **oncogens**, tot induint la proliferació descontrolada de la cèl·lula; i d'una altra, els **gens supressors de tumors**, que normalment detenen el cicle cel·lular com a resposta a danys al DNA o senyals supressors del medi extracel·lular.

Reparació del DNA i apoptosi

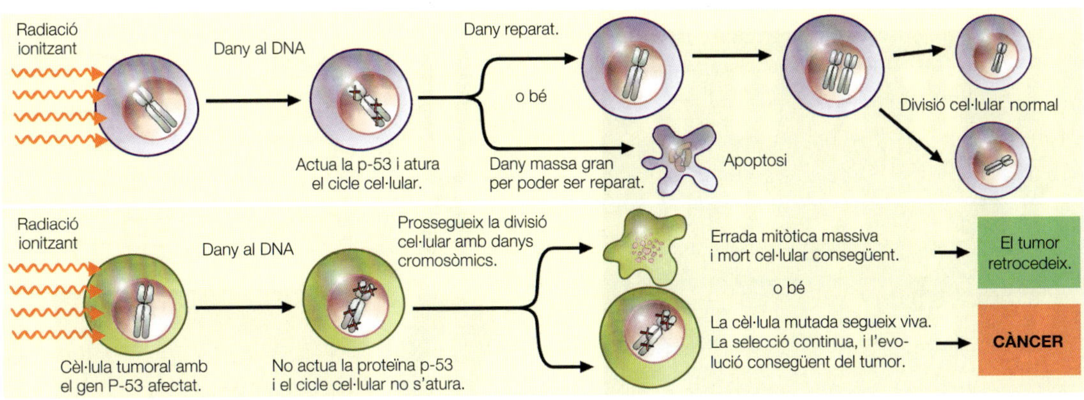

Tots aquests agents poden afectar amb certa freqüència les nostres cèl·lules. L'evolució ens ha proporcionat una eina per a la defensa contra els tumors. El gen P-53 codifica una proteïna nuclear que regula l'expressió de més de cinquanta gens i actua quan la cèl·lula té el DNA afectat per mutacions.

El gen P-53 provoca l'aturada del cicle cel·lular o bé indueix l'apoptosi o mort cel·lular de forma programada. Per tant, una mutació en aquest gen afavoreix la progressió dels tumors. De fet, es veu afectat en més del 50 % dels casos de càncer que impliquen gens supressors de tumors.

ACTIVITATS

La metàstasi

Els càncers també es caracteritzen per la pèrdua de cohesió entre les cèl·lules d'un mateix teixit. Així, les cèl·lules canceroses poden entrar al torrent sanguini i envair altres teixits, i d'aquesta manera donen lloc a **tumors secundaris** o **metàstasis**. La capacitat de disseminació marca la malignitat del tumor. Aquesta és la causa de la mortalitat, ja que fa perdre la funció dels òrgans envaïts.

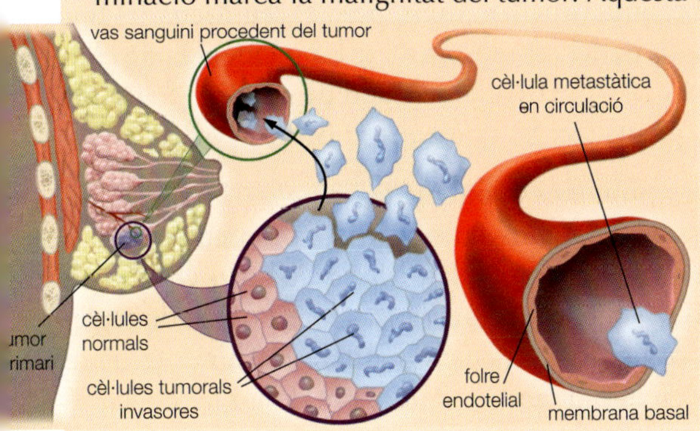

Les cèl·lules tumorals poden migrar a través del sistema circulatori i formar un tumor secundari.

Contesta aquestes preguntes i les que trobaràs al text sobre metàstasi associat a aquest codi QR.

Aquest codi QR, o l'enllaç http://qr.teide.eu/026G, t'adreçarà a un text sobre la metàstasi, amb unes activitats associades.

1. Què és una metàstasi? Per què és la causa més freqüent de mortalitat del càncer?
2. Raona per què després d'extirpar un tumor primari, encara que no hi hagi evidències de metàstasi, se sol administrar quimioteràpia o radioteràpia als malalts.

On és el gen BRCA1?

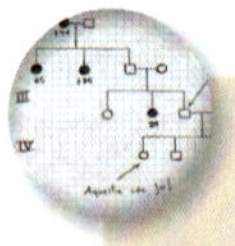

La Clara sap que tots els casos de càncer de mama a la família del pare provenien de la mutació al gen BRCA1. Al Servei d'Oncologia –Unitat de Consell Genètic de l'Hospital Universitari– així l'hi havien indicat, a partir de la prova diagnòstica practicada...

L'informe resultant deia això:

HOSPITAL UNIVERSITARI — Àrea d'Oncologia, Unitat de Consell Genètic

INFORME SOBRE L'ANÀLISI DELS GENS BRCA1 I BRCA2

Tècniques utilitzades per a l'anàlisi	Resultats
Anàlisi d'identificació de mutacions dels exons 2 al 24 del gen BRCA1 i del 2 al 27 del gen BRCA2 mitjançant seqüenciació automàtica de les dues cadenes de DNA.	Mutacions descrites com a causants de malaltia: **BRCA1**: deleció 243delA en heterozigosi a l'exó 3 que provoca una proteïna truncada. **BRCA2:** no s'han trobat.

Alguns dels termes que figuren a l'informe obren nous interrogants: què són els *exons*? I la *deleció 243delA*? I la *proteïna truncada*? Si observes l'esquema següent, a partir del **cariotip humà**, potser en podràs treure l'entrellat:

A l'esquerra, cariotip humà. A la dreta, nivells de condensació i plegament del DNA.

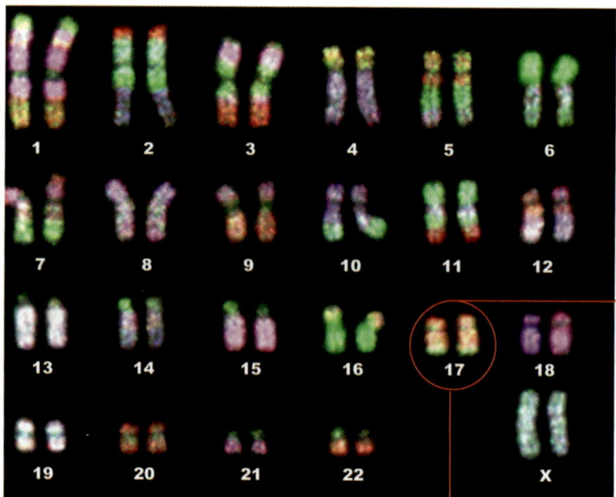

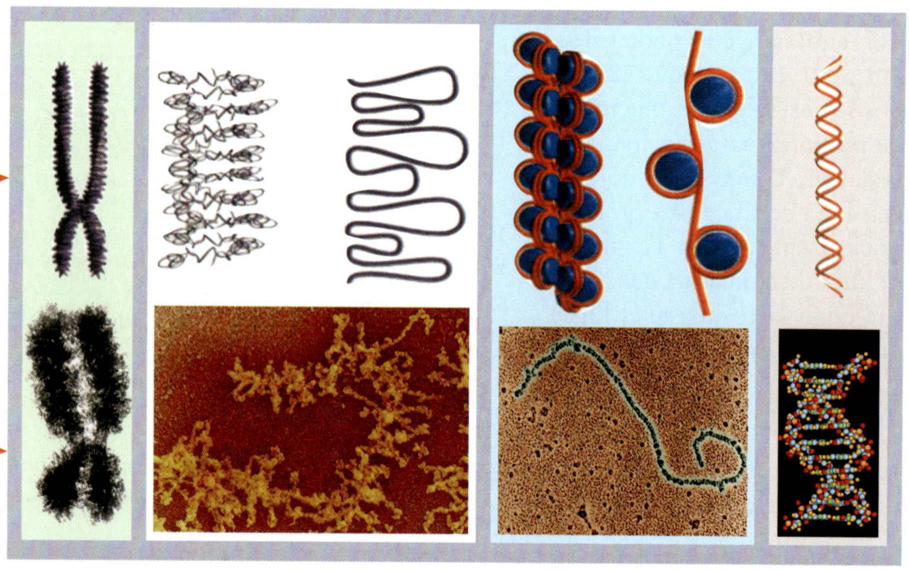

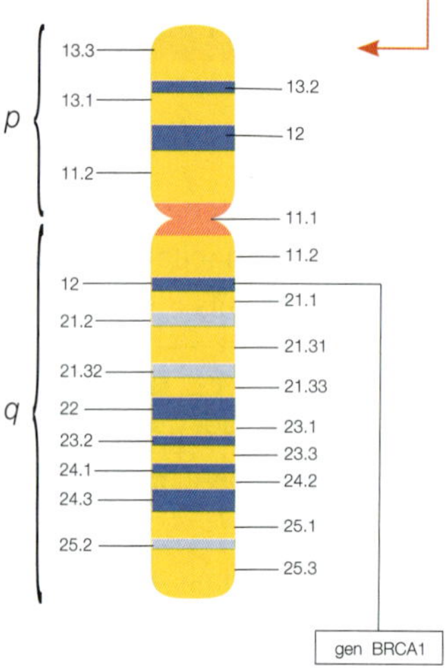

El **gen BRCA1** (de ***br****east* ***ca****ncer* 'càncer de mama') és un gen *supressor de tumors* que intervé en la reparació del DNA i controla el pas de G_2 a M en el cicle cel·lular. Es troba al braç llarg (q) del cromosoma 17, a la *posició q-12*. Les mutacions que l'afecten, com la **deleció** o eliminació d'una adenina (A), tenen una incidència especial en l'aparició del càncer, especialment el de mama, però també d'altres, com ara el de pròstata o el d'ovari. El gen BRCA2 té una funció similar, però el seu **locus** (el lloc que ocupa als cromosomes) és al braç llarg del cromosoma 13. La incidència de càncer de mama hereditari es troba entre el 5 % i el 10 % del total de càncers de mama diagnosticats i les mutacions més freqüents són les que afecten BRCA1 i BRCA2.

El DNA està associat, al nucli, a unes proteïnes anomenades *histones*, i assoleix diversos nivells de condensació i plegament, segons quin sigui el moment del cicle cel·lular. El nivell màxim s'assoleix en la divisió cel·lular, M, en què són visibles els cromosomes. Al llarg de la interfase (G_1 – S – G_2) no s'arriba a aquest nivell de replegament i el DNA està organitzat en forma de fibra de cromatina. Aleshores és quan el DNA pot ser «llegit» per produir proteïnes, i també quan es pot donar la replicació a la fase **S**, moment en què es poden produir errades que esdevenen mutacions.

La replicació del DNA

Les dues cadenes de DNA se separen en diversos punts: els **orígens de replicació**. A partir d'aquí, les cadenes separades serveixen de motlle perquè les DNA-polimerases afegeixin els nucleòtids complementaris, sempre en sentit 5' a 3'. La cadena líder (*leading*) se sintetitza de manera directa, però la cadena retardada (*lagging*) ho fa de manera discontínua, sintetitzant fragments en el sentit permès (5' a 3') i després unint-los.

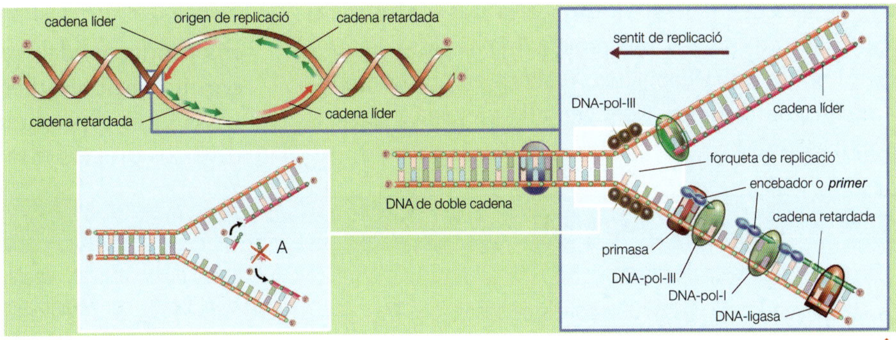

Procés de replicació del DNA.

Mutacions que poden provocar càncer

Durant el procés de replicació de les dues cadenes de DNA es poden donar les mutacions puntuals, com les delecions d'algun nucleòtid. És el que va succeir en el cas de la mutació que es va donar en el gen BRCA1 en la família de la Clara, en què l'enzim polimerasa no va incorporar una adenina (A) en la posició 243 de l'exó 3.

En aquest QR o a l'enllaç http://qr.teide.eu/026H trobaràs els mecanismes de replicació del DNA (en anglès).

Els càncers, doncs, responen a una alteració en els gens, per la qual cosa són **malalties genètiques**. No obstant això, la major part de les mutacions causants d'aquesta malaltia es produeixen a les **cèl·lules somàtiques**, que no intervenen en la reproducció. Aproximadament només l'1 % dels càncers s'associen a mutacions en cèl·lules de la **línia germinal** (que originen les cèl·lules sexuals): aleshores esdevenen hereditaris, ja que incrementen la susceptibilitat dels descendents a patir-ne, com va succeir a la família de la Clara a partir d'una mutació en la formació dels gàmetes d'algun avantpassat. Els càncers hereditaris solen ser deguts a diverses mutacions concatenades (entre sis i deu), per la qual cosa no solen seguir els patrons de l'herència clàssica. Aquestes mutacions poden activar protooncogens o inactivar gens supressors de tumors.

Mutacions que afecten els protooncogens i els gens supressors de tumors.

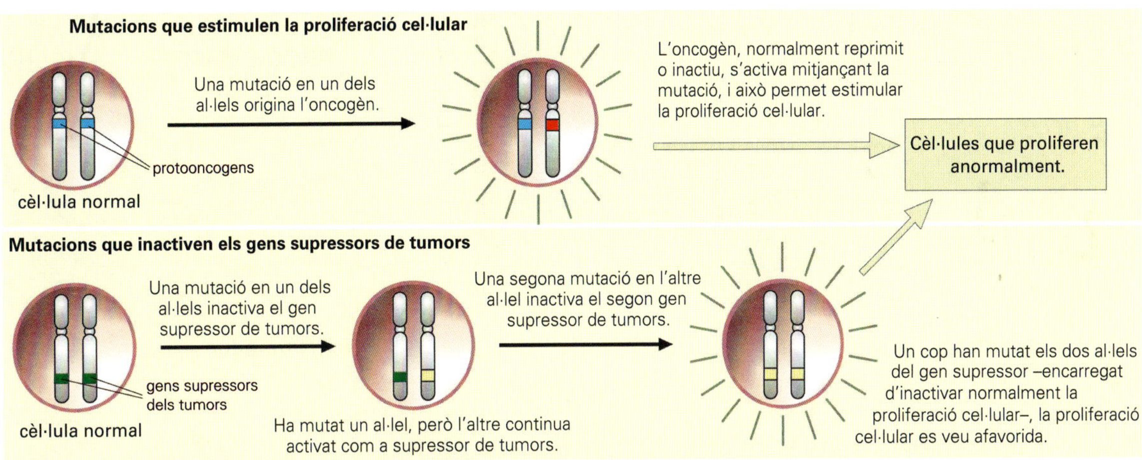

ACTIVITATS

El retinoblastoma: heretable o no?

El gen RB-1 és un gen supressor de tumors, que en cèl·lules normals s'encarrega del control del punt G_1/S del cicle cel·lular.

En el **retinoblastoma familiar**, una mutació del gen RB s'hereta a través de les cèl·lules de la línia germinal, de manera que hi ha un al·lel mutat a totes les cèl·lules. Una segona mutació al locus del gen RB-1, en el cromosoma homòleg, a una cèl·lula de la retina, contribuirà a un creixement cel·lular descontrolat i a la formació d'un tumor. En canvi, en el **retinoblastoma esporàdic**, s'adquireixen dues mutacions independents i seqüencials en els dos al·lels de l'RB-1 d'una mateixa cèl·lula, la qual cosa també indueix la formació del tumor.

1. Què significa que el gen RB-1 és un gen supressor de tumors? Explica què vol dir que s'encarregui del control G_1/S.
2. Justifica que els dos tipus de retinoblastoma siguin genètics, però només el familiar sigui heretable.
3. Explica, raonadament, quin dels dos tipus de retinoblastoma serà més freqüent, el familiar o l'esporàdic.
4. Es pot predir la probabilitat de desenvolupar el retinoblastoma familiar en cas de ser-ne portador? Explica-ho.

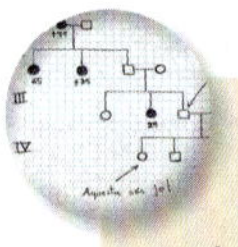

Des que la Pilar va explicar a classe a la Clara allò de «un gen, una proteïna» ja ha passat temps, i ara hi troba l'aplicació pràctica en un esdeveniment prou colpidor. I del gen a la proteïna... passen moltes coses!

Què s'obté a partir del gen BRCA1?

Els productes dels gens són les proteïnes, que s'obtenen mitjançant el seguit d'esdeveniments coneguts com a **expressió gènica**. La proteïna BRCA1 és el producte de l'expressió del seu gen, la qual cosa comporta diversos processos seqüencials, nuclears i extranuclears.

Gen BRCA1	Proteïna BRCA1
És un gen supressor de tumors. És molt gran: conté uns 81 000 parells de bases. Té 24 exons: des de 40 parells de bases fins a 3 425. Els introns tenen entre 403 i 9 193 parells de bases. La deleció d'una A en la posició 243 de l'exó 3 produeix una transcripció errònia a partir d'aquest punt, que desplaça la pauta de lectura durant la traducció.	Actua al nucli cel·lular, regulant el pas G_2-M del cicle cel·lular (impedeix la mitosi si hi ha dany al DNA), controlant la transcripció i reparant el DNA. Conté 1863 aminoàcids, i el seu pes molecular és de 220 kDa (220 000 uma). Es pot unir a altres proteïnes (més de 25, entre les quals hi ha la p-53) per reparar el DNA danyat. La proteïna mutant s'anomena *truncada*: canvia la seqüència i el nombre d'aminoàcids, no es pot unir a les altres proteïnes i, per tant, no pot reparar el DNA i perd la capacitat antitumoral.

Segona lletra

Primera lletra	U	C	A	G	Tercera lletra
U	UUU Phe	UCU Ser	UAU Tyr	UGU Cys	U
U	UUC Phe	UCC Ser	UAC Tyr	UGC Cys	C
U	UUA Leu	UCA Ser	UAA aturada	UGA aturada	A
U	UUG Leu	UCG Ser	UAG aturada	UGG Trp	G
C	CUU Leu	CCU Pro	CAU His	CGU Arg	U
C	CUC Leu	CCC Pro	CAC His	CGC Arg	C
C	CUA Leu	CCA Pro	CAA Gln	CGA Arg	A
C	CUG Leu	CCG Pro	CAG Gln	CGG Arg	G
A	AUU Ile	ACU Thr	AAU Asn	AGU Ser	U
A	AUC Ile	ACC Thr	AAC Asn	AGC Ser	C
A	AUA Ile	ACA Thr	AAA Lys	AGA Arg	A
A	AUG Met	ACG Thr	AAG Lys	AGG Arg	G
G	GUU Val	GCU Ala	GAU Asp	GGU Gly	U
G	GUC Val	GCC Ala	GAC Asp	GGC Gly	C
G	GUA Val	GCA Ala	GAA Glu	GGA Gly	A
G	GUG Val	GCG Ala	GAG Glu	GGG Gly	G

Codi genètic.

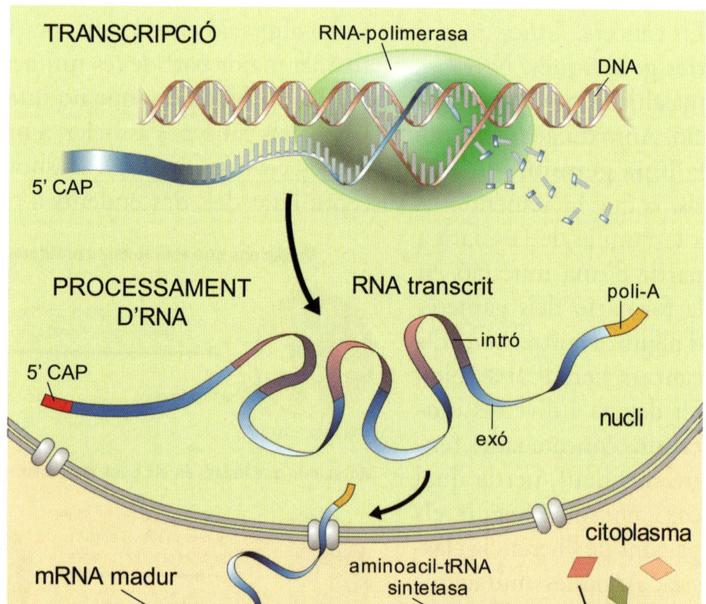

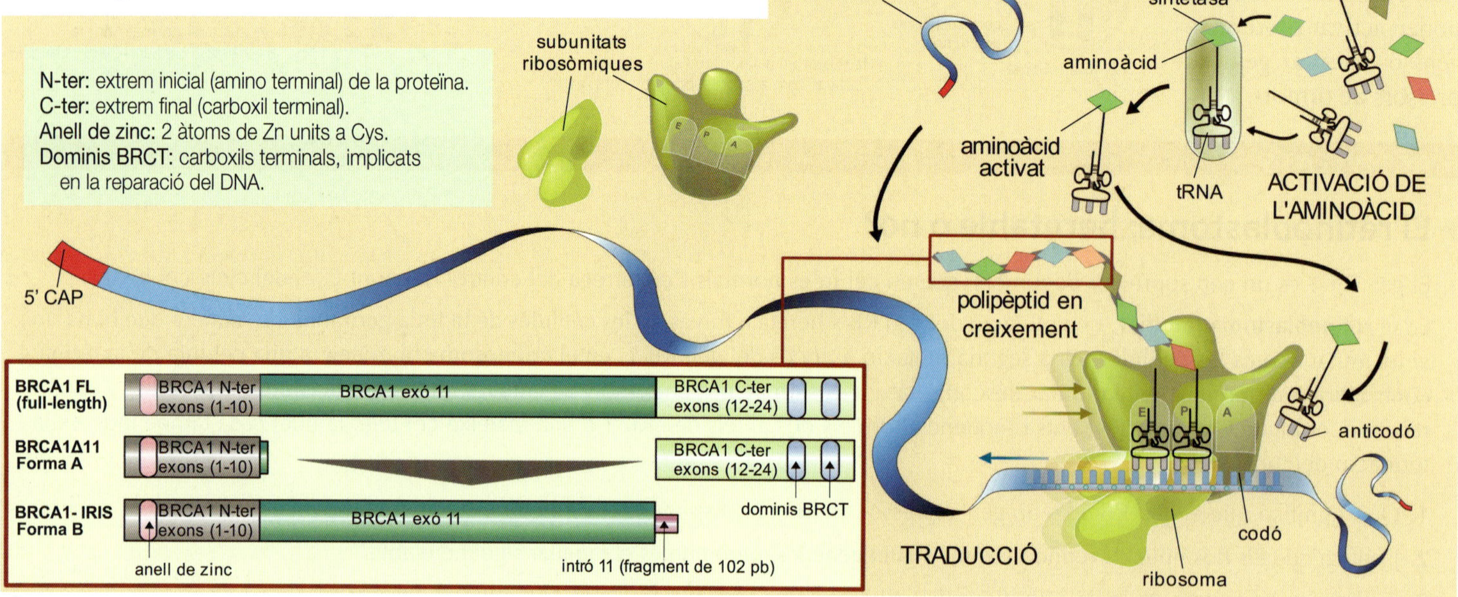

Font: Campos Estela, Berta. *Anàlisi molecular dels gens BRCA1 i BRCA2 en el càncer de mama hereditari; caracterització de mutacions recurrents i estudi de variants d'efecte biològic desconegut*. Tesi doctoral. Barcelona, 2006. <http://www.tesisenred.net/handle/10803/881>

L'expressió gènica

L'expressió gènica consisteix en la «lectura» del gen al DNA fins a l'obtenció d'un RNA missatger (mRNA) que surt del nucli i, un cop unit al ribosoma, és traduït a proteïna. És, doncs, el procés d'obtenció o **síntesi de proteïnes**. Les etapes de l'expressió gènica en les cèl·lules eucariotes són les següents:

1. Etapa nuclear. Consta de:

a) **Transcripció:** obtenció d'un pre-mRNA encara immadur. Conté **exons**, que són seqüències que contenen els nucleòtids que seran llegits posteriorment en aminoàcids de la proteïna, i **introns**, que són seqüències «no codificants», amb nucleòtids que no són llegits i que caldrà eliminar.

b) **Maduració del pre-mRNA** (*splicing* o empalmament): és el procés d'eliminació dels introns i unió dels exons, per tal d'obtenir l'mRNA madur, que sortirà del nucli per ser llegit als ribosomes. Tal com veiem a la imatge de la pàgina anterior, la maduració del pre-mRNA del gen BRCA1 no sempre és igual, de manera que pot donar lloc a tres productes proteics diferents: el més habitual, la proteïna BRCA1/FL (*Full Length*), i dues formes més, aquí anomenades A i B, que són productes proteics de funció desconeguda. Un mateix pre-mRNA, doncs, pot proporcionar **isoformes** proteiques diferents.

2. Etapa citoplasmàtica

- **Traducció:** té lloc als ribosomes, situats lliures al citoplasma o bé a sobre de la membrana del reticle citoplasmàtic rugós. Consisteix a **traduir** els nucleòtids de l'mRNA madur en aminoàcids. A cada triplet de ribonucleòtids, anomenat **codó**, li correspon un aminoàcid, excepte les seqüències d'aturada UAA, UAG i UGA. Els tRNA s'encarreguen d'unir els aminoàcids mentre disposen l'anticodó davant del codó corresponent a l'mRNA. La pauta de traducció constitueix el **codi genètic**.

En aquests QR o als enllaços http://qr.teide.eu/026I, http://qr.teide.eu/026J i http://qr.teide.eu/026K, podràs veure un vídeo sobre la transcripció, l'*splicing* i la traducció, respectivament (tots tres en anglès).

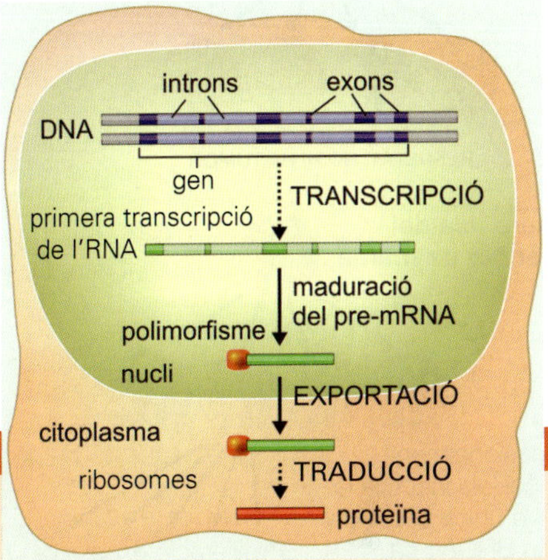

ACTIVITATS

Les mutacions del gen BRCA1

La major part dels centenars de mutacions descrites del gen BRCA1 són **insercions** o **delecions** d'una o poques bases, que ocasionen el **desplaçament de la pauta de lectura**, atès que els codons que segueixen a partir d'aquest punt han variat. Conseqüentment, la proteïna resultant tindrà diferents aminoàcids i serà **truncada**, defectuosa. També són nombroses les mutacions *nonsense* (sense sentit), que impliquen l'aparició d'un codó d'**aturada** al mig de l'mRNA: la proteïna tindrà menys aminoàcids. S'han descrit també mutacions que afecten els llocs de reconeixement exó-intró, la qual cosa també proporciona proteïnes truncades que provoquen canvis en la maduració de l'mRNA. Alguns canvis de nucleòtids, però, comporten variabilitat gènica que no té efecte biològic o, en tot cas, és desconegut, i així contribueixen al **polimorfisme** o la variabilitat de seqüències en la població.

En els vertebrats, la seqüència en blau-vermell és l'habitual en els límits exó-intró. En una zona determinada de l'RNA transcrit a partir del gen BRCA1 trobem la seqüència següent, en què U inicia un codó:

5'-... UCAG ↲ GUAAGUA ... PrPrPrPrPrPrNCAG ↲ AAGCA... -3' Pr = U o C
N = qualsevol

Les lletres en blau indiquen el final de l'exó, i en vermell, l'intró; les fletxes indiquen el començament i l'acabament de l'intró.

Consulta la taula del codi genètic, si et cal, i respon les qüestions següents:

1. Per què podem assegurar que no es tracta d'una seqüència de DNA? Podries dir si és pre-mRNA o bé mRNA madur? Justifica-ho.
2. Escriu una possible seqüència de DNA doble complementària a aquesta.
3. Quina seqüència d'aminoàcids s'obtindria si té lloc correctament l'*splicing* o maduració del pre-mRNA?
4. Quin tipus de mutació seria l'eliminació de C (segona lletra)? Quines conseqüències tindria?
5. Quina podria ser la conseqüència d'inserir una C a la cinquena posició?
6. Revisa el que has après fins ara i comenta, en unes cinc línies, la relació entre les mutacions del gen BRCA1 i la probabilitat de patir càncer de mama.

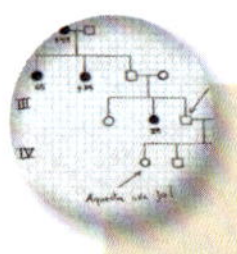

La Clara últimament té una certa obsessió per la genètica, en el seu afany d'entendre la situació. Sap que hi ha al·lels dominants i al·lels recessius, però també ha llegit que la genètica clàssica, les **lleis de Mendel** que tant es treballen als centres escolars, no sempre és aplicable a les situacions quotidianes...

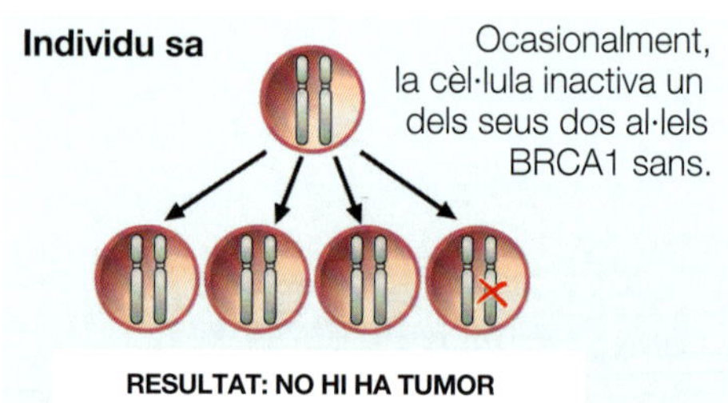

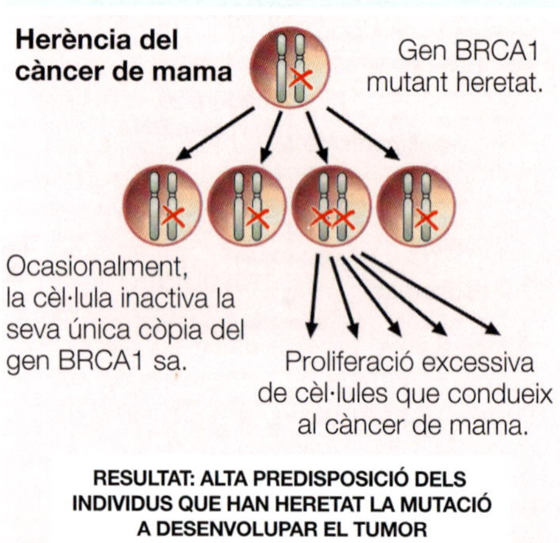

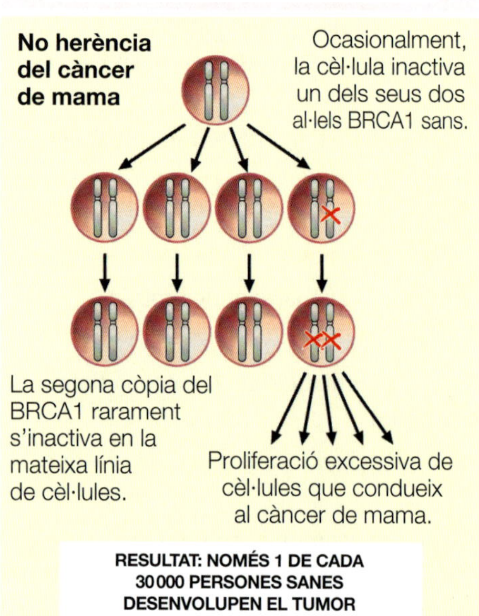

Al·lels dominants, al·lels recessius

Els càncers hereditaris poden aparèixer quan una persona ha heretat la mutació d'un dels seus progenitors. Aquesta alteració genètica afecta un dels al·lels d'algun dels gens que estan relacionats amb el cicle cel·lular o la reparació de danys al DNA: protooncogens o gens supressors de tumors.

Al·lels dominants i predisposició genètica

Atès que, aleshores, només es té una única còpia funcional del gen, les mutacions que tinguin lloc en aquesta còpia inicialment correcta al llarg de la vida es manifestaran directament, la qual cosa es traduirà en un increment del risc de patir càncer. Això és el que es coneix com a **susceptibilitat genètica** o **predisposició genètica**. En aquest sentit, es diu que **l'al·lel mutant és autosòmic i dominant**, ja que un portador de la mutació en heterozigosi té predisposició a patir el càncer, i cal esperar que la meitat dels seus descendents heretin la susceptibilitat.

Analitzem de nou l'**arbre genealògic** o **genograma** que la Clara va presentar a la Pilar, a partir de les lleis de la genètica clàssica (**1a llei de Mendel**, o llei de la uniformitat de la 1a generació, i la **2a llei de Mendel**, o llei de la segregació de caràcters a la 2a generació) que lliguen perfectament amb els coneixements actuals sobre la **segregació independent dels cromosomes homòlegs** i la formació dels gàmetes a partir del procés meiòtic:

En aquest QR o a l'enllaç http://qr.teide.eu/027F, podràs trobar informació sobre les lleis de l'herència biològica.

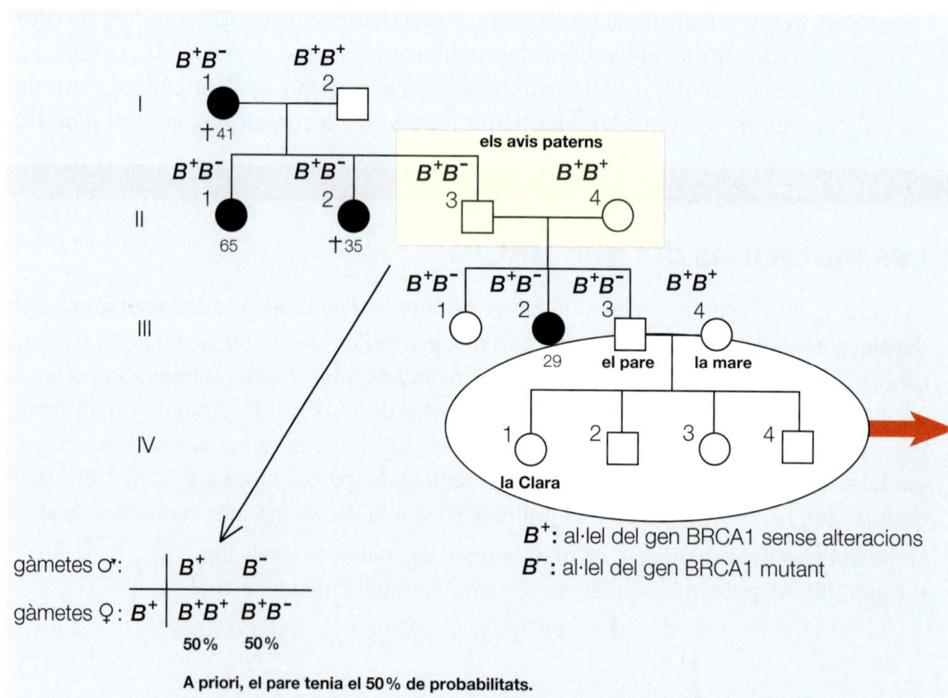

Un cop sabem, per les proves que li han fet, que el pare de la Clara és portador de l'al·lel mutant, ella té, al seu torn, el 50 % de probabilitats de ser-ne portadora –igual que els seus germans– i, per tant, moltes possibilitats de patir la malaltia.

El concepte de **dominància / recessivitat** pel que fa als gens associats als càncers hereditaris i en molts altres casos en relació amb la genètica de moltes malalties humanes, per exemple, no és tan simple com ara determinar el color dels pèsols –groc o verd– amb què Mendel va estudiar les proporcions fenotípiques, i condiciona la interpretació de la situació problema. Vegem-ho:

- **La mutació B^- és dominant respecte a B^+** ($B^- > B^+$) perquè amb un sol progenitor portador cal esperar que la susceptibilitat l'hereti la meitat de la descendència. És en aquest nivell que queda definida la dominància de l'al·lel. Però:
  - en el nivell cel·lular, l'al·lel B^- seria recessiu perquè és necessària la segona mutació en l'al·lel B^+ no afectat inicialment per iniciar el càncer;
  - en el nivell molecular, els dos al·lels són **codominants**, ja que s'elaboren les dues versions de la proteïna BRCA1: la funcional, que regula el cicle cel·lular i repara el DNA correctament, i la BRCA truncada, que no té cap funció cel·lular.
- El fet que la mutació sigui dominant no vol dir que es manifesti de manera immediata, des del naixement. És evident que les glàndules mamàries no es desenvoluparan fins a la pubertat: a partir d'aleshores, les cèl·lules d'aquest teixit podran ser susceptibles d'anar acumulant mutacions en el seu al·lel correcte B^+. No és possible, òbviament, determinar l'edat en la qual es produirà prou dany en el DNA perquè el càncer ja sigui irreversible, ja que les mutacions s'aniran produint a l'atzar a la replicació del DNA a cada cicle cel·lular.
- En el cas del BRCA1 que ens ocupa, és evident que seran les dones de l'arbre familiar les que desenvoluparan la situació clínica de càncer, malgrat que genèticament la predisposició és la mateixa en dones que en homes. Bona prova d'això són els casos clínics descrits d'homes que tenen càncer hereditari en la glàndula mamària, encara que aquesta sigui incipient en el sexe masculí.

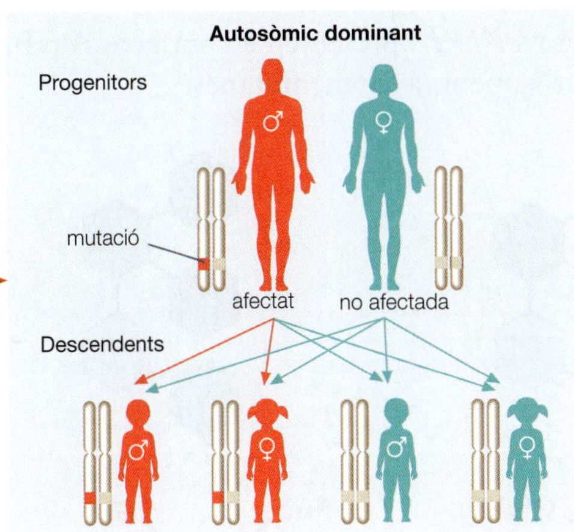

No es pot confondre aquesta diferenciació quant a la manifestació clínica del tret genètic entre dones i homes amb la situació que es dona en el **patró d'herència lligada al sexe**. En aquest cas, el locus del gen estaria situat en el cromosoma X, en el segment no homòleg amb el cromosoma Y. Atès que les dones tenen doble dotació d'aquest cromosoma, però els homes només en tenen un (l'altre cromosoma sexual és Y), aquests sempre manifesten el fenotip associat a l'al·lel afectat.

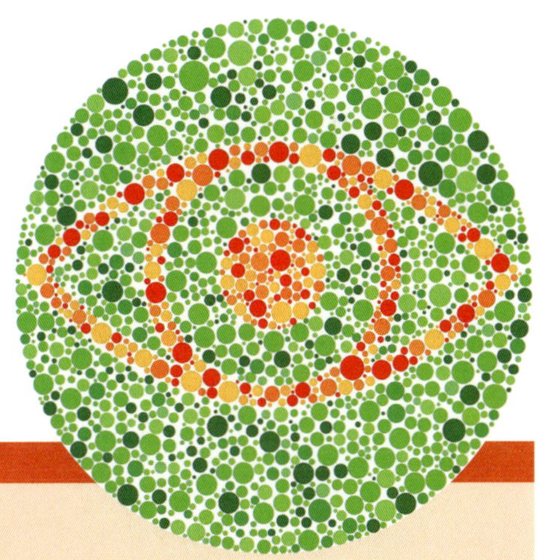

ACTIVITATS

El daltonisme d'en Carles

La Clara té un amic, en Carles, que és daltonià: no distingeix els colors verd i vermell. L'hi van esbrinar amb la prova d'Ishihara, amb imatges que combinen colors verds i vermellosos, de manera que les persones daltonianes no distingeixen la figura que s'hi presenta. Observa l'arbre genealògic d'en Carles; ell és l'individu III-1.

1. Utilitza, per anomenar els al·lels i els genotips, la nomenclatura que s'indica a la llegenda del pedigrí. Dedueix el genotip dels pares d'en Carles.
2. Explica raonadament per què el seu cosí no és daltonià.
3. Dedueix els genotips dels seus avis materns pel que fa al daltonisme.
4. En el patró d'herència del daltonisme resulten afectats els homes, i en el patró d'herència del gen BRCA1, les dones. Davant d'això, diries que l'herència d'aquests dos caràcters en humans segueix patrons oposats? Justifica-ho en un sentit o l'altre.

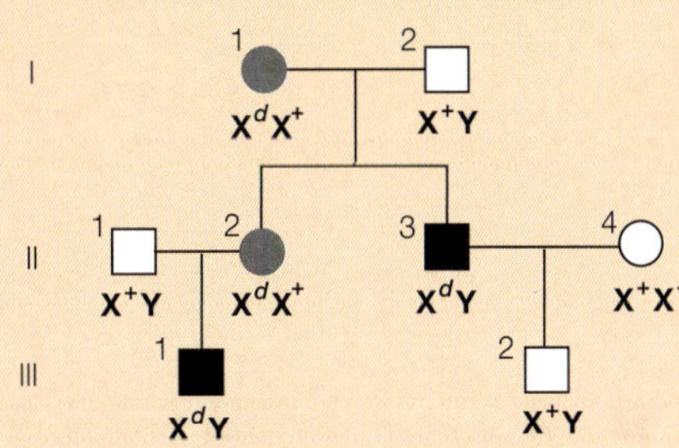

X^d: al·lel del daltonisme
X^+: al·lel sense alteracions, homòleg de X^d
Y : cromosoma Y masculí
● : dona portadora (visió normal)
■ : home daltonià

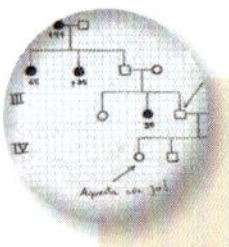

Aquests dies, la Clara s'està fent algunes proves mèdiques. Fins ara no l'havia preocupat gens ni mica el seu grup sanguini, però ara sí, ja que ha pensat que potser serà important en els tractaments que haurà de seguir. Ha esbrinat que és receptora universal de sang, 0Rh$^-$.

En aquest QR, o a l'enllaç http://qr.teide.eu/026Z, podràs veure un vídeo sobre els grups sanguinis: AB0 i Rh.

Dihibridisme i grups sanguinis

Avui dia sabem interpretar els resultats de les lleis de Mendel, a la llum de la teoria cromosòmica de l'herència, la meiosi i la genètica molecular: els locus dels gens que codifiquen per a aquests caràcters (grup 0 i Rh negatiu) estan situats en cromosomes diferents i, a més, els cromosomes homòlegs se segreguen a l'atzar en la primera divisió meiòtica.

Quan la Clara diu que el seu grup sanguini és el **0Rh**$^-$ (zero negatiu), està al·ludint a una situació genètica de **dihibridisme**. El 0 fa referència a l'al·lel i o I^0 del sistema de grups sanguinis AB0. Els glòbuls vermells disposen d'uns antígens glicosídics de membrana, amb la presència de galactosa (B, de l'al·lel I^B) o bé N-acetil galactosamina (A, de l'al·lel I^A) a l'extrem. Ser del grup 0 (genotip $\boldsymbol{ii}$ o $\boldsymbol{I^0I^0}$) significa que el glúcid no presenta cap dels dos extrems. Tots tres antígens són deguts a petites variacions d'enzims transferases codificats al sistema d'al·lels AB0, situats al braç llarg (q) del cromosoma 9. Els al·lels I^A/I^B són codominants entre si, ja que els glòbuls vermells de les persones d'aquest grup presenten tots dos tipus de proteïnes o antígens de membrana. Cadascun dels al·lels I^A o bé I^B són dominants respecte a i o I^0, atès que els heterozigots I^Ai / I^Bi presenten els antígens A o B, respectivament, a les membranes.

L'austríac Karl Landsteiner va guanyar el premi Nobel el 1930 pel seu descobriment del sistema de grups sanguinis AB0, d'importància cabdal per al desenvolupament de les transfusions sanguínies. Posteriorment va contribuir també a la descoberta dels sistemes Rh i MN.

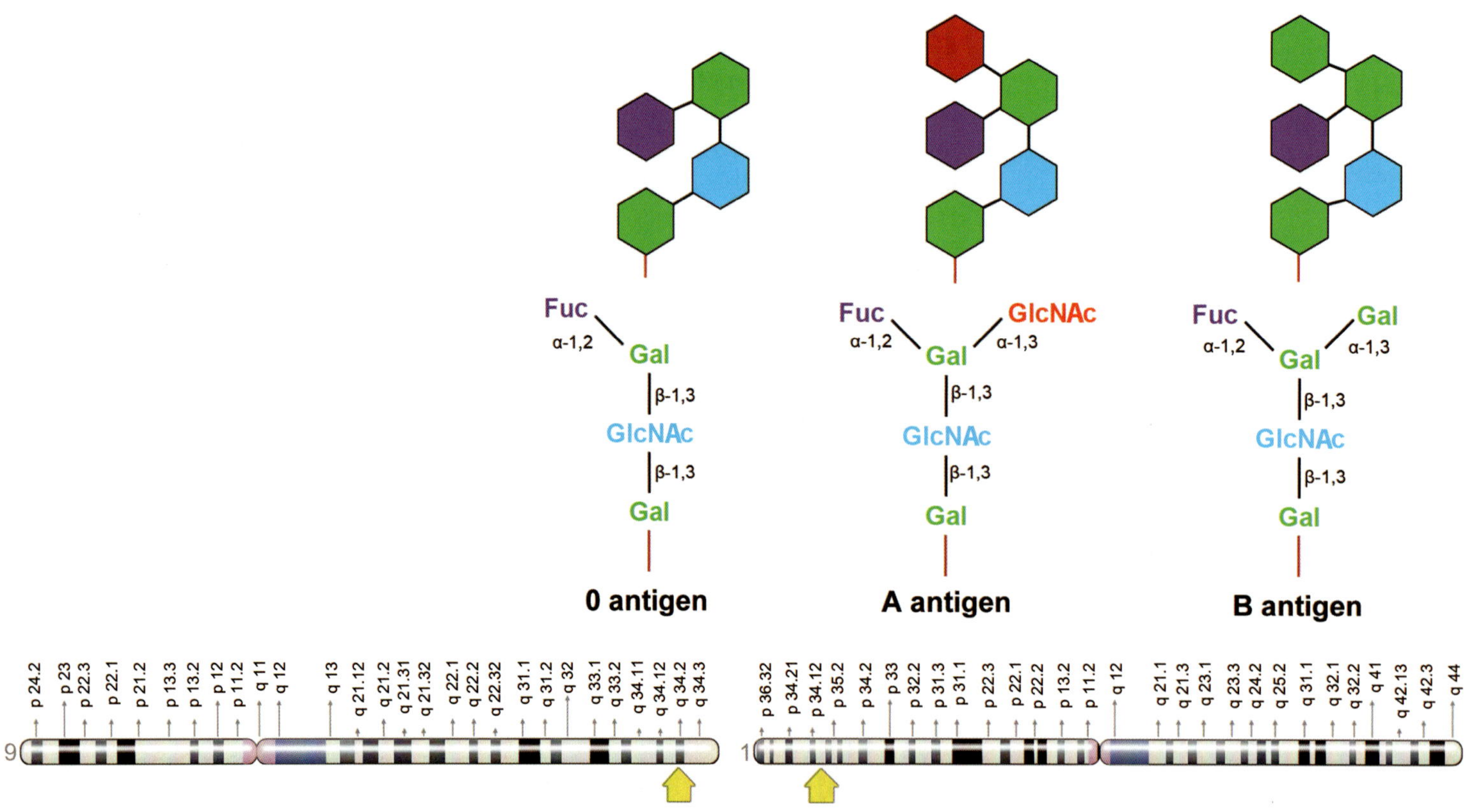

El sistema sanguini Rh fa referència a un altre antigen proteic de la membrana dels glòbuls vermells. El gen se situa al braç p del cromosoma 1, i presenta els al·lels D (proteïna amb caràcter antigènic) i d, que implica absència de la proteïna o una forma no antigènica.

ACTIVITATS

Els grups sanguinis de la família de la Clara

Estudiarem els grups sanguinis a partir de l'arbre genealògic de la família de la Clara. Ho tractarem com un cas de dihibridisme, en què hi ha implicats dos locus de dos gens diferents: els dels antígens AB0 situats a l'extrem del braç llarg (q) del cromosoma 9, i el de l'antigen Rh, situat a l'extrem del braç curt (p) del cromosoma 1. Tots dos són, doncs, autosòmics. Quant a dominància: $I^A > i$ $I^B > i$ $I^A \approx I^B$, i els genotips: $I^AI^A - I^Ai - I^BI^B - I^Bi - I^AI^B - ii$.

Pel que fa a l'antigen Rh, $D > d$, i els genotips: *DD* (Rh^+) – *Dd* (Rh^+) – *dd* (Rh^-).

La Clara sap que el seu pare és A^+, i la seva mare, B^+. La seva tieta, afectada de càncer, és AB^+.

En primer lloc, ens centrarem a estudiar les dades de la família propera de la Clara: pare, mare i germans. La Clara és 0^-; per tant, la Clara és *ii dd*.

Podem deduir que ha rebut gàmetes *i-d* del pare i de la mare. Si el pare és A^+, el seu genotip necessàriament ha de ser I^Ai *Dd*.

Si la mare és B^+, el seu genotip, anàlogament, ha de ser I^Bi *Dd*.

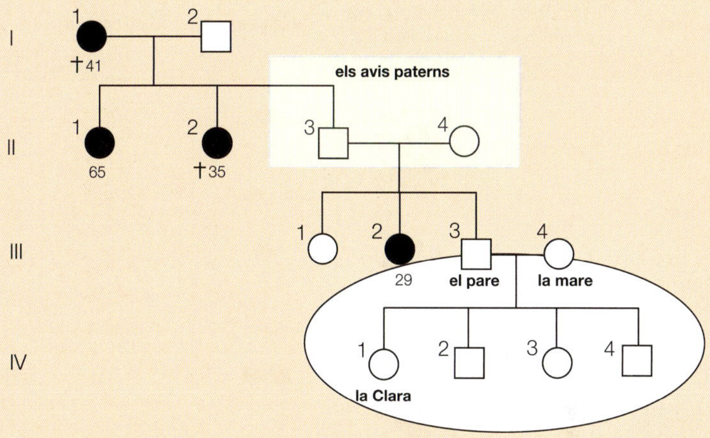

Els seus pares han format quatre tipus possibles de gàmetes, pel que fa als dos caràcters estudiats:

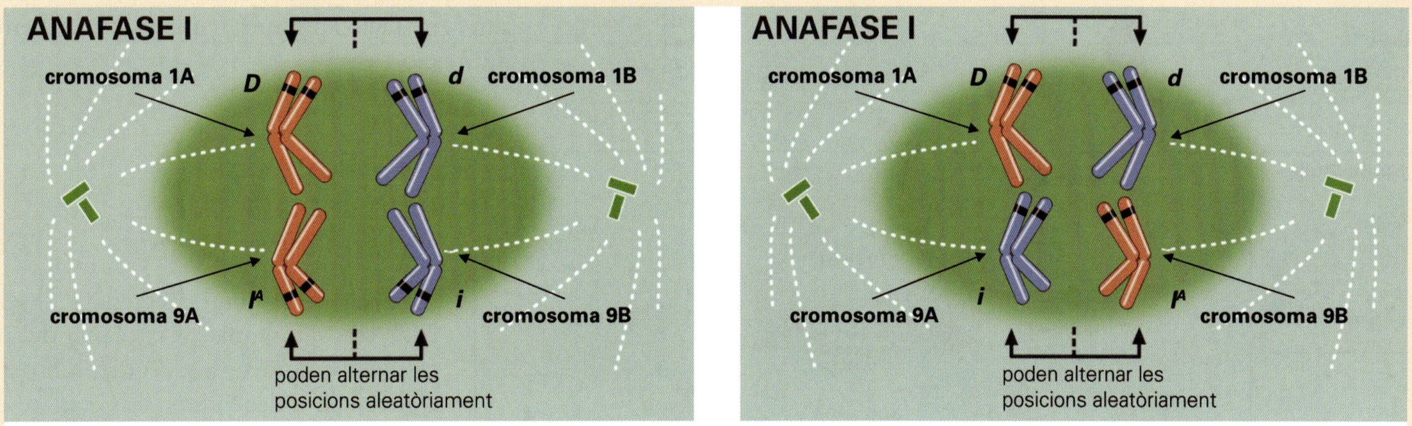

gàmetes del pare de la Clara	I^AD	*id*	o bé	*iD*	I^Ad

I, de manera similar, els gàmetes que podrà formar la mare de la Clara són $I^BD - id - iD - I^Bd$.

Formem ara la **taula de Punnett**, que representa la fecundació, els possibles zigots resultants de la combinació dels diferents gàmetes dels dos progenitors:

Gàmetes	I^AD	I^Ad	*iD*	*id*
I^BD	I^AI^B *DD*	I^AI^B *Dd*	I^Bi *DD*	I^Bi *Dd*
I^Bd	I^AI^B *Dd*	I^AI^B *dd*	I^Bi *Dd*	I^Bi *dd*
iD	I^Ai *DD*	I^Ai *Dd*	*ii DD*	*ii Dd*
id	I^Ai *Dd*	I^Ai *dd*	*ii Dd*	*ii dd*

Resum de les proporcions	
3/16	1/16
I^AI^B *D_*, AB Rh^+	I^AI^B *dd*, AB Rh^+
I^Ai *D_*, A Rh^+	I^Ai *dd*, AB Rh^-
I^Bi *D_*, B Rh^+	I^Bi *dd*, B Rh^-
*ii D_*, 0 Rh^+	*ii dd*, 0 Rh^-

1. A partir d'aquí, esbrina els genotips més probables de la família de la Clara i debateu entre vosaltres els resultats.
2. A partir de les proporcions fenotípiques, podríem saber amb exactitud que la Clara té dos germans amb Rh^+? Podria ser que tots els seus germans fossin del grup 0^-? Explica-ho.

Grups sanguinis i transfusions

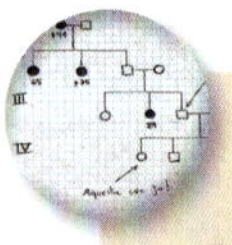

«Així, en cas que em fos necessari rebre sang d'alguns dels meus familiars, necessàriament hauria de ser algun dels meus germans que també comparteixin amb mi el grup sanguini 0^-! Els pares, per exemple, no en serien possibles donadors, perquè a la meva sang circularien anticossos contra els eritròcits de la sang transfosa», dedueix la Clara llegint els seus apunts.

Fenotip	Genotips possibles	Proteïna present en els glòbuls vermells	Antígens	Anticossos	Poden rebre sang d'una persona...
Grup A	I^AI^A / I^Ai	A	Antigen A	Anti-B	dels grups sanguinis 0 o A
Grup B	I^BI^B / I^Bi	B	Antigen B	Anti-A	dels grups sanguinis 0 o B
Grup AB	I^AI^B	AB	Antígens A i B	Cap	de qualsevol dels grups del sistema AB0 (receptor universal)
Grup 0	ii (també I^0I^0)	0	Cap	Anti-A i Anti-B	del grup sanguini 0 (donador universal)

Efectivament, la Clara té raó. Ella és donadora universal, perquè no produeix cap resposta immunològica en una persona que hagi estat transfosa amb la seva sang: no s'indueix la producció d'anticossos que provoquin l'hemaglutinació, tal com s'aprecia en la taula.

En el cas de l'antigen Rh, el principal problema sorgeix en la gestació d'una dona Rh^- (genotípicament, *dd*) que tingui un segon fill Rh^+ (*Dd* o *DD*). Al llarg de la gestació, els eritròcits de la mare i el fill no es barregen perquè la placenta ho impedeix, però els anticossos inclosos al plasma sí que travessen la placenta. Durant el part d'un primer fill Rh^+, si passen alguns glòbuls vermells que tenen l'antigen Rh del fetus a la mare, estimularan la producció d'anticossos anti-Rh, els quals seran presents a la sang de la mare a partir d'aquest moment.

Per tant, serà en un segon embaràs quan aquests anticossos es difondran a través de la placenta durant la gestació i produiran una reacció d'hemaglutinació.

Simbologia

A = groc, *a* = verd — *A* > *a*

B = llis, *b* = rugós — *B* > *b*

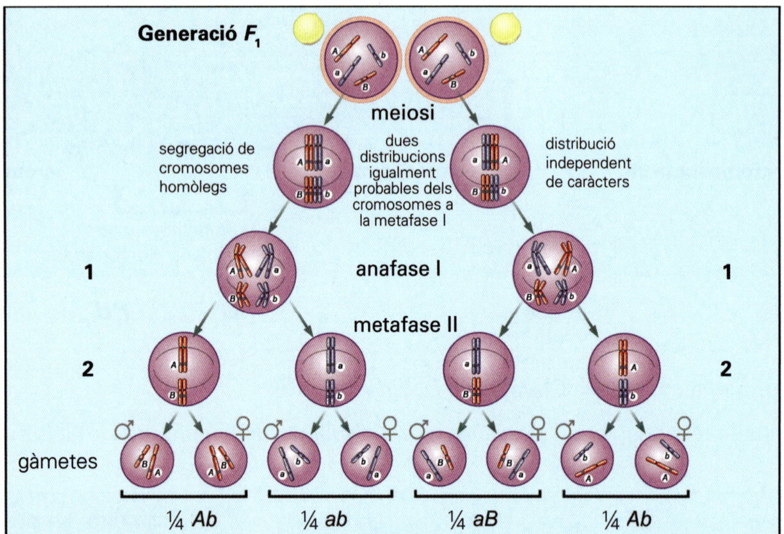

Generació F_2

Gàmetes ♀ \ Gàmetes ♂	AB	ab	aB	Ab
AB	AABB	AaBb	AaBB	AABb
ab	AaBb	aabb	aaBb	Aabb
aB	AaBB	aaBb	aaBB	AaBb
Ab	AABb	Aabb	AaBb	AAbb

Fenotips esperats: 9 (groc, llis) 3 (groc, rugós) 3 (verd, llis) 1 (verd, rugós)

Taula de Punnett amb els resultats esperats de l'encreuament dihíbrid fet per Mendel.

Dihibridisme amb dominància: tercera llei de Mendel

Mendel va estudiar l'herència de dos caràcters simultanis en la planta del pèsol i va comprovar que seguien un patró d'herència independent. Els seus resultats són explicables amb la segregació a l'atzar dels cromosomes homòlegs durant la meiosi, seguida de la fusió dels dos gàmetes durant la fecundació (tot i que ell no tenia coneixement d'aquests processos).

Mendel va encreuar una raça pura (homozigòtica) de pèsols grocs i llisos amb una altra de pèsols verds i rugosos. Tota la primera generació filial (*F*1) va sortir groga i llisa. Quan va autofecundar aquesta *F*1, va obtenir l'*F*2 que mostra la taula adjunta, amb unes proporcions fenotípiques de 9/16 : 3/16 : 3/16 : 1/16.

Herència no mendeliana

Les proporcions fenotípiques de l'herència dels grups sanguinis AB0/Rh de la família de la Clara no es corresponen amb les previstes per la tercera llei de Mendel (9 : 3 : 3 : 1) sinó que són, com hem vist, més complexes (3 : 1 : 3 : 1 : 3 : 1 : 3 : 1) per la codominància dels al·lels I^A i I^B.

Un altre cas d'herència no mendeliana seria l'herència lligada al sexe: recordem el daltonisme d'en Carles, l'amic de la Clara. En aquest cas, les proporcions fenotípiques entre homes i dones (o mascles i femelles) són diferents, donada la dotació cromosòmica XX per a les dones i XY per als homes.

Presència de l'anomenada *baqueta de timbal* (*drumstick*) als leucòcits d'una dona. Imatge a 1000X.

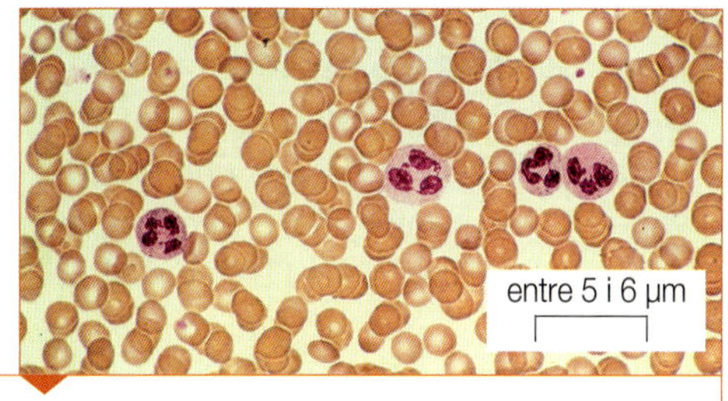

Altres situacions d'herència no medeliana

Hi ha moltes altres situacions d'herència no mendeliana:

- **Herència influïda pel sexe:** caràcters que es veuen modulats per la presència d'unes hormones sexuals o les altres, masculines o femenines, com ara la calvície.
- **Herència limitada pel sexe:** són caràcters autosòmics que només s'expressen en els òrgans sexuals masculins o femenins. És el cas de diverses situacions de transgènere.
- **Inactivació d'un dels dos cromosomes X en dones (femelles):** en l'estat de mòrula (el tercer dia postfecundació) s'inactiva a cada cèl·lula un dels dos cromosomes X, a l'atzar, la qual cosa s'evidencia per la presència del **corpuscle de Barr**, un cos dens unit a la cara interna de l'embolcall nuclear. Segons el cromosoma X concret inactivat, les cèl·lules de la dona adulta tindran un cromosoma X o l'altre actiu: és el que s'anomena **mosaicisme**. Així, dones heterozigotes poden tenir alguns símptomes d'hemofília A o B, o distròfia muscular).
- **Herència holàndrica:** el locus del gen està situat al cromosoma Y. Només afecta els homes i s'hereta de pares a fills mascles.
- **Heterogeneïtat genètica:** es refereix a gens de locus diferents que afecten els mateixos caràcters, o bé a un mateix gen que presenta múltiples al·lels, no només dos (al·lelomorfisme múltiple). Aquest fet diversifica enormement la major part de manifestacions fenotípiques.

El cas del lligament

Un patró d'herència que tampoc és mendelià és el cas del **lligament**, que es produeix quan els locus dels gens estudiats estan situats al mateix cromosoma. Això significa que s'hereten junts (*lligats*), si no és que hi té lloc un improbable entrecreuament per recombinació a la zona intermèdia entre els dos gens en la profase I meiòtica, en la formació dels gàmetes. Un cas conegut ha estat descobert per la Pilar, la professora de la Clara, mentre estudiava dades del gen BRCA1. Resulta que en el mateix braç del cromosoma 17 també se situa el locus del gen HC, que codifica per a l'*hormona del creixement*. Es coneixen casos de famílies en les quals les dones que patien càncer de mama també tenien un tipus específic de deficiència d'hormona del creixement i, en canvi, les dones sense càncer de mama no presentaven aquesta deficiència.

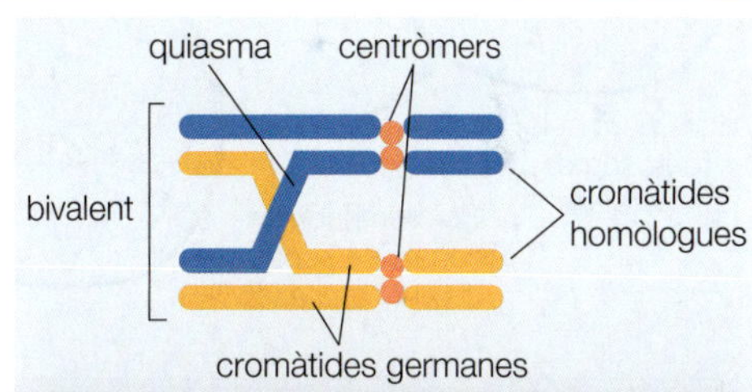

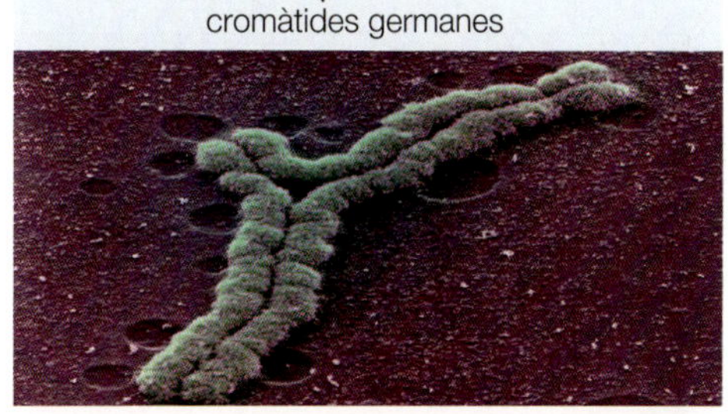

ACTIVITATS

Interpretem l'arbre genealògic

En l'arbre genealògic que es presenta a la dreta, les dones afectades (en color) ho són totes per a susceptibilitat al càncer de mama i, alhora, al dèficit de HC (d'un dels quatre tipus descrits).

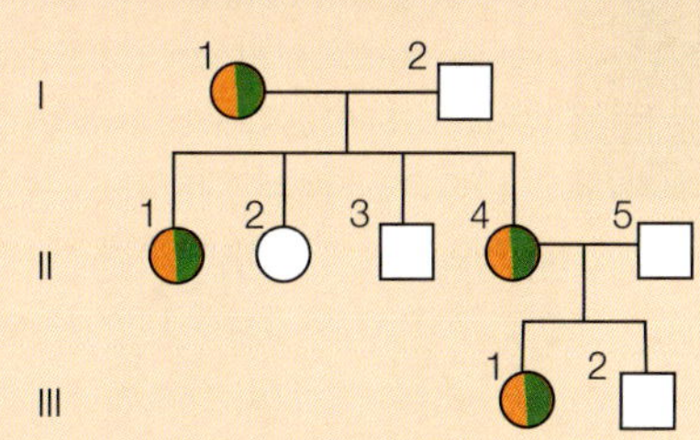

1. Suposa que l'individu II-5 no porta l'al·lel H⁻. Raona si l'al·lel mutant H⁻ és dominant o bé si és recessiu en aquest tipus de dèficit hereditari d'HC.
2. Utilitza la informació donada per interpretar el genograma, i dedueix quins són els genotips més probables.
3. Argumenta si es pot interpretar el genograma amb un patró d'herència lligada al sexe i un d'herència de dihibridisme sense lligament.

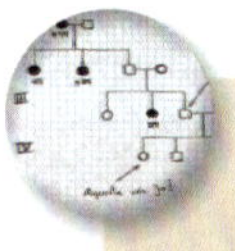

La Pilar, tot revisant bibliografia per a la Clara, va copsant la revolució que avui dia experimenta la recerca del càncer, no només pel que fa a la descoberta de mutacions que el provoquen, sinó també en els gens implicats en la reparació del DNA i el cicle cel·lular.

Si vols ampliar informació sobre els telòmers i la telomerasa, activa aquest QR o ves a l'enllaç http://qr.teide.eu/0271.

Càncer i epigenètica

Cal destacar, pel que fa a la seva implicació en el desenvolupament de diferents tipus de càncer, els **telòmers** i la **telomerasa**. Les modificacions que experimenten els gens i que els fan variar la seva expressió –activant-los o inhibint-los– són objecte d'estudi de l'**epigenètica**.

Telòmers i telomerasa

A cada cicle de divisió cel·lular, els extrems dels cromosomes, segments de DNA que no es transcriuen, anomenats *telòmers*, es fan més curts i perden de 50 a 200 nucleòtids. Després d'algunes divisions, els telòmers són tan curts que la cèl·lula deixa de dividir-se. Això és conseqüència de la incapacitat de la DNA-polimerasa de replicar els telòmers. La *telomerasa* és un complex format per enzims i RNA capaç de replicar aquests telòmers, i està molt activa en cèl·lules fetals, però molt poc en teixits adults (excepte en cèl·lules mare o progenitores). No obstant això, moltes cèl·lules tumorals reactiven l'activitat telomeràsica, i així ajuden a la proliferació de clons malignes. Tot i que, per si sola, la telomerasa no és la causa de l'aparició del càncer, la seva reactivació contribueix al desenvolupament de la **carcinogènesi** de manera sinèrgica amb mutacions amb **protooncogens RAS** i **gens supressors**, com ara P-53 o RB-1.

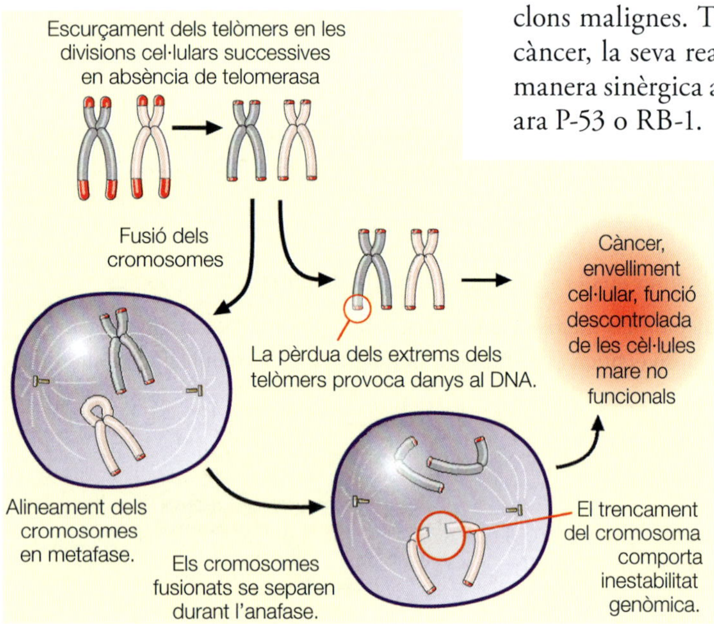

Epigenètica del càncer

La modificació química dels gens afegint-hi grups metil ($-CH_3$) té un paper cabdal en la inactivació i, per tant, en la **regulació de l'expressió gènica**. De fet, els càncers són malalties epigenètiques, en què sovint prenen un paper rellevant els canvis en la pauta de **metilació** o en la unió a les proteïnes **histones** de la cromatina, dos aspectes cabdals per a l'estabilitat del genoma i la seva expressió correcta.

A la figura veiem la inactivació del gen BRCA1 en el càncer hereditari i en l'esporàdic. Les mutacions genètiques actuen o bé soles o bé en combinació amb **mutacions epigenètiques** que afecten la metilació.

Si vols ampliar informació, aquests dos codis QR o els enllaços http://qr.teide.eu/0272 i http://qr.teide/eu/0273 t'adreçaran, respectivament, a un vídeo de Manel Esteller i una entrevista que té aquest investigador de l'IDIBELL amb el responsable del programa d'epigenètica i biologia del càncer. M. Esteller està considerat un dels investigadors mundials més importants en aquest camp.

També pots revisar la unitat 6 del *Biocontext 1* o les unitats 6 i 8 del *nou Biocontext 1*.

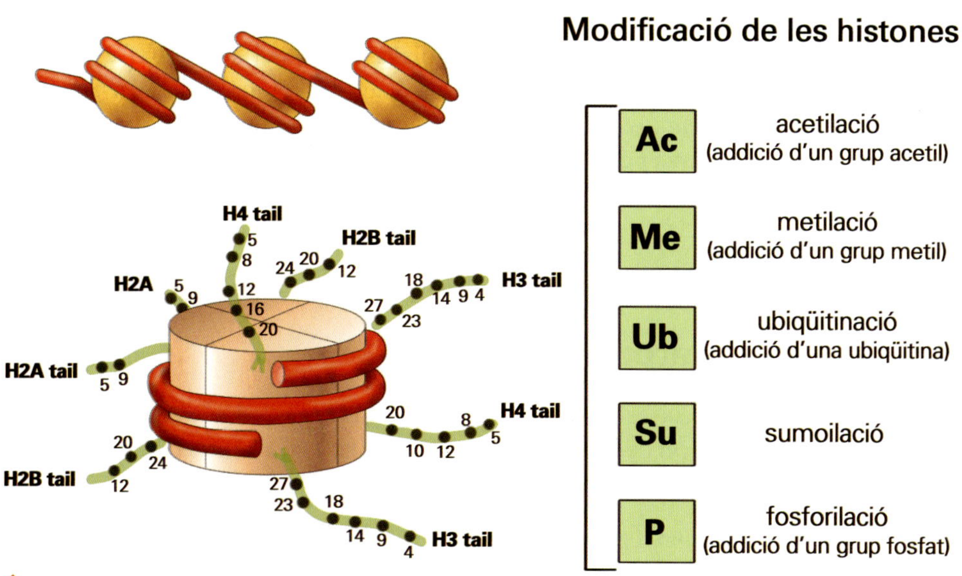

Model de nucleosoma i les principals modificacions posttraduccionals que exerceixen un paper essencial en la regulació de l'expressió gènica i en processos de malaltia.

Una pauta per determinar el patró d'herència d'un pedigrí

Unes breus pautes per a la resolució de problemes de genètica poden ajudar la Clara a treure l'entrellat amb què ara està capficada.

1. Ús d'**arbres genealògics** o **pedigrís** en genètica humana. Representen els individus d'una família. Com a símbols, tots numerats, s'utilitzen els quadrats per als homes (o mascles, si ens referim a altres espècies) i els cercles per a les dones (o femelles); els afectats per una determinada malaltia figuren acolorits. En un mateix nivell se situen els individus corresponents a una mateixa generació (indicada amb nombres romans: I, II, III...). Així, els individus del pedigrí queden localitzats amb un sistema de dues xifres: I-1, I-2, [...], III-2...
2. Cal esbrinar si el caràcter que s'estudia és **autosòmic** o bé és un caràcter **lligat al sexe**, la qual cosa vol dir que el locus del gen és al cromosoma X.
3. També cal esbrinar si el caràcter és **dominant** (si fenotípicament ja es manifesta amb un sol al·lel, independentment de l'altre) o bé **recessiu** (si cal que l'al·lel estigui en homozigosi per manifestar-se). Es pot donar el cas de **codominància**, en què tots dos al·lels es manifesten alhora.
4. Quant a la nomenclatura, s'utilitzen les lletres, majúscules i minúscules, en situacions d'herència autosòmica dominant i recessiva (se sol posar la inicial majúscula de l'al·lel dominant), i una nomenclatura exponencial per als casos de codominància (el nom del caràcter determina la lletra de la base, i l'exponent $^+$ significa l'al·lel sa, no mutat) i d'herència lligada al sexe (X^{lletra} / X^+, per als al·lels afectats i sans, respectivament).
5. Si la situació problema no respon a un patró mendelià, cal tenir en compte les diferents possibilitats d'herència no mendeliana.

Patrons d'herència mendeliana

Anomenem **patrons d'herència** la combinació de característiques: autosòmic/lligat al sexe i dominant/recessiu. Així, tindrem patrons d'herència autosòmics dominants o recessius, i lligats al sexe dominants i recessius.

Autosòmic dominant	Autosòmic recessiu	Lligat a X dominant	Lligat a X recessiu

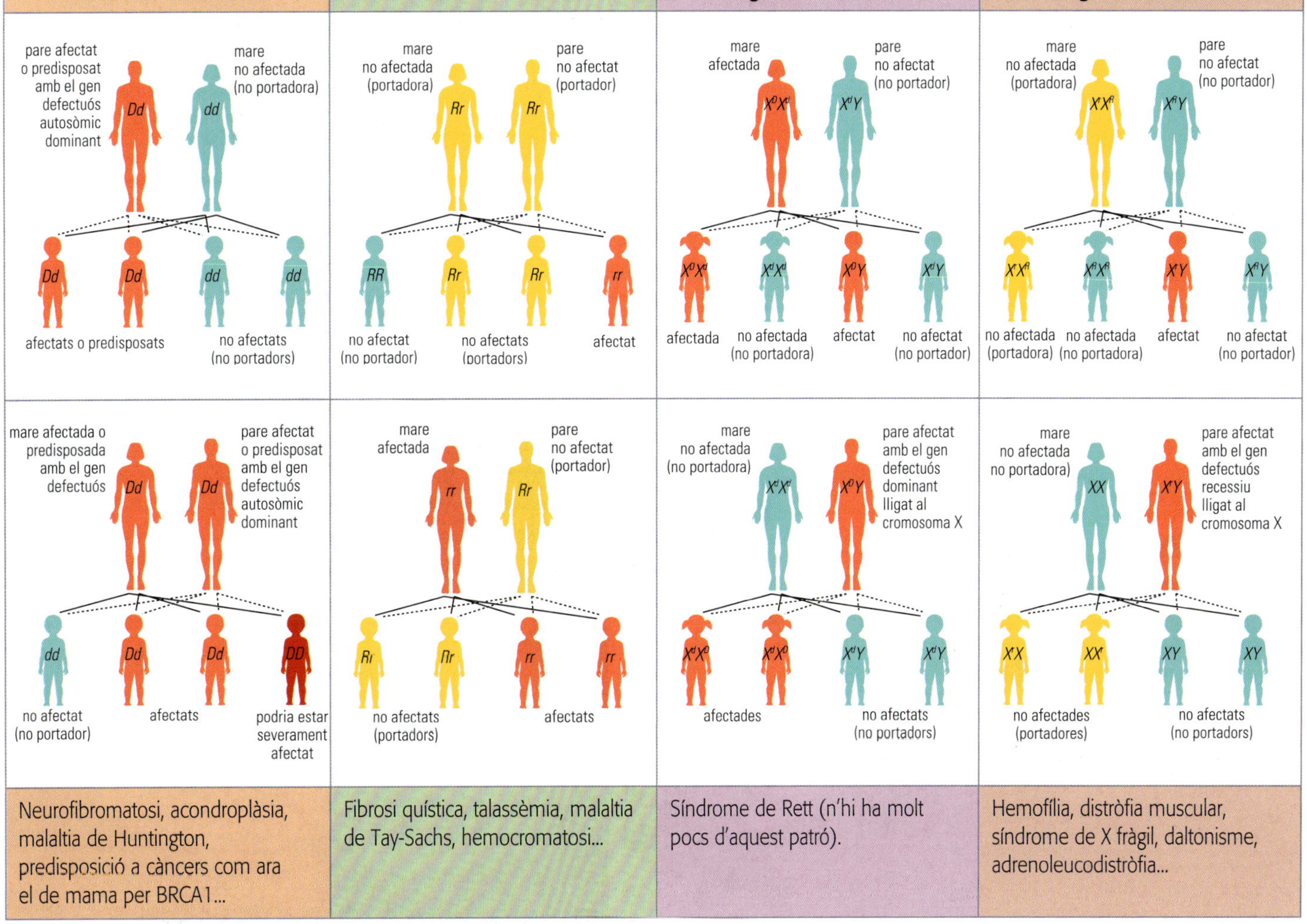

Neurofibromatosi, acondroplàsia, malaltia de Huntington, predisposició a càncers com ara el de mama per BRCA1...	Fibrosi quística, talassèmia, malaltia de Tay-Sachs, hemocromatosi...	Síndrome de Rett (n'hi ha molt pocs d'aquest patró).	Hemofília, distròfia muscular, síndrome de X fràgil, daltonisme, adrenoleucodistròfia...

El sistema immunitari contra el càncer

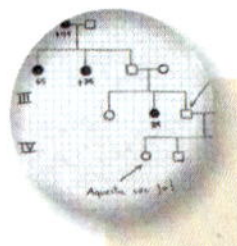

Ara que ja ha entès com s'hereta aquest càncer, hi ha unes quantes preguntes que obsessionen la Clara: si té alguna possibilitat de tenir-lo, com és que encara no l'ha manifestat? Hi ha alguna manera que el cos detecti i elimini un càncer? I com es detecta i es diagnostica des de la medicina?

La primera raó per la qual els càncers hereditaris no se solen manifestar en persones joves és que és necessària l'acumulació de diverses mutacions independents perquè una cèl·lula normal acabi perdent el control de la divisió cel·lular. A més, en el cas del càncer de mama hereditari, s'hereta un al·lel mutat del BRCA1, però fins que no muta el segon al·lel no es deixa de produir la proteïna reparadora del DNA i, per tant, no s'acumulen les errades que porten al càncer. Si, tot i així, es produeixen cèl·lules tumorals i arriben als ganglis limfàtics, l'organisme compta amb un eficient sistema de defensa: el sistema immunitari.

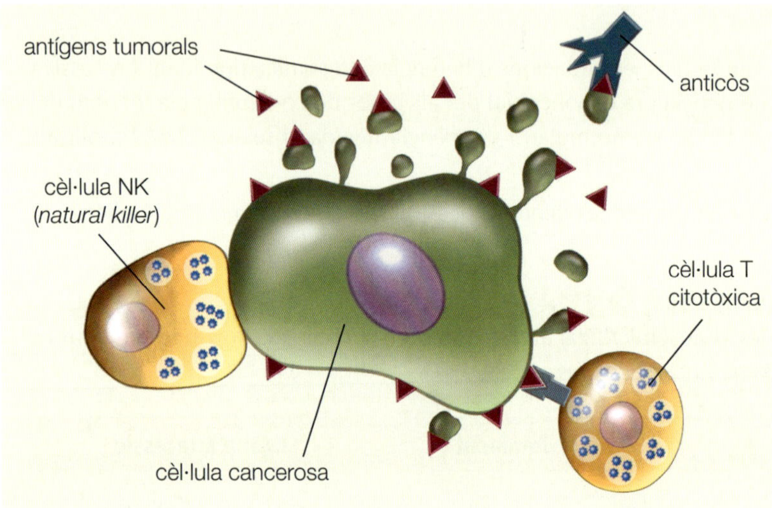

Cèl·lules que intervenen en la defensa contra el càncer.

El **sistema immunitari** té una gran capacitat per detectar i eliminar tot el que no reconeix com a propi. Les cèl·lules canceroses són prou diferents de les cèl·lules sanes, i el sistema immunològic les detecta.

Hi ha dos tipus diferents de cèl·lules anomenades *assassines* (*killers*, perquè són letals per a la cèl·lula diana), que tenen com a missió localitzar i destruir les cèl·lules de l'organisme que han perdut el control, com ara les tumorals o les infectades per virus:

- Les **cèl·lules NK** (*natural killers*) s'encarreguen de destruir de manera **inespecífica** les cèl·lules tumorals a les quals indueixen l'apoptosi (o suïcidi cel·lular).
- Els **limfòcits T citotòxics** (Tc o TCD8) reconeixen les cèl·lules canceroses de forma **específica**. La cèl·lula tumoral exposa a la seva superfície els antígens tumorals, juntament amb el complex major d'histocompatibilitat MCH1 (indica al sistema immunitari que la cèl·lula pertany a l'organisme). La unió amb el limfòcit Tc està facilitada per una proteïna anomenada CD8. El limfòcit citotòxic s'activa (**Tc *killer***) i allibera una proteïna (*perforina*) que obre porus a la membrana de la cèl·lula tumoral, la qual cosa produeix la mort de la cèl·lula diana.

Mecanisme d'actuació dels limfòcits T citotòxics.

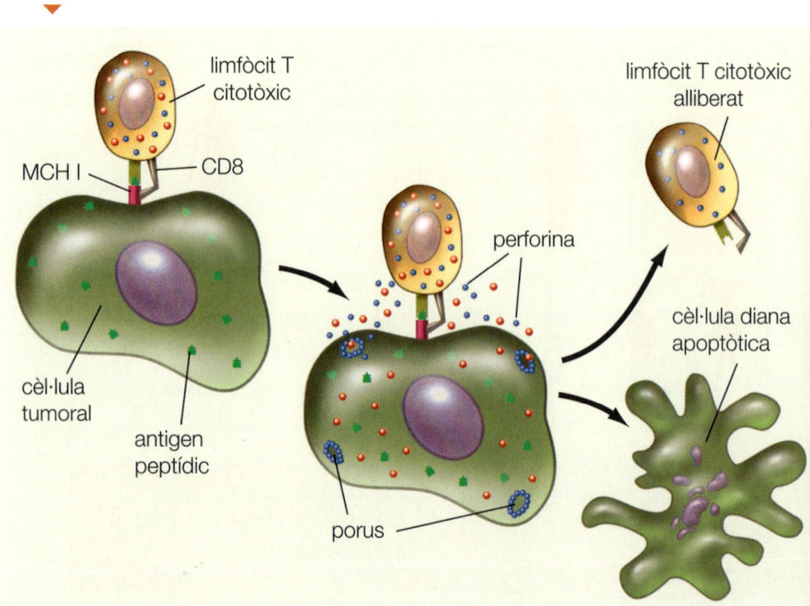

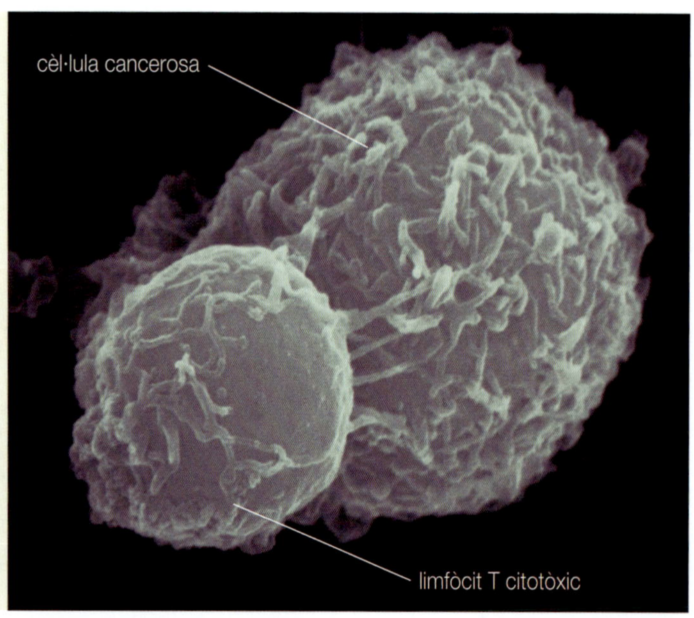

Mètodes de detecció del càncer de mama

Si el sistema immunitari no aconsegueix eliminar les cèl·lules canceroses i prolifera un tumor, hi ha diversos mètodes per detectar-lo i obtenir així un **diagnòstic** precís.

La millor eina és una detecció precoç, mitjançant l'**autoexploració** sistemàtica, que permet detectar tumors petits, ja que la dona està familiaritzada amb els seus pits i en pot percebre qualsevol canvi.

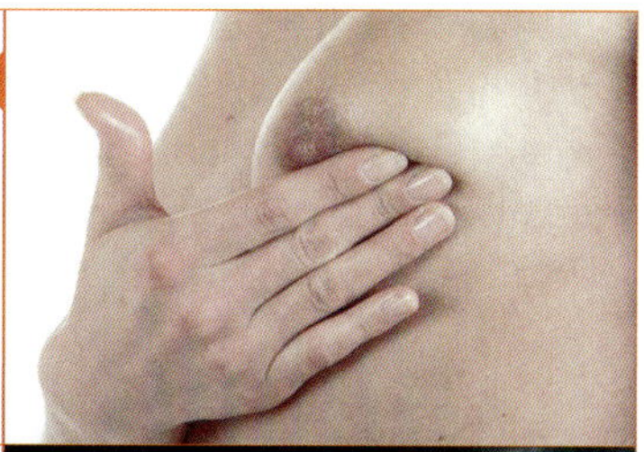

D'altra banda, a partir dels cinquanta anys, les dones s'han de fer una **mamografia** anual. En el cas de dones que han heretat una mutació del gen BRCA, l'examen anual es fa a partir dels trenta o quaranta anys. La mamografia consisteix a fer una radiografia de la glàndula mamària. Els tumors hi apareixen com a taques blanques i més denses que la resta del teixit que els envolta, tal com s'observa a la figura.

Es pot complementar amb una **ecografia**, molt útil per distingir tumors formats per líquids (quists) de tumors formats per masses sòlides; mentre que els primers no solen necessitar cap mena de tractament, els segons requereixen una biòpsia per descartar-ne la malignitat.

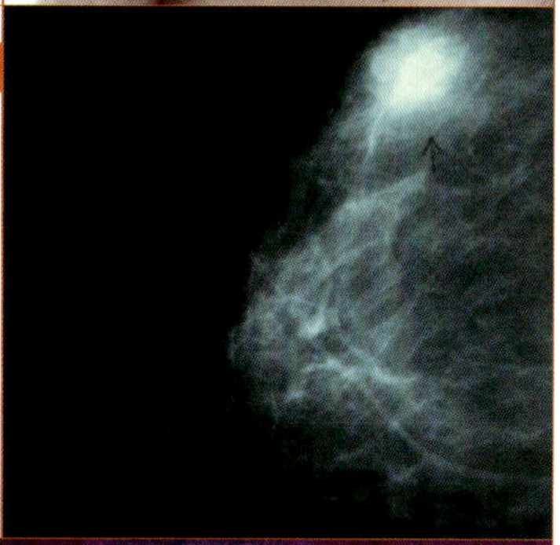

La **ressonància magnètica nuclear** (**RMN**) s'utilitza per visualitzar amb més precisió el tumor i determinar-ne l'extensió per decidir el tractament més adequat.

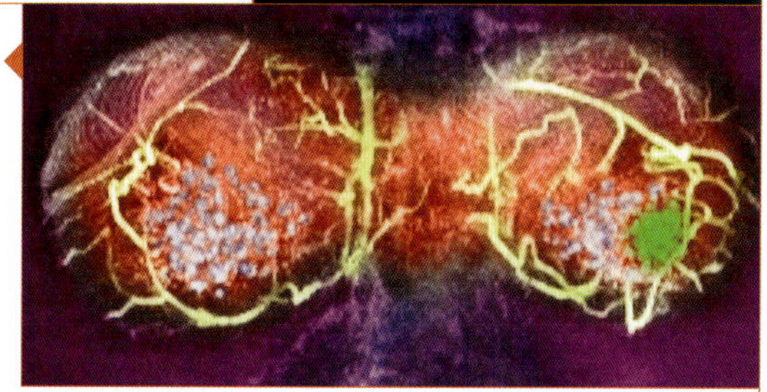

Ressonància magnètica nuclear acolorida en què es mostra un tumor al pit dret (en verd). Els pits es veuen de color vermell, i els vasos sanguinis, com a línies grogues i punts blancs, a causa de la injecció de contrast intravenós.

Atès que el càncer de mama pot produir metàstasi, sobretot als ossos i els pulmons, es fan servir altres formes de diagnosi:

- La **tomografia axial computada** (**TAC**) és una tècnica radiològica que obté imatges en diferents plans del cos.
- La **gammagrafia** i la **tomografia per emissió de positrons** (**PET**) detecten anomalies de l'activitat metabòlica de les cèl·lules canceroses, com l'excés de consum de glucosa (propi de les cèl·lules que es multipliquen a un ritme intens).

Quan s'ha detectat alguna imatge sospitosa de càncer es fa una **biòpsia**, mitjançant una punció o bé extraient un fragment de teixit mamari. Les cèl·lules són analitzades per determinar-ne la malignitat. S'observa el seu comportament, es determina si el tumor expressa grans quantitats de **receptors hormonals d'estrògens i progesterona**, i s'analitza la sobreexpressió d'**HER2/neu**, una proteïna promotora de la reproducció cel·lular. Si se'n detecta molta quantitat, es pot administrar un medicament que evita que l'HER2 estimuli el creixement de les cèl·lules canceroses.

ACTIVITATS

Immunohistoquímica

Per detectar la presència de receptors hormonals o de la proteïna HER2/neu, s'utilitza una tècnica basada en la reacció antigen-anticòs.

Es fa servir un anticòs específic contra la molècula que es vol detectar. L'anticòs està lligat a un enzim, que catalitza la conversió d'un substrat en un **cromogen** (substància de color viu que s'uneix al complex format per l'antigen i l'anticòs), i permet la visualització de la mostra marcada amb el microscopi òptic.

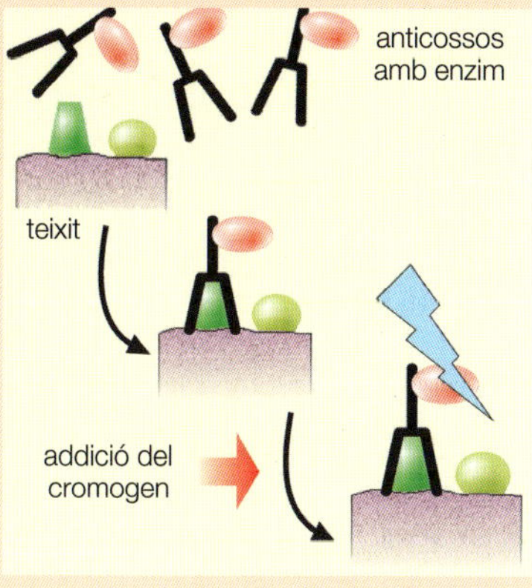

1. Quina diferència hi ha entre *antigen* i *anticòs*?

2. Un mateix anticòs pot servir per detectar receptors d'estrògens i la proteïna HER2/neu? Raona-ho.

Com es combat el càncer des de la medicina?

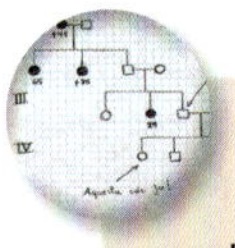

La Clara sap que la seva tieta Eva va ser sotmesa a un tractament quirúrgic per tal d'extirpar-li el tumor. També li van fer l'estudi dels ganglis axil·lars. En el seu cas, la cirurgia es va complementar amb radioteràpia i quimioteràpia per evitar una recidiva (reaparició del tumor).

La **radioteràpia** consisteix a utilitzar radiacions d'alta energia per tal d'eliminar les cèl·lules canceroses. S'apliquen localment, al voltant de la zona del tumor. Les radiacions afecten aquelles cèl·lules que es divideixen més ràpidament i provoquen danys al DNA. En les cèl·lules sanes, aquests danys inhibeixen les divisions cel·lulars fins que són reparats; en canvi, les cèl·lules canceroses continuen dividint-se i acumulant danys al DNA, fins al punt que la seva viabilitat queda compromesa i moren. Això és degut al fet que les cèl·lules canceroses tenen alterats gens que controlen el cicle cel·lular i gens que regulen la reparació del DNA.

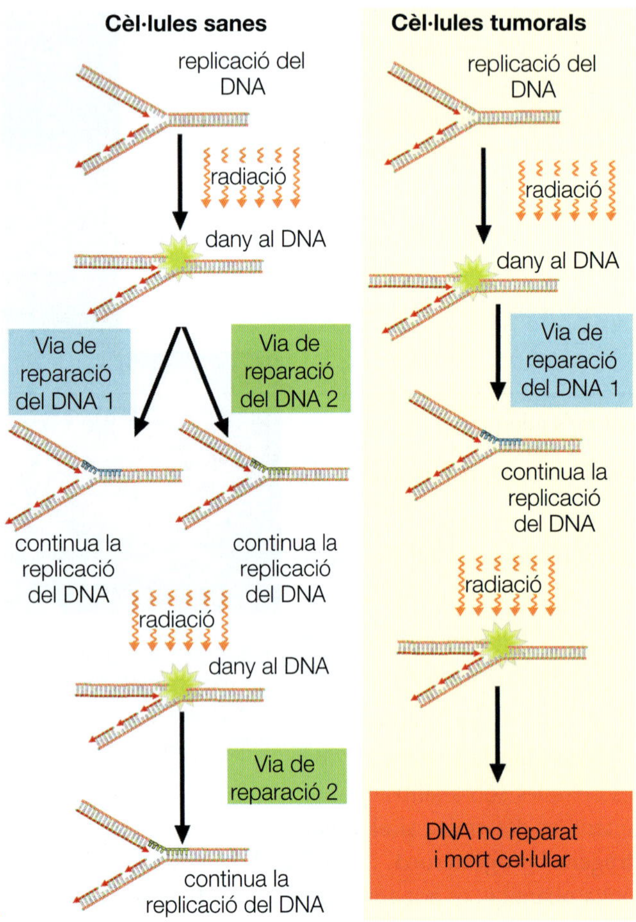

Comparació dels mecanismes de reparació del DNA en cèl·lules sanes i en cèl·lules tumorals.

Per tal d'eliminar cèl·lules canceroses que hagin pogut sortir del tumor, es fa un tractament de **quimioteràpia**, que sol ser una combinació de diversos fàrmacs que s'administren per via endovenosa i, per tant, arriben a tots els racons del cos. La majoria de fàrmacs són **citostàtics**: interfereixen el procés de divisió cel·lular. Afecten totes les cèl·lules, especialment aquelles que es divideixen amb més freqüència. En cada cas s'estudia si el tractament de quimioteràpia, si cal, s'ha de fer abans o després del tractament quirúrgic, per tal de minimitzar el risc de rebrots.

L'aparició de resistències als tractaments contra el càncer és un dels principals problemes de la quimioteràpia. Aquest fenomen s'explica per l'alta taxa de divisió i de mutació de les cèl·lules canceroses, fets que augmenten la variabilitat de la població de cèl·lules tumorals i, per tant, la probabilitat que aparegui una cèl·lula resistent: en realitat, es tracta d'un procés de *selecció natural*.

Malgrat que els tractaments eliminen la resta de cèl·lules del tumor, la cèl·lula resistent, ara sense competidors pels nutrients i per l'oxigen, es multiplicarà i originarà un nou tumor. L'administració de combinacions de diferents fàrmacs evita en gran manera l'aparició de resistències.

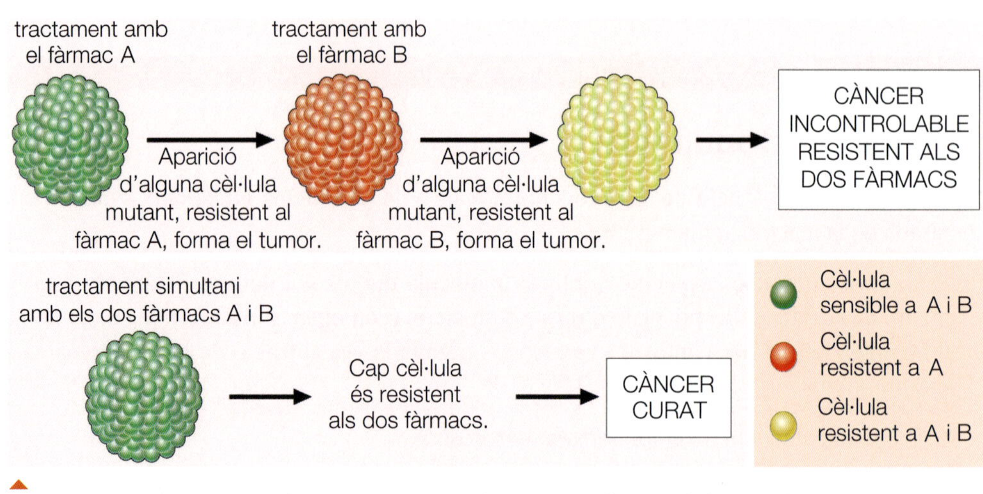

Administració de còctels de fàrmacs antitumorals per evitar l'aparició de resistències.

CRISPR/Cas9: una nova eina biotecnològica per combatre els càncers?

Els càncers són causats per una disfunció d'un o, més probablement, de diversos gens. La possibilitat de reparar les mutacions o de silenciar l'expressió de determinats gens alterats podria evitar la proliferació cel·lular i la gènesi de tumors.

CRISPR/Cas9 és una eina biotecnològica que ens permet tallar i editar amb precisió una determinada seqüència de DNA. Potencialment fa possible silenciar oncògens o reparar mutacions que provoquen càncer. Però la qüestió no és tan senzilla, perquè hi ha almenys dos problemes que cal resoldre:

1. Cal fer abans molta recerca i assajos en éssers humans per descartar efectes secundaris imprevistos.
2. És necessari saber exactament on cal tallar, és a dir, conèixer les alteracions genètiques que causen cada càncer en concret, que pot ser diferent per a cada persona afectada. A l'octubre del 2016, a la Xina van començar els primers assajos de CRISPR com a teràpia del càncer de pulmó amb persones.

La tècnica concreta consisteix a extreure limfòcits del mateix pacient i modificar-los mitjançant la tècnica CRISPR, de manera que s'aconsegueix millorar la seva resposta vers el càncer. Després s'amplifica la població d'aquests limfòcits i s'introdueixen al pacient.

Per ampliar informació sobre la tecnologia CRISPR, consulta aquest QR o l'enllaç http://qr.teide.eu/027E.

La descoberta de CRISPR/Cas9 com a eina biotecnològica pot significar un abans i un després per a la genètica i les aplicacions a la medicina. En un futur no gaire llunyà podria ser una de les eines més eficaces en la recerca contra el càncer a l'hora d'aconseguir models amb cultius cel·lulars o amb ratolins amb què estudiar els mecanismes d'inducció tumoral i els possibles tractaments.

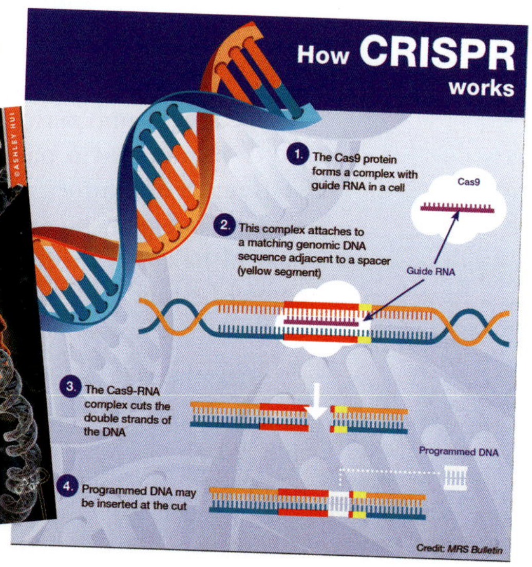

El 2014, les principals revistes científiques van publicar la descoberta de CRISPR com a eina biotecnològica revolucionària.

ACTIVITATS

El CRISPR i els tractaments contra el càncer

1. Obre el QR o ves a l'enllaç http://qr.teide.eu/0274 i visualitza l'explicació sobre el funcionament de l'editor de gens CRISPR/Cas9 (en alemany, amb subtítols en anglès). Per què pot resultar un risc si no s'han fet prèviament molts assajos en cèl·lules humanes?
2. Busca a la unitat el significat d'*oncogen* i l'alteració genètica concreta que provoca el càncer de la família de la Clara. De quina manera el CRISPR pot ser efectiu per evitar la proliferació cel·lular en aquest cas?
3. Què té en comú el CRISPR amb la radioteràpia i alguns fàrmacs quimioteràpics? Quina és la principal diferència?
4. Les persones tractades amb quimioteràpia solen presentar una disminució important de glòbuls blancs a la sang dues setmanes després d'haver començat el tractament. Formula una hipòtesi i explica per què durant aquest període són més vulnerables a contreure infeccions.
5. Per què l'adquisició de resistència als citostàtics de les cèl·lules canceroses es pot considerar un procés de selecció natural?

La tieta Eva guardava l'informe de la biòpsia que li van lliurar a la visita prèvia a l'inici del tractament. La Clara l'hi ha demanat, i ara, amb els seus coneixements de biologia, ja està en condicions de desxifrar-lo i explicar-lo a la seva professora.

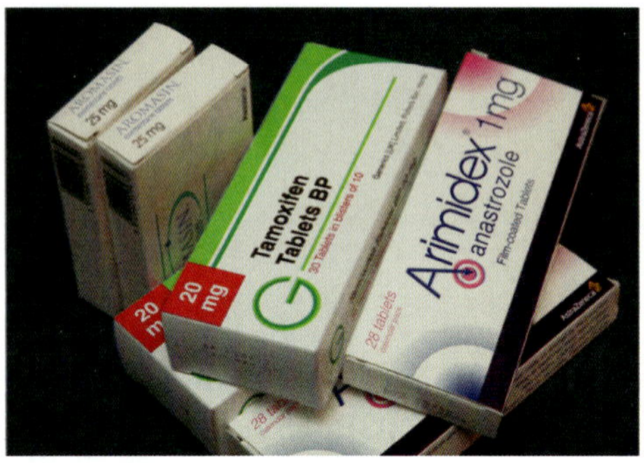

Altres tractaments contra el càncer

HOSPITAL UNIVERSITARI — Servei d'Anatomia Patològica

(EXTIRPACIÓ - BIÒPSIA) MAMA DRETA

Carcinoma ductal infiltrant, grau III, de 24 mm de diàmetre.
Receptors hormonals, marcadors pronòstics i índex de proliferació:
• Receptors d'estrògens: positius • Receptors de progesterona: negatius • Expressió d'HER2/neu: alta

Quan la biòpsia dona positiu en receptors hormonals, vol dir que la presència d'aquestes hormones al cos accelera la divisió de les cèl·lules canceroses. Aleshores, hi ha la possibilitat d'administrar algun tipus de **teràpia hormonal**. El *tamoxifè* i l'*anostrozol* de la fotografia són bloquejadors dels receptors d'estrògens i progesterona. Com que, en aquest cas, les hormones femenines afavoreixen el creixement del teixit mamari, aquests medicaments permeten reduir o eliminar el creixement del tumor. Concretament, el tamoxifè bloqueja el receptor d'estrògens. En alguns casos, la teràpia hormonal suposa la supressió de la funció ovàrica en dones joves, ja sigui amb fàrmacs, quimioteràpia o cirurgia, la qual cosa pot provocar una menopausa precoç.

L'informe de la biòpsia de l'Eva també fa referència a l'elevada expressió de la proteïna HER2/neu, molècula receptora d'un factor de creixement. El *trastuzumab* va ser la primera **immunoteràpia** dirigida contra una molècula que intervenia en el càncer de mama, la proteïna HER2. Es tracta d'un anticòs monoclonal que s'uneix al receptor de membrana HER2/neu i n'impedeix l'activació.

El tractament amb anticossos monoclonals contra les cèl·lules tumorals és un exemple d'**immunització passiva**. Aquest tipus de teràpia no és permanent, ja que no s'estimulen els limfòcits del malalt. Són els anticossos administrats per via endovenosa els que actuen contra les cèl·lules tumorals. El trastuzumab va ser el primer, però hi ha altres anticossos que s'uneixen a llocs diferents de la mateixa proteïna, com el pertuzumab. Sovint la combinació de diferents fàrmacs resulta més eficaç. Una de les teràpies que s'està fent servir consisteix en la combinació d'immunoteràpia i quimioteràpia.

El mecanisme d'acció es resumeix en la figura: la unió antigen-anticòs permet la inhibició dels receptors tot impedint la unió dels factors de creixement, o bé introduint toxines dins les cèl·lules.

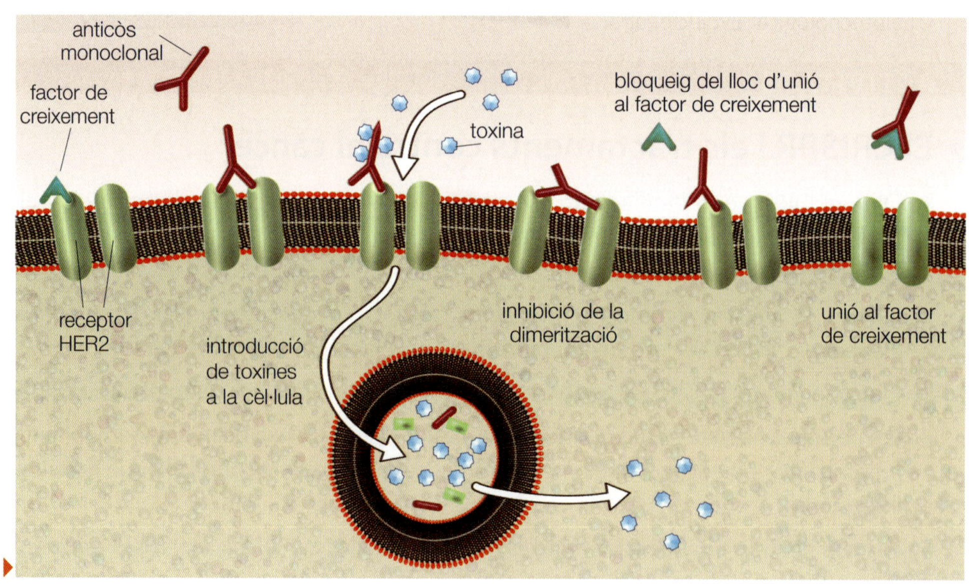

Mecanisme d'acció dels anticossos monoclonals en el tractament del càncer.

La **immunització activa** inclou les vacunes que, d'alguna manera, estimulen directament les cèl·lules immunitàries del pacient; en aquest primer contacte amb l'antigen, es dona la *resposta immunitària primària.* Així s'aconsegueix que hi hagi una resposta més intensa contra el càncer. S'estan desenvolupant vacunes per tal d'evitar l'aparició del càncer (**vacunes profilàctiques**) o per tractar càncers existents (**vacunes terapèutiques**).

La vacuna contra el **virus del papil·loma humà**, per exemple, és profilàctica, ja que s'administra abans que es contregui la malaltia. Aquestes vacunes són efectives perquè exposen les cèl·lules immunitàries als antígens presents a la superfície de l'agent infecciós. L'exposició fa que es produeixin més cèl·lules plasmàtiques, que, al seu torn, produeixen anticossos específics contra l'agent infecciós. Hi ha més de 200 tipus de virus del papiloma humà (VPH), d'entre els quals els tipus 16 i 18 són causants de la major part de càncers de coll uterí –i altres de menys freqüents– per contagi sexual.

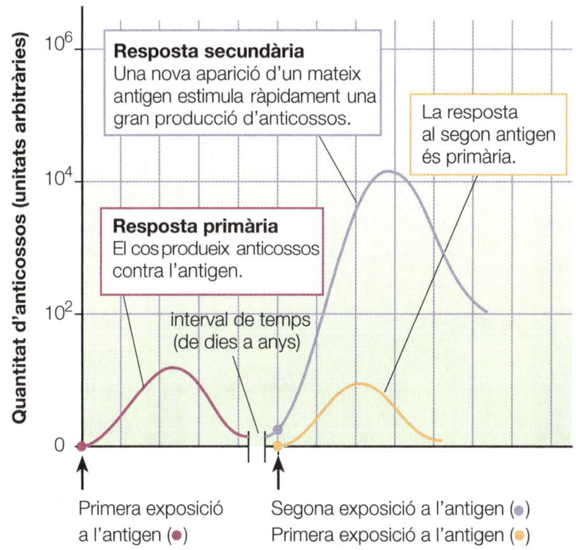

En un segon contacte amb l'antigen, es dona la *resposta immunitària secundària*, més ràpida i contundent gràcies a les cèl·lules de memòria produïdes.

D'altra banda, les vacunes terapèutiques contra el càncer s'injecten un cop ha estat diagnosticat. Poden ajudar a frenar el creixement del tumor, impedir les recidives o eliminar les cèl·lules canceroses que no han respost a tractaments anteriors.

Les vacunes terapèutiques es preparen extraient antígens de les cèl·lules tumorals del mateix pacient (o d'un altre amb el mateix tipus de càncer). Els antígens es tornen a injectar al pacient, de manera que es crea una resposta immunitària específica contra el tumor.

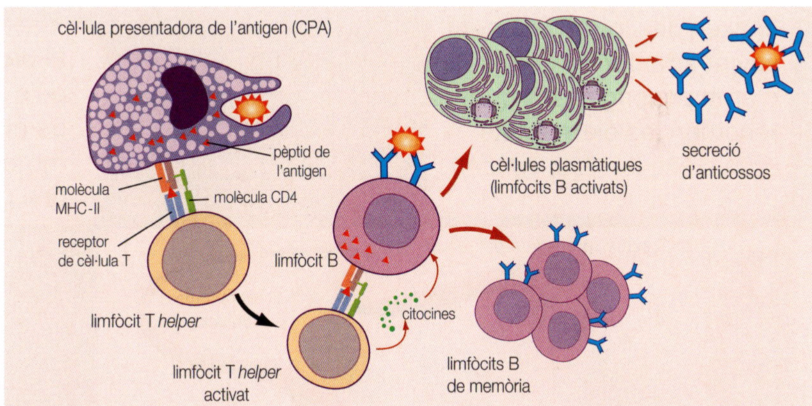

ACTIVITATS

Càncer i immunologia

1. Fixa't en la taula següent sobre les respostes immunitàries inespecífica i específica:

A	B	C
neutròfil limfòcit T citotòxic cèl·lula NK cèl·lula plasmàtica cèl·lula presentadora d'antigen limfòcit T supressor anticossos	resposta immunitària específica resposta immunitària inespecífica	Activa/produeix la resposta immunitària. Inactiva/inhibeix la resposta immunitària.

a) Relaciona cada element de la columna A amb un element de les columnes B i C.

b) Quins elements de la columna A intervindrien en el control de l'aparició de cèl·lules canceroses en el nostre organisme? Fes un breu resum de com hi intervenen.

c) Quins elements de la columna A intervindrien en la immunoteràpia contra l'HER2?

d) Quins elements de la columna A podrien intervenir en una vacuna contra el càncer?

Quan les cèl·lules perden el control amb un cop d'ull

Què és el càncer de mama?

El càncer de mama és una malaltia, caracteritzada pel creixement d'un tumor, que afecta el control del cicle cel·lular. Pot produir metàstasi i en el cas de la mutació del BRCA1 és hereditari.

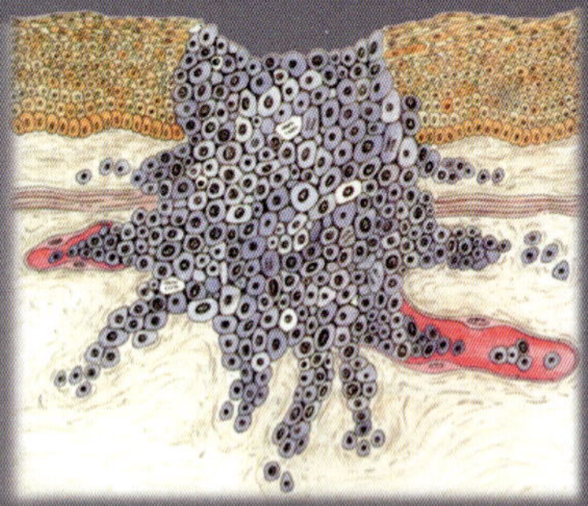

El **tumor maligne** conté cèl·lules immadures que creixen descontroladament, sovint amb forma de roseta o amb prolongacions que recorden les extremitats d'un cranc (en llatí, *cancer*).

La mama conté moltes glàndules exocrines, que aboquen la seva secreció (la llet), a través d'uns conductes, fins al mugró. Si el càncer es produeix a les glàndules s'anomena **lobular**, i si es produeix als conductes, **ductal**.

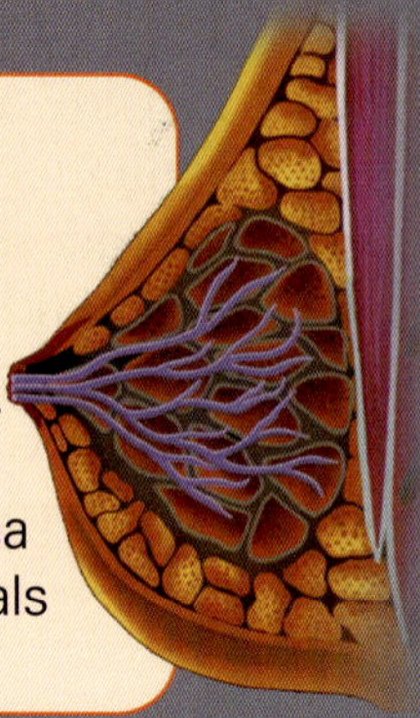

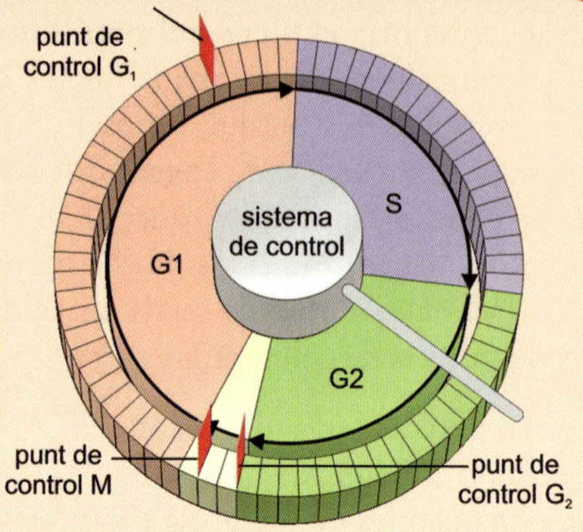

El **cicle cel·lular** és la seqüència d'esdeveniments pels quals passa una cèl·lula durant la seva vida. És el resultat d'una complexa regulació. Determinades mutacions poden fer perdre aquest control i generar una proliferació descontrolada de les cèl·lules.

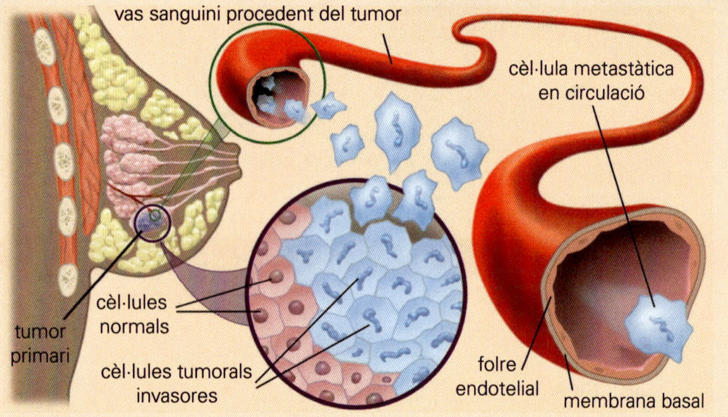

Les cèl·lules canceroses poden sortir del teixit, entrar al torrent sanguini i envair altres teixits. Aquest procés s'anomena **metàstasi**.

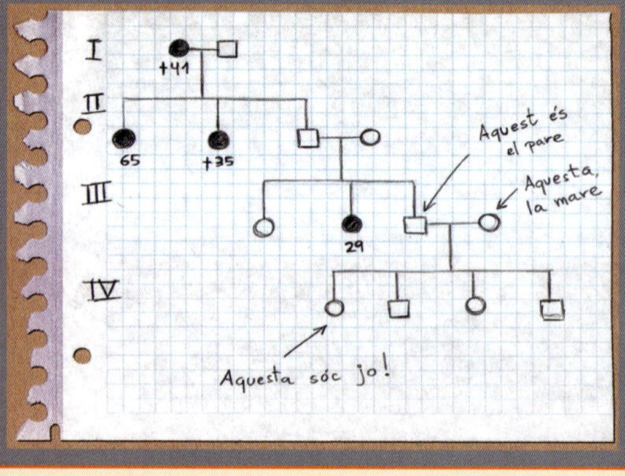

Alguns càncers s'associen a mutacions en cèl·lules de la línia germinal, per la qual cosa són **hereditaris**.

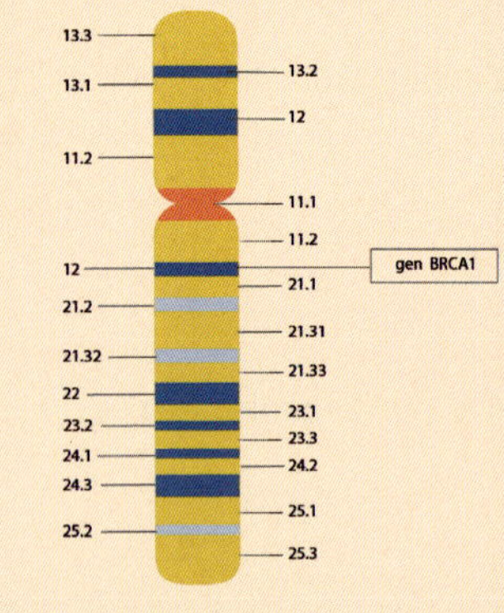

Quina és la causa?

La causa de molts càncers de mama hereditaris és una mutació a la línia germinal del BRCA1, un gen supressor de tumors situat al cromosoma 17.
En el procés de transcripció i traducció es produeix una proteïna defectuosa. Amb només un progenitor portador, s'espera que la meitat de la descendència n'hereti la susceptibilitat.

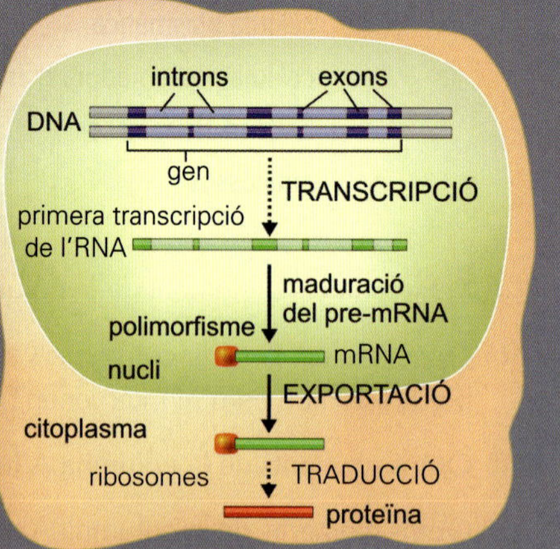

Com es detecta?

Hi ha un seguit de tècniques per detectar un càncer de mama, com ara el gangli sentinella, l'autoexploració, la mamografia i la ressonància.

El **gangli sentinella** és el primer gangli que troben les cèl·lules tumorals en intentar disseminar-se a través de la limfa.

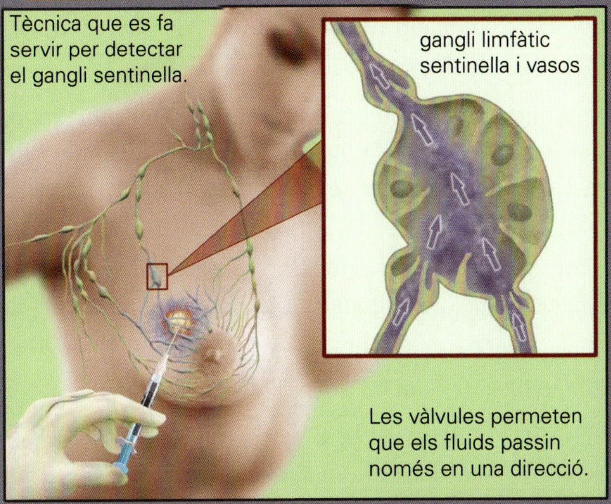

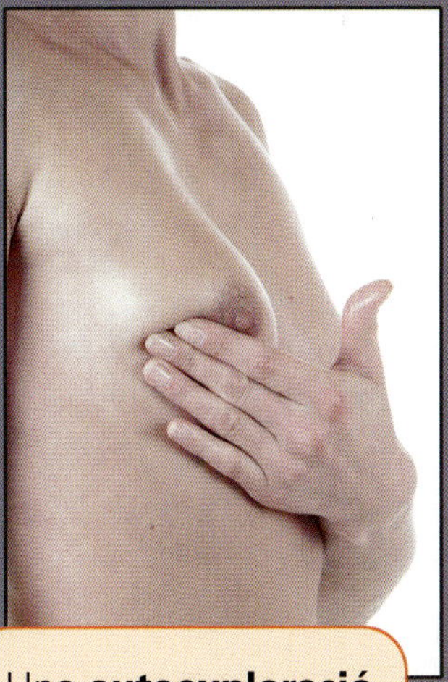

Una **autoexploració** sistemàtica permet detectar tumors

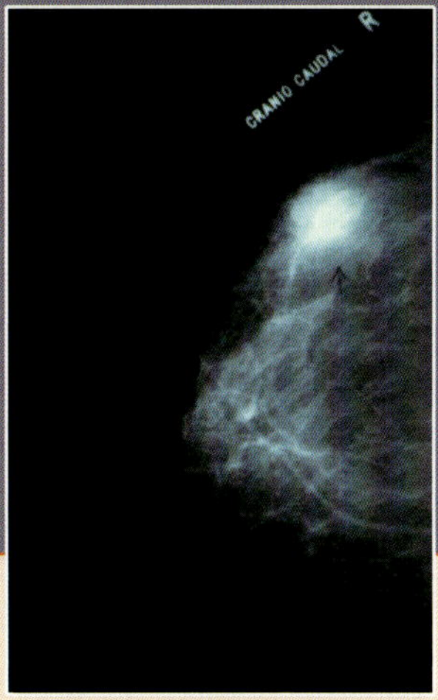

Una **mamografia** consisteix en una radiografia de la glàndula mamària. Convé fer-se'n una anualment o cada dos anys a partir dels quaranta anys.

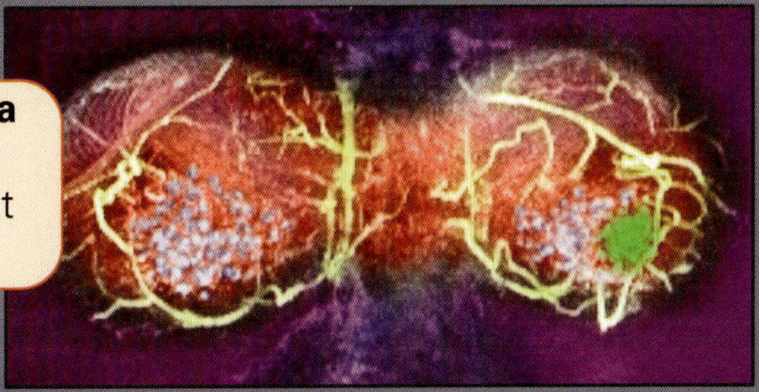

Ressonància magnètica nuclear acolorida en què es mostra un tumor al pit dret (de color verd).

Com es combat?

El càncer de mama es pot combatre amb diferents tractaments: cirurgia, radioteràpia, quimioteràpia, teràpia hormonal, immunoteràpia i enginyeria genètica.

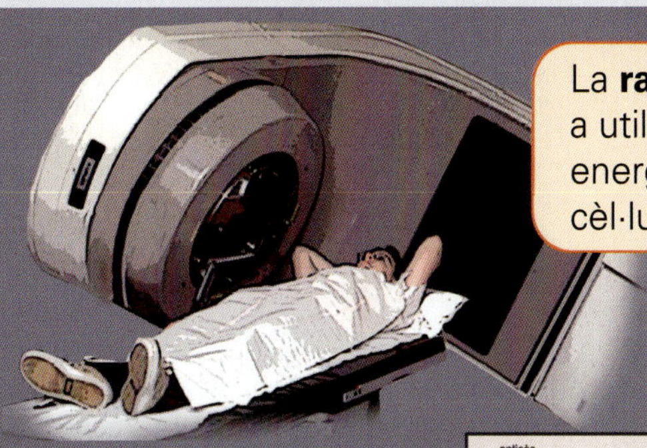

La **radioteràpia** consisteix a utilitzar radiacions d'alta energia per eliminar les cèl·lules canceroses.

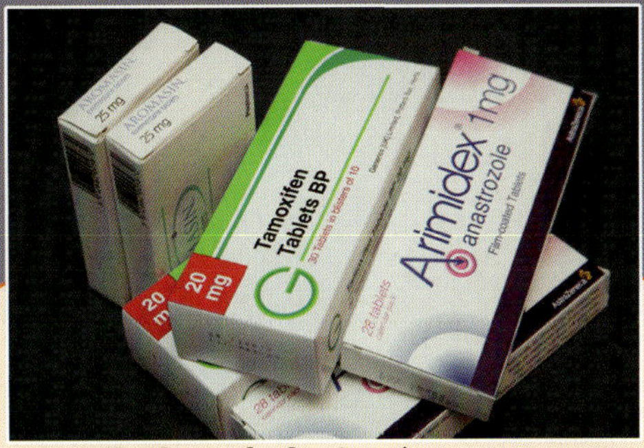

La **quimioteràpia** és el tractament amb una combinació de fàrmacs que interfereixen en el cicle cel·lular. Es fa per via endovenosa, per la qual cosa arriben a tots els racons del cos.

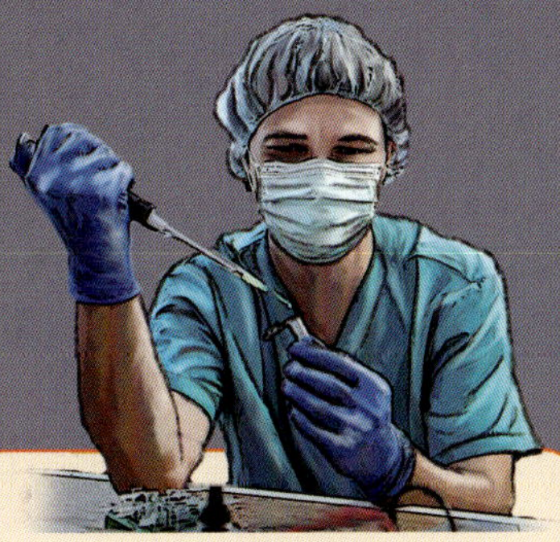

L'**enginyeria genètica** permet reparar mutacions o silenciar determinats gens alterats responsables del tumor.

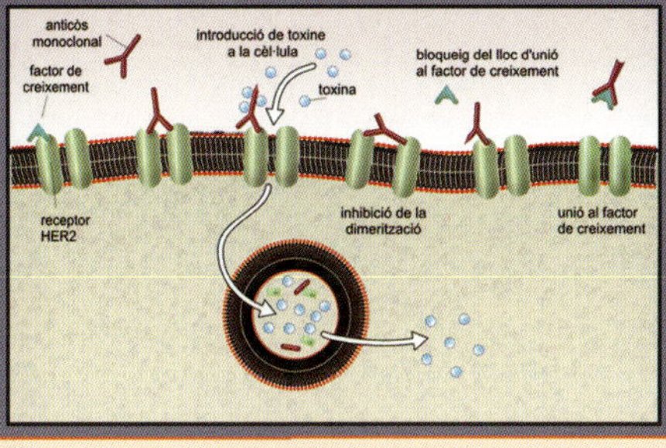

La **immunoteràpia** consisteix a provocar o estimular una resposta del sistema immunitari contra el càncer; per exemple, injectar anticossos monoclonals contra les cèl·lules tumorals.

ACTIVITATS COMPLEMENTÀRIES

Gens i tumors

Recentment, s'ha trobat una altra mutació que afecta la susceptibilitat de patir càncer de mama. Es dona en el gen BARD1, i entre les dones islandeses té una incidència força alta. Se sap que, per si sola, aquesta mutació no augmenta excessivament la predisposició (es troba en el 3,1 % de les islandeses sanes i en el 5,4 % de les islandeses amb càncer de mama), però combinada amb una mutació del gen BRCA2, la probabilitat de desenvolupar un tumor augmenta des del 45 % –mutació única en el BRCA2– fins al 100 % –mutació en el BRCA2 i el BARD1.

1. La població islandesa és reduïda (no hi ha hagut més de 800 000 islandesos des que es va colonitzar l'illa, l'any 850, i actualment són uns 330 000, tots provinents dels primers colonitzadors). Com que les seves dades estan molt ben documentades, això ha afavorit que el país hagi esdevingut un banc de proves genètic: l'empresa DeCODE Genetics ja té registres de 650 000 islandesos, presents i passats.

   Argumenta les raons per les quals la població islandesa és un bon banc de proves genètic, com també ho són la població asquenazita jueva de l'est europeu o els amish de Pennsilvània, als Estats Units. Per què creus que algunes mutacions com l'esmentada anteriorment es donen amb una forta incidència?

2. El gen BARD1 és un gen supressor de tumors, el locus del qual està localitzat a 2q34-q35. Explica què vol dir això.

3. S'han trobat dues proteïnes diferents (dues isoformes) derivades del mateix gen BARD1 al llarg de l'espermatogènesi. Indica el paper de la maduració diferencial de l'mRNA en aquest fet.

4. Tot suposant que els al·lels mutants de BRCA2 i BARD1 són dominants pel que fa a la susceptibilitat de patir càncer, i tenint en compte el text inicial, raona quina probabilitat hi ha que la filla d'una parella, en què la mare és portadora del gen mutant BRCA2 (B^-), i el pare, del gen mutant BARD1, pateixi càncer amb el 100 % de seguretat.

5. Tenint en compte que, com a màxim, el 10 % dels càncers de mama són causats per mutacions hereditàries de BRCA1 o BRCA2, calcula el nombre de nous casos de càncer de mama hereditari que calia esperar com a molt a Espanya, Islàndia i la Unió Europea el 2016. Busca a Internet les dades sobre la població total en aquests països.

6. El genograma següent correspon a una família islandesa que presenta casos d'herència de càncers de mama per alteracions del gen BRCA1 i també d'angiopatia amiloide cerebral, que té una alta incidència en aquest país; els investigadors van poder descartar que I-4 portés l'al·lel de l'angiopatia:

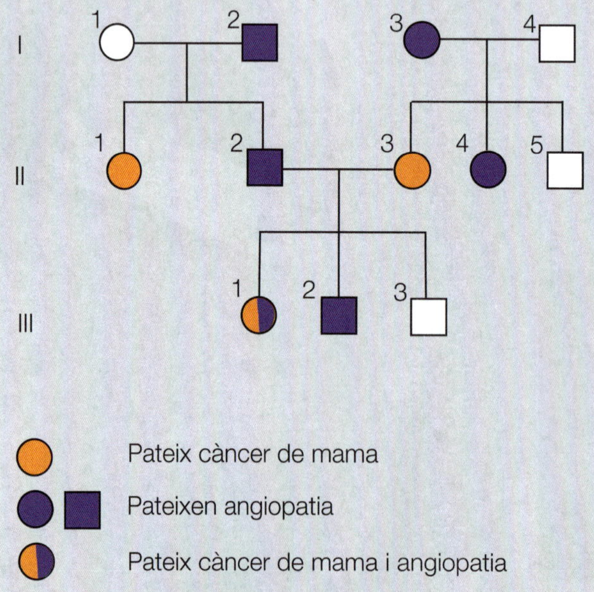

   a) L'al·lel que produeix l'angiopatia amiloide islandesa és dominant o recessiu? El gen és autosòmic o lligat al sexe? Justifica les respostes.

   b) Dedueix els genotips dels individus de l'arbre genealògic.

   c) Quina és la probabilitat que l'individu III-3 sigui portador de l'al·lel mutant de BRCA1? Justifica-ho.

ACTIVITATS COMPLEMENTÀRIES

Nanisme

En algunes poblacions aïllades, es coneix la presència d'algunes síndromes poc freqüents, com ara el nanisme polidactílic. Observa el pedigrí següent, corresponent a una família d'una d'aquestes poblacions aïllades. Les rodones representen dones, i els quadrats, homes. Els individus afectats de nanisme polidactílic apareixen marcats en negre. Sabem que en aquesta família també es donen casos d'albinisme, que s'hereta segons un patró autosòmic i és recessiu. Els individus afectats d'albinisme figuren marcats en gris.

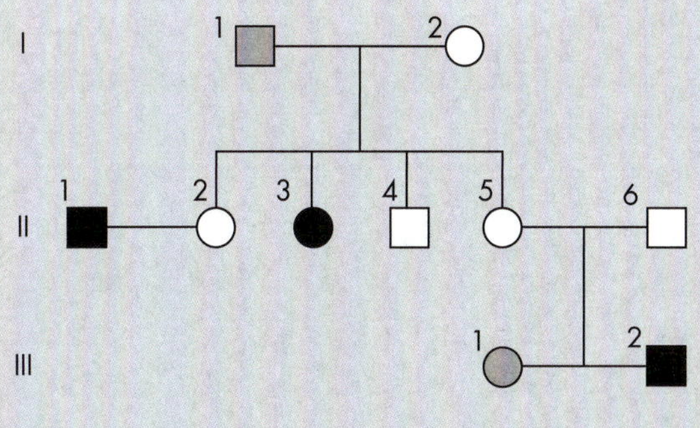

1. Quin patró d'herència (dominant-recessiu, autosòmic-lligat al sexe) segueix el gen del nanisme polidactílic? Explica-ho.
2. Indica els genotips, per al nanisme i l'albinisme, dels individus I-2 i II-5, i explica com en fas la deducció.

Hemofília

En el pedigrí següent, els símbols negres representen persones afectades d'hemofília, anomalia de la coagulació de la sang determinada per un al·lel recessiu lligat al sexe. Els cercles representen dones, i els quadrats, homes.

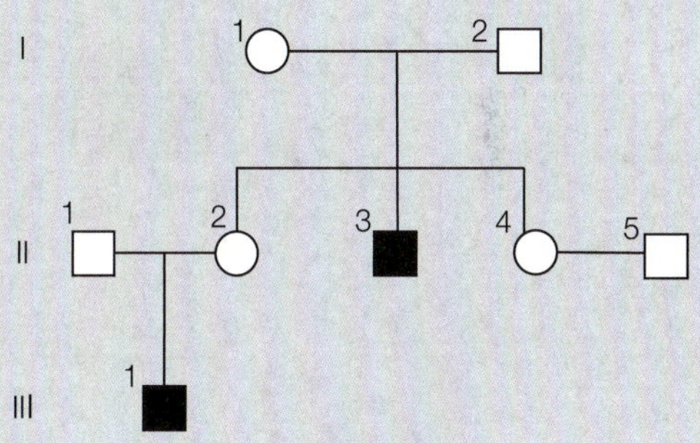

1. Indica, amb una nomenclatura adequada, els genotips dels individus I-1, I-2, II-1, II-2 i II-3.
2. Raona si és possible que la parella formada per II-4 i II-5 tingui un fill o una filla amb hemofília.

Talassèmia

La talassèmia és una malaltia hereditària provocada per una mutació en un gen del cromosoma 11, que genera una forma anormal de l'hemoglobina. La hipercolesterolèmia familiar també és una malaltia hereditària (autosòmica recessiva) que suposa una concentració de colesterol a la sang superior a la normal. Un home heterozigot per a tots dos caràcters i una dona amb hipercolesterolèmia familiar, però sense cap grau de talassèmia, esperen descendència.

1. Un home heterozigot per a tots dos caràcters i una dona amb hipercolesterolèmia familiar, però sense cap grau de talassèmia, esperen descendència.
   a) Fes l'encreuament indicant-hi els genotips i els fenotips dels pares i els descendents.
   b) Quina serà la probabilitat que els descendents presentin hipercolesterolèmia i alhora siguin heterozigot per a la talassèmia?

Síndrome d'Alport

La síndrome d'Alport és una malaltia genètica poc freqüent que provoca disfuncions als ronyons, sordesa i, en alguns casos, defectes visuals. Aquesta malaltia és causada per una mutació en el gen del col·lagen COL4A5.

1. Tenint en compte el text següent, argumenteu si aquest gen està situat en un autosoma o en un cromosoma sexual: «Les dones, encara que no manifestin la malaltia, poden transmetre el gen mutat al seus descendents; en canvi, els homes que no manifesten la malaltia mai el poden transmetre».
2. La Teresa i en Pere, que no manifesten la malaltia i han tingut un fill (mascle) sense aquesta síndrome, volen tenir un altre fill o una filla. Estan amoïnats perquè, malgrat que els progenitors d'en Pere i la mare de la Teresa no presentaven la malaltia, al pare de la Teresa li van diagnosticar la síndrome d'Alport. Dibuixa l'arbre genealògic d'aquesta família i escriu-ne els genotips. Quina probabilitat hi ha que tinguin una filla amb aquesta síndrome? I un fill?

8 QUI SOM? D'ON VENIM?

ÍNDEX DE LA UNITAT

És el matí del 5 de desembre de 2002 a l'Institut Català de Paleontologia, ubicat a Sabadell. Un grup d'estudiants miren encuriosits la rèplica d'un esquelet de *Triceratops* a la planta baixa. Als laboratoris, uns quants investigadors reconstrueixen minuciosament diversos fòssils. Al despatx del Dr. Salvador Moyà, un paleoantropòleg (paleontòleg especialista en homínids), sona el telèfon.

–Salvador, acaba de sortir una peça interessant al barranc de Can Vila.

–Tan aviat? De què es tracta?

–És un crani i està molt sencer. Ha aparegut quan estaven eixamplant un camí accessori de l'abocador.

–No toqueu res, vinc immediatament. Que aturin les obres en aquest sector!

Mentre el Dr. Moyà viatja amb cotxe cap als Hostalets de Pierola, el cap no li para de barrinar. Fa tot just un mes que van començar unes obres d'ampliació de l'abocador d'escombraries d'aquest municipi. A la zona on està emplaçat, fa molts anys, s'havien trobat restes fòssils de diverses espècies de mamífers. Per això, des de l'Institut Català de Paleontologia s'havia contactat amb l'empresa constructora i el Departament de Cultura, ja que la Llei del patrimoni preveu que en aquests casos un equip expert en paleontologia ha de fer un seguiment de l'obra.

En arribar a la zona de la troballa, en Salvador Moyà està força nerviós. Coneix molt bé la geologia de la zona i sap que són sediments que es van dipositar fa entre uns 12,5 i 13 milions d'anys, un període crucial de la història evolutiva dels homínids. El darrer ancestre comú d'aquest grup, que inclou els grans simis i els humans, va viure a finals del terciari, però l'escassetat de troballes no ha permès encara conèixer-ne bé l'evolució.

–Mira, Salvador! Aquí hi ha el crani.

Amb un cop d'ull en té prou. Una descàrrega d'adrenalina el fa esgarrifar. L'aparença del crani és inequívoca: és un homínid!

Tot sembla confirmar la seva primera impressió. La il·lusió i el nerviosisme de trobar-se probablement davant d'un fòssil d'extraordinari valor científic l'envaeixen. Els altres paleontòlegs miren expectants en Salvador Moyà, que afegeix:

–Nois, crec que som davant d'una gran troballa!

D'aquesta manera es van descobrir les restes d'un homínid que l'equip de científics que el va estudiar va anomenar familiarment Pau.

Idees i context

- Els fòssils, restes i rastres d'organismes del passat, són un dels diversos tipus d'evidències que permeten afirmar que l'evolució és un fet.
- S'anomena *evolució biològica* els canvis que experimenten les poblacions i espècies d'éssers vius al llarg del temps.
- L'acció de la selecció natural sobre la variabilitat de les poblacions d'una espècie en fa variar les freqüències gèniques.
- L'arbre evolutiu dels homínids es coneix només parcialment. El bipedisme, la mà prènsil, el llenguatge articulat i l'augment del volum cranial són els principals canvis ocorreguts durant l'evolució humana.

Comença pensant

Els paleontòlegs dirigits pel Dr. Salvador Moyà són davant d'una troballa que pot tenir una gran rellevància a escala mundial. Hauran d'excavar les restes fòssils, reconstruir-les i estudiar-les. Finalment els caldrà comunicar-ho a la comunitat científica i als ciutadans. De moment, tot són preguntes:

- A quina espècie pertany aquest fòssil?
- Quin és el seu lloc en l'arbre evolutiu dels homínids?
- Quines teories han intentat explicar el procés evolutiu? Hi ha gent que ho nega?
- Com es produeix en realitat l'evolució?
- Quins factors condicionen l'evolució dels éssers vius?
- Quines evidències permeten afirmar que l'evolució és un fet?
- Quines altres restes fòssils importants s'han trobat dels nostres avantpassats? Com eren? Com vivien?

Escriu les respostes a aquestes preguntes en un full. Després formeu grups de quatre o cinc alumnes i compareu les vostres respostes. Elaboreu conjuntament un full amb les respostes més detallades i completes a cadascuna de les preguntes.

Creacionisme i fixisme

Des dels inicis de la història, hi ha hagut persones que s'han preguntat sobre l'origen dels humans i de les altres espècies. Fins fa ben poc, les úniques respostes acceptades eren les religioses.

Els mites dels pobles primitius i la majoria de religions es fonamenten en un món creat per alguna divinitat centenars o milers d'anys enrere i que des d'aleshores no havia canviat. Aquestes explicacions acostumaven a combinar el **creacionisme**, la creença segons la qual el món i tots els éssers vius havien estat creats per una divinitat, i el **fixisme**, la idea que les espècies són fixes, no canvien amb el temps.

Un dels màxims exponents del creacionisme va ser el bisbe James Ussher, que el 1650 va calcular l'edat de la Terra. Per fer-ho, Ussher va completar dades històriques de les civilitzacions antigues amb el recompte dels anys que, segons la Bíblia, van viure els patriarques, els primers homes descrits en el relat bíblic. La seva conclusió va ser que Déu havia creat el món a les 12 del migdia del 23 d'octubre de l'any 4004 abans de Crist. Si l'edat de la Terra fos similar a la calculada per Ussher, seria impossible que s'haguessin produït grans canvis evolutius.

Torre dels Escipions (Tarragona), segle I dC.

No obstant això, aquesta edat tan reduïda del planeta resultava incompatible amb moltes observacions geològiques. Prop de Tarragona hi ha la Torre dels Escipions, un monument funerari romà que tot just té dos mil anys. La torre i els seus relleus es veuen afectats per l'erosió, però encara es manté dempeus. Si això és el que pot fer l'erosió en dos mil anys, quant de temps faria falta per erosionar unes muntanyes joves, com les dels Pirineus, i convertir-les en els turons arrodonits del Priorat? Quants milions d'anys fan falta perquè un riu com la Noguera Ribagorçana excavi un congost com el de Mont-rebei?

La classificació jeràrquica dels éssers vius

El botànic suec **Carl von Linné** (1707-1778) va crear un sistema de classificació natural dels éssers vius, basant-se en la nomenclatura binomial i en l'agrupament jeràrquic de taxons: les espècies semblants s'ajunten en un gènere; els gèneres semblants, en famílies; les famílies, en ordres; etc. Aquest agrupament jeràrquic de les espècies va esdevenir una de les bases del pensament evolutiu, ja que les espècies classificades en un mateix grup compartien moltes característiques alhora. No obstant això, Von Linné era fixista.

El congost de Mont-rebei (el Pallars Jussà i la Noguera), excavat pel riu Noguera Ribagorçana.

Creacionisme i disseny intel·ligent

De fet, al segle XVIII, el creacionisme semblava l'única explicació raonable a l'enorme complexitat i organització dels éssers vius, tot just començada a investigar. Els teòlegs naturals veien, en l'harmonia de la natura i en l'estructura d'òrgans com l'ull, una prova de l'existència d'un creador.

Avui dia, moltes religions intenten conciliar les seves creences i les teories científiques, com l'evolució. L'Església catòlica, per exemple, accepta que el relat del Gènesi (primer llibre de la Bíblia) no és un text científic, i que Déu podria haver creat l'Univers de manera que després sorgís la vida per evolució.

Tot i així, els sectors cristians més fonamentalistes no accepten cap idea que s'aparti dels seus textos sagrats, per més evidències que la suportin. Als Estats Units, per exemple, a començaments del segle XX van aconseguir prohibir l'ensenyament de l'evolució a les escoles. Quan aquesta prohibició va ser aixecada, van intentar obligar a ensenyar creacionisme a les classes de ciències. Aquesta pretensió es va declarar il·legal, ja que la constitució nord-americana prohibeix promoure cap religió a les escoles públiques.

A finals del segle XX, va aparèixer un «nou» corrent anomenat *disseny intel·ligent*. Segons els seus seguidors, alguns components dels éssers vius tenen moltes parts ben integrades que, per si soles, no fan cap funció; per tant, conclouen que un dissenyador intel·ligent les ha d'haver creat.

Novament, els seguidors del disseny intel·ligent van intentar obligar que aquesta creença s'ensenyés a les escoles, però una nova sentència (2005) ho va impedir. El disseny intel·ligent és un artifici enginyós, pensat per mantenir un dogma de fe, però té poc a veure amb la ciència.

Paley argumenta que un rellotge implica un rellotger.

ACTIVITATS

L'argument del rellotger

Un dels teòlegs naturals més importants, William Paley, publicà un argument per analogia, l'argument del rellotger (1802):

Paley exposa les diferències en complexitat i organització entre un objecte natural senzill, com una pedra, i un objecte dissenyat i fabricat, com un rellotge. Per això conclou que, si trobéssim un objecte semblant a un rellotge, hauríem de deduir...:

... que el rellotge ha de tenir un fabricant: que va haver d'existir en algun moment, i en algun lloc, un artífex que el construís amb una finalitat...

Paley indica que aquesta conclusió per al rellotge s'ha de fer extensiva als éssers vius, perquè...:

... cada indicació d'una idea, cada manifestació de disseny que existeix en un rellotge, existeix en les obres de la natura; amb la diferència que aquestes són més excelses, i en un grau que supera tot càlcul.

(Adaptació)

1. Resumeix, amb les teves paraules, l'argument del rellotger.
2. L'argument del rellotger té un punt feble. Hi ha una diferència fonamental entre els éssers vius i els rellotges (o qualsevol altra màquina) que invalida l'argument i que fa possible l'evolució. Quina és aquesta diferència?
3. Hi ha alguna relació entre l'argument del rellotger i els arguments del *disseny intel·ligent*? Explica-la.
4. Els biòlegs han descobert que els éssers vius també tenen imperfeccions. Explica'n breument alguna. Com afecta aquest descobriment a l'argument del rellotger? I al *disseny intel·ligent*?

A finals del segle XVIII, la descoberta de fòssils de mamuts, mastodonts i megateris havia convençut els científics que en el passat havien viscut espècies extingides feia molt de temps.

Lamarckisme

Jean-Baptiste Monet, cavaller de Lamarck (1744-1829), fou un naturalista francès que va fer importants aportacions al món de la zoologia i la botànica. Així, va introduir el mètode dicotòmic per classificar els éssers vius i establí els termes *biologia* i *invertebrat*. Però Lamarck és més conegut per haver ideat la primera teoria evolutiva coherent, el **lamarckisme**.

Retrat de Jean-Baptiste Monet, cavaller de Lamarck.

Lamarck presentà la seva teoria sobre la transformació de les espècies en l'obra *Philosophie zoologique* (1809). Tot i que en el seu temps no van tenir gaire ressò, les idees de Lamarck van influir en Charles Darwin i altres autors posteriors.

Lamarck pensava que els processos següents eren la causa de la transformació (els canvis evolutius) dels organismes:

1. Els canvis en l'ambient provoquen canvis en les *necessitats* dels éssers vius, i això genera canvis en els costums.
2. Qualsevol canvi en els *costums* provoca que alguns òrgans s'utilitzin més i d'altres menys. L'*ús* i el *desús* modifiquen els òrgans.
3. *La funció crea l'òrgan.* Si es necessita un nou òrgan, un impuls intern fa que aquest òrgan aparegui.
4. Aquestes *modificacions*, *adquirides* durant la vida, *s'hereten*.

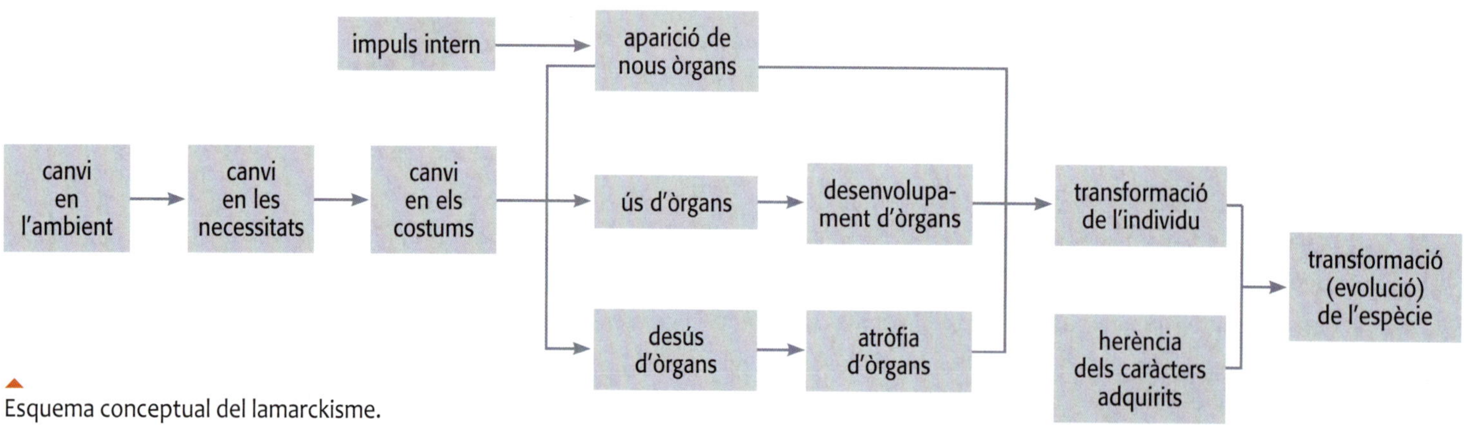

Esquema conceptual del lamarckisme.

Lamarck creia que les espècies simples es formaven per generació espontània. Aquestes espècies s'anaven transformant i perfeccionant per l'ús i el desús mentre s'adaptaven a l'ambient. Amb el temps, una espècie de microbi es podia convertir en una esponja; tot seguit, en corall; després, en un peix; aleshores en amfibi; més tard, en rèptil; posteriorment en au, i més endavant, en mamífer.

Talp (*Talpa europaea*).

Per què els talps tenen ulls petits, segons Lamarck

Els talps són mamífers excavadors, que duen una vida subterrània. Tenen els ulls diminuts i sovint recoberts de pell, la qual cosa fa que siguin cecs. Per què passa això?

Segons el punt de vista lamarckià, els avantpassats dels talps eren mamífers amb ulls normals, que van començar a fer vida subterrània. Com que a sota terra no utilitzen els ulls, aquests òrgans es van començar a atrofiar. La reducció dels ulls s'heretava, de manera que cada generació naixia amb els ulls una mica més petits. Després de moltes generacions, es va arribar als talps actuals, amb ulls molt reduïts i gairebé cecs.

Avui sabem que el lamarckisme és fals. Aquesta afirmació es fonamenta en els arguments següents:

1. L'ús i el desús d'alguns òrgans, com els músculs, en modifica el desenvolupament, però això no succeeix en tots els òrgans ni comporta, en cap cas, la modificació del DNA.
2. No hi ha cap mecanisme coherent amb els coneixements biològics actuals que pugui explicar l'aparició de nous òrgans com a conseqüència de la necessitat. A més, aquest fet no s'ha pogut observar ni demostrar experimentalment.
3. Les transformacions que s'experimenten durant la vida de l'individu no canvien el DNA dels seus gàmetes i, per tant, no s'hereten. L'única **herència de caràcters adquirits** comprovada experimentalment ha estat la de **modificacions epigenètiques**, que afecten la regulació d'alguns gens (no la seva seqüència) durant unes poques generacions.

En descàrrec de Lamarck, cal tenir en compte que en la seva època no s'havia establert encara la teoria cel·lular i es desconeixien del tot els mecanismes bàsics de l'herència. Des de la perspectiva actual, l'aportació més meritòria de Lamarck va ser reconèixer la importància de l'adaptació al medi. Curiosament, la idea errònia que avui es coneix amb el nom de *lamarckisme*, la creença en l'herència dels caràcters adquirits com a motor de l'evolució, no va ser original de Lamarck, sinó que era una idea compartida per gran part dels científics de la seva època; fins i tot Darwin la va acceptar com a possible mecanisme evolutiu.

ACTIVITATS

Per què les aus aquàtiques tenen membrana interdigital a les potes, segons Lamarck?

Les aus aquàtiques, com els ànecs, tenen una membrana molt desenvolupada entre els dits de les potes, la qual cosa els és molt útil per poder nedar.

1. Suposem que els ànecs són descendents d'aus terrestres (sense membranes interdigitals). Explica detalladament com s'haurien originat aquestes membranes segons el lamarckisme.
2. És correcta aquesta explicació? Argumenta la resposta.
3. Si les membranes interdigitals dels ànecs no s'han originat així, com es poden haver originat?

Ànec utilitzant la membrana interdigital per nedar.

Charles Darwin

El mateix any que Lamarck publicava la seva teoria, naixia a Anglaterra el científic que va fer la contribució més important a la comprensió del significat d'en Pau. Darwin establí les bases de gran part de la biologia evolutiva moderna.

Retrat de Charles Darwin, poc després de tornar del viatge amb el *Beagle*.

Si vols ampliar informació sobre Charles Darwin, obre aquest QR o ves a l'enllaç http://qr.teide.eu/0279 (en anglès).

Charles Darwin (1809-1882) va estudiar a Cambridge, on es va afeccionar a la història natural, la botànica i la geologia. Aquest interès el va portar a demanar la plaça de naturalista en el *Beagle*, un vaixell que havia d'emprendre un viatge científic al voltant del món. En aquell viatge (1831-1836) Darwin va fer nombroses observacions zoològiques, botàniques i geològiques, i va recollir una bona quantitat de mostres; això el convertí en un naturalista de gran prestigi.

Un lloc on Darwin va fer observacions especialment profitoses va ser l'arxipèlag de les Galápagos. En aquestes illes volcàniques, a 800 km del continent sud-americà, trobà un nombre limitat d'espècies vives (iguanes, tortugues, ocells...), moltes de les quals eren diferents de les continentals i es trobaven només en una o en algunes de les illes.

El cas més interessant va ser el dels ocells. Darwin va trobar diverses espècies de pinsans, espècies similars a les del continent però que es diferenciaven pel bec i per la manera d'alimentar-se.

Acabat el viatge del *Beagle*, Darwin arribà a la conclusió que aquelles espècies d'ocells s'havien originat a partir d'ocells arribats del continent, que havien evolucionat de manera diferent en cada illa. Però, per quin mecanisme es produïa aquesta evolució? El 1838, Darwin va concebre el mecanisme que podia impulsar l'evolució: la **selecció natural**. Conscient de la polèmica que podia generar, Darwin es va passar molts anys acumulant evidències i elaborant argumentacions a favor de la seva teoria, fins al 1858, en què un jove naturalista, **Alfred Russell Wallace**, l'informà per carta de la teoria evolutiva que havia ideat, basant-se en observacions que havia fet al sud-est asiàtic. La carta de Wallace es va fer pública simultàniament amb un breu comunicat de Darwin, ja que les dues teories eren molt semblants.

Algunes de les espècies de pinsans de les Galápagos.

L'arxipèlag de les Galápagos.

L'any 1859, Darwin publicà *L'origen de les espècies*, llibre en què fonamentava molt sòlidament la seva teoria en nombroses observacions i argumentacions. La publicació de l'obra de Darwin va causar una gran controvèrsia en els cercles religiosos, socials i científics de l'època. De fet, la teoria de Darwin ha canviat el món i ha influït en molts àmbits de la vida humana.

El darwinisme

Charles Darwin proposà que les espècies evolucionen, de manera gradual i contínua, de la manera següent:

1. Els éssers vius produeixen un gran excés de descendents.
2. Com que els recursos són limitats, només poden sobreviure i reproduir-se una petita part d'aquests descendents. Per tant, es produeix una **lluita per l'existència**, contra el fred, l'escassetat d'aliments, la competència d'altres individus, per escapar dels depredadors, etc.
3. Les poblacions biològiques presenten una gran variabilitat; gran part d'aquesta diversitat biològica és heretable.
4. Els que sobreviuen i es reprodueixen són els individus que presenten la millor combinació de caràcters per fer front a l'ambient (clima, depredadors, aliment, etc.). Darwin va anomenar aquest procés **selecció natural**.
5. La generació següent serà filla dels més ben adaptats de la generació anterior. Això farà que lentament l'espècie vagi canviant. Es produirà una **evolució filètica** o **microevolució**.

Una altra novetat fonamental de la teoria de Darwin va ser la idea de la **comunitat de descendència**: els organismes similars s'assemblen perquè són descendents d'un avantpassat comú. A la llarga, això implica un origen únic de la vida.

El darwinisme no es basava en l'herència dels caràcters adquirits, però Darwin va utilitzar aquest mecanisme com una possibilitat complementària, perquè en aquells moments no es coneixia cap explicació millor als processos d'herència.

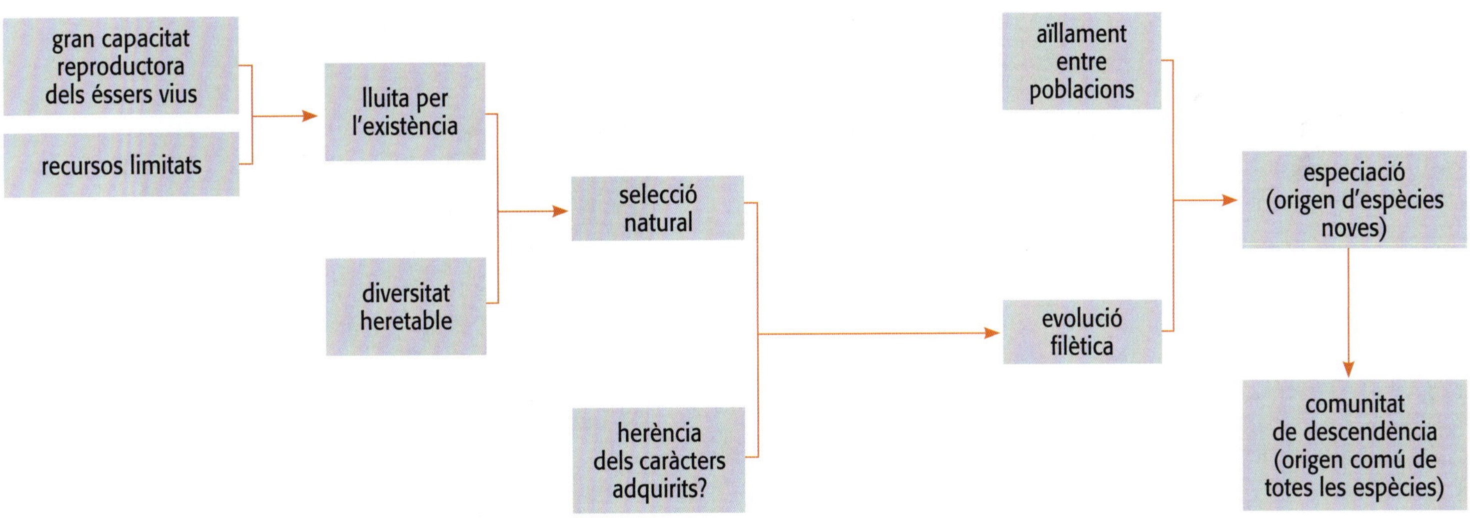

Esquema conceptual del darwinisme.

Talp (*Talpa europaea*).

Per què els talps tenen ulls petits, segons Darwin

Darwin va coincidir amb Lamarck a considerar que els avantpassats dels talps eren mamífers amb ulls normals que van començar a fer vida subterrània. Però el mecanisme evolutiu que proposava Darwin era diferent: entre els avantpassats dels talps hi havia una lleugera diversitat en la mida dels ulls. Els talps amb els ulls més petits tindrien menys probabilitats de patir infeccions d'ulls, per la qual cosa podrien sobreviure més temps i produir més descendents, que s'assemblarien a ells. Després de moltes generacions, la repetició d'aquest procés va donar com a resultat els talps actuals, amb ulls molt reduïts i gairebé cecs.

L'eclipsi del darwinisme

Després de *L'origen de les espècies*, es van publicar moltes obres satíriques com aquesta (1870), en què es caricaturitza Darwin i la seva teoria.

L'evolució dels éssers vius va ser acceptada per la majoria de científics, fins i tot abans de la mort de Darwin. Aquesta idea ja era present en la teoria de Lamarck i també en textos d'altres autors més antics, però va ser Darwin qui va aconseguir la seva acceptació generalitzada.

Pel que fa a la comunitat de descendència, moltes persones van considerar un insult que Darwin inclogués els humans en la comunitat de descendència dels mamífers (i de les mones!), i això va provocar un gran nombre de protestes i de desqualificacions, sobretot en esferes religioses. No obstant això, aquesta idea explicava molt bé tant la jerarquització de les categories taxonòmiques com el fet de les homologies en anatomia comparada. Per tant, va ser admesa per gairebé tots els que havien acceptat l'evolució, encara que uns quants van insistir a excloure l'espècie humana d'aquest origen comú.

Durant el segle XIX, però, el darwinisme es va trobar amb dificultats teòriques, que posaven en dubte que la selecció natural pogués ser l'autèntic motor de l'evolució. Les més importants van ser aquestes:

1. L'evolució darwiniana necessitava molt de temps (Darwin havia parlat almenys de 300 milions d'anys). Tanmateix, lord Kelvin, el físic més important de la seva època, havia calculat l'edat màxima de la Terra per dos sistemes diferents: tenint en compte la producció d'energia pel Sol i calculant la velocitat de refredament del planeta; dels càlculs de Kelvin es deduïa que l'edat de la Terra no podia ser superior als 50 milions d'anys.

Segons Kelvin, la taxa de refredament de la Terra i l'energia del Sol indicaven una edat del nostre planeta no superior als 50 milions d'anys.

2. Fins a començaments del segle XX, el darwinisme continuava sense poder explicar l'origen de la variabilitat. Encara més, les idees sobre herència biològica d'aquells moments eren incompatibles amb el paper de la selecció natural en el procés evolutiu.

3. Alguns darwinistes, com Weismann, havien abandonat la tolerància de Darwin respecte a l'herència dels caràcters adquirits. Weismann negava aquest tipus d'herència i postulava la selecció natural com l'únic mecanisme evolutiu. Forçats a triar, i tenint en compte els problemes anteriors, a finals del segle XIX molts biòlegs van abandonar el darwinisme i hi va haver un cert ressorgiment del lamarckisme.

4. En tots els anys passats des de la publicació de *L'origen de les espècies*, ningú no havia pogut observar que la selecció natural fes evolucionar una població real. De fet, el mateix Darwin deia que aquest procés era tan lent que era impossible observar-lo directament.

El ressorgiment del darwinisme

Totes aquestes dificultats han estat avui dia superades. Vegem de quina manera:

1. El descobriment de la radioactivitat i de l'energia nuclear va demostrar que la Terra era molt més antiga del que deia Kelvin. Els càlculs més fiables (basats en la descomposició d'isòtops radioactius) situen ara l'edat del nostre planeta en uns 4 500 milions d'anys, i el de la vida almenys en 3 800 milions d'anys.
2. El mendelisme i la genètica de poblacions van permetre reformular el darwinisme i explicar l'origen de la variabilitat, i això va donar lloc a la **teoria sintètica** o **neodarwinisme**, la teoria majoritàriament acceptada per explicar el fet evolutiu.
3. Els lamarckians van topar amb problemes teòrics i experimentals insalvables. El lamarckisme és incompatible amb els coneixements actuals de genètica i les seves prediccions no s'han pogut confirmar en cap dels experiments duts a terme.
4. Durant el segle XX es va comprovar que l'evolució no era sempre tan lenta com Darwin havia suggerit, i es van descriure nombrosos casos d'evolució per selecció natural, com l'adquisició de resistència a antibiòtics o pesticides, o canvis en la mida dels becs dels pinsans de Darwin.

I per si això fos poc, els nous fòssils descoberts, com en Pau, i el nombre creixent de gens i de genomes complets seqüenciats confirmen, una vegada rere l'altra, l'origen evolutiu comú de les espècies.

L'evolució dels pinsans de Darwin

El 1973, Peter i Rosemary Grant van començar a estudiar exhaustivament els pinsans d'un petit illot de les Galápagos, Daphne Major. Van mesurar i marcar amb anelles gairebé el 100 % de la població de pinsans terrestres mitjans (*Geospiza fortis*) de l'illot, de manera que podien seguir perfectament els canvis en la població.

El 1977 es va produir una llarga i intensa sequera. L'escassetat alimentària consegüent va fer que el 85 % dels pinsans morissin de gana. La majoria dels pocs supervivents tenien el bec gran, la qual cosa els havia permès alimentar-se de llavors grosses, les úniques que quedaven. La generació següent de pinsans tenia el bec un 4 % més gran.

Pinsà terrestre mitjà (*Geospiza fortis*), un dels pinsans descrits per Darwin. Peter i Rosemary Grant van observar la seva evolució en temps real.

ACTIVITATS

Per què les aus aquàtiques tenen membrana interdigital a les potes, segons Darwin?

Les aus aquàtiques, com els ànecs, tenen una membrana molt desenvolupada entre els dits de les potes, la qual cosa els és molt útil per poder nedar.

1. Suposem que els ànecs són descendents d'aus terrestres (sense membranes interdigitals). Explica detalladament com s'haurien originat aquestes membranes segons el darwinisme.
2. En què es diferenciaria l'explicació de Darwin de la que hauria donat Lamarck?
3. És correcta aquesta explicació? Argumenta la resposta.

Membrana interdigital d'una au aquàtica.

«Teoria de l'evolució...», tot sovint llegim o sentim aquestes paraules, quan en realitat hauríem de llegir o sentir «el fet de l'evolució». L'evolució és un fet i hi ha diverses teories que l'expliquen. És un fet perquè hi ha multitud de dades que l'evidencien; el mateix crani d'en Pau aporta informació sobre una espècie d'homínid que va viure en el passat.

Fòssil d'*Archaeopteryx*, un animal que va viure fa uns 120 milions d'anys que presentava plomes i ales d'ocell, amb cua i dents de rèptil.

Evidències de l'evolució

L'evolució permet justificar científicament una enorme quantitat d'observacions biològiques que, des d'una perspectiva fixista, semblarien inexplicables. Vegem algunes evidències del fet evolutiu.

Els fòssils

Els **fòssils** són restes d'organismes o de la seva activitat que s'han conservat al llarg del temps a les roques. La ciència que estudia els fòssils és la **paleontologia**.

Molts fòssils corresponen a ossos, ous, closques o altres parts dures petrificades, però també són fòssils els organismes conservats en gel, resines o asfalts. Igualment ho són petjades, motlles, marques o altres restes de l'activitat dels éssers vius conservats a les roques.

A partir dels fòssils, els paleontòlegs poden deduir molts detalls de l'organisme del qual provenen, i en alguns casos fins i tot permeten reconstruir el cos de l'organisme.

L'antiguitat dels fòssils es pot determinar directament, utilitzant mètodes de datació radioactiva, o bé indirectament, tenint en compte la disposició relativa dels estrats que els contenen.

El **registre fòssil** és incomplet, ja que la major part de fòssils que hi ha actualment estan enterrats a l'interior de les roques de l'escorça terrestre. També és incomplet perquè és poc freqüent que un organisme deixi fòssils i, a més, la fossilització és un procés llarg i difícil, que es produeix sobretot en les parts dures dels organismes (ossos, conquilles...) en sediments dipositats al medi aquàtic. Malgrat aquestes dificultats, els paleontòlegs han observat que cada era, període o època en la història de la Terra presenta un conjunt de fòssils característics, els **fòssils guia**.

Mitjançant els fòssils sabem que els éssers vius han anat canviant al llarg del temps. Sabem que cada espècie apareix en un moment determinat, viu durant un període més o menys llarg de temps i, finalment, s'extingeix. Gràcies als fòssils també sabem que els éssers vius apareixen a partir d'un grup anterior en un moment determinat; així, els primers rèptils van sorgir fa uns 325 milions d'anys (a partir d'un grup d'amfibis), i els primers mamífers, fa uns 210 milions d'anys (a partir d'un grup de rèptils).

En molts casos s'han trobat successions d'espècies semblants, esglaonades en el temps, que en conjunt mostren una evolució ramificada. Un dels casos més divulgats és el dels avantpassats dels cavalls. També s'han trobat formes de transició entre grups d'organismes diferents, com ara el fòssil d'*Archaeopteryx*, que presenta característiques intermèdies entre els rèptils i les aus.

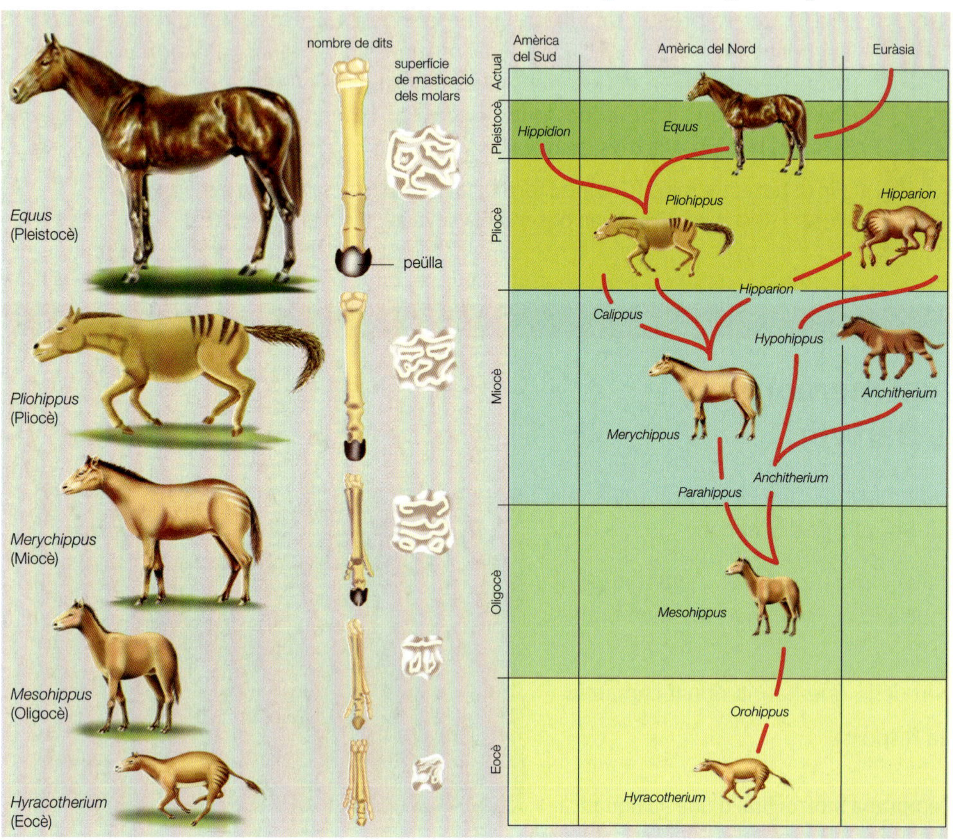

Els cavalls actuals i els seus avantpassats i parents evolutius. Observa que moltes espècies es van extingir sense deixar descendència.

Semblances anatòmiques

La comparació de l'anatomia d'organismes diferents permet diferenciar:

- **Òrgans homòlegs** amb forma externa i, fins i tot, funció diferents, però amb la mateixa estructura interna, perquè tenen el mateix origen embriològic i evolutiu. En són exemples les extremitats anteriors dels rèptils, les aus i els mamífers.

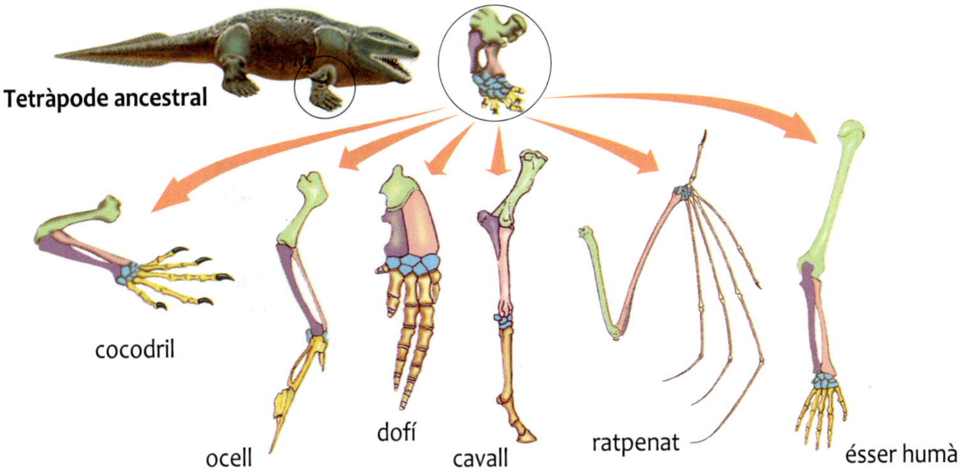

- **Òrgans anàlegs** amb una estructura i un origen embrionari diferents, però que exerceixen la mateixa funció. No tenen el mateix origen evolutiu. En són exemples les ales dels insectes i els ocells.
- **Òrgans vestigials** amb pèrdua de funcionalitat i, generalment, mida reduïda. En els avantpassats dels organismes que els presenten es trobaven més desenvolupats i feien una funció concreta. En són exemples l'apèndix vermiforme humà i els petits ossos de la cintura pelviana de les serps i les balenes.

Semblances embrionàries

L'estudi comparatiu del **desenvolupament embrionari** dels vertebrats permet visualitzar homologies corporals que no s'observen en els organismes després de néixer. Tots els embrions dels vertebrats, per exemple, presenten fenedures branquials i cua en algun moment del seu desenvolupament.

Les homologies embrionàries demostren l'existència d'un avantpassat comú a tots els vertebrats i permeten reconstruir les relacions evolutives entre els diferents grups, ja que els embrions són més semblants com més properes des del punt de vista evolutiu són les espècies considerades.

En aquest codi QR, o a l'enllaç http://qr.teide.eu/027A, s'expliquen clarament algunes evidències de l'evolució (en anglès).

Diferents estadis en el desenvolupament embrionari de diverses espècies de vertebrats.

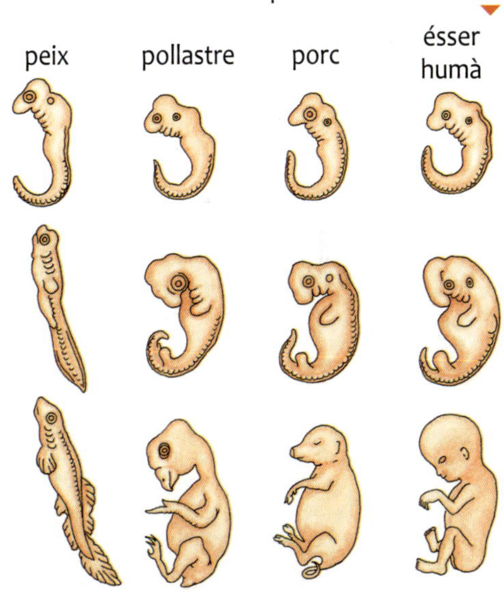

ACTIVITATS

La cintura pelviana de la marsopa

Observa els petits ossos que constitueixen la cintura pelviana de les marsopes (*Phocaena phocaena*), una espècie de cetaci actual.

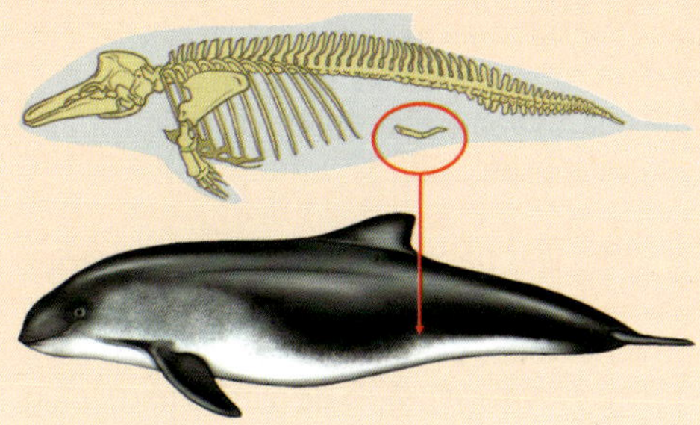

1. De quin tipus d'òrgans es tracta? Creus que es poden utilitzar com a evidències de l'evolució? Per què?
2. Què permeten deduir aquests òrgans de l'origen evolutiu de les marsopes i d'altres cetacis?
3. Busca informació a Internet sobre una espècie fòssil de balenes primitives anomenades *Basilosaurus*. Quina informació aporten per conèixer l'evolució dels cetacis?

Evolució per selecció artificial dels gossos Dachshund.

Selecció artificial

Els animals domèstics i les plantes cultivades provenen d'animals i plantes salvatges, criats pels éssers humans des de fa uns pocs milers d'anys. Moltes vegades, aquests animals i plantes tenen aspectes força diferents dels seus parents salvatges.

En aquests animals i plantes domèstics, els criadors humans trien com a reproductors els individus que es consideren millors, els que tenen les característiques més valorades: els bens que produeixen més llana, les vaques que fan més llet, el blat més productiu o més resistent als factors climàtics, etc.

Amb aquest procés de selecció artificial hem fet evolucionar, en uns pocs milers d'anys, els animals domèstics i les plantes conreades, utilitzant un mecanisme equivalent a la selecció natural. És una evidència de l'evolució i també que la selecció natural en pot ser el motor.

Diferents varietats de llavors d'arròs obtingudes per selecció artificial.

Evidències biogeogràfiques

La **biogeografia** és la ciència que estudia la distribució geogràfica de les espècies vives. Cada continent i cada illa mostren una flora i una fauna particulars, amb espècies diferents de les d'altres llocs, encara que amb característiques adaptatives similars; per exemple, a l'Amèrica del Sud i l'Àfrica, amb climes similars, hi viuen espècies diferents, com el lleopard i el jaguar.

A l'esquerra, lleopard (*Panthera pardus*), depredador del continent africà; a la dreta, jaguar (*Panthera onca*), depredador del continent sud-americà. Els avantpassats dels lleopards van arribar a l'Àfrica, però no a l'Amèrica del Sud.

A les illes Galápagos hi ha moltes espècies endèmiques de pinsans, que ja van ser observades per Darwin. Cada illa té la seva espècie pròpia de pinsà a partir d'un avantpassat comú que va arribar del continent.

En molts arxipèlags, com ara les Galápagos o les illes Hawaii, hi ha alguns grups d'organismes vius amb una gran diversitat d'**espècies endèmiques** (que només es troben allà). Això s'explica perquè els organismes que van arribar a aquests arxipèlags els van colonitzar i van evolucionar de manera diferent a cada illa, i així es va originar la gran diversitat d'espècies actuals.

Evidències microscòpiques i moleculars

Tots els éssers vius de la Terra estem constituïts per cèl·lules. Els animals tenim cèl·lules molt similars, i també són semblants a les de les plantes. Tant les unes com les altres són diferents de les cèl·lules dels bacteris. En els nivells microscòpic i molecular, també s'observa que les espècies evolutivament properes tenen cromosomes molt similars; en canvi, les espècies evolutivament distants tenen cromosomes molt diferents.

A dalt, taula amb el diferent nombre de cromosomes en alguns primats. A baix, diferències entre el cromosoma 2 humà i els dels ximpanzés.

Espècie	Ésser humà	Goril·la	Ximpanzé	Orangutan
Nombre de cromosomes (2*n*)	46	48	48	48

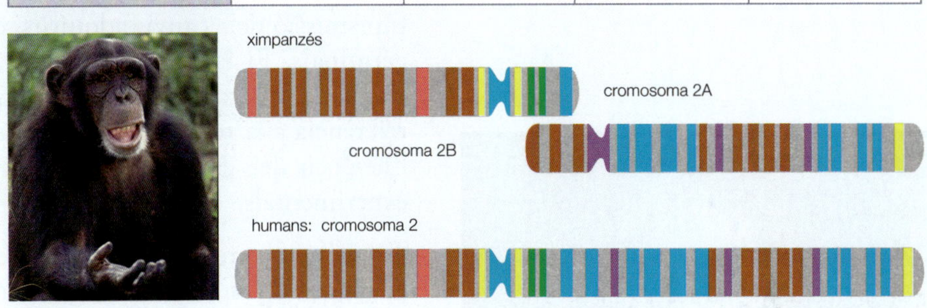

Tots els éssers vius coneguts de la Terra utilitzem els mateixos mecanismes moleculars bàsics, tot i que aquests mecanismes podrien funcionar bé igualment de manera diferent. Això ens indica un origen evolutiu comú:

- Utilitzem **DNA** com a material genètic.
- Fem servir **RNA** com a intermediari en l'expressió de la informació genètica.
- Usem les **proteïnes** com a enzims i per dur a terme nombroses funcions biològiques.
- Construïm les proteïnes amb els mateixos vint **aminoàcids**.
- Utilitzem gairebé el mateix **codi genètic** per llegir la informació genètica.
- Fem servir **ATP** per transferir energia.
- Utilitzem **glucosa** com a font d'energia i per construir altres substàncies.

Alguns gens i algunes proteïnes són presents en un gran nombre d'éssers vius. Habitualment, cada espècie en presenta la seva pròpia seqüència, semblant a les seqüències d'espècies evolutivament properes i molt més diferent d'altres espècies.

Comparació del gen de la beta-globina en diferents espècies

El gen que codifica la cadena beta de l'hemoglobina en humans té 444 parells de nucleòtids.

Arbre evolutiu generat per ordinador a partir de la comparació del gen de la cadena beta de l'hemoglobina. Observa que les espècies evolutivament més properes (com els humans i els ximpanzés) queden agrupades en l'arbre. Amb altres gens s'obtenen arbres molt similars.

Espècies	% identitat
ésser humà – ximpanzé*	99
ésser humà – conill	88
ésser humà – panda gegant	88
ésser humà – toro	86
ésser humà – iac	85
ésser humà – xai	84
ésser humà – ratolí	82
ésser humà – rata	82
ximpanzé – conill	88
ximpanzé – panda gegant	88
ximpanzé – toro	86
ximpanzé – iac	85
ximpanzé – xai	84
ximpanzé – ratolí	83
ximpanzé – rata	83
ratolí – rata	92
ratolí – conill	80
ratolí – xai	78
xai – toro	93
xai – iac	93
toro – iac	99

* En blau s'indiquen les parelles d'espècies més properes evolutivament, amb més del 90% de semblança entre els gens de la cadena beta de l'hemoglobina.

L'explicació actual de com els homínids més primitius, com en Pau, van anar canviant i van originar altres espècies més evolucionades no és ben bé la mateixa que s'hauria fet a l'època de Charles Darwin. Això és degut al fet que noves dades han modificat i millorat els arguments del darwinisme.

La perspectiva actual de l'evolució

Darwin era conscient que la seva teoria, basada en petits canvis graduals, necessitava llarguíssims períodes de temps. Aquest fet va ser objecte d'una crítica demolidora de lord Kelvin, ja que, tal com hem esmentat, no era coherent amb l'edat de la Terra que ell havia calculat, que era força més curta. Tot i que actualment sabem que la dada de lord Kelvin era incorrecta, Darwin no tenia arguments per rebatre-la. En els darrers anys de la seva vida, Darwin acabà acceptant l'herència dels caràcters adquirits com a forma més ràpida d'aconseguir canvis eficaços.

A les acaballes del segle XIX, el biòleg alemany August Weismann diferencià, per primera vegada, les cèl·lules somàtiques de les reproductores. Amb el seu experiment d'amputar les cues dels ratolins durant moltes generacions, demostrà la no transmissió dels canvis adquirits, canvis que no estaven enregistrats en les cèl·lules germinals. El lamarckisme, doncs, quedava refutat com a teoria evolutiva. És a partir de les experiències de Weismann que es parla de **neodarwinisme** per fer referència a la teoria darwinista de l'evolució, despullada de qualsevol referència a l'herència dels caràcters adquirits i confirmada per nous coneixements i aportacions experimentals.

L'any 1942, el biòleg britànic Julian Huxley va publicar l'obra *Evolució, la síntesi moderna*, referent clau per definir la teoria sintètica o síntesi moderna sobre el procés evolutiu.

Tot just en començar el segle XX, es van redescobrir els treballs de Gregor Mendel, en els quals s'establien els mecanismes bàsics de l'herència. Uns anys més tard, fruit de la fusió de les idees de Darwin i Mendel, sorgí una nova branca de la biologia, la **genètica de poblacions**, la qual estudia els canvis que experimenta la composició genètica de les poblacions amb el pas del temps.

A mitjan segle XX, s'introduïren els termes de **síntesi moderna** o **teoria sintètica**, que es poden utilitzar com a sinònims de *neodarwinisme*, per anomenar el consens de la comunitat científica sobre la teoria de Darwin, enriquida amb els nous coneixements procedents de camps diversos (citologia, genètica, demografia, estadística, etc.). Aquest paradigma científic ha anat incorporant noves aportacions des d'aleshores, com els processos que donen lloc a la formació de noves espècies o les interaccions entre l'èxit reproductor i la selecció natural.

Els seus postulats bàsics són els següents:

- L'evolució gradual de les espècies es pot explicar mitjançant l'aparició de petits canvis aleatoris en el material genètic, és a dir, les **mutacions**, que s'expressen en variacions de les característiques morfològiques, fisiològiques o de comportament, i poden ser afavorides per efecte de la **selecció natural**.

L'albinisme és un exemple de caràcter produït per una mutació. A la natura, els individus albins acostumen a tenir menys eficàcia biològica.

- Les mutacions es produeixen sense que hi hagi cap relació amb l'adaptabilitat a l'ambient. És a dir, l'individu mutant no té una probabilitat més alta d'aparèixer en un ambient on sigui afavorit que en un altre on seria seleccionat en contra. **Les mutacions no tenen una finalitat adaptativa.** Dit d'una altra manera: són **preadaptatives.**
- Les mutacions, juntament amb la recombinació genètica i la separació a l'atzar dels cromosomes homòlegs durant la meiosi, originen la variabilitat genètica existent a la població de qualsevol espècie.

- Alguns canvis que es produeixen en els organismes, com a conseqüència de les mutacions, els confereixen característiques que els permeten **més supervivència** en unes condicions ambientals determinades. Aquests organismes tenen una **eficàcia biològica més alta**, és a dir, són més aptes per sobreviure i es reprodueixen més, afavorits per la selecció natural.
- L'acció de la selecció natural, que elimina els individus amb unes característiques menys adaptatives i afavoreix els individus més ben adaptats, origina **canvis en les freqüències gèniques**. Altres factors com la mutació, les migracions i la deriva genètica també fan variar aquestes freqüències.
- L'**aïllament** d'una part de la població és també un factor clau en l'especiació. Afavoreix la diversificació genètica de les poblacions i n'impossibilita la barreja i la hibridació.

Esquema de les idees clau de la síntesi moderna sobre l'evolució.

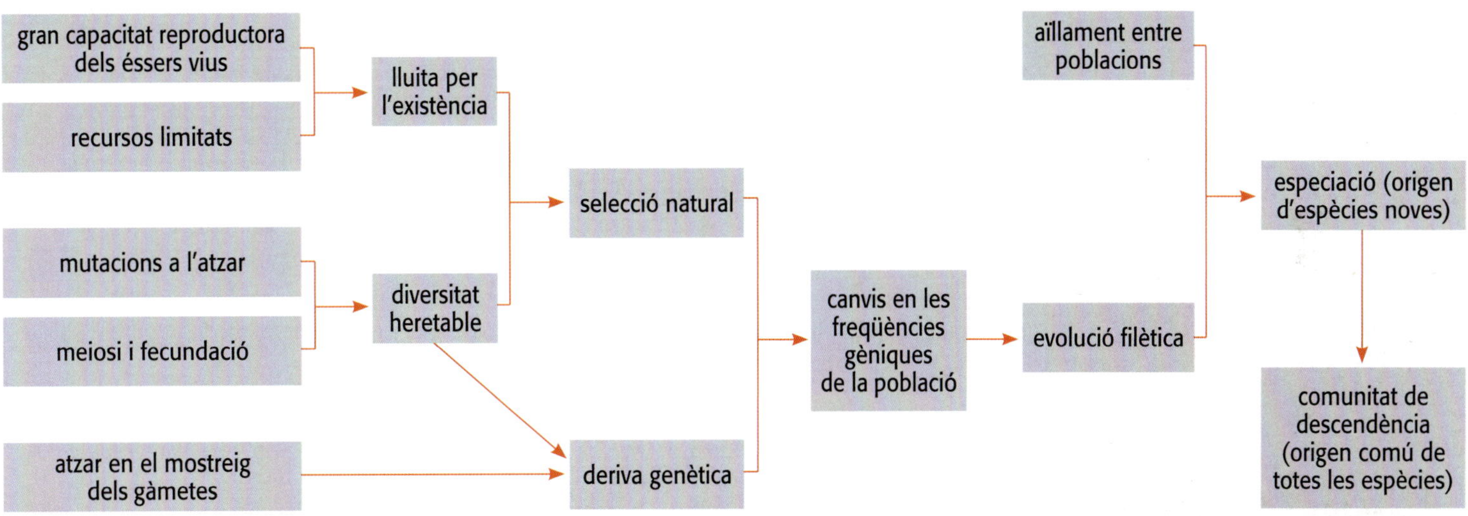

ACTIVITATS

Biston betularia: un exemple de procés evolutiu?

Biston betularia és una papallona nocturna que viu als boscos anglesos. Durant el dia les papallones d'aquesta espècie descansen sobre els troncs dels arbres, on són depredades pels ocells. Se'n coneixen dues formes: la normal (a dalt, a la imatge) i la melànica (a baix). En zones sense contaminació, les escorces dels arbres estan plenes de líquens, com mostra la imatge adjunta. En zones industrials, en canvi, estan molt enfosquides pel sutge i no contenen líquens. L'any 1950 el biòleg anglès Bernard Kettlewell va alliberar exemplars de *Biston betularia* de les dues formes, que havia criat al laboratori. Part d'aquests animals els va alliberar a la localitat agrícola de Dorset, i d'altres, a la zona industrial de Birmingham. Totes les papallones estaven marcades per poder-les identificar. Uns dies més tard va instal·lar trampes de llum per capturar-les. El quadre següent mostra les dades obtingudes:

Localitat		Nombre de papallones	
		normals	melàniques
Dorset	alliberades	393	406
	recapturades	54	19
Birmingham	alliberades	64	154
	recapturades	16	82

1. Representa les dades en un gràfic de barres.
2. L'absència de líquens afavoreix l'aparició de formes melàniques? I l'abundància? Raona-ho.
3. Com ha actuat la selecció natural en aquest procés? Explica-ho en el context de cada localitat.
4. Explica globalment el procés de variació de les poblacions de *Biston betularia* aplicant-hi les idees clau de la síntesi moderna.
5. Creus que hi ha alguna relació entre la variabilitat d'una espècie i les seves possibilitats de perdurar en el temps? Raona la resposta.

Qualsevol esdeveniment evolutiu, com els canvis que van experimentar espècies de simis més primitives fins a originar l'espècie a la qual pertanyia en Pau, es basa en canvis en les freqüències gèniques de les poblacions. Per estudiar quins factors generen aquest tipus de canvis, es poden imaginar unes condicions ideals en les quals les freqüències gèniques es mantenen invariables.

Els canvis evolutius: canvis en les freqüències gèniques

S'anomenen **freqüències gèniques** o **al·lèliques** les proporcions o percentatges d'un al·lel determinat d'un gen en una població. Les **freqüències genotípiques**, en canvi, són les proporcions o percentatges d'individus que tenen un determinat genotip, i les **freqüències fenotípiques**, un determinat fenotip.

En una hipotètica població en la qual no hi hagi mutacions, ni migracions ni selecció natural, que compti amb un nombre molt elevat d'individus i on l'aparellament entre els individus sigui totalment a l'atzar –fenomen anomenat **panmixi**–, les freqüències gèniques es mantenen constants. Aquest enunciat, que es coneix amb el nom de **llei de Hardy-Weinberg**, permet demostrar que la reproducció sexual no altera aquestes freqüències, com podem veure en l'exemple següent d'una població de plantes:

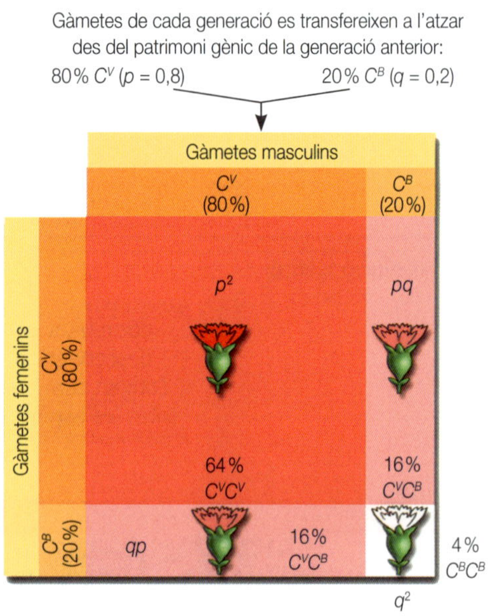

Exemple de l'aplicació de la llei de Hardy-Weinberg

En una població de plantes en equilibri (sense mutació, ni selecció, ni migracions, amb panmixi i un nombre molt gran d'individus), considerem dos al·lels amb herència intermèdia: C^V, que dona flors vermelles, i C^B, que les produeix blanques. Imaginem una població inicial de 200 plantes: 128 de flors vermelles, 64 de roses i 8 de blanques.

Freqüències genotípiques: $F(C^VC^V) = 128/200 = 0{,}64$; $F(C^BC^V) = 64/200 = 0{,}32$; $F(C^BC^B) = 8/200 = 0{,}04$.

Freqüències gèniques: $F(C^V) = p = (128 \cdot 2 + 64) : 400 = 0{,}8$; $F(C^B) = q = (8 \cdot 2 + 64) : 400 = 0{,}2$.

Les freqüències genotípiques de la F_1 es poden calcular multiplicant les freqüències gèniques en cada cas, ja que els gàmetes es produiran amb les mateixes freqüències: $F(C^VC^V) = p^2 = 0{,}64$; $F(C^BC^V) = 2pq = 0{,}32$; $F(C^BC^B) = q^2 = 0{,}04$.

Si calculem les freqüències gèniques de la F_1 per veure si han variat: $F(C^V) = p^2 + 1/2 \cdot 2pq = 0{,}64 + 1/2 \cdot 0{,}32 = 0{,}8$.

$$F(C^B) = q^2 + 1/2 \cdot 2pq = 0{,}04 + 1/2 \cdot 0{,}32 = 0{,}2$$

S'observa que, en una població en equilibri, les freqüències gèniques es mantenen invariables de generació en generació.

La demostració d'aquesta constància permet deduir que els factors que poden originar canvis en les freqüències gèniques –i, per tant, canvis evolutius– són precisament aquells que n'alteren l'estabilitat: la mutació, les migracions, la selecció natural, la manca de panmixi i la deriva genètica.

ACTIVITATS

Les freqüències gèniques i genotípiques a *Biston betularia*

La taula mostra els resultats d'un experiment amb papallones geòmetres semblant al de Kettlewell, però en el qual es va analitzar el nombre d'exemplars dels diferents genotips alliberats i recapturats.

L'al·lel *D* correspon a la coloració de color fosc (melànic) i és dominant.

L'al·lel *d* determina el color clar, que es confon amb els líquens de l'escorça.

	Birmingham			Dorset		
	Genotips					
	DD	*Dd*	*dd*	*DD*	*Dd*	*dd*
Població inicial	100	200	100	100	200	100
Població final	86	121	47	29	81	90

1. Calcula les freqüències dels 3 genotips a l'estat inicial i final de cada localitat.
2. Fes el mateix amb les freqüències dels al·lels *D* i *d*. Quins canvis s'observen?
3. Calcula les freqüències dels dos fenotips (forma clara i forma fosca) a l'estat inicial i final de cada localitat. Com explicaries aquesta variació?
4. Quins altres factors podrien fer variar les freqüències gèniques? Com les podrien afectar?

Els factors del canvi evolutiu

Els factors del canvi evolutiu són aquells que alteren les condicions de l'equilibri de Hardy-Weinberg, els quals sovint actuen de forma combinada. Alguns cops compensen els seus efectes i les freqüències gèniques de la població no varien, però molts d'altres sí que generen canvis. Aquests factors són els següents:

- La **mutació**: origina nous al·lels.
- La **selecció natural**: redueix la freqüència dels al·lels més desfavorables en un determinat ambient i fa augmentar la dels que tenen més valor adaptatiu.
- Les **migracions**: fluxos d'individus entre diferents poblacions d'una mateixa espècie. Molt sovint comporten canvis en les freqüències gèniques, ja que és habitual que les poblacions tinguin diferències genètiques.
- La **deriva genètica**: alteracions de les freqüències gèniques que es poden produir en poblacions de dimensions reduïdes. Es donen a causa de l'atzar en el grup d'individus que es reprodueixen o en els gàmetes que originen els nous individus.
- La **manca de panmixi**: molt sovint a la natura l'aparellament entre individus no es produeix de forma aleatòria, sinó que segueix uns criteris determinats (selecció sexual). Aquest procés altera les freqüències genotípiques i, a la llarga, també pot alterar les gèniques.

Si la població en la qual vivia en Pau hagués estat en equilibri, les seves freqüències gèniques s'haurien mantingut constants en el temps i, per tant, no hauria evolucionat. Aquest mateix principi és aplicable a qualsevol població de qualsevol espècie vivent. A la natura, les condicions d'equilibri s'assoleixen poques vegades i, gràcies a això, es produeix l'evolució. Però quins són i com actuen els factors que alteren l'equilibri i poden impulsar el canvi evolutiu?

En aquest QR o a l'enllaç http://qr.teide.eu/027B trobaràs un programa amb què podràs simular com afecta l'acció de la selecció natural i de la deriva genètica sobre una població.

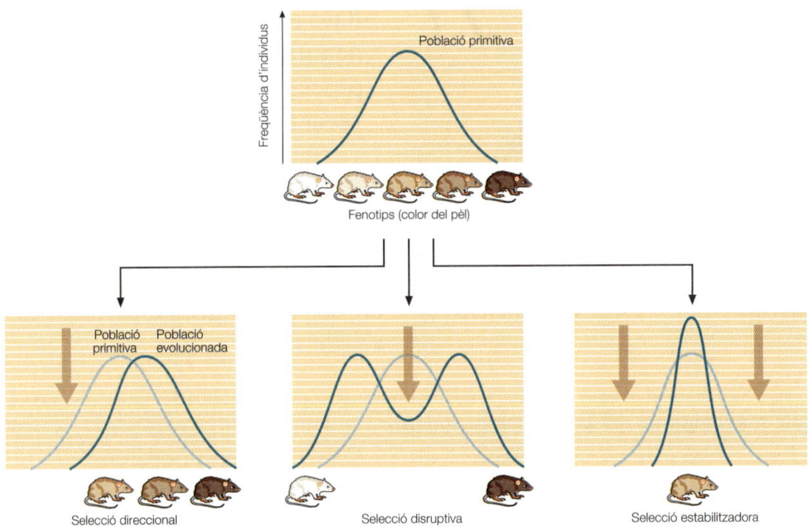

Els tres tipus de selecció natural i els seus efectes. Les fletxes indiquen la franja o franges de població més afectades per la selecció natural en contra.

ACTIVITATS

Canvis sobtats en les freqüències gèniques

Imagina una població de deu plantes amb flors vermelles, roses o blanques de l'espècie esmentada a la pàgina anterior.

1. Calcula les freqüències dels dos al·lels a les tres generacions i representa el resultat en un gràfic.
2. S'observa algun canvi en aquests valors? A quin factor es poden atribuir? Quins altres factors poden alterar les freqüències gèniques?
3. Repeteix els càlculs suposant que les dues plantes que es reprodueixen a la generació 2 són de flors blanques. Compara'ls amb les dades anteriors i explica les causes de les diferències que detectis.

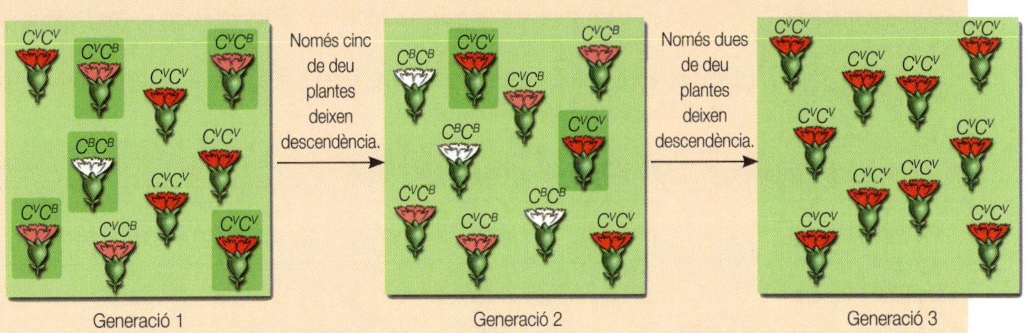

Quan es descobreixen restes fòssils, com les d'en Pau, una primera pregunta que es plantegen els investigadors és a quina espècie pertanyen. Un cas semblant es dona quan els científics troben una planta, un animal o qualsevol altre tipus d'organisme que aparentment no es coneix. El concepte d'espècie i els processos que n'originen de noves són aspectes clau de l'evolució. L'estudi dels caràcters anatòmics d'en Pau, fet per l'equip del Dr. Moyà, va concloure que pertanyia a una espècie desconeguda que van anomenar *Pierolapithecus catalaunicus* (que significa 'simi de Pierola català').

L'especiació

El **concepte biològic d'espècie**, proposat per Ernst Mayr l'any 1942, es defineix com una població o un conjunt de poblacions d'éssers vius que a la natura es poden encreuar entre si i originar descendents fèrtils. Aquest concepte implica l'existència de **mecanismes d'aïllament reproductor** que impedeixen l'encreuament entre els organismes que formen part d'una espècie i les poblacions d'altres espècies.

El concepte biològic d'espècie no es pot aplicar en tots els casos, com passa amb els organismes que es reprodueixen asexualment o els éssers vius que, com en el cas d'en Pau, només es coneixen a partir de restes fòssils; en aquests casos s'utilitzen característiques morfològiques per definir les espècies.

Els dos patrons bàsics d'especiació.

El procés d'aparició de noves espècies, conegut com a **especiació**, és un dels aspectes clau de l'evolució. Hi ha dos patrons bàsics d'especiació:

- L'**anagènesi** o **evolució filètica**: l'acumulació progressiva de canvis heretables en una espècie inicial l'acaba transformant en una altra de diferent.
- La **cladogènesi** o **evolució ramificada**: a partir d'una espècie inicial s'originen una o més espècies noves. Aquest procés és el que fa augmentar la diversitat biològica a la biosfera.

L'aparició de noves espècies requereix l'existència de mecanismes d'aïllament reproductor, dels quals es coneixen diversos tipus, que es poden classificar en dos grans grups: prezigòtics i postzigòtics.

Classificació dels mecanismes d'aïllament reproductor	
1. Prezigòtics (impedeixen la formació de zigots entre membres de les dues poblacions)	
Aïllament ecològic	Les poblacions ocupen un mateix territori, però viuen en hàbitats diferents i no es troben.
Aïllament temporal	El període d'aparellament o la floració passen en diferents moments.
Aïllament etològic	L'atracció sexual entre mascles i femelles de les dues poblacions és feble o no n'hi ha.
Aïllament mecànic	La còpula o transferència de pol·len s'impedeix per les diferents mides o formes dels òrgans reproductors.
Aïllament gamètic	Les cèl·lules reproductores no s'atreuen l'una a l'altra, o bé els espermatozoides o el pol·len són inviables en els conductes genitals o en els estigmes de les flors.
2. Postzigòtics (redueixen la viabilitat o fertilitat dels híbrids)	
Inviabilitat híbrida	Els zigots híbrids no es poden desenvolupar o no assoleixen la maduresa sexual.
Esterilitat híbrida	Els híbrids no produeixen gàmetes reproductors.
Deteriorament híbrid	Els descendents dels híbrids mostren viabilitat reduïda.

Com es pot originar una nova espècie?

El procés d'especiació pot tenir lloc de dues maneres diferents:

- **Especiació geogràfica o al·lopàtrica:** les espècies noves apareixen mentre hi ha un aïllament geogràfic entre les poblacions originàries. Es produeix en diverses fases:
  - L'intercanvi genètic entre dues poblacions s'interromp a causa d'una barrera geogràfica.
  - Les dues poblacions separades divergeixen genèticament per algun dels mecanismes que alteren el seu equilibri (selecció natural en ambients diferents, deriva genètica, etc.).
  - La divergència genètica comporta l'aparició de mecanismes d'aïllament reproductiu.
  - Les dues poblacions es tornen a posar en contacte (desaparició de la barrera geogràfica, migració, etc.), però es troben totalment aïllades reproductivament: ja són dues espècies diferents.
- **Especiació simpàtrica:** apareixen les espècies noves sense cap barrera geogràfica entre els organismes de la població inicial. En aquest cas, la interrupció de l'intercanvi genètic entre les subpoblacions es pot produir per algun dels mecanismes següents:
  - Aparició de **mutacions cromosòmiques** per errades en la divisió cel·lular, com ara la **poliploïdia** (duplicació de tot el material genètic). Es donen amb més freqüència en vegetals i originen individus que es poden encreuar entre si, però no amb els de l'espècie de la qual procedeixen.
  - Canvis genètics (mutacions) que permeten a una subpoblació **explotar recursos alimentaris diferents**.
  - Canvis genètics (mutacions) que generen **polimorfisme** a la població inicial, el qual dona lloc a processos de **selecció sexual entre subpoblacions**.

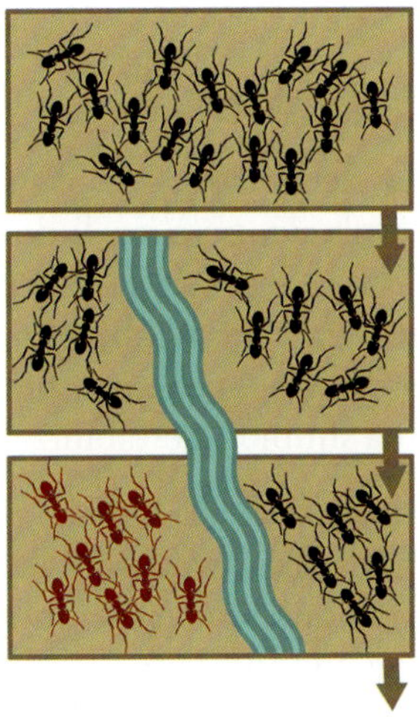

Especiació geogràfica o al·lopàtrica.

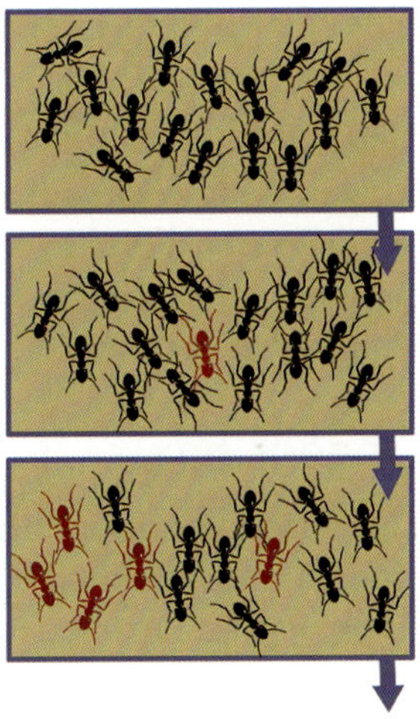

Especiació simpàtrica.

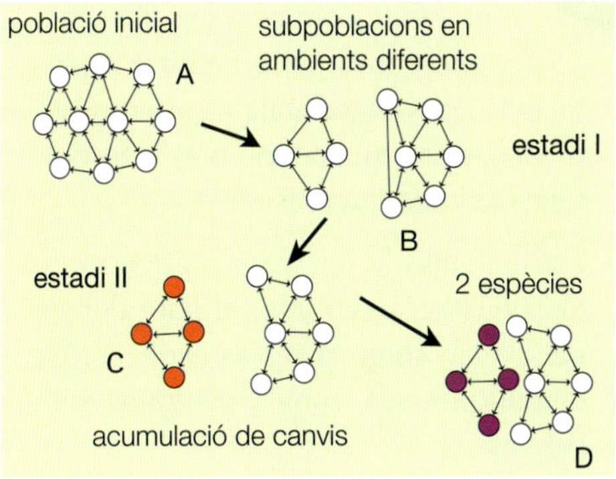

Representació del procés d'especiació geogràfica.

ACTIVITATS

Les sargantanes de les illes Balears

Fa uns 6 milions d'anys, les illes Balears estaven unides a la península Ibèrica. La sargantana *Podarcis muralis* habitava tot aquest territori fins que, a causa de la separació de les illes, grups d'aquesta sargantana van quedar aïllats del continent i entre ells mateixos. Actualment podem trobar a cada illa una espècie diferent del gènere *Podarcis*: *Podarcis lilfordi* a Mallorca, *Podarcis pityusensis* a Formentera, etc.

1. Tenint en compte el concepte biològic d'espècie, com es podria demostrar que dues poblacions de sargantanes, que es troben en un illot cada una, són d'espècies diferents?
2. Utilitza els conceptes *mutació, selecció natural* i *variabilitat intraespecífica* per justificar, d'acord amb les idees científiques actuals, la situació descrita a l'enunciat.
3. Si accidentalment una sargantana de Mallorca arribés a Menorca dins d'un dels vaixells que comuniquen aquestes dues illes, es podria reproduir amb les sargantanes d'aquesta illa? Per què?

L'aparició d'una nova espècie d'homínid, com és el cas d'en Pau, s'explica amb certa facilitat a partir dels canvis graduals d'una espècie predecessora, tal com proposen els postulats del neodarwinisme.

Sense contradir les bases d'aquest model de procés evolutiu, al llarg del segle XX van sorgir diverses explicacions científiques als canvis evolutius més sobtats.

Elysia viridis, un mol·lusc gastròpode marí que recorda un llimac, és un exemple de simbiogènesi d'animals amb algues.

Lynn Margulis (1938-2011).

Més enllà del neodarwinisme

La simbiogènesi, els gens *Hox* o l'evolució modular són arguments científics per explicar els canvis evolutius.

La simbiogènesi

La científica Lynn Margulis reconeixia el paper cabdal de la selecció natural en l'evolució, però no li donava tanta importància a les mutacions com el neodarwinisme. Segons Margulis, la variació heretable procedia sobretot de l'adquisició de genomes per **simbiogènesi**: conjunts sencers de gens, o fins i tot organismes amb el seu propi genoma, són assimilats i incorporats per d'altres. Allò que inicialment és una simbiosi s'estabilitza a llarg termini i esdevé un canvi evolutiu.

Els anomenats *animals fotosintètics* són un bon exemple de simbiogènesi. El mol·lusc marí *Elysia viridis* és verd perquè els seus teixits contenen algues microscòpiques simbionts que fan la fotosíntesi. No els cal, doncs, menjar. Margulis argumentava que aquests animals són diferents dels seus avantpassats menjadors d'algues. La utilització i l'herència permanent del genoma sencer de l'alga són un exemple de com una simbiosi podria desembocar en una simbiogènesi, amb la formació d'una espècie nova.

Avui, la major part de la comunitat científica accepta la simbiogènesi per explicar l'origen de la cèl·lula eucariota, però discuteix que sigui un mecanisme realment important en l'evolució dels organismes pluricel·lulars. No hi ha evidències, per exemple, que aquest mecanisme hagi originat cap de les espècies conegudes d'aus o mamífers, però és clar que no tots els organismes pertanyen a aquests grups.

Els gens *hox*

El científic britànic William Bateson (1861-1926) argumentava que l'evolució no es produïa mitjançant canvis graduals. En les plantes i els animals que havia observat, les estructures apareixien i desapareixien sobtadament, o es transformaven de manera discreta i completa. Els pèsols mendelians són llisos o rugosos, verds o grocs, però no canvien gradualment d'una forma a l'altra. Bateson va proposar el terme **homeosi** per definir aquesta transformació d'una forma en una altra.

L'any 1915 es va observar la primera homeosi en animals, una mutació a *Drosophila* que originava mosques amb dos parells d'ales en comptes d'un. Estudis posteriors van demostrar que la identitat anatòmica de cada segment de *Drosophila* depèn d'uns gens reguladors anomenats **gens homeòtics**, les mutacions dels quals poden provocar alteracions de la posició de les estructures d'un animal.

ACTIVITATS

Una bèstia amb cinc genomes

Mixotricha paradoxa és un protoctist extraordinari. Viu a l'interior del tub digestiu dels tèrmits i els facilita la digestió de la cel·lulosa de la fusta. Tot i que té quatre flagels, no els utilitza per desplaçar-se, sinó com a timó. La locomoció depèn de centenars de milers de cilis que, en realitat, no són tals sinó tres espècies diferents de bacteris semblants a les espiroquetes. *Mixotricha* no té mitocondris, però disposa de bacteris esferoidals endosimbionts que actuen com a tals.

1. Margulis qualificava *Mixotricha* com «el pòster animal» de la simbiogènesi. Raona'n el perquè.
2. El neodarwinisme rebutja el principi lamarckià de l'herència dels caràcters adquirits. En quina mesura l'adquisició de genomes podria ser utilitzada per defensar la validesa del lamarckisme?

Els gens homeòtics codifiquen proteïnes reguladores, que són activadores o repressores de gens responsables d'estructures anatòmiques específiques. Així, per exemple, un gen mutat de la proteïna homeòtica toràcica determina que també s'expressi en el segment cefàlic i produeix el desenvolupament de potes en lloc d'antenes.

L'anàlisi molecular dels gens homeòtics de *Drosophila* va evidenciar que tots tenen una seqüència de 180 nucleòtids anomenada *homeobox* o **seqüència homeòtica.** Animals tan diversos com els insectes, els ratolins o els humans compartim les mateixes seqüències homeòtiques i, conseqüentment, els mateixos patrons de desenvolupament. Tant és així que els **gens *Hox*** (abreviació de *homeobox*) són intercanviables entre espècies! Un gen *Hox* humà és capaç de *curar* una mosca que tingui mutat el gen equivalent. Així doncs, l'extraordinària diversitat de formes animals de la Terra respon a un mateix conjunt de gens homeòtics preservat des de fa uns 600 milions d'anys, que serveix per construir gairebé qualsevol animal imaginable, segons les sèries de gens *Hox* existents al genoma de cada espècie i les parts del cos on s'expressin, tot originant estructures anatòmiques.

Evolució modular

Esdeveniments evolutius transcendentals, com l'origen dels vertebrats a partir dels invertebrats o l'evolució dels tetràpodes a partir dels peixos, són difícils d'explicar pels canvis graduals que proposa el neodarwinisme. Canvis en els gens *Hox*, però, poden tenir un impacte profund en la morfologia. L'espectacular varietat de formes vives s'ha generat amb els mateixos **mòduls genètics**, formats per un o més gens *Hox*, que organitzen el desenvolupament. L'evolució, doncs, generaria noves combinacions d'aquests mòduls universals que serien fixades per la selecció natural. En aquest sentit, la simbiogènesi és un exemple d'evolució modular: una espècie es forma per la suma de diferents mòduls genètics (genomes).

La proposta de l'evolució modular no és antidarwiniana, sinó que argumenta que els mecanismes darwinians de l'evolució només són rellevants en els nivells filogenètics més baixos; dit d'una altra manera, servirien per explicar l'aparició d'en Pau, però no la d'una classe com els mamífers i, encara menys, la d'un fílum com els cordats.

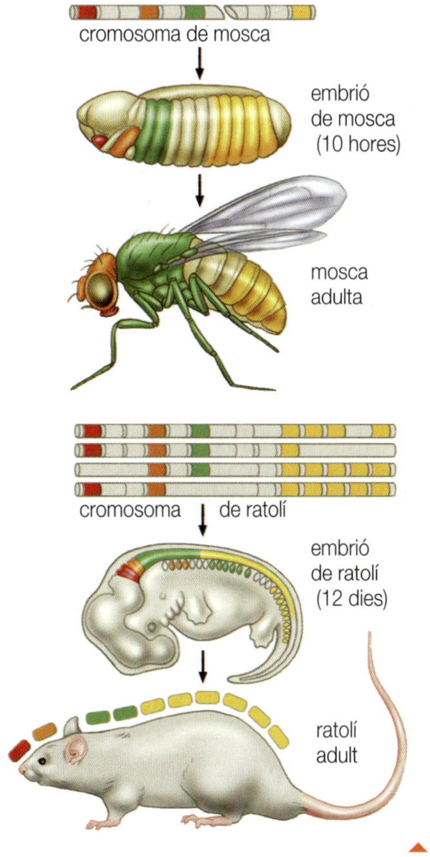

Conservació dels gens *Hox* a *Drosophila* i en un ratolí
Cada banda de color representa un gen *Hox*. A *Drosophila*, tots els gens *Hox* es troben en un cromosoma. El ratolí i altres mamífers tenen quatre sèries de gens *Hox*, situades als cromosomes 2, 6, 11 i 15. El codi de colors indica les parts dels embrions en què s'expressen aquests gens i les regions del cos resultants.

ACTIVITATS

Els gens *Hox* en invertebrats

El dibuix adjunt mostra, amb un codi de colors, els diferents gens *Hox* que s'expressen en diferents parts del cos d'un crustaci (artèmia) i d'un insecte (llagosta).

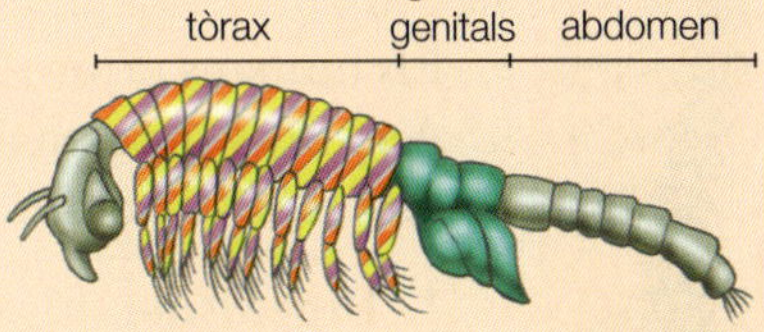

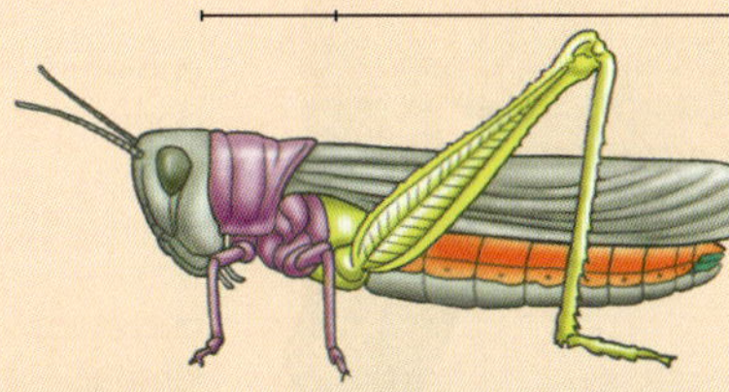

1. Explica el diferent nombre d'extremitats entre aquests organismes a partir d'aquestes dades.
2. Tenint en compte aquest patró de funcionament, dedueix com es deuen expressar els gens *Hox* implicats en la formació de potes en les dues espècies d'invertebrats de la dreta.
3. Els nematodes no tenen bona part dels gens *Hox* presents en altres invertebrats. Explica, en termes evolutius i utilitzant com a exemple els nematodes, quins canvis en aquests gens poden provocar l'aparició sobtada d'un nou grup d'organismes.
4. La presència de gens *Hox* en organismes molt diversos es pot interpretar com una evidència de l'evolució? Justifica la resposta.

Escolopendra.

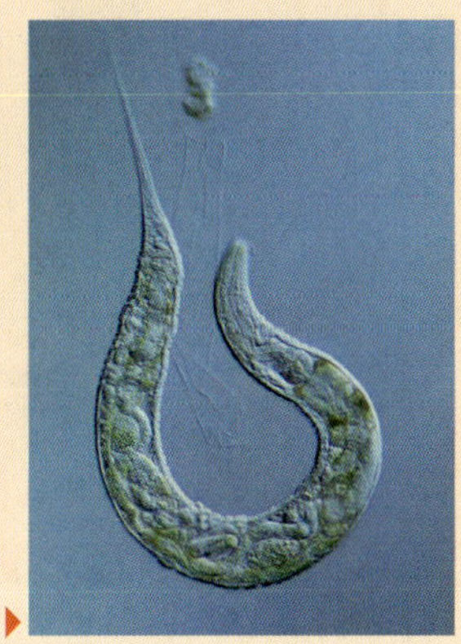

Cuc nematode.

Evolució humana

En Pau podria ser l'avantpassat comú no tan sols dels humans, sinó d'altres espècies de primats. Però, quines són aquestes altres espècies? De quina manera hem arribat a ser diferents d'aquestes espècies?

Les característiques anatòmiques i moleculars dels humans indiquen que som mamífers primats. L'absència de cua i altres característiques ens situa en el grup dels **hominoïdeus**, que compartim amb ximpanzés, bonobos, goril·les, orangutans i diverses espècies de gibons. Els fòssils trobats i les datacions calculades amb el rellotge molecular, comparant seqüències gèniques, permeten inferir un **arbre evolutiu**. Cal tenir en compte que aquesta només és la part final de l'evolució dels hominoïdeus. Si volguéssim mostrar-la tota, hauríem d'incloure uns 3 800 milions d'anys, i acabaríem emparentats amb tots els organismes vius del planeta.

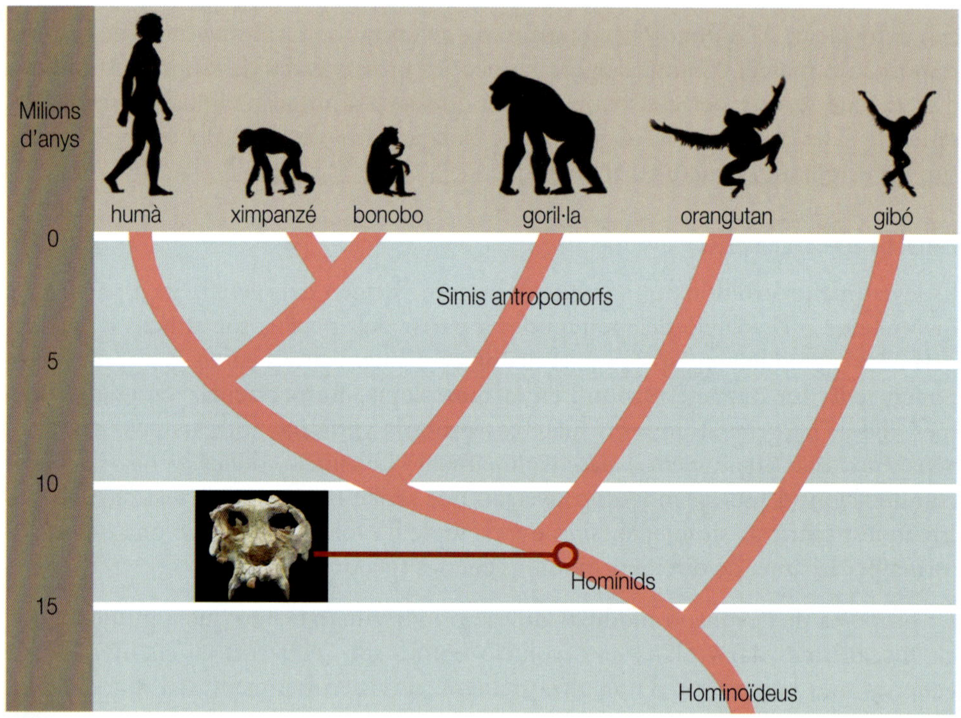

Arbre evolutiu dels hominoïdeus.

De totes aquestes espècies, les que es van diferenciar abans són els gibons. A partir d'aquella separació, les espècies de la branca evolutiva que acabà conduint als humans, els ximpanzés, els bonobos, els goril·les i els orangutans formen la família **homínids**. En Pau podria ser el darrer avantpassat comú de tots els homínids.

Els humans utilitzem el llenguatge articulat i tenim més habilitat manual. A més, si comparem l'esquelet d'un humà amb el d'un altre hominoïdeu actual, com ara un goril·la, hi trobarem dues diferències fonamentals:

1. **Bipedisme.** Els humans som bípedes: estem adaptats a caminar sobre les cames. Això es nota en la curvatura de la columna vertebral, en la forma de la pelvis, els genolls i els peus, i en l'orientació del *foramen magnum*, el gran forat a la base del crani per on entra la medul·la espinal.
2. **Capacitat craniana.** Els humans tenim una capacitat cranial més gran, que permet allotjar un cervell més gros: com a mitjana, uns 1 400 cm^3, davant dels 400 d'un ximpanzé o un goril·la (que ja tenen un cervell gros en relació amb el seu pes).

Durant molts anys, els paleoantropòlegs es preguntaven quina d'aquestes dues diferències va ser primer: el bipedisme o el cervell molt gran? La resposta la van donar els fòssils.

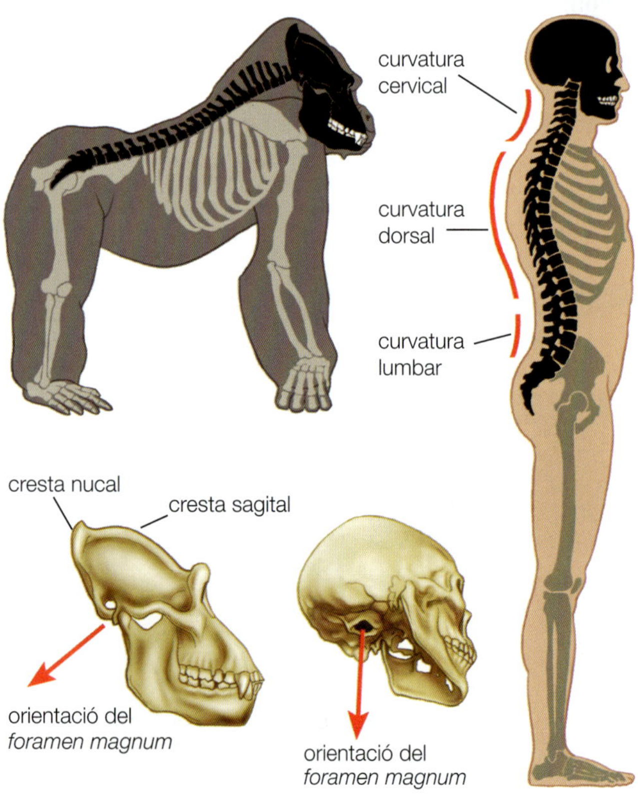

Comparació entre la columna vertebral i el crani d'un goril·la i d'un humà.

Ardipithecus, *Australopithecus* i *Homo*

Des de finals del segle XIX fins avui, els paleontòlegs han descobert nombrosos fòssils d'homínids de la línia humana. Els més antics s'han trobat a l'Àfrica, el continent on encara viuen els nostres parents més propers (ximpanzés, bonobos i goril·les).

Ardipithecus ramidus i *Australopithecus afarensis* tenien una capacitat craniana semblant a la dels ximpanzés actuals, però l'anàlisi del seu esquelet i les petjades fossilitzades d'*Australopithecus afarensis* a Laetoli mostren que eren bípedes.

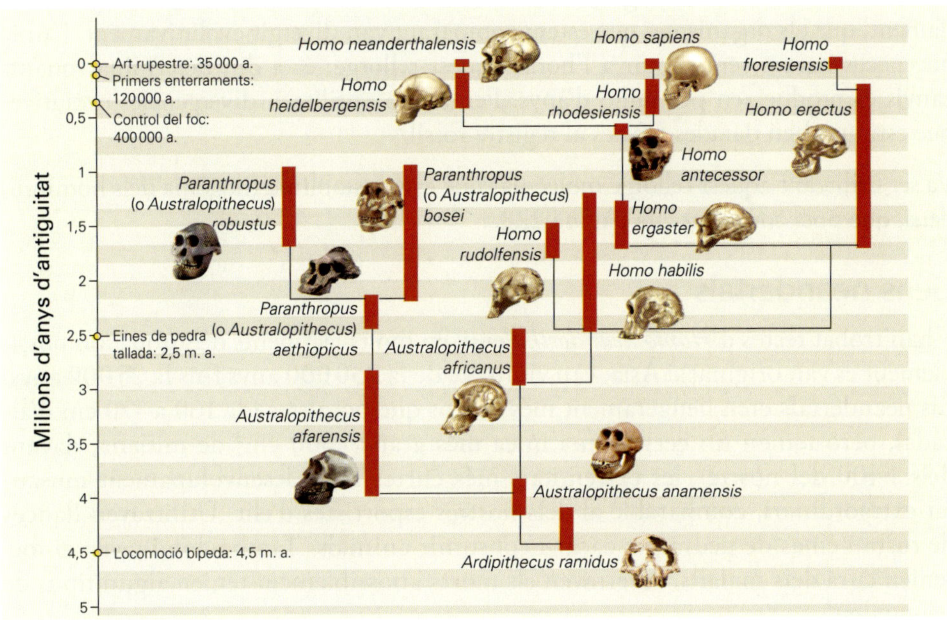

Cronologia d'algunes espècies humanes i relacions evolutives proposades. La gran majoria procedeixen de l'Àfrica. Es pot observar la coexistència de diverses espècies en diferents ocasions, així com els canvis en la forma del crani, especialment en l'increment del seu volum.

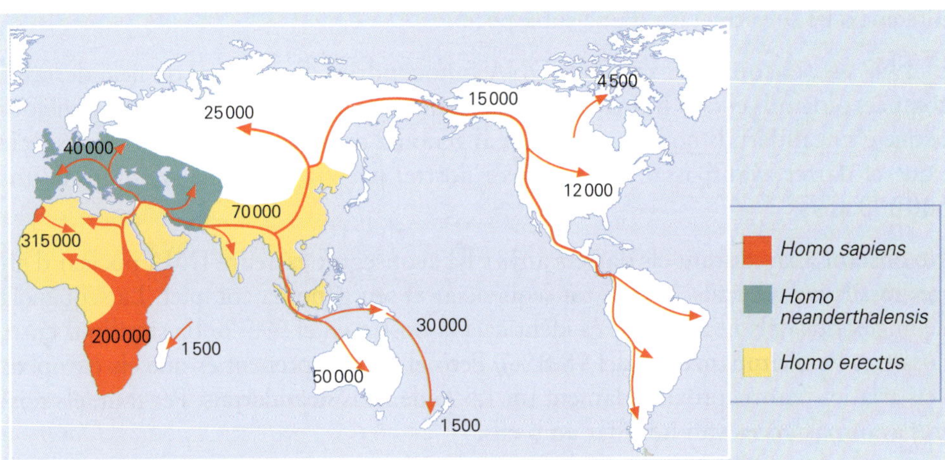

Expansió dels humans per tot el món a partir de l'Àfrica. La troballa de restes d'*Homo sapiens* al Marroc, de 315 000 anys d'antiguitat, publicada el 2017, ha avançat la data d'origen de la nostra espècie. Els fòssils que es trobin en el futur i els estudis genètics en poblacions humanes aportaran nova informació sobre la nostra evolució.

Posteriorment, *Homo habilis* tenia més capacitat craniana i fou el primer associat a eines de pedra tallada. Alguns dels seus descendents (*Homo erectus*) es van estendre per l'Àsia o per Europa i l'Orient Mitjà (*Homo neanderthalensis*). Finalment, els primers *Homo sapiens* es van originar a l'Àfrica, des d'on van anar ocupant tot el món i desplaçant les altres espècies d'homínids.

ACTIVITATS

Com caminaven els australopitecs?

La imatge compara el crani d'un ximpanzé i el d'un *Australopithecus afarensis*.

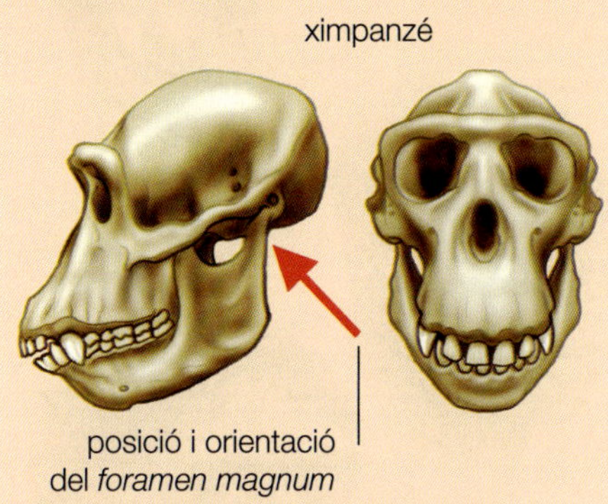

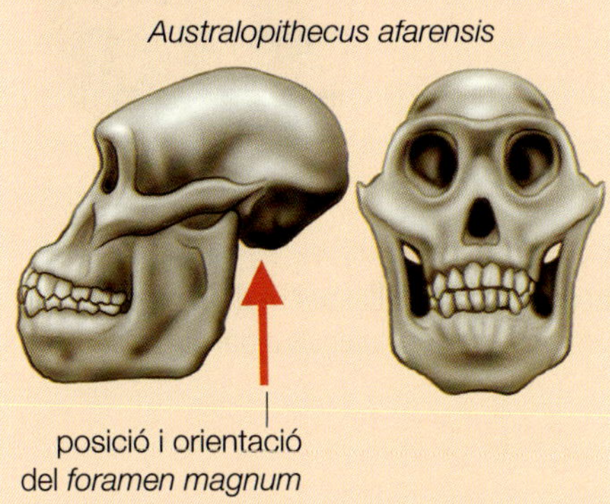

A partir de la imatge i la informació d'aquesta doble pàgina, respon les qüestions següents:

1. Quina de les característiques dels cranis representats ens permet deduir com caminaven els australopitecs? Explica-ho.
2. Altres regions dels esquelets han confirmat el que indiquen els cranis. Quines poden ser aquestes altres regions?
3. Basant-te en les dades obtingudes, respon la pregunta que es feien els paleoantropòlegs: què va evolucionar primer en els homínids, el bipedisme o el cervell molt gran? Justifica la resposta.

El rellotge molecular

Els fòssils, com en Pau, donen una informació valuosíssima sobre el procés evolutiu. Una segona font és la comparació de seqüències gèniques, tant entre espècies vives com amb fòssils recents.

Les seqüències dels gens són similars, però no idèntiques. Al llarg de l'evolució, el DNA canvia a causa de mutacions que acaben predominant en l'espècie, ja sigui per *selecció natural* o per *deriva genètica*. Això farà que les diferències genètiques entre dues espècies siguin més grans com més temps faci que van divergir evolutivament.

Encara més, si una determinada seqüència gènica no es veu greument afectada per la selecció natural i el ritme de mutació és constant, podrem utilitzar aquestes diferències com una mena de **rellotge molecular**, que ens dirà quant de temps fa, aproximadament, que els organismes que estem comparant van divergir evolutivament. L'únic que necessitarem serà «posar a l'hora» aquest rellotge, és a dir, determinar quants canvis es produeixen per milió d'anys. Per a això s'utilitzen divergències evolutives que estiguin ben datades gràcies al registre fòssil.

Va ser utilitzant aquest rellotge molecular que es va establir la filogènia dels hominoïdeus, que pots consultar a la pàgina 228.

Reconstrucció de l'aspecte d'un mascle d'*Homo neanderthalensis* a partir del seu crani.

Gens neandertals

S'han trobat restes d'*Homo neanderthalensis* en molts jaciments d'Europa (on possiblement es van originar) i Àsia; van viure des de fa 230 000 anys fins fa 25 000 anys. Els neandertals eren lleugerament més baixos que nosaltres (de 160 a 170 cm d'alçada), però tenien un cervell una mica més gran (1 500 cm^3 de mitjana, davant dels 1 400 del nostre), les extremitats més curtes i un desenvolupament muscular extraordinari, comparable al dels nostres esportistes d'elit. Utilitzaven llances de fusta i eines de pedra per caçar i consumir animals. També dominaven el foc, tenien cura dels malalts, enterraven els morts i possiblement tenien algun tipus de llenguatge.

Durant molt de temps, els científics van debatre si els neandertals simplement s'havien extingit o bé si hi havia hagut hibridació amb els primers *Homo sapiens* que van arribar al seu territori. Aquest debat anava lligat al de si es tractava d'una espècie diferent o bé si es tractava d'una subespècie.

El 1997 es va aconseguir extreure DNA mitocondrial d'uns ossos de neandertals i comparar-lo amb el dels humans actuals. Aquesta comparació va permetre concloure que els neandertals no han contribuït al genoma mitocondrial de la nostra espècie i que el darrer avantpassat comú d'ells i nostre, per via femenina, va viure fa uns 500 000 anys.

No obstant això, durant els darrers anys s'ha aconseguit extreure DNA nuclear d'altres fòssils neandertals, i fins i tot seqüenciar el seu genoma complet. La seqüència de nucleòtids dels neandertals és idèntica a la nostra en el 99,7 % (la similitud entre nosaltres i els ximpanzés és del 98,8 %). Però el més sorprenent és que els europeus i els asiàtics tenim aproximadament un 1,5 % de gens neandertals. Per tant, els nostres avantpassats es van hibridar amb ells.

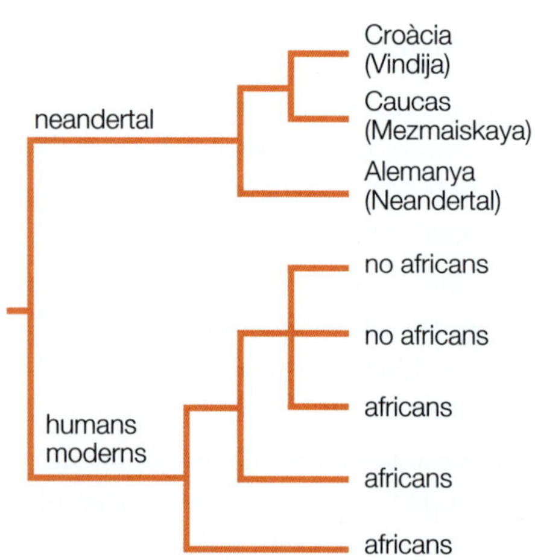

Arbre evolutiu, basat en el DNA mitocondrial, de tres exemplars d'*Homo neanderthalensis* i dels *Homo sapiens* actuals.

Eva mitocondrial

Els mitocondris són els únics orgànuls citoplasmàtics de les cèl·lules animals que tenen el seu propi DNA, diferent del DNA nuclear. A més, en el moment de la fecundació, els espermatozoides no aporten cap mitocondri, per la qual cosa aquests orgànuls i el seu DNA s'hereten només per via materna. Cada persona té els mitocondris de la seva mare, els mateixos que la seva àvia materna (amb les úniques diferències de les mutacions que es van produint a l'atzar), etc. Per tant, si comparem el DNA mitocondrial de diferents persones, podrem construir el seu arbre genealògic per via exclusivament femenina.

Quan es va aplicar aquesta tècnica a 53 humans actuals, de diverses parts del món, es va deduir que hi havia tres grans grups relacionats, dos dels quals (els que van divergir abans) es trobaven exclusivament a l'Àfrica; el tercer grup comprenia africans i la gent de la resta del món. Per tant, tots els humans actuals som descendents, per via femenina, d'una única dona que va viure a l'Àfrica fa uns 140 000 anys, la qual sovint és anomenada **Eva mitocondrial**. Els seus descendents es van mantenir en el continent africà, a partir del qual alguns es van estendre per la resta del món fa uns 50 000 anys.

Adam cromosoma Y

Una manera de complementar els estudis basats en el DNA mitocondrial és l'estudi del cromosoma Y, que es transmet per via exclusivament masculina. Les dades obtingudes confirmen l'origen humà a l'Àfrica i permeten deduir que tots els homes actuals són descendents d'un únic home, que va viure fa uns 60 000 anys, el qual s'ha anomenat **Adam cromosoma Y**.

Observa que *Eva mitocondrial* i *Adam cromosoma Y* no van ser contemporanis. Això és conseqüència del fet que aquests títols indiquen que són els originaris més recents dels mitocondris i dels cromosomes Y de tots els humans actuals, no que fossin els únics humans de la seva època. A cada generació, hi ha moltes dones que no tenen filles, i molts homes que no tenen fills. Tal com mostra la figura, és només qüestió de temps que, per *deriva genètica*, acabi pervivint només un d'aquests llinatges. També és possible que aquell individu patís una mutació que fos afavorida per la selecció natural. En qualsevol cas, el d'*Eva mitocondrial* i el d'*Adam cromosoma Y* són títols que no tenen res de definitiu. A la població de la figura, si les set dones marcades de la generació 11 no tinguessin cap filla, de cop i volta una dona de la generació 7 prendria el títol d'*Eva mitocondrial* a la dona que ara el té.

Transmissió dels mitocondris en una població. A la llarga, tota la població té els mitocondris procedents d'una única dona.

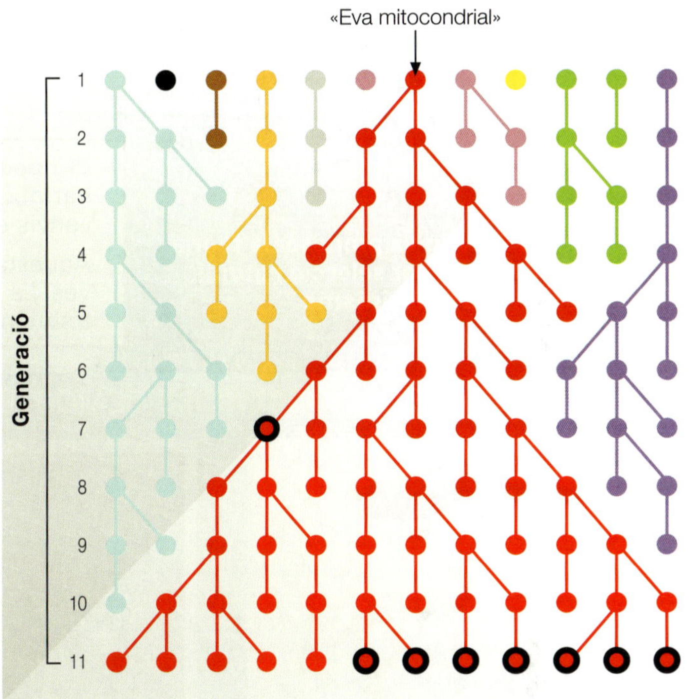

ACTIVITATS

Utilitzem el rellotge molecular

El gràfic representa el nombre de diferències en els nucleòtids de set gens, entre diferents espècies de mamífers, en funció del temps que fa que van divergir evolutivament segons el registre fòssil.

1. Quina és la causa que els punts s'alineïn formant, de manera bastant raonable, una línia recta?
2. Entre aquests gens dels mamífers placentats i els dels marsupials, hi ha cent nucleòtids de diferència. Quant de temps fa que van divergir aquests dos grups de mamífers?
3. Quants nucleòtids de diferència esperem que hi hagi entre dos mamífers que van divergir evolutivament fa 50 milions d'anys?
4. Podem considerar que aquests càlculs són totalment exactes? Raona la resposta.

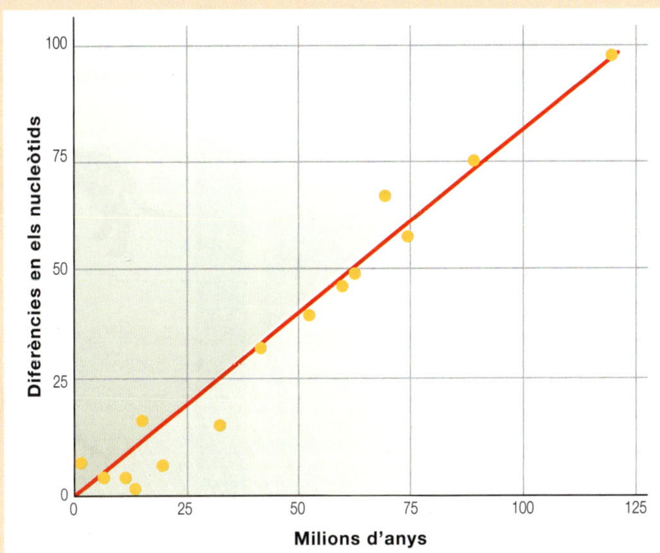

Qui som? D'on venim? amb un cop d'ull

Charles Darwin va proposar la teoria de l'evolució per selecció natural: el **darwinisme**.

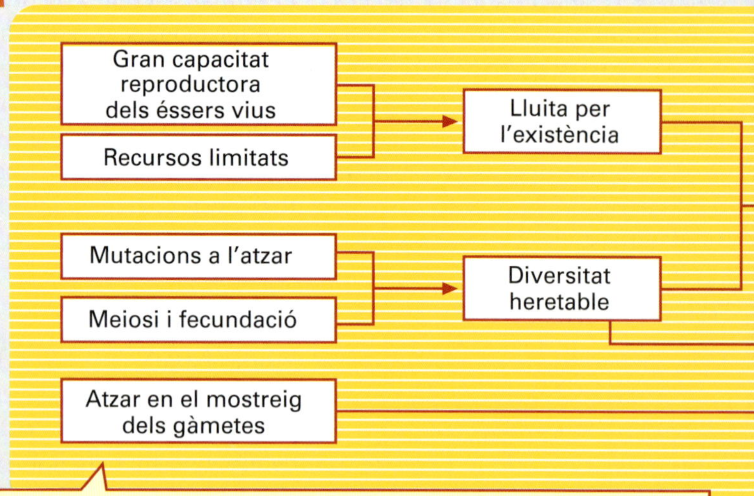

El **neodarwinisme** proposa que la selecció natural actua sobre la variabilitat genètica de les poblacions d'organismes i genera canvis en les freqüències gèniques.

Aquesta variabilitat s'origina per mutacions atzaroses i preadaptatives. La deriva genètica i les migracions també causen canvis en les freqüències gèniques.

NOMBROSES EVIDÈNCIES DEMOSTREN QUE L'EVOLUCIÓ ÉS UN FET BIOLÒGIC.

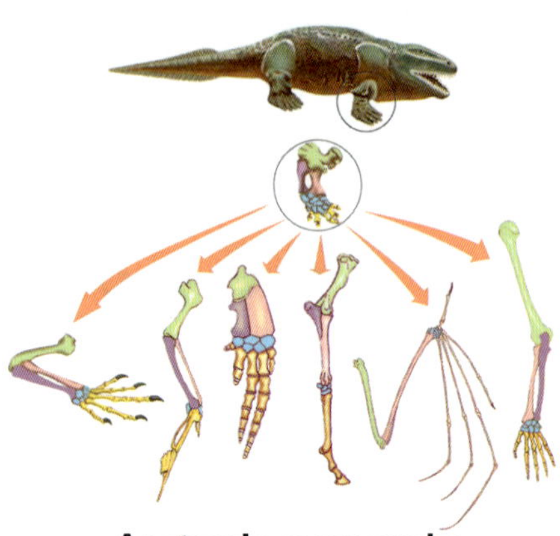

Anatomia comparada: òrgans homòlegs, anàlegs i vestigials.

Fòssils

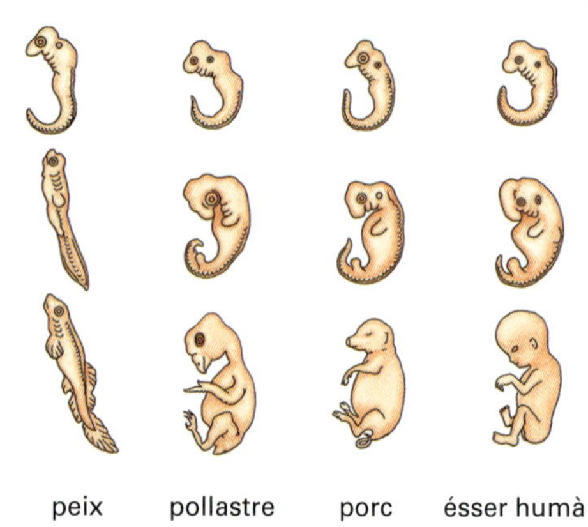

Embriologia

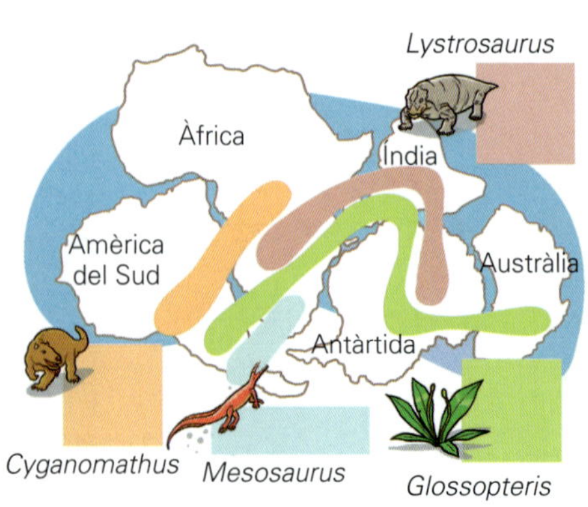

Biogeografia

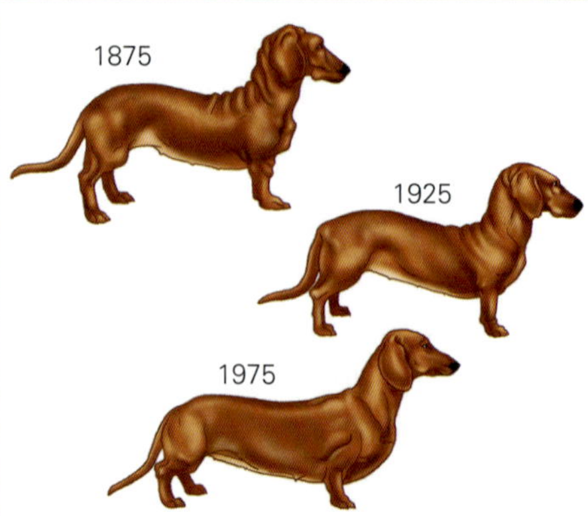

Selecció artificial

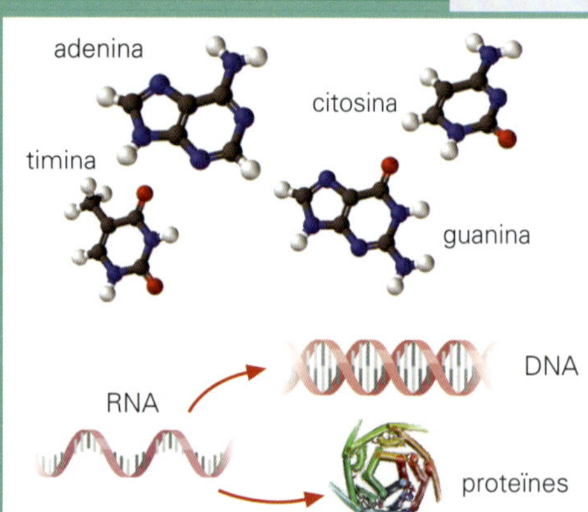

Proves moleculars: DNA, RNA, proteïnes, codi genètic, ATP...

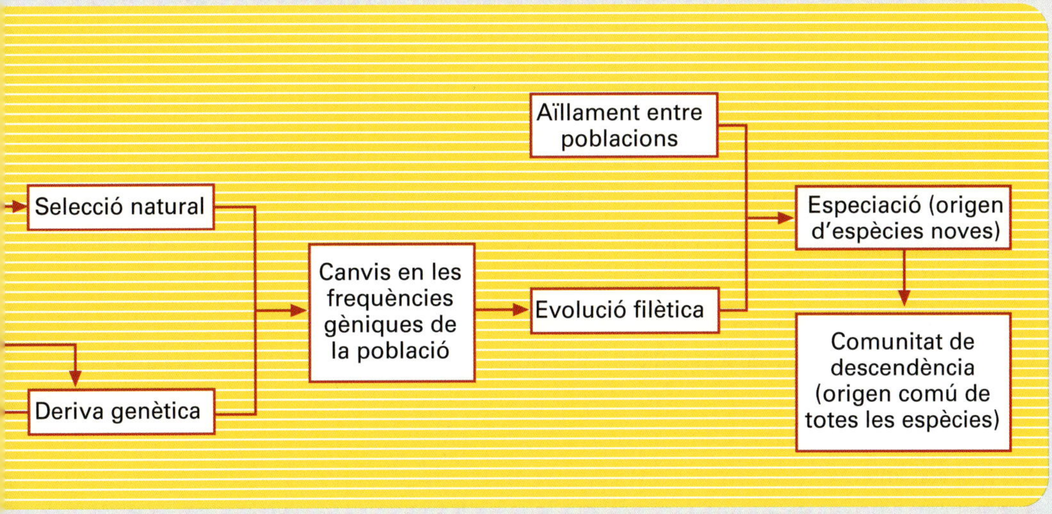

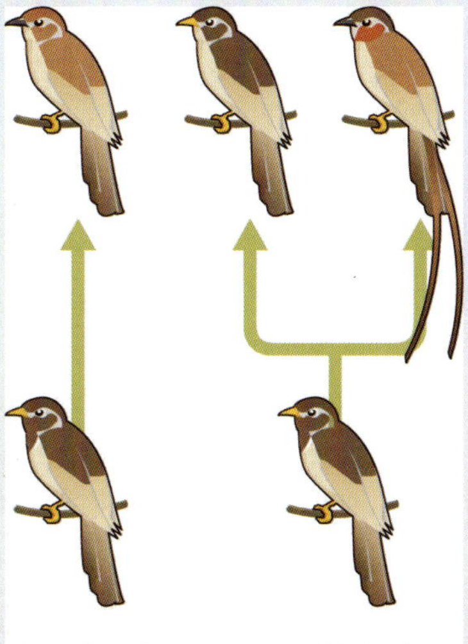

Una **espècie** és un grup d'organismes que es poden encreuar entre si i donar descendència fèrtil. L'evolució origina l'aparició de noves espècies.

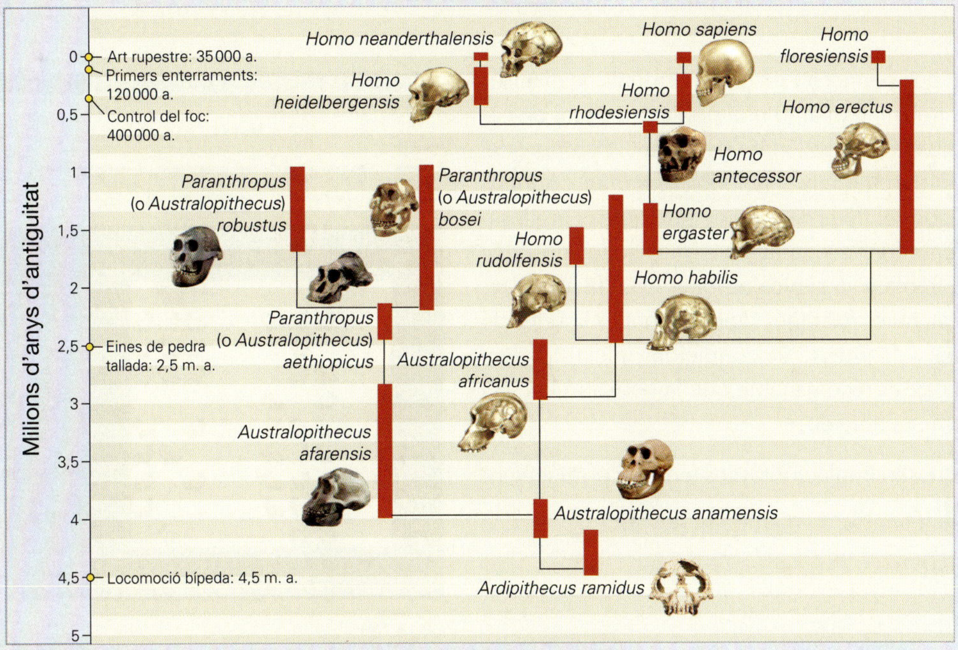

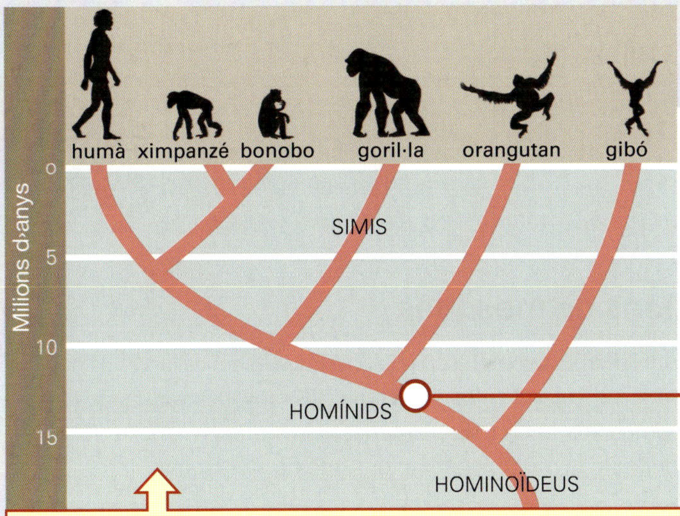

Pierolapithecus catalaunicus Pau

En el **procés evolutiu dels humans** els canvis més destacables són el bipedisme, la major habilitat manual, l'augment de la capacitat craniana i l'ús d'un llenguatge articulat.

La **simbiogènesi** i els canvis en els **gens *Hox*** expliquen canvis evolutius sobtats que el gradualisme proposat pel neodarwinisme no pot explicar, però no contradiuen els seus principis.

Elysia

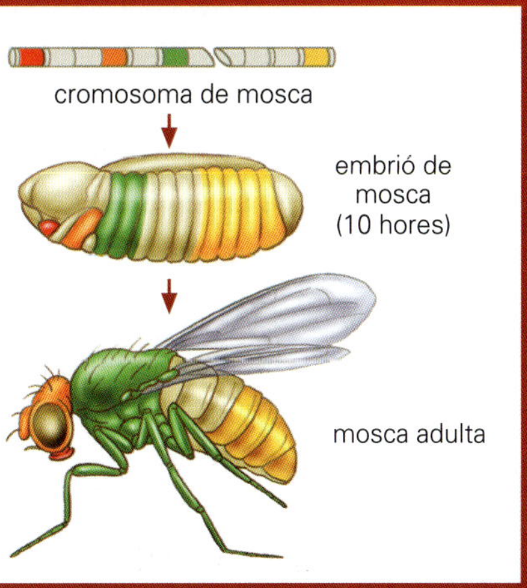

ACTIVITATS COMPLEMENTÀRIES

Arguments de Darwin

Charles Darwin va presentar, en el seu llibre *L'origen de les espècies per selecció natural* (1859), algunes idees inèdites fins aquell moment: l'elevat potencial de reproducció, la variabilitat intraespecífica i la lluita per l'existència.

1. Llegeix el text següent i després identifica quin paràgraf del text il·lustra cadascun dels conceptes anteriors:

   a) S'ha observat que hi ha bacteris resistents als antibiòtics com l'estreptomicina. No és un fet freqüent, ja que en un cultiu amb 2 000 milions de bacteris, esperaríem que hi hagués vint bacteris resistents a l'estreptomicina.

   b) Si s'afegeixen unes gotes d'aquest antibiòtic a un cultiu de bacteris, es destrueixen tots els microorganismes, excepte els resistents.

   c) Aquests bacteris supervivents començaran a reproduir-se immediatament i, al cap d'unes hores, n'obtindrem 2 000 milions. Ara, però, tots seran resistents a l'estreptomicina.

2. Sens dubte, la idea més potent de l'obra de Darwin va ser la de la selecció natural. Explica aquest concepte breument (no més de deu línies) a partir de la situació descrita en el text anterior.

Una recerca virtual

El programa *Microevolució* és un micromon que permet fer recerques virtuals de diversos aspectes del procés evolutiu. En aquest cas treballarem amb una població virtual de conills, el color dels quals depèn d'un gen amb dos al·lels: l'al·lel dominant *A* produeix el fenotip *color marró*, mentre que l'al·lel recessiu *a* produeix el fenotip *color blanc*. Aquests dos fenotips estan més o menys adaptats segons el tipus de terreny, que pot ser argilós o nevat. Direm que l'al·lel que produeix el fenotip més adaptat és el més adaptatiu i que un al·lel es fixa en la població quan la seva freqüència gènica arriba a 1. En la nostra recerca intentarem esbrinar si l'al·lel més adaptatiu és fixat més ràpidament per la selecció natural quan és dominant o quan és recessiu. A la finestra de condicions inicials podem modificar diverses variables i, en qualsevol cas, és recomanable que la població inicial i l'adulta siguin iguals i com a mínim de quaranta individus.

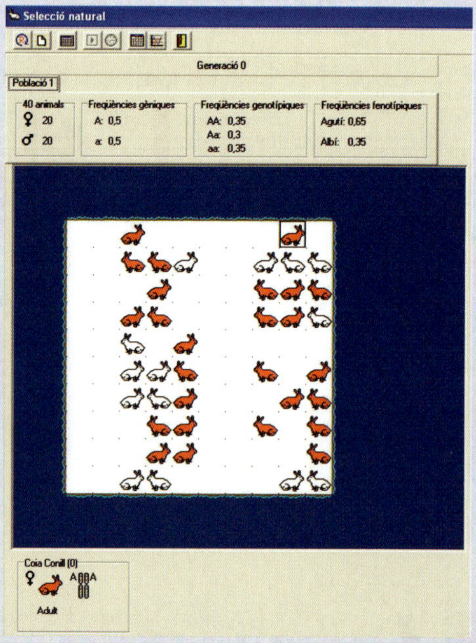

1. Quins són els al·lels que intervenen en aquesta simulació? Quins fenotips produeixen?
2. Quin serà l'al·lel més adaptatiu en ambient argilós? I en ambient nevat?
3. Quin és el problema que volem investigar?
4. Quines són les hipòtesis possibles?
5. Quina és la variable independent? I la variable dependent?
6. Dissenya un experiment virtual que et permeti resoldre el problema. Detalla els passos que cal seguir i no t'oblidis d'especificar clarament el control ni de fer les rèpliques adequades.
7. Quins resultats has obtingut?
8. Quines conclusions pots extreure?

Trobaràs el programa *Microevolució* en aquest QR o a l'enllaç http://qr.teide.eu/027B.

Pomes, fruits d'arbustos espinosos i subpoblacions de mosques

Les mosques de l'espècie *Rhagoletis pomonella* tenien com a hàbitat els fruits d'arbustos espinosos d'Amèrica. Les seves larves es desenvolupen als fruits malmesos. Fa 200 anys es van introduir pomers procedents d'Europa i algunes d'aquestes mosques van començar a utilitzar les pomes com a hàbitat on desenvolupar les seves larves. Els pomers maduren unes setmanes abans que els arbustos espinosos. Les subpoblacions de mosques que es desenvolupen a cada tipus de fruita fa moltes generacions que no s'encreuen.

1. Creus que es poden considerar espècies diferents? Per què? Com es podria comprovar?
2. En cas que es tractés d'espècies diferents, quin tipus d'especiació les va originar? Per què?
3. Quins tipus d'aïllament reproductor hi pot haver entre elles?

ACTIVITATS COMPLEMENTÀRIES

Evolució d'ocells no voladors

La taula indica la distribució actual d'algunes aus no voladores i l'arbre filogenètic representa la seva evolució.

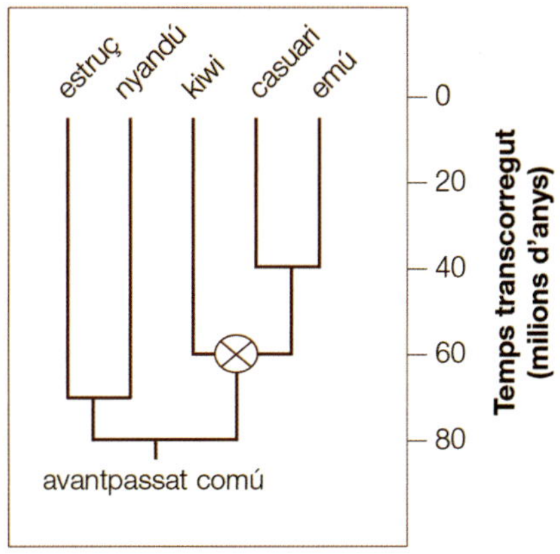

Espècie	Distribució actual
Estruç	Àfrica
Nyandú	Amèrica del Sud
Kiwi	Nova Zelanda (Oceania)
Casuari	Austràlia i Papua Nova Guinea (Oceania)
Emú	Austràlia (Oceania)

1. Busca imatges a Internet de l'estruç, el nyandú, el kiwi, el casuari i l'emú, i observa'n les diferències.
2. L'avantpassat comú d'aquests ocells vivia en un supercontinent anomenat Pangea, del qual han acabat sorgint els continents actuals. Es creu que el trencament de la Pangea va afavorir l'origen d'aquestes espècies.

Si necessites més informació, en aquest QR o a l'enllaç http://qr.teide.eu/027C podràs veure un vídeo sobre la dinàmica dels continents que et pot ajudar.

   a) A partir de la distribució actual i l'arbre filogenètic, raona si podríem trobar fòssils de l'espècie marcada amb una X a l'Àfrica.

   b) Per què la separació de continents afavoreix l'origen d'espècies noves a partir d'un avantpassat comú?
3. Les ales d'aquestes aus són homòlogues amb les ales d'un insecte? Raona-ho.
4. De quina manera aquest exemple dels ocells no voladors es pot considerar una prova de l'evolució?
5. Els moes de Nova Zelanda eren aus gegantines del mateix grup zoològic que les anteriors, però es van extingir. Tenien les ales molt reduïdes i no podien volar. Busca imatges a Internet dels moes, en què observis les característiques i la mida d'aquests ocells. Explica la reducció de les ales des del punt de vista evolutiu.

Presentem en Pau en societat

Ha arribat el moment de fer una síntesi del que heu après. Us proposem posar-vos a la pell de l'equip de paleoantropòlegs del Dr. Salvador Moyà, en el moment de presentar la seva troballa a la comunitat científica i a la ciutadania, en el marc d'un simposi sobre els orígens de la humanitat.

Cal que formeu grups de quatre alumnes i elaboreu una presentació utilitzant l'ordinador. La vostra ponència ha de ser divulgativa i entenedora, ja que és oberta al públic, però molt rigorosa des del punt de vista científic, perquè es tracta d'un simposi. La presentació ha de donar resposta obligatòriament a les preguntes 1, 2, 6 i 9 de la llista següent. La resta de preguntes les haureu de repartir de dues en dues entre els diferents grups, de manera que entre tots les tracteu totes.

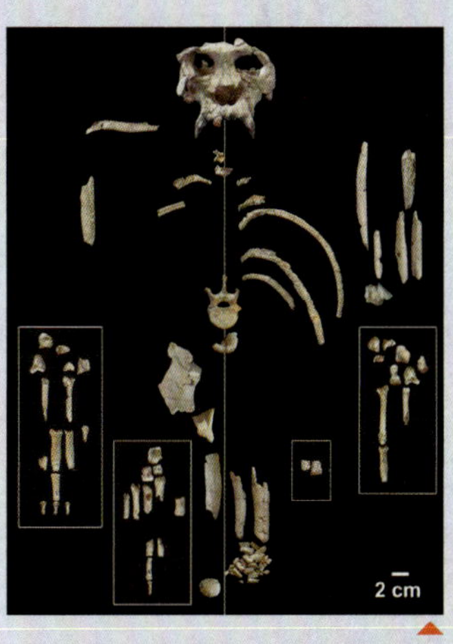

Parts de l'esquelet d'en Pau que s'han trobat.

1. Quin tipus de fòssil presenteu i com es va trobar?
2. Per què és important?
3. És un avantpassat nostre? Quina posició ocupa en l'arbre evolutiu dels homínids?
4. Quins canvis anatòmics s'han produït des dels primers homínids fins a nosaltres?
5. Com explicaria aquest procés de canvi un creacionista? Com l'hauria explicat Lamarck? I Darwin?
6. Com explica la ciència actual el procés evolutiu?
7. Quins factors condicionen l'evolució dels éssers vius?
8. Quines evidències permeten afirmar que l'evolució és un fet?
9. A banda d'en Pau, quines altres restes fòssils importants s'han trobat dels nostres avantpassats? Com eren? Com vivien? Eren anteriors o posteriors a en Pau? En quin moment van viure?
10. Quan i on va aparèixer la nostra espècie? Quines són les seves característiques específiques?

En aquest QR o a l'enllaç http://qr.teide.eu/027D pots trobar informació sobre en Pau.

Índex analític

e

f

g

h

q

r

s

t

v/w

x